Lilian Iselin

Mobile Technologien und nomadischer Raum

Welten Süd- und Zentralasiens – Worlds of South and Inner Asia – Mondes de l'Asie du Sud et de l'Asie Centrale

---

Im Auftrag der Schweizerischen Asiengesellschaft – On behalf of the Swiss Asia Society – Au nom de la Société Suisse-Asie

Herausgegeben von
Blain H. Auer
Maya Burger
Karénina Kollmar-Paulenz
Angelika Malinar
Ingo Strauch

Band 7

Lilian Iselin

Mobile Technologien und nomadischer Raum

Motorisierung, Mobiltelefonie und Urbanisierung in Südamdo, Osttibet

DE GRUYTER

Diese Arbeit wurde publiziert mit Unterstützung der Schweizerischen Akademie der Geistes- und Sozialwissenschaften (SAGW).

Schweizerische Akademie der Geistes- und Sozialwissenschaften
Académie suisse des sciences humaines et sociales
Accademia svizzera di scienze umane e sociali
Academia svizra da scienzas umanas e socialas
Swiss Academy of Humanities and Social Sciences

Die vorliegende Arbeit wurde von der Philosophisch-historischen Fakultät der Universität Bern im Frühjahrssemester 2015 auf Antrag von Prof. Dr. Karénina Kollmar-Paulenz und Prof. Dr. Heinzpeter Znoj als Dissertation angenommen.

ISBN 978-3-11-050029-5
e-ISBN (PDF) 978-3-11-050200-8
e-ISBN (EPUB) 978-3-11-049827-1
ISSN 1661-775X

Library of Congress Cataloging-in-Publication Data
A CIP catalog record for this book has been applied for at the Library of Congress.

Bibliografische Information der Deutschen Nationalbibliothek
Die Deutsche Nationalbibliothek verzeichnet diese Publikation in der Deutschen Nationalbibliografie; detaillierte bibliografische Daten sind im Internet über http://dnb.dnb.de abrufbar.

Coverabbildung: Lilian Iselin
Satz: jürgen ullrich typosatz, Nördlingen
Druck und Bindung: CPI books GmbH, Leck
♾ Gedruckt auf säurefreiem Papier
Printed in Germany

www.degruyter.com

Danksagung

Mein Interesse an tibetischen Nomaden, an Formen der Mobilität und an Amdo formierte sich während zehn Jahren, in denen ich das südliche Amdo im Norden der Provinz Sichuan und andere tibetische Regionen bereiste und kennenlernte. Ich beobachtete Veränderungen im Leben und Alltag von tibetischen Nomaden und fragte mich, welche Auswirkungen Mobiltelefone, Motorräder und Autos auf Menschen haben, die ein mobiles Leben führen. Dieses Interesse an einer sich verändernden Lebensform führte dazu, dass ich ein Forschungsprojekt in Angriff nahm, welches in einer Promotion an der Universität Bern und nun in diesem Buch mündete.

Auf dem langen Weg dorthin haben mich viele Menschen begleitet, beraten und unterstützt. Mein Dank geht zuerst an Prof. Dr. Karénina Kollmar-Paulenz und an Prof. Dr. Heinzpeter Znoj, die mir während der Promotionsphase mit Rat und Tat und konstruktiver Kritik zur Seite standen. Ebenso bin ich dankbar für die Menschen, die ich im Rahmen des Walter Benjamin Kolleg (bis 2014 Institute of Advanced Study in the Humanities and the Social Sciences) der Universität Bern, dem ich seit dem Jahr 2010 angehörte, kennengelernt habe. Die vielen Momente des gemeinsamen Nachdenkens und Entdeckens waren sehr wertvoll. Ein besonderer Dank geht an Sarah Beyeler, die das Manuskript kritisch durgelesen, korrigiert und in eine lesbare Sprache gebracht hat. Ich danke Zerangzhuoma Duwaruo Schlegel, die mich in der Transkription-cum-Übersetzung meiner Interviews unterstützte, Fabian Rüdy für die kurzfristige und zügige Herstellung der Karten und meinem Bruder Roland Iselin, der mein erster unvoreingenommener Leser war.

Mein Projekt begann in China, als ich von 1999 bis 2009 in Chengdu und im südlichen Amdo wohnte und arbeitete. Dass ich dieses überhaupt in Angriff nahm, verdanke ich Marielle Prins, die mich für wissenschaftliche Forschung begeisterte und mich ermutigte, das akademische Rüstzeug für mein Hobby zu holen. Ihre eigene Hartnäckigkeit und ihr Durchhaltevermögen in der Fertigstellung ihrer Doktorthese war mir Vorbild und Ansporn. Ich danke Marja Koskela, meinem unverwüstlichen und treusten Fan. Ihr und auch Mirjam Horsley danke ich für viele stimulierende Diskussionen während gemeinsamen Reisen und Aufenthalten in Amdo. Meinen herzlichen Dank für ihre Bereitschaft, mich während Teilen meiner Feldforschung zu begleiten!

Vielen Tibeterinnen und Tibetern aus Amdo, die ich im Verlauf von mehr als zehn Jahren in China kennenlernte und die mir Freundschaft und Offenheit entgegenbrachten, gebührt ein besonderer Dank. Sie alle bleiben hier gemäss gemeinsamer Abmachungen anonym. Anonym bleiben auch meine Forschungsassistentinnen und -assistenten, die mich in verschiedenen Phasen der Feldfor-

DOI 10.1515/9783110502008-202

schung unterstützten, sowie die Personen, die sich zu Interviews mit mir oder meinen Assistierenden bereit erklärten. Dieses Buch ist den Nomaden des südlichen Amdo gewidmet, die mir Gastfreundschaft und Freundschaft gewährt und meine vielen neugierigen Fragen geduldig beantworten haben. Euch allen – *bzang tha go*!

Mein grösster Dank geht an meinen Lebensgefährten Kaja Karel Vrba, der von Anfang bis zum Abschluss der Forschung an mich und das Gelingen der Arbeit geglaubt hat, der mich anspornte und unterstützte. Seine Bereitschaft, eigene Interessen und Wünsche hinter meine zu stellen, sein offenes Ohr für meine Klagen und so vieles mehr, haben mir den langen Weg bis hin zum vorliegenden Buch erträglich gemacht. Ohne seine Geduld und seine Grosszügigkeit hätte ich vermutlich unterwegs aufgegeben. Von Herzen Danke, Kaja!

Inhaltsverzeichnis

Danksagung — V

Abbildungsverzeichnis — XI

Anmerkungen zur tibetischen und chinesischen Umschrift — XIII

Einführung — 1

Teil I: **Aneignung**

1 Forschungsinteresse – Forschungsfragen – methodische und theoretische Überlegungen — 9
1.1 Morgen – Anfänge: Erkenntnisinteresse und Forschungsfragen — **10**
1.1.1 Mein Erkenntnisinteresse – Mensch, Umwelt, Mobilität — **12**
1.1.2 Forschungsfragen konkretisiert — **14**
1.2 Mittag – Schritte: Ethnographie als Lebensstil und als Methode — **16**
1.2.1 Ethnographie im Ausnahmezustand? — **18**
1.2.2 Ethnographisches Vorgehen und Forschungsethik — **22**
1.2.3 Datenmenge, reflexiver Umgang und ethischer Anspruch an die Daten — **25**
1.2.4 Serendipity – Chancen und Begrenzungen ethnographischen Arbeitens — **27**
1.3 Abend – Reflexion: Theoretischer Ansatz — **29**
1.3.1 Raum, Ort, Umwelt — **30**
1.3.2 Mobilität und Bewegung — **32**
1.3.3 Alltag, Handeln und Materialität — **34**

2 sKa khog und mDzod dge – Bewohner, Geografie, Geschichte — 37
2.1 Nomaden – Bewohner sKa khogs und mDzod dges — **38**
2.1.1 Nomaden – eine Begriffsklärung — **39**
2.1.2 ‘brog pa – Stand der Forschung — **43**
2.1.3 ‘brog sa – ein Ökosystem und Lebensbereich — **44**
2.1.4 ‘brog las – Arbeiten auf den Hochweiden — **45**
2.1.5 Territoriale Zugehörigkeiten, soziale Strukturen — **48**
2.2 sKa khog und mDzod dge lokalisieren — **54**

2.2.1 Der Bezirk rNga ba — 56
2.2.2 sKa khog und mDzod dge in der Geschichte der innerasiatischen Region — 58
2.3 sKa khog und mDzod dge transformiert — 65
2.3.1 Besiedlung und Siedlungsformen vor 1950 — 66
2.3.2 Siedlungsbau und permanente Infrastruktur von 1950 bis 1980 — 70
2.3.3 Wirtschaftliche Reformen und die Entwicklungspolitik des Staates von 1980 bis 2012 — 74
2.4 sKa khog und mDzod dge urbanisiert? – Ein Ausblick — 77

Teil II: **Inkorporation**

3 Strassen und Motorfahrzeuge – Verflechtungen von Infrastruktur und Mobilität — 83
3.1 Geschichte des Strassenbaus in Tibet mit Fokus auf Südamdo — 85
3.1.1 Routen und Wege auf dem Tibetischen Plateau vor 1950 — 86
3.1.2 Anfänge des modernen Strassenbaus — 89
3.1.3 Strassenbau in sKa khog und mDzod dge und neue Entwicklungen seit der Lancierung der Kampagne „Grosse Erschliessung des Westens" — 92
3.2 Strasseninfrastruktur und motorisierte Mobilität in sKa khog und mDzod dge — 97
3.2.1 Lokale, regionale und interregionale Verkehrsmodalitäten — 100
3.2.2 Motorisierung nomadischer Haushalte – neue lokale Verkehrsmodalitäten — 109
3.2.3 Nomaden bauen Strassen – Motorisierung und Infrastrukturausbau in Wechselwirkung — 112
3.3 Inkorporation der motorisierten Fahrzeuge in den pastoralen Alltag – Vier Familienprofile — 114
3.3.1 Dondrub — 114
3.3.2 Dronma Gyab — 119
3.3.3 Thubten — 124
3.3.4 Lhamo Tsho — 127
3.4 Prozesse der Inkorporation von Technologien motorisierter Mobilität in den Alltag von Nomaden — 130
3.4.1 Aneignung des Motorrads — 132
3.4.2 Platzierung des Motorrads — 139

3.4.3 Inkorporation des Motorrads — 141
3.4.4 Personenwagen: Von der Aneignung bis zur Inkorporation — 143

4 Telekommunikation und Mobiltelefone – Verflechtungen von Infrastruktur, Technologie und Kommunikationsformen — 149
4.1 Wege der Kommunikation in sKa khog und mDzod dge — 149
4.1.1 Kommunikation im eigenen Haushalt und in der Nachbarschaft — 152
4.1.2 Kommunikation in die Ferne — 154
4.2 Entwicklung der Telekommunikation in China und in Südamdo — 155
4.2.1 Entwicklung der Telekommunikation in China — 156
4.2.2 Entwicklung der Telekommunikation in Südamdo — 158
4.3 Prozesse der Inkorporation von Mobiltelefonen in den Alltag von Nomaden — 166
4.3.1 Aneignung des Mobiltelefons — 167
4.3.2 Platzierung des Mobiltelefons — 170
4.3.3 Inkorporation des Mobiltelefons — 172

5 Infrastruktur und Inkorporation mobiler Technologien – ein Rückblick und Ausblick — 183

Teil III: **Konversion**

6 Praktiken der mobilen Lebensführung — 191
6.1 Mobilitätspraktiken im Kontext der *phyugs las* — 191
6.1.1 Migrationsrouten und -zyklen — 192
6.1.2 Funktion von Motorfahrzeugen für die Migrationsmobilität — 196
6.2 Neue Mobilitätspraktiken — 198
6.2.1 Veränderungen der Alltagsmobilität von Tashi und seiner Familie — 200
6.2.2 Pendeln als Alltagsmobilität — 203
6.2.3 Mobilität und Immobilität: Wer pendelt? — 207
6.3 Mobilität zwischen *phyugs las* und zentralen Siedlungsorten — 217
6.3.1 Wachsende Ortschaften durch die Alltagsmobilität von Nomaden — 218

6.3.2 Verflechtungen von Nomaden mit Siedlungsorten — 221
6.3.3 Wachsende Ortschaften durch Urbanisierungsbestrebungen des Staates — 225
6.4 Pendeln und *Konversion* von sozialem Raum — 230

7 Praktiken der mobilen Kommunikation — 234
7.1 Netzwerkräume und mobile Praktiken der *phyugs las* — 234
7.1.1 Telefonie und Mobilität — 235
7.1.2 Netzwerk, Mobilität und Positionierung — 237
7.2 Mobilität, Infrastruktur und Mobilkommunikation — 242
7.2.1 „Parochialisierung" — 244
7.2.2 Mobile Immobilität — 249
7.3 Immobile und virtuelle Kommunikationsräume — 255
7.3.1 „Porosität" – Brüche in *gender*-Räumen — 256
7.3.2 Virtuelle Kommunikationsräume — 260
7.4 Mobilkommunikation und *Konversion* von sozialem Raum — 267

8 Mobile Technologien *konvertieren* nomadischen Raum – Ein Fazit — 270
8.1 Material — 271
8.2 Alltag — 275
8.3 Verflechtung — 281

Glossar chinesischer Begriffe — 289

Bibliographie — 292

Register — 307

Abbildungsverzeichnis

Die vorliegende Arbeit enthält eine Anzahl Fotografien und Karten. Alle Fotografien stammen von der Autorin und wurden, wenn nicht anders vermerkt, im Jahr 2011 oder 2012 aufgenommen.

Abbildung 1: Besuch der Autorin auf der Sommerweide im Jahr 2006. Einführung in die Kunst des Melkens von *'bri* (Yakkühen) —— 9
Abbildung 2: Sommerweidegebiet in der mDzod dge Ebene (Juli 2007) —— 37
Abbildung 3: Nomadin treibt Yakherde fürs Melken zusammen (Juli 2011) —— 39
Abbildung 4: Karte von Sichuan mit Bezirk rNga ba und den Kreisen sKa khog und mDzod dge. Hergestellt von Fabian Rüdy —— 55
Abbildung 5: Einfaches Winterhaus in mDzod dge in Strassennähe (Okt 2012) —— 67
Abbildung 6: Wintersiedlung in mDzod dge (November 2005) —— 70
Abbildung 7: Neue Wohnsiedlung für Nomaden in mDzod dge (Oktober 2012) —— 74
Abbildung 8: Die Provinzstrasse S209, die Hauptverkehrsstrasse für die Kreise sKa khog und mDzod dge (Juli 2011) —— 84
Abbildung 9: Karte der Hauptverkehrslinien des Strassennetzes auf dem tibetischen Plateau. Hergestellt von Fabian Rüdy —— 91
Abbildung 10: Topographische Karte und Strassennetz in Südamdo: National- und Provinzstrassen. Hergestellt von Fabian Rüdy —— 93
Abbildung 11: Neue und alte Fortbewegungsmittel: Motorrad der Marke Wuyang Honda und Pferd im Sommerlager (Juni 2006) —— 109
Abbildung 12: In der *phyugs las*: Familienwagen, geparkt in der Nähe eines Winterhauses in mDzod dge (Oktober 2012) —— 114
Abbildung 13: Fahrzeug unter Schutzhülle rechts vom Zelt eines Herbstlagers in sKa khog (Oktober 2012) —— 130
Abbildung 14: Mobilfunk-Sendemast auf der Anhöhe einer Gemeindesiedlung in sKa khog (September 2012) —— 156
Abbildung 15: Zäune, Strom- und Telefonleitungsmaste entlang der Strasse S209 (September 2012) —— 159
Abbildung 16: Werbung eines Mobiltelefonanbieters (China Unicom) in einer Gemeindesiedlung in sKa khog (September 2012) —— 166
Abbildung 17: Kunden vor einem China Mobile Geschäft (Juli 2011) —— 173
Abbildung 18: Umzug auf die Sommerweide in mDzod dge (Juli 2011) —— 192
Abbildung 19: Strassenverkehr und geparkte Fahrzeuge in einer Gemeindesiedlung in mDzod dge (August 2012) —— 199
Abbildung 20: Junge Motorradfahrer am „Cruisen" in einer Gemeinde in mDzod dge (Juli 2011) —— 208
Abbildung 21: Hauptgeschäftsstrasse in Khyung mchu, dem Kreissitz von sKa khog (Juli 2011) —— 225
Abbildung 22: Innenraum eines Teehauses in mDzod dge (September 2012) —— 243
Abbildung 23: Eine Angestellte in einem Teehaus beschäftigt sich mit ihrem Mobilgerät (September 2012) —— 255

DOI 10.1515/9783110502008-204

Abbildungsverzeichnis

Anmerkungen zur tibetischen und chinesischen Umschrift

Geografische und andere Benennungen schaffen eine Welt, geben eine Perspektive wieder, und positionieren die Schreibende innerhalb geopolitischer Diskurse zu Tibet, die ich in der Einführung diskutiere. Ich versuche den gegenwärtigen geopolitischen Verhältnissen im Forschungsgebiet Rechnung zu tragen, und gleichzeitig zu betonen, dass sKa khog und mDzod dge zur südlichsten Ausdehnung der Region Amdos – folglich Südamdo – gehören und deshalb im Kontext der Geschichte und Geografie von Amdo situiert sein wollen.

Das mehrheitlich von Tibetern bewohnte Forschungsgebiet ist Teil der Volksrepublik China. Orte sind auf den meisten Karten mit chinesischen Namen eingetragen.[1] Gleichzeitig kann das Gebiet mit tibetischen Namen kartographiert werden. Topographische Gegebenheiten wie Territorien, Flüsse und Berge tragen tibetische Namen. Einige dieser Namen wurden in das Chinesische übertragen. Auch territoriale, administrative Einheiten haben oft Namen, die aus dem Tibetischen ins Chinesische übertragen wurden. Sie beziehen sich manchmal auf dasselbe Territorium wie der tibetische Begriff. Bisweilen sind die Grenzen jedoch nicht identisch mit den Gegebenheiten, welche der tibetische Name ursprünglich bezeichnete. Ich benutze trotzdem diese tibetischen Namen, meine damit aber die heute bestehenden Gemeinden, Kreise und Bezirke der staatlichen Administration, auf die Gefahr hin, dass dies manchmal historische Verschiebungen und veränderte Grenzziehungen der letzten fünfzig Jahre unkenntlich macht und komplexe Prozesse vereinfacht.

Administrative Einheiten, Ortschaften und topographische Gegebenheiten werden beim tibetischen Namen genannt, ausser es handelt sich um Provinznamen und Namen von Ortschaften, die in chinesischsprachigen Regionen liegen. Beim ersten Erscheinen einer geografischen Bezeichnung gebe ich in Klammern den chinesischen Namen an. Tibetische Namen und Ausdrücke werden mit dem Wylie-Transliterationssystem wiedergegeben. Bei Namen wird der Buchstabe der ersten Silbe grossgeschrieben, der zusammen mit dem Vokal den Stamm der Silbe bildet, und auf dem in der Regel die Betonung liegt. Alle anderen tibetischen Begriffe, im Wylie-System umgeschrieben, stehen kursiv und ohne Grossbuchstaben. Die einzelnen Silben werden getrennt und ohne Bindestrich

1 Dass dies ein Politikum ist, zeigt sich in den Bemühungen einiger, die Google maps so anpassen zu lassen, dass zusätzlich zu den englischen und chinesischen Namen, auch tibetische Namen verwendet werden (siehe http://tibetonthemap.com/; Zugriff am 08. 08. 2014).

DOI 10.1515/9783110502008-205

geschrieben. Für chinesische Namen und Begriffe verwende ich für die Umschrift das offizielle Pinyin-System. Chinesische Begriffe werden ebenfalls kursiv gesetzt und mit der Abkürzung (ch.) gekennzeichnet.

Ausnahmen zu diesen Umschriftregeln mache ich bei Personennamen. Die meisten Personennamen in dieser Arbeit habe ich anonymisiert. Da es sich um Pseudonyme handelt, erlaube ich mir, sie statt in der Wylie-Umschrift in einer Entsprechung wiederzugeben, die der Aussprache im südlichen Amdo nahekommt. Ausnahmen bei der Umschrift bestehen auch, wenn ich wörtlich aus Quellen zitiere, die eine andere Schreibweise verwenden.

Einführung

Die vorliegende Monographie handelt von Nomaden[2] aus sKa khog und mDzod dge, einer tibetischen Region, die im südlichen Amdo liegt. Sie beschreibt und analysiert, wie Technologie und Infrastruktur auf die Lebensweise der Nomaden dieser Region einwirkt und wie sich ihre Mobilitätspraktiken konstituieren und verändern. Die Grundannahme lautet, dass eine Technisierung von Mobilität durch Motorräder und Autos und eine Technisierung der Kommunikation durch Mobiltelefone soziale und räumliche Transformationen verursachen. In der Verflechtung von Infrastruktur, von „mobilen Technologien" – in dieser Studie handelt es sich dabei um Motorräder, Autos und Mobiltelefone – und von Alltagspraktiken werden Kontinuitäten und Brüche sichtbar, die sich in sozialen Beziehungen und deren Räumlichkeiten abzeichnen.

Nomadische Gemeinschaften Südamdos haben ein halbes Jahrhundert hinter sich, das von historischen, geopolitischen und wirtschaftspolitischen Umbrüchen geprägt war. Verschiedene Phasen, beginnend mit der Integration der tibetischen Regionen in die Volksrepublik China, die nachfolgenden Perioden des kollektiven Wirtschaftens, der marktwirtschaftlichen Reformen und der neueren Entwicklungen im letzten Jahrzehnt, haben ihre Spuren hinterlassen. Sie prägten die Art, wie Nomaden ihr Land bewohnen und bewirtschaften. Jede dieser Phasen lässt sich auf ihre Auswirkungen auf das Ressourcensystem nomadischer Pastoralisten untersuchen und es kann gefragt werden, ob und wie dieses in einem sich stark verändernden Kontext Bestand haben kann. Die Diskussion hierzu[3] zeigt ein komplexes Feld mit verschiedenen möglichen Interpretationen. Sie ist von zwei Diskursen über Tibet dominiert, welche die Fragen, was Tibet ausmache und welche Entwicklung für Tibet zu befürworten sei, sehr

2 In der vorliegenden Arbeit wird „Nomade" als Generikum für Männer und Frauen verwendet und im Kontext wenn nötig spezifiziert, um welches Geschlecht es sich handelt. Insgesamt achte ich auf geschlechtergerechten Sprachgebrauch, setze ihn aber mit Einschränkungen zugunsten besserer Lesbarkeit um. Ich verwende, wenn möglich geschlechtsneutrale Formulierungen und ansonsten verfolge ich einen pragmatischen Ansatz. Auf die Nennung sowohl der weiblichen wie auch männlichen Form wird dann verzichtet, wenn die Benennung kontextbedingt hauptsächlich oder ausschliesslich Männer betrifft oder wenn es sich um Funktionen handelt, die von Verben abgeleitet auf -er enden, und trotz des maskulinen Genus nicht biologisch männlich zu verstehen sind (z.B. Bewohner, Besucher, Nutzer u.ä.) (vgl. http://www.rhetorik.ch/Feministisch/Feministisch.html; Zugriff am 08.10.2014).

Zur Bedeutung der Begriffe Nomaden/Nomadismus und Pastoralisten/Pastoralismus in dieser Arbeit, vgl. meine Erörterungen in Kap. 2.1.1.

3 Für Ausführungen hierzu, vgl. den Stand der Forschung in Kapitel 2.1.2.

DOI 10.1515/9783110502008-001

unterschiedlich beantworten.[4] Ohne diese Diskurse hier ausführen zu wollen, besteht die eine Argumentationslinie aus einem von der Zentralregierung der Volksrepublik China dominierten Diskurs, der die nomadische Lebensweise als eine Phase in der evolutionären gesellschaftlichen Entwicklung versteht, die modernisiert und entwickelt werden muss. Die zweite Argumentationslinie vertreten Exponenten der exiltibetischen Gemeinschaften und deren Regierung sowie Gruppierungen, die sich für ein autonomes und unabhängiges Tibet einsetzen. Sie sehen die nomadische Lebensform als schützenswert und bedroht durch Interventionen des chinesischen Staates, denen teilweise die Legitimation aberkannt wird. Beide Diskurse jedoch reproduzieren ein Bild von tibetischen Nomaden, das deren Gesellschaftsform und Wirtschaftsweise reifiziert. Die Diskurse gehen von einer Gesellschafts- und Kulturform aus, die entweder bewahrt und beschützt oder deren Übergang in die moderne Gesellschaft herbeigeführt werden soll, um ihre Angehörigen an den Errungenschaften und dem Wohlstand der modernen Welt teilhaben zu lassen. Diese Diskurse sind Ausdruck eines komplexen geopolitischen Feldes, das für die vorliegende Forschungsarbeit relevant ist. Genügen sie, um zu verstehen, wie sich Modernisierung und Entwicklung auf nomadische Gemeinschaften auswirken? Geben sie Aufschluss darüber, wie Nomaden mit Neuerungen interagieren und was sich dadurch im gelebten Alltag der betroffenen Bevölkerung verändert?

Auf der Ebene des Alltags von nomadischen Familien will diese Arbeit ansetzen. Ich frage, was sich verändert, wenn ein tibetischer Nomade statt mit dem Pferd über die Weide zu reiten, mit dem Motorrad unterwegs ist. Dabei frage ich nicht a priori, ob dies eine notwendige Anpassung an die gegenwärtigen Lebensverhältnisse oder das Ende einer tradierten Lebensform sei, die einen Verlust einer jahrhundertealten Kultur mit sich bringt. Vielmehr nähere ich mich dem veränderten Kontext nomadischer Gemeinschaften Südamdos von einer bisher wenig beachteten Warte. Ich frage, wie Nomaden mit geplanter und gebauter Infrastruktur interagieren. Insbesondere frage ich, wie Strassen, Telefonnetze und Städte in die sozialen Praktiken von nomadischen Gemeinschaften Südamdos eingebettet werden und wie die Bewohner mit ihnen interagieren. Das Projekt wirft dadurch einen etwas anderen Blick auf Verflechtungen, die nomadischen Gemeinschaften von aussen aufoktroyiert werden. Ich nehme die in den letzten zwei Jahrzehnten erfolgte Motorisierung nomadischer Haushalte und die rasche Verbreitung der Mobiltelefonie seit 2001 zum Anlass, um zu untersuchen, wie Mobilitätstechnolo-

---

4 Für kritische Diskussionen zum Tibet-Diskurs verweise ich auf einleitende Kapitel und Ausführungen in Barnett & Akinger 1994; Blondeau & Buffetrille 2008; Fischer 2014; Goldstein 1991: xix; Hayes 2014; Kolås & Thowsen 2005.

gien in den Alltag von Nomaden Südamdos Einzug gehalten haben und wie sie mit der vom Staat verordneten Infrastrukturentwicklung interagieren. Urbane Orte, Strassen und Telefonnetzwerke erlangen ihre Bedeutung in den sozialen Praktiken der Akteure, die sie nutzen. Nomaden nehmen neue Technologien der Kommunikation und der Fortbewegung in ihren Lebensraum auf. Während sie Bestandteil ihrer Lebenswelt werden, lässt sich fragen, wie Motorisierung und Mobiltelefone selber Mobilität hervorbringen. Wie lässt diese Mobilität auf der praktischen Handlungsebene des Alltags von Nomaden soziale Räume entstehen und wie bilden sich diese in den Beziehungsstrukturen ab?

Die Monographie besteht aus acht Kapiteln, unterteilt in drei thematische Teile. Die Benennung der drei Teile in *Aneignung, Inkorporation* und *Konversion* bezieht sich auf die Terminologie des Domestizierungsansatzes[5]. Dieser dient in dieser Studie als konzeptuelles Instrumentarium, um die Prozesse der Integration von mobilen Technologien in die Alltagswelt der Nomaden Südamdos zu untersuchen. Das Erarbeiten eines Forschungsprojekts durchläuft analoge Phasen, indem man sich zuerst mit den Forschungsfragen und dem Material auseinandersetzt und es sich dadurch *aneignet*, es dann ordnet und in einen Denkprozess *inkorporiert*, um anschliessend in der Analyse zu Resultaten zu kommen, die die anfänglich gestellten Fragen und Thesen sowie die Denkweise darüber möglicherweise *konvertieren*, im Sinne einer Umwandlung. Die Unterteilung verdeutlicht dieses Prozesshafte.

Der erste Teil der *Aneignung* umfasst zwei Kapitel. Im ersten Kapitel stelle ich den Forschungskontext und die Forschungsfrage vor und diskutiere die methodischen und theoretischen Ansätze, welche diese Arbeit geleitet haben. Im zweiten Kapitel definiere ich das Forschungsfeld, grenze es ein und situiere es im Kontext Südamdos. Die Lebensweise der tibetischen Nomaden der Forschungsregion wird vorgestellt und auf die Rolle von Mobilität im Zusammenhang der Pastoralwirtschaft hingewiesen. Ich erläutere, wie Nomaden wohnen und wie sich ihr Umfeld konstituiert. Weiter zeige ich in einem kurzen entwicklungsgeschichtlichen Überblick auf, wie politische und geschichtliche Entwicklungen die Lebens-, Wohn- und Arbeitsweise transformierten. Abgeschlossen wird dieser Teil *Aneignung* mit Gedanken zu Urbanisierung im ruralen Raum Südamdos. Kapitel 1 und 2 schaffen folglich den Zugang zur Thematik und bilden die Grundlage für die nachfolgende Darstellung und Einordnung des ethnographischen Materials.

Der zweite Teil der *Inkorporation* befasst sich mit Infrastruktur sowie mit Motorfahrzeugen und Mobiltelefonen als „mobilen Technologien". Er zeigt, wie

5 Siehe Erklärungen zum Domestizierungsansatz in Kapitel 3.4.

durch die Inkorporation und Nutzung dieser Technologien der Lebensalltag von Nomaden mit Infrastruktur verflochten ist. In Kapitel 3 befasse ich mich mit der Entwicklung der Strasseninfrastruktur in der Graslandregion des südlichen Amdos. Ich stelle dar, wie Strassenbau wechselnden ideologischen Zielen des Staates diente, wie letztlich aber auch die lokale Bevölkerung mit Strasseninfrastruktur interagiert hat. Weiter verdeutlichen die Ausführungen in diesem Kapitel die Vorgänge der Aneignung mobiler Technologien in den Kontext von Nomadenfamilien. Das daran anschliessende Kapitel 4 untersucht die Infrastruktur der Mobiltelefonie und zeichnet ihre Einführung und Verbreitung in den Alltag von Nomaden nach. Das Kapitel verdeutlicht die mehrschichtige Verflechtung von politischen Prozessen, von sozial geordneten Beziehungen und Alltagspraktiken und zeigt anhand von ethnographischem Material, wie mobile Kommunikation Räume hervorbringt, die im Kontext der Verflechtung von Infrastruktur und gelebtem Alltag zu verorten sind. Der zweite Teil *Inkorporation* wird abgeschlossen von Kapitel 5 – einem Zwischenhalt, in welchem vorläufige Ergebnisse zusammengefasst und analysiert werden. Das Kapitel stellt folglich einen Moment des Innehaltens und Zurückschauens dar.

Der dritte Teil der *Konversion* befasst sich mit räumlichen und sozialen Transformationen, die sich durch die Einbettung mobiler Technologien in den Alltag ergeben. Kapitel 6 nimmt den Faden von Kapitel 3 auf und diskutiert Mobilitätspraktiken, die durch Inkorporation von motorisierten Fahrzeugen in den Alltag von Nomaden entstanden. An der Schnittstelle von staatlichen Ordnungen von Zentrum und Peripherie werden Motorfahrzeuge zu taktischen Instrumenten, welche die Ordnungen der Infrastruktur unterwandern, indem Nomaden sie in ihren Alltag einbetten. Nomaden des Forschungsgebiets nutzen Infrastruktur so, dass sie, statt räumlich auszugrenzen, räumlich integriert. Die Praktiken der Mobilität führen dazu, dass Nomaden im südlichen Amdo Prozesse der Modernisierung und Urbanisierung durch ihre Teilnahme daran transformieren und dass dadurch ihr sozialer Raum „konvertiert" wird, d. h. Veränderung erfährt. Kapitel 7, anknüpfend an den Wandel, der in den Kapiteln 4 und 5 in Bezug auf Mobiltelefonie untersucht wurde, diskutiert die Signifikanz neuer Kommunikationsräume für die sozialen Beziehungen in nomadischen Gemeinschaften Südamdos. Das Kapitel analysiert die mit der Telekommunikation in Zusammenhang stehenden Praktiken im Alltag der Nomaden dieser Region. Es zeigt die Veränderungen in sozialen Räumen, die durch eine räumliche Verschiebung bzw. Erweiterung erfolgen sowie dadurch, dass *gender*-Zuschreibungen durch die Kommunikationsmöglichkeiten des Mobiltelefons durchlässig werden.

Die drei Etappen der *Aneignung, Inkorporation,* und *Konversion* werden in Kapitel 8 ausgewertet. In ihm werden die Schlussfolgerungen aus der gesamten Arbeit vorgestellt und diskutiert. Inhaltlich knüpfe ich an die in Kapitel 1 formulierten Thesen und Themen an und argumentiere, dass Alltagspraktiken durch mobile Technologien soziale Räume und soziale Beziehungen transformieren, indem Nomaden Südamdos die räumliche Fragmentierung in zentrale Siedlungsorte und periphere Weidegebiete auf eine Art navigieren, die ihren gelebten Raum erweitert und transformiert. Neue Mobilitätspraktiken machen Nomaden Südamdos zu Akteuren in Urbanisierungsprozessen.

Teil I: **Aneignung**

...one ought to work descriptively, creatively–intuitively and in a concretising manner. Instead of simply applying concepts to all sorts of things, concepts ought to come forward in movements of thoughts springing from the spirit of language and the power of intuition.

Hans-Georg Gadamer

1 Forschungsinteresse – Forschungsfragen – methodische und theoretische Überlegungen

Mein Interesse am Forschungsgegenstand formierte sich in einem Zeitraum von mehr als zehn Jahren (1994 bis 2009), in dem ich in Asien zuhause war. Die für meinen Forschungsgegenstand zentralen Jahre verbrachte ich in Sichuan, im Südwesten der Volksrepublik China. 1999 zog ich nach Chengdu, die Hauptstadt der Provinz Sichuan, und wurde Sprachstudentin des Mandarin-Chinesischen und Amdo-Tibetischen an der Südwestuniversität für Nationalitäten, an der sich eine Fakultät für Tibetische Studien befindet. Dort lernte ich Menschen aus nomadischen Familien der tibetischen Region im Norden der Provinz kennen. Es entstand ein Freundesnetzwerk, das es mir ermöglichte, Nomadenfamilien aus sKa khog und mDzod dge zu besuchen und immer mal wieder einige Tage bei ihnen zu leben, zu beobachten und Fragen zu stellen. Daraus resultierte ein allgemeines Interesse an der Lebensweise tibetischer Nomaden. In den folgenden Jahren war ich regelmässig in dieser Region unterwegs, mehrheitlich als Besucherin von Freunden und Bekannten, von 2004 bis 2009 auch als Mitarbeiterin einer NGO, die Programme der Entwicklungszusammenarbeit in der Region umsetzte.

Abbildung 1: Besuch der Autorin auf der Sommerweide im Jahr 2006. Einführung in die Kunst des Melkens von *'bri* (Yakkühen).

DOI 10.1515/9783110502008-002

In den zehn Jahren, in denen ich das südliche Amdo im Norden der Provinz Sichuan und andere tibetische Regionen bereiste und kennenlernte, beobachtete ich Veränderungen, die ich im einleitenden Teil skizziert habe. Ich stellte fest, dass Nomaden mehr und mehr auf einem Motorrad statt auf einem Pferd unterwegs waren und erlebte mit, wie in dem von Nomaden bewohnten Grasland Strassen ausgebaut und geteert wurden. Ich sah, wie sich Ortschaften vergrösserten und Nomaden öfters oder in grösserer Zahl in diesen Orten anzutreffen waren. Ich erlebte die Einführung und Diffusion des Mobiltelefons, als ich in Sichuan mein Zuhause hatte und beobachtete, wie Nomaden im Vergleich zu tibetischen und chinesischen Stadtbewohnerinnen und Stadtbewohnern zeitlich nur wenig verzögert solche Geräte erwarben. Diese Vielzahl an Beobachtungen verdichtete sich zu einer Frage: Welche Auswirkungen haben technisierte Mobilität und mobile Kommunikationstechnologie auf Nomaden, die *per definitionem* ein mobiles Leben führen? Kann es sein, dass es hier zu einer grundlegenden Verschiebung von Mobilität kommt? Wenn ja, was bedeutet das in Bezug auf die Art, wie Nomaden ihre Umwelt erleben?

Der Prozess, welcher zur Forschungsfrage dieser Arbeit führte, war in keiner Weise gradlinig, sondern begleitet von einem langen Weg des Suchens, Hinterfragens und Abgleichens mit dem Realisierbaren. Diese Entwicklung beschreibe ich in den folgenden drei Teilen des Kapitels. Sie zeigen, wie ich von einem allgemeinen Forschungsinteresse zu konkreten Forschungsfragen gelangt bin. Die einzelnen Teile leite ich jeweils mit Episoden ein, die den Alltag der tibetischen Nomaden in der Weidewirtschaft beschreiben. Diese Darstellungen der nomadischen Alltagswelt stammen aus meiner Erfahrung der teilnehmenden Beobachtung im Zeitraum von 1999 bis 2009. Leicht fiktionalisiert fungieren sie als Einführung in den Alltag der Nomaden und der Pastoralwirtschaft. Sie bilden den Hintergrund und Anknüpfungspunkt aller weiteren Untersuchungen und Fragen, die in dieser Arbeit zur Sprache kommen.

1.1 Morgen – Anfänge: Erkenntnisinteresse und Forschungsfragen

Es ist vier Uhr morgens und dunkel. Dronma Tsho weiss, dass es Zeit ist aufzustehen. Sie muss mit dem Melken beginnen. Sie steht auf, bindet ihre *tsha ru*, eine Art Mantelkleid, das mit einem Gürtel festgezurrt wird, zieht die Schürze an und macht den Melkhaken daran fest. Sie hört den Regen auf dem Zeltdach, spürt die Feuchtigkeit in der Luft. Draussen bellen Hunde. Gegen den schon seit Tagen andauernden Regen wirft sie sich eine Regenpelerine über, zieht das Kopftuch unter dem Kinn fest, schlüpft in Regenstiefel. So ausgerüstet, nimmt sie den Melkkessel, der in einer Ecke des Zeltes steht und geht nach draussen zu den Yakkühen, um mit dem Melken zu beginnen.

Eine Stunde später zeigt sich zögernd das erste Tageslicht. Der Regen hat nachgelassen und die Wolken scheinen sich etwas aufzulockern. Vielleicht wird es heute ein trockener Tag. Das wäre gut. Es hat in letzter Zeit viel geregnet. Das strengt an. Der Melkplatz ist schlammig und rutschig. Die Vertiefungen und Schlaglöcher des Feldwegs, der in der Nähe des Zeltes vorbeiführt, sind mit Wasser gefüllt. Die Kleider trocknen nicht richtig und Käse hat sie schon seit zwei Tagen nicht mehr hergestellt, weil es zum Trocknen andere Wetterbedingungen braucht. Der Vorrat an trockenem Yakdung ist auch bald aufgebraucht und wenn das Wetter nicht besser wird, müssen sie im Winterlager Nachschub holen.

Das Melken nimmt Zeit in Anspruch. Erst müssen die Kälber von ihrem Platz an der Seilschnur gelöst werden. Die Mutterkuh finden sie selber und ziehen gierig an den Zitzen. Die Kälber wieder von den Mutterkühen zu trennen, bevor sie alle Milch getrunken haben und damit die Kuh gemolken werden kann, erfordert Kraft. Langsam aber stetig füllt sich der Melkkessel. Wie Dronma Tsho wieder ins Zelt geht, um ihren Melkkessel in einen grossen Topf zu leeren, ruft sie ihrem Mann Tsherang zu, ob er nicht das Feuer anfachen könne und geht gleich wieder raus, um die Arbeit fortzusetzen. Sie bemerkt schon nicht mehr, wie sich die unter Decken zusammengerollte Person erhebt.

Einige Zeit später, das Melken ist abgeschlossen, sitzt die Frau mit ihrem Mann am Feuer. Die Milch ist zum Erwärmen in einem grossen Topf auf dem Feuer. Danach wird Dronma Tsho diese in der Milchzentrifuge zu Butter weiter verarbeiten. Erst aber nimmt sie sich einen Moment Zeit, um eine Schale Tee zu trinken und etwas zu essen. Als Tsherang erwähnt, dass er später in die Siedlung fahren wird, erinnert sich Dronma Tso, dass es Samstag ist und dass ihre Kinder für das Wochenende nach Hause geholt werden. Das erübrigt die Frage, ob sie mitfahren möchte. Der Platz auf dem Motorrad wird von den zwei Kindern beansprucht werden. Sie hätte auch gar keine Zeit für einen Ausflug in die Siedlung. Das Wetter hat aufgehellt und es muss Käse hergestellt werden.

Später, als sie die Milchzentrifuge bedient, schaut sie ihrem Mann nach, der auf dem Motorrad einen Weg über den schlammigen Boden hinüber zum Feldweg sucht. Seine Beine suchen Halt auf dem glitschigen Boden. Als er den Feldweg erreicht, beschleunigt er und fährt davon – in dieselbe Richtung, in die schon den ganzen Morgen über Motoräder und vereinzelt auch Pickup Wagen gefahren sind.

Die morgendliche Szene entwirft ein Bild, das vermutlich allgemeinen Vorstellungen über nomadische Herdenhalter entspricht: Zelte in weitem, offenem Land; Tierherden, die auf der Weide grasen; Frauen beim Melken; Männer, die auf ihren Pferden über die Weide reiten und die Herde zusammentreiben. Meine Beschreibung der morgendlichen Aktivitäten von tibetischen Nomaden lässt sich auf Nomaden fast überall auf der Welt übertragen. Die Tiere der Herden, die Kleider der Menschen und die Materialien und Bauweise ihrer Behausungen oder die landschaftlichen Gegebenheiten unterscheiden sich je nach geografischem Kontext. Aber die Beschreibung der pastoralwirtschaftlichen Tätigkeiten könnte für viele Regionen der Welt übernommen werden. Sie entspricht den Beschreibungen von Goldstein und Beall (1990: 87–95) für die Nomaden Westtibets, einer Region, die tausende von Kilometern von Amdo entfernt ist und in einer vergleichsweise ariden Zone liegt. Die Beschreibung der Alltagstätigkeiten trifft zumindest in groben Zügen auf Nomaden in der Mongolei (Fijn 2011: 181–183, 190–194), in der Sahara (Fischer 2008a) und auch in der transhumanten[6] Alpwirtschaft der Schweiz (Reusser 2003) zu. Die Ähnlichkeit erklärt sich dadurch, dass die alltäglichen Tätigkeiten in der Vieh- und Weidewirtschaft auf die Bedürfnisse der Tiere ausgerichtet sind und darauf, durch nachhaltige Ressourcennutzung von den Tieren Produkte wie Milch, Wolle, Fleisch und Brennstoff zur Existenzsicherung der Menschen zu gewinnen.

Das Element nomadischer Mobilität zeigt sich in der obigen Beschreibung nur ansatzweise. Das Nomadische ist bedingt durch das Bestreben, die Ressourcen bestmöglich und nachhaltig durch einen systematischen Weidewechsel zu nutzen und so zur eigenen Existenzgrundlage Sorge zu tragen. Dass der Haushalt mobil ist, wird an der Behausung – dem Zelt – sichtbar. Das Zelt ist ein Hinweis, dass die Familie nicht permanent an diesem Ort lebt und dass früher oder später die Behausung abgebaut und woanders abermals aufgebaut wird. Das Nomadische konstituiert sich in der vorübergehenden Präsenz von Mensch und Tier an einem bestimmten Ort.

Der Mann, der mit dem Motorrad in die entfernte Siedlung fährt, macht auf eine andere Form der Mobilität aufmerksam. Sie lässt sich nicht explizit an der pastoralnomadischen Lebensweise festmachen, ist aber trotzdem Bestandteil davon. Sie verdeutlicht einen Transformationsprozess, der mit geschichtlichen und politischen Entwicklungen der letzten Jahre in Zusammenhang steht. Die motorisierte Mobilität stellt eine Verbindung zwischen dem nomadischen Haushalt und einer gebauten Siedlung her. Dieser Ort unterscheidet sich von dem Ort, wo Nomaden ihr Zuhause haben und ihre Tiere weiden. Wie sich diese Unterscheidung konstituiert, ist Thema der Forschungsarbeit.

1.1.1 Mein Erkenntnisinteresse – Mensch, Umwelt, Mobilität

An der Schnittstelle von nomadischer Mobilität und der Beziehung von Nomaden zu ihrem Land findet sich mein ursprüngliches Interesse. Beim Kennenlernen der Lebenswelt von Nomaden fragte ich mich, ob es eine grundsätzlich andere Art des Wohnens gibt, wenn der Lebensalltag von Bewegung geprägt ist. Vor mir haben Vertreterinnen und Vertreter der Philosophie und Kultur- und Sozialanthropologie schon längst über Fragen und Phänomene des Wohnens und der Beziehung

6 Das Adjektiv „transhumant" ist nicht sehr gebräuchlich. Es entstammt dem eher technischen Begriff Transhumanz, der in der deutschen Sprache wenig gebraucht wird (vgl. Hofmeister 1961: 131).

von Mensch und Umwelt nachgedacht und Antworten darauf gesucht.[7] Ingold (2000: 168) beispielsweise formulierte dies folgendermassen:

> [I]t is apparent that the world becomes a meaningful place for people through being *lived in*, rather than through having been constructed along the lines of some formal design. Meanings are not attached by the mind to objects in the world, rather these objects take on their significance [...] by virtue of their incorporation into a characteristic pattern of day-to-day activities. In short, far from being inscribed upon the bedrock of physical reality, meaning is immanent in the relational contexts of people's practical engagement with their lived-in environments.

Das Zitat bringt zum Ausdruck, dass die Beziehung zwischen Mensch, Tier und Umwelt nicht etwas Gegebenes ist. Sie wird geformt, erlangt Bedeutung und findet Ausdruck in den täglichen Praktiken. Dies war der Hintergrund, vor dem sich mein Forschungsinteresse zu konkretisieren begann. Ich vermutete, dass die Art, wie tibetische Nomaden mit ihrer Umwelt in Beziehung treten, geprägt ist von ihrer mobilen Lebensweise. Basierend auf dieser Grundannahme fragte ich, was es bedeutet, wenn Nomaden auf den Winterweiden Häuser bauen und dadurch teilweise sesshaft werden. Ich fragte mich weiter, was sich verändert, wenn Nomaden statt zu Pferde mit Motorrädern unterwegs sind. Wirken sich die Geschwindigkeit der Fortbewegung, das andere Gefühl der Bewegung und die Wege, die eingeschlagen werden, auf die Wahrnehmung und den Bezug zur Umwelt aus? Die Nutzung des Motorrads schien auf eine Form der Mobilität hinzuweisen, die nur bedingt mit der Lebensform der nomadischen Pastoralwirtschaft in Zusammenhang stand. Konnte es sein, dass motorisierte Mobilität zu einer Transformation der Art, wie die Umwelt wahrgenommen und wie in ihr gelebt wird, führt? Entstehen Brüche im *sense of place* von nomadischen Gemeinschaften? Wenn ja, wie äussern sie sich?

Tibetische Nomaden in sKa khog und mDzod dge haben in den 1990er Jahren begonnen, Motorräder anzuschaffen und seither hat die Motorisierungsrate tibetischer Haushalte in dieser Region kontinuierlich zugenommen. Der ländliche Strassenbau hat die Einbindung der Nomaden in die vom Staat geförderte und geforderte Marktwirtschaft und in Prozesse der Urbanisierung beschleunigt. Praktisch zeitgleich zur zunehmenden Motorisierung nomadischer Haushalte entwickelte sich die Mobiltelefonie in China und weltweit zu einem Massenprodukt,

7 Vgl. z.B. Basso 1996; Bender 1993; Feld & Basso 1996; Hirsch und O'Hanlon 1995; Low & Larence- Zúñiga 2003. Bezüglich der kulturtheoretischen und philosophischen Diskussion zu Raum und Ort und zum *Spatial Turn* ist die Literatur sehr umfangreich. Für Diskussionen hierzu verweise ich auf Döring 2008; Günzel 2007 und Withers 2009. In Kapitel 1.3 diskutiere ich die Raum- und Ortskonzepte im Rahmen der vorliegenden Arbeit.

und der entsprechende Infrastrukturausbau des Mobilfunknetzes wurde staatlich vorangetrieben. Im Forschungsgebiet, in welchem bis Ende der 1990er Jahre kein durchgehendes Telefonnetz mit Festnetzanschlüssen für Siedlungen bestand, ging man direkt dazu über, ein Mobilfunknetz einzurichten und erweiterte es seit seinen Anfängen kontinuierlich. Der Mobilfunk ermöglichte den verstreut lebenden und mobilen Nomaden Zugang zur Telefonie.

Infrastrukturbauten überlagern ein Gebiet, das von Menschen bewohnt wird, deren Lebensweise sich durch Mobilität auszeichnet. Nun stellt sich die Frage, wie tibetische Nomaden die Infrastruktur und die Möglichkeiten, die ihnen diese eröffnet, in ihren Alltag und ihre sozialen Praktiken einbetten, und wie sich veränderte Mobilität im alltäglichen Geschehen abbildet.

Die vorliegende Monographie beschreibt Mikroprozesse der Veränderung und Kontinuität in nomadischen Gemeinschaften im südlichen Amdo und fokussiert auf das Alltägliche. Sie fragt, welche Verschiebungen sich im räumlichen Alltagshandeln ergeben durch die Aneignung und Inkorporation von Mobilitätstechnologien, und welche Auswirkungen dies auf die sozialen Beziehungen in Gemeinschaften tibetischer Nomaden hat. Das Forschungsinteresse konzentriert sich nicht alleine darauf, wie nomadische Mobilität die Art des Bewohnens des Landes und die Beziehung zur Umwelt von Nomaden bestimmt. Mobilität wird nicht auf ein essentiell nomadisches Etwas ausgerichtet, sondern in den alltäglichen Handlungen und Bewegungen der Nomaden verortet. Insgesamt ist es eine ethnographisch ausgerichtete Arbeit, die veränderte Mobilität von Nomaden zum Forschungsanlass nimmt. Sie untersucht, wie Motorisierung und Mobiltelefonie im Lebensumfeld von Nomaden miteinander verflochten sind und welche räumlichen und sozialen Kontinuitäten, Brüche und Transformationen sich dadurch ergeben.

1.1.2 Forschungsfragen konkretisiert

Die Überlegungen der vorhergehenden Kapitel führen zu folgenden thematischen Ausrichtungen und Thesen, denen ich den vorgängig zitierten Text von Tim Ingold voranstellen möchte:

> [I]t is apparent that the world becomes a meaningful place for people through being *lived in*, rather than through having been constructed along the lines of some formal design. Meanings are not attached by the mind to objects in the world, rather these objects take on their significance [...] by virtue of their incorporation into a characteristic pattern of day-to-day activities. In short, far from being inscribed upon the bedrock of physical reality, meaning is immanent in the relational contexts of people's practical engagement with their lived-in environments (Ingold 2000: 168).

Alltag

Der Alltag der Nomaden Südamdos konstituiert sich in den alltäglichen, sprich gewöhnlichen, Tätigkeiten. Diesen sind räumliche Zuteilungen inhärent, die unter anderem in der geschlechterspezifischen Rollenteilung der Aktivitäten von Nomaden sichtbar werden. In diesem Alltag konstituiert sich der soziale Raum der Nomaden. Wie steht nun dieser gelebte Alltag mit Mobilität in Beziehung, und wie bildet sich dieser in den sozialen Beziehungen und deren Räumlichkeiten ab? Anders formuliert, wie verbinden sich Raum und Mobilität durch die Alltagspraxis miteinander, und wie äussert sich eine derartige Verflechtung in Bezug auf „people's practical engagement with their lived-in environments" (Ingold 2000: 168)?

Der Besitz von Medien der Fortbewegung und Kommunikation wie Motorräder, Autos und Mobiltelefone verändert die Alltagspraktiken der Nomaden Südamdos. Diese Technologien stehen nicht allen Familienmitgliedern oder Mitgliedern nomadischer Gemeinschaften gleichermassen zur Verfügung. Dies führt zu meiner Annahme, dass Aneignung und Inkorporation mobiler Technologien bestehende soziale und räumliche Ordnungen konsolidieren oder aufbrechen. Praktiken, die sich aus der Nutzung von mobilen Technologien ergeben, bringen neue oder andersgeartete Bewegungsrichtungen und Kommunikationsmodi hervor. Diese verändern soziale Räume nomadischer Familien oder Gemeinschaften in Südamdo.

Material

Der Alltag von Nomaden hat sich durch eine Vielzahl von Materialien verändert. Mobile Technologien führen zu Verflechtungen mit globalen Prozessen und im Alltag von Nomaden zu einer Mobilität, die durch Strassen- und Telekommunikationsinfrastruktur in das Land gezeichnet ist. Die Aneignung und Inkorporation von motorisierten Fahrzeugen und Mobiltelefonen in den Alltag von Nomaden führt zu deren Teilnahme an globalisierenden Prozessen.

Materialien – sowohl Infrastruktur wie auch die mobilen Technologien oder Mobilitätstechnologien – sind in einen sozialen, geschichtlichen und politischen Kontext eingebettet. Wie findet dieser Einbettungsprozess statt und wie verändert er die Lebenswelt der Menschen? Wenn von einem Verständnis, dass „objects take on their significance [...] by virtue of their incorporation into a characteristic pattern of day-to-day activities" (Ingold 2000: 168) ausgegangen wird, wie lässt sich die Wechselwirkung zwischen Materialien, deren Aneignung und deren sozialräumliche Konsequenzen verstehen?

Infrastruktur wurde von staatlichen Akteuren eingerichtet. Die Nutzung von mobilen Technologien bedingt Interaktion mit Infrastruktur. Infrastruktur führt zu einer Verfestigung von Mobilitätsrichtungen von Nomaden, weil sich motorisierte Fortbewegung an Strassen ausrichtet und Mobilkommunikation auf Mobilfunktürme und ihre Reichweite angewiesen ist. Das heisst, die Materialität der Infrastruktur wirkt auf die Lebens- und Wirtschaftsweise der Nomaden in Südamdo ein. Materialien binden Nomaden des südlichen Amdos in die Marktmechanismen und Flüsse von Gütern und Informationen der modernen Netzwerkgesellschaft und des globalen Marktes.

Verflechtung

Dem Alltagskontext der Nomaden in Südamdo ist Mobilität inhärent. In ihm entwickeln sich Interaktions- oder Kommunikationsräume, die für die Formung und Aufrechterhaltung von sozialen Beziehungen relevant sind. Die Nutzung neuer Mobilitätstechnologien führt nun zu Veränderung von Mobilität und zu neuen Mobilitätsformen, die soziale Räume produzieren. In „the relational contexts“ (Ingold 2000: 168), das heisst in den Verflechtungen von Personen und Orten, manifestieren sich räumliche und soziale Transformationen.

Die vom Staat erstellte Infrastruktur verbindet Orte miteinander. Sie schafft dadurch eine räumliche Aufteilung, die ländliche Regionen und zerstreut lebende Nomaden der Peripherie zuteilt und gleichzeitig den an den Knotenpunkten der Infrastruktur liegenden Ortschaften Zentralität verleiht. Wenn Nomaden mobile Technologien nutzen, führt dies zu Verflechtungen von Orten und Personen, die entweder der „Peripherie“ oder dem „Zentrum“ zugeteilt sind. Die Studie geht von der These aus, dass diese dichotome Einteilung aufgeweicht wird und dass mobile Technologien und Praktiken, die sich aus ihrer Nutzung ergeben, soziale Räume der Nomaden Südamdos modifizieren.

1.2 Mittag – Schritte: Ethnographie als Lebensstil und als Methode

---

Mittag. Dronma Tsho ist alleine auf der Weide. Tsherang, ihr Mann, ist in die Siedlung gefahren. Sie ist mit dem Zentrifugieren der Milch fertig, und die Butter ist geknetet und gewaschen. Die Buttermilch, die *dara,* stellt sie auf das Feuer, um den tibetischen Käse *chura* herzustellen. Durch Erhitzen der angesäuerten Buttermilch werden ihr die letzten verbleibenden Milchproteine entzogen. Die ausflockenden Körner werden anschliessend auf einem Tuch zum Trocknen an der Sonne ausgebreitet. Dass der Regen innegehalten hat und sogar die Wolken am Aufbrechen sind, hilft. Vielleicht bleibt es lange genug trocken, damit auch der Yakdung, den sie bereits am Morgen nach dem Melken auf einem grasigen Stück Weide ausgestrichen hat, trocknen kann.

Als sie wieder einmal von ihrer Arbeit aufschaut und überprüft, wie sich die Herde bewegt, merkt sie, dass sie ziemlich zerstreut grasen und sich etwas zu nahe an der Herde eines Nachbarn aufhalten. Sie nimmt die Schleuder und macht sich auf, die Herde zusammenzutreiben und in eine andere Richtung zu lenken. Zurück beim Zelt kommt eine Nachbarin vorbei. Sie ist beritten und hat, wie Dronma Tsho, soeben die Herde zusammengetrieben und Ausschau gehalten nach ein paar Tieren, die sich von der Herde entfernt hatten. Die beiden Frauen unterhalten sich, beklagen sich über den vielen Regen.

Währenddessen ist Tsherang nach fast einer Stunde Fahrt in der Gemeindesiedlung angekommen. Die Fahrt war ereignislos, ausser dass er beim üblichen Weideplatz den Hund abwehren musste, der es nicht lassen kann, sich mit vorbeifahrenden Motorradfahrern oder Autos zu messen. Die Schule ist noch nicht aus und Tsherang nutzt die Zeit, um sich mit Bekannten im Teehaus, das von einem Mitglied seines *ru skor* – seiner Siedlungsgemeinschaft – geführt wird, zu treffen und Tee zu trinken. Danach wird er seine Kinder abholen, mit ihnen Mittag essen und einige Besorgungen erledigen, bevor sie alle zusammen am späteren Nachmittag zurück zum Weideplatz fahren.

Die obenstehenden Episoden eines Morgens und eines Mittags im Tagesablauf von Nomaden sind ethnographische Versatzstücke des Alltags. Persönliche Beobachtungen fanden Eingang in Feldnotizen. Feldnotizen überarbeitete ich anschliessend so, dass sie als allgemeine Beschreibungen des Alltags von Nomaden eingesetzt werden können. Dies ist der eigentliche Vorgang ethnographischen Arbeitens, wie ihn auch Emerson et al. (2011) beschreiben:

> Ethnographic field research involves the study of groups and people as they go about their everyday lives (Emerson et al. 2011: 1).

Die Autoren benennen den Alltag – everyday life – als Forschungsfeld. Sie setzen sich vornehmlich mit dem Schreibprozess auseinander und beschreiben ihn als einen von zwei Strängen der Ethnographie. Der erste Strang besteht darin, dass sich Forschende in ein „social setting" begeben und an dessen Alltag teilnehmen, indem sie mit den Menschen vor Ort in Beziehung treten und gleichzeitig beobachten, was vor sich geht, wie sich die Menschen verhalten, wie sie ihren Alltag leben (Emerson et al. 2011: 2–5). Dieses Vorgehen nennt sich „teilnehmende Beobachtung" und gilt als Hauptinstrumentarium der qualitativen Sozialforschung.[8]

---

8 Das ethnographische Arbeiten hat in den letzten Jahrzehnten einiges an Veränderung erfahren, indem die Art, wie ethnographische Beobachtungen reflektiert und repräsentiert werden, der Prozess, wie Beobachtung zu geschriebenem Wort wird, die Rolle des Forschenden und Fragen der Macht kontrovers und aufs heftigste diskutiert worden sind. Der Sammelband *Writing Culture: The Poetics and Politics of Ethnography,* herausgegeben von Clifford und Marcus (1986), gilt als Höhepunkt einer Debatte der 1970er Jahre über den positivistischen Anspruch der Ethnographie, objektives Wissen zu produzieren. Die Debatte führte zu einer kritischen Auseinandersetzung mit

Teilnehmende Beobachtung war für mich ein Lebensstil, bevor ich begann, Forschung zu betreiben. Seit 1994 bereiste ich das tibetische Plateau, machte Notizen, beobachtete, nahm teil am Leben meiner Gastgeberinnen und Gastgeber. Während meinem Studium der Sozialanthropologie, wurde mir klar, dass mein Tun einen Namen hat. Ich lernte, dass nicht alles, was ich sah, hörte und beobachtete, Eingang in eine Forschungsarbeit finden kann, sondern dass ein sorgfältiger Umgang mit dem Vertrauen, welches mir Menschen in Gesprächen und Interaktionen entgegenbringen, erforderlich war. Wie aber bringe ich Ethnographie als Lebensstil und Methode zusammen, ohne dass ich meine Position als Beobachtende und Reflektierende über Gebühr ausnutze? Welche ethischen Dilemmas stellen sich? Dies wird am konkreten Kontext meiner Forschungssituation diskutiert.

1.2.1 Ethnographie im Ausnahmezustand?

Der Alltag von Nomaden Südamdos konstituiert den Forschungsgegenstand dieser Arbeit und erschliesst sich am besten durch die eigene Teilnahme daran. Ich plante deshalb, durch teilnehmende und nicht-teilnehmende Beobachtung sowie durch freie oder semi-strukturierte Gesprächsführung zu untersuchen, wie Infrastruktur genutzt wird, wie sie im Alltag der Nomaden Bedeutung erlangt, und wie Erwerb und Nutzung von mobilen Technologien die Mobilität der Nomaden verändert. Dabei war vorgesehen, ihre alltäglichen Praktiken zu untersuchen und ihren Lebensort der Weidestandplätze zum Ausgangspunkt ihrer Mobilität zu nehmen. Da die wirtschaftliche Tätigkeit des nomadischen Pastoralismus bei den Tibetern auf Ebene einzelner Haushalte erfolgt, die sich in aller Regel als Kernfamilien[9] konstituieren, bezog ich mich methodisch auf diese Einheit. Ich plante, während einiger Wochen in nomadischen Gebieten der Kreise sKa khog und mDzod dge in Südamdo Familien in den Weidegebieten zu besuchen, sie in ihrem Alltag zu beobachten und mit ihnen Gespräche über ihren Lebensalltag, den Umgang mit motorisierten Fahrzeugen und Mobiltelefonie zu führen.

Bevor ich meine methodischen Pläne umsetzen konnte, musste ich mich mit viel Flexibilität auf komplexe Realitäten im Forschungsgebiet und veränderte Umstände einstellen. Zum Ausdruck bringt dies eine längere Reflexion über Feldforschung, die ich während meines Feldaufenthalts im Oktober 2012 schrieb. Sie

---

Fragen der literarischen Repräsentation und der Rolle der Ethnographen in der Produktion von Wissen über Andere.

9 Eine vertiefte Diskussion der sozialen Strukturen und der Familie als soziale Einheit findet sich in Kapitel 2.1.5.

verdeutlicht den invasiven Aspekt von teilnehmender Beobachtung und die Herausforderung, mit dem Erfahrenen in aller Sorgfalt umzugehen. Für dieses Kapitel habe ich den Text leicht gekürzt und überarbeitet:

Ethnographie. Man möchte meinen, man könne beobachten, Fragen stellen, zuhören, Interviews führen, wahrnehmen, Gespräche führen – und dann alles wohlgeordnet in eine Beschreibung überführen. Man möchte meinen, man könne Beobachtungen und Beschreibungen aufs Papier bringen, sie einer Analyse unterziehen und zu einem adäquaten Schluss kommen.

Ethnographie. Man begegnet Menschen, keinen Forschungsobjekten. Man beobachtet sie, man hört ihnen zu, spricht mit ihnen und reagiert auf sie. Es findet Begegnung statt. Interaktion. Ethnographen sind involviert. Sie sind das notwendige Gegenüber der Begegnungen, die in keinem Vakuum, sondern in einem Hier und Jetzt stattfinden.

Ethnographie. Sie lässt die Ethnographin oder den Ethnographen nicht aussen vor. Man ist eine der handelnden Personen. Man übernimmt eine Rolle, ist eine Person mit Meinungen und Ansichten. Man partizipiert an Situationen, Ereignissen, Gesprächen. Man ist mitten drin und das eigene, wissenschaftliche Tun verflicht sich mit dem Geschehen und dem Leben der Gegenüber. Distanz, wissenschaftliche Distanz, löst sich auf, und man ist konfrontiert mit Unaussprechlichem oder Unbeschreibbarem. Manchmal. Zum Beispiel an einem sonnigen, freundlichen Oktobernachmittag in einer Siedlung, die mitten in den weiten Grassteppen Südamdos liegt:

22. Oktober 2012. Seit zwei Tagen befinde ich mich in X. Ich habe Bekannte getroffen und wir gehen zusammen in ein Teehaus. Es ist früher Nachmittag, die Ortschaft belebt mit Nomaden aus dem umliegenden Weideland. Wir finden einen freien Tisch in einem relativ ruhigen Teehaus, bestellen unsere Getränke – Grüntee, Jasmintee, gesüsster Milchkaffee – und richten uns ein für einen langen Nachmittag. Wir unterhalten uns, beobachten das Geschehen auf der Strasse, kommentieren es. Zwischendurch rufen meine Bekannten immer mal wieder Informationen auf dem Mobiltelefon ab oder telefonieren mit jemandem. Einer meiner zwei Begleiter weiss, was ich hier tue und was mich interessiert. Wir reden über Nomaden, über Veränderungen, auch über Persönliches, da wir uns schon seit Jahren kennen. Nach einer Weile, als das Gespräch etwas abflaut, sind meine Gegenüber intensiver mit ihren iPhones beschäftigt, scrollen durch das Menü, rufen Informationen ab, kommunizieren mit anderen. Einmal beugt sich einer von ihnen leicht zu mir und teilt mir in ruhigem Ton mit, dass sich heute um neun Uhr morgens ein weiterer Tibeter angezündet hat. Wir schweigen. Später, knapp zwei Stunden sind vergangen, zeigt er mir ein Foto der Selbstverbrennung, das er eben über sein iPhone erhalten hat.

Ethnographie ist eine grosse Last der Verantwortung. Diese kurze Notiz, die ich vor einigen Tagen verfasst habe, beschreibt Unbeschreibliches. Sie lässt vieles offen und ungesagt. So wie sie hier steht, gibt sie keine Auskunft über den Kontext und darüber, wie ich das Gespräch, das Ereignis, das Foto, welches mir gezeigt wurde, werte. Es lässt unerklärt, in welchem Zusammenhang das beschriebene Ereignis steht, welche Auswirkungen es auf meine Begleiter, auf mich selber, auf meine Forschung hat. Mit einer kurzen Notiz öffne ich einen Raum des Geschehens. Solange sie nur in meinem Feldjournal steht, hat sie keine weiteren Konsequenzen.

Wenn ich die Notiz als Datensatz für eine Arbeit verwende, die von anderen gelesen wird, dann erhält sie eine Tragweite, die ausserhalb meiner Kontrolle liegt.

Ethnographie ist Kontext. Notizen, Gesprächsausschnitte, Beobachtungen werden als ethnographische Beschreibungen in einen Kontext eingebettet. Der Kontext wird von der Ethnographin geschaffen. Sie hat eine Monopolstellung in der Darstellung von Zusammenhängen, die die Bedeutung einzelner Ereignisse sichtbar macht. Der Kontext, den ich schaffen will, ist ein praxistheoretischer: Wer nutzt Mobiltelefone wie, wann und wo. Teehäuser als Orte der Interaktion. Motorräder, mit denen die Teehäuser in erreichbare Nähe von Nomaden rücken. Diese Absteckung des Kontexts aber lässt vieles ungesagt. Müsste es gesagt werden?

Ethnographie ist Ethik. Ethnographisches Arbeiten und Schreiben bilden ein komplexes Feld, in dem Fragen der Repräsentation, der Macht, der Selbstreflexion, der Wissensbildung versteckte Minen sind, die jederzeit explodieren können. Als Ethnographin ist man beteiligt an der Herstellung des Datenkorpus, den man analysieren und verstehen möchte. Habe ich den ethischen Anspruch an mich selber und an die Generierung von Wissen hoch genug gesteckt?

Der Kontext, in dem ich meine Feldforschung durchführte und der ansonsten in dieser Arbeit mehrheitlich unerwähnt bleibt, lässt sich nicht auf wenigen Seiten abhandeln. Das Folgende schafft nur einen verkürzten Einblick in Ereignisse, die insbesondere das südliche Amdo und folglich die Umsetzung meiner Feldforschung betrafen. Der Einstieg macht das Ereignis, das in obige Notiz aus der Feldforschung Eingang gefunden hat, wie es in der britischen Zeitung *The Guardian* Erwähnung findet:

> 22. October, 2012. Dhondup set fire to himself at the side of a temple called Serkhang in Labrang Tashikyil monastery, in Gansu province. According to reports from exiled Tibetans, Dhondup died after his self-immolation and troops took away his body. Local monks then tried to hold prayers for Dhondup but police and monastic officials tried to prevent this happening.[10]

Die Selbstverbrennung des 46-jährigen Mannes aus Labrang war die fünfundfünfzigste Selbstverbrennung, seit solche Akte in Ost- und Nordosttibet das erste Mal ausgeführt worden sind. Über die Gründe, die zu Selbstverbrennungen von Tibeterinnen und Tibetern führen, wurde sowohl in den Medien und in Blogs (vgl. z.B. Woeser 2009) als auch von Wissenschaftlerinnen und Wissenschaftlern einiges geschrieben (vgl. z.B. Gyatso 2014; McGranahan & Litzinger 2012). Die Entscheidungen und Motivationen der Einzelnen wurden vermutlich von verschiedenen Faktoren beeinflusst, und ich beabsichtige nicht, den bestehenden

10 http://www.guardian.co.uk/world/interactive/2012/mar/07/self-immolation-tibet-china-interactive?INTCMP=SRCH; Zugriff am 31. 12. 2012).

Analysen und Begründungen weitere hinzuzufügen. Unbestritten ist, dass Akte der Selbstverbrennung eine politische Komponente haben, gewollt oder ungewollt. Die erste Selbstverbrennung erfolgte am 27. Februar 2009 in der Kreisstadt rNga ba des Bezirks rNga ba (ch.: Aba) in unmittelbarer Nachbarschaft zu meinem Forschungsgebiet. Bis zum Antritt meiner Feldforschungsperiode im August 2012 hatten sich einunddreissig Selbstverbrennungen ereignet, über sechzig Prozent davon im Bezirk rNga ba, in dem sich mein Forschungsgebiet befindet. Bei Ende meiner viermonatigen Feldforschungsphase hatte sich die Anzahl mehr als verdoppelt. Wenn man die Frequenz der Selbstverbrennungen als einen Indikator für Zugänglichkeit und Offenheit einer politisch komplexen Region nimmt, hatte ich den denkbar ungünstigsten Zeitpunkt für meine Forschung gewählt. Nur – wann ist eine günstige Zeit?

Von 1994 bis 2009 wohnte ich in oder am Rand von tibetischen Regionen Chinas. 1994, als ich in Lhasa Sprachstudentin war, waren die politischen Nachwirkungen der demokratischen Proteste, welche in ihrer Niederschlagung im Juni 1989 auf dem Tian'anmen Platz und an anderen Orten in China endeten, noch spürbar. In den folgenden Jahren erlebte China einen wirtschaftlichen Aufschwung, welcher politischen Dissens in den Hintergrund rücken liess. In tibetischen Regionen blieb es, abgesehen von regionalen Protesten und Akten des Widerstands, relativ ruhig. Der Staat trat nicht oder nur bedingt in militärischer oder polizeilicher Form in Erscheinung. Seine Präsenz äusserte sich vielmehr in Form von zentral gesteuerten, aber lokal umgesetzten Entwicklungsstrategien. Mit der Umsetzung der Kampagne „Die Grosse Erschliessung des Westens“ intensivierten sich staatliche Eingriffe in Land und Lebensweise. Die Kampagne sollte die westlichen und ärmeren Regionen Chinas am wachsenden Wohlstand und der blühenden Wirtschaft des Landes teilhaben lassen. Hohe Investitionen des Staates in tibetischen Regionen trugen dazu bei, dass es der Mehrheit der Bevölkerung wirtschaftlich und materiell besser geht als noch vor zehn Jahren.

Wahrscheinlich aufgrund der objektiven Verbesserung der Lebensbedingungen von Tibeterinnen und Tibetern kam die Protestwelle, welche im März 2008 ihren Anfang nahm, für die Mehrheit der Bevölkerung Chinas überraschend. Bezüglich internationaler Aufmerksamkeit war der Zeitpunkt gut gewählt. Nur einige Monate vor der Durchführung der olympischen Spiele in Beijing kam es zuerst in Lhasa und nur kurze Zeit später auch in anderen tibetischen Regionen, unter anderem in Südamdo, zu Unruhen. Die mediale Weltaufmerksamkeit richtete sich für einige Wochen auf den Ausdruck des Widerstands seitens der Tibeter und der Reaktion des Staates darauf. Zwei Monate später, am 12. Mai 2008, ereignete sich am östlichen Rand des tibetischen Plateaus ein Erdbeben der Stärke 7.9 auf der Richterskala. Es lenkte die Aufmerksamkeit der nationalen und internationalen Öffentlichkeit an einen Ort, an dem der Staat vorbildlich und rasch Hilfe leistete. Der anhaltende Protest von Teilen der tibetischen Bevölkerung und die Reaktion der Staatsmacht auf Akte des Widerstands verliefen danach grösstenteils abseits medialer Aufmerksamkeit. Sie sind möglicherweise Grund für die seit 2011 vermehrt stattfindenden Selbstverbrennungen. Die Berichterstattung aus westlicher Perspektive bleibt erschwert, weil Medienschaffenden der Zugang zu tibetischen Regionen, insbesondere zum Kreis rNga ba, seit den Unruhen im März 2008 verwehrt wurde.

Mitten in diesem schwer überschaubaren, explosiven Kontext einer tibetischen Region habe ich mein Forschungsfeld ausgesteckt. Etwas naiv vielleicht hatte ich erwartet, meine Forschungsfragen vom politischen Minenfeld fernhalten zu können. Sie waren in den fast zehn Jahren vor den Unruhen vom März 2008 entstanden, als ich das südliche Amdo bereiste, dort arbeitete und lebte. In vielerlei Hinsicht waren es „goldene Jahre". Der Wohlstand mehrte sich, die tibetische Sprache und Kultur erlebten einen Aufschwung. In tibetischen Magazinen fanden Diskurse und Diskussionen statt, welche tibetische Kultur, Traditionen und Fragen der Identität in der Auseinandersetzung mit Wirtschaftsentwicklung und Modernisierung zeigten. Nun hat sich aber das Umfeld in tibetischen Regionen seit 2008 dramatisch verändert und dieser Diskurs ist zumindest vorläufig verstummt oder wurde zur Zeit der Feldforschung kaum noch kritisch geführt. In einem gänzlich veränderten politischen Klima hat ein Forschungsthema, das sich mit Modernisierungsprozessen in tibetischen Gemeinschaften auseinandersetzt und das bisher harmlos schien, plötzlich potentiell politische Konnotationen, ob beabsichtigt oder nicht. Da keine Entspannung der Situation in tibetischen Regionen Chinas absehbar war und ist, habe ich mich für ein pragmatisches Vorgehen entschieden. Eine Forschungsbewilligung konnte ich nicht erwirken, und ich unternahm Feldforschung als Reisende in ein Gebiet, das mir vertraut ist und in dem ich teilweise auf ein Freundesnetzwerk zurückgreifen konnte. Die ethischen und praktischen Implikationen dieses Vorgehens werden im nachfolgenden Kapitel diskutiert.

1.2.2 Ethnographisches Vorgehen und Forschungsethik

Feldforschung entwickelt sich selten so, wie man es sich vorher vorstellt und im Forschungsplan beschreibt. Ein hohes Mass an Flexibilität, Reflexivität, Spontaneität und Offenheit dem Unternehmen Feldforschung gegenüber ist ein Grundanspruch an die ethnographische Arbeitsweise (vgl. z.B. Davies 1999; Fabian 2001; Geertz 1973). Dies wurde in der vorliegenden Arbeit insbesondere deshalb zwingend, weil ich mich trotz ausstehender Forschungsbewilligung entschieden hatte, meine Feldforschung durchzuführen. Ich musste dadurch flexibel auf veränderte Umstände reagieren, auch um sicherzustellen, dass ich in der Durchführung der Feldforschung die Forschungsethik aufrechterhalten konnte.

Ethnographische Forschungsethik beinhaltet für mich drei wesentliche Punkte: Erstens soll den an der Forschung beteiligten Personen kein Schaden entstehen. Zweitens sind die Forschungsabsichten offenzulegen und die Bereitschaft der Betroffenen, sich an der Forschung zu beteiligen, sicherzustellen. Drittens muss die eigene Position – die Rolle, die man einnimmt – unter Bezugnahme allfälliger Machtgefälle reflektiert werden. Ich lehne mich in der Gewichtung der Punkte an die Leitlinien der American Anthropological Association an, wie sie im *Statement on Ethics: Principles of Professional Responsibility*[11] definiert sind. In der Praxis meiner Feldforschung ergaben sich besondere Herausforderungen.

In der praktischen Umsetzung der Feldforschung entwickelte ich Vorgehensweisen, die manchmal chaotisch und am Anfang wenig reflektiert waren. Sie entstanden zum Teil ad hoc in der täglichen Interaktion mit den Menschen, deren Alltagspraktiken meinen Untersuchungsgegenstand bildeten. Der Minimalanspruch meiner Forschungsethik war, dass ich keine der Personen, mit denen ich in Kontakt trat, in irgendeiner Art kompromittierte. Diese Anforderung beruft sich auf den ersten Punkt der *Statement on Ethics*, welcher festhält, dass nichts und niemandem durch die Forschung oder die Anwesenheit des Forschenden Schaden erwachsen darf und wird auch als Prinzip des „Do no harm" beschrieben (vgl. auch Yeh 2006: 108–109). In der Rolle der Reisenden und als Besucherin von Freunden und Bekannten stellte ich mir konstant die Frage, wie dieser Anspruch aufrechterhalten werden kann. Ich entwickelte hierzu Strategien, die ich im Folgenden ausführen werde.

Aufgrund der Konstellationen blieben meine Begegnungen und Gespräche mit Menschen im Forschungsgebiet informeller Natur. In Anwendung des Prinzips „Do no harm" steuerte ich Gesprächsinhalte wenn möglich und nötig so, dass meine Gesprächspartnerinnen und -partner – sollten sie von den Behörden zu den Inhalten befragt werden – Auskunft geben konnten, ohne sich selber in eine schwierige Lage zu bringen. Gesprächsinhalte blieben deshalb bisweilen an der Oberfläche des Alltäglichen und Beschreibenden. Auf Leitfadengespräche mit Angehörigen von nomadischen Familien, die schriftlich oder im Audioformat aufgezeichnet wurden, verzichtete ich im Forschungsgebiet fast vollständig. Vor Ort agierte ich äusserst vorsichtig und suchte dieselben Personen nicht gehäuft auf. Ich strebte an, mich wie eine Reisende zu verhalten, die Bekannte und Freunde besucht.

---

11 American Anthropological Association, *Statement on Ethics: Principles of Professional Responsibility:* http://ethics.aaanet.org/ethics.statement-0-preamble/; (Zugriff am 23. 07. 2016).

Der oben beschriebene Umgang mit den Menschen, denen ich begegnete, hatte Konsequenzen in Bezug auf die Offenlegung meiner Forschungsabsichten. Um meine Gesprächspartnerinnen und -partner zu schützen, musste ich hinsichtlich der Gründe meiner Anwesenheit von Fall zu Fall abschätzen, wie diese zu formulieren seien und manchmal vage bleiben. In Fällen, in denen ich meine Absichten als Forschende nicht genügend deklarieren konnte, hatte das zur Folge, dass ich Gesprächsinhalte nur nach sorgfältigem Abwägen des Kontexts für die Forschung verwendet habe und zuweilen auf deren Verwendung verzichten musste. In meiner Rolle als Reisende unternahm ich zudem nicht-teilnehmende Beobachtungen. Sie erfolgten in erster Linie in öffentlich zugänglichen Räumen und mit viel Diskretion in meinem Netzwerk von Freunden und Bekannten. Auch dieses Vorgehen verhinderte eine völlige Offenlegung meiner Absichten und weist Parallelen zu verdeckter Forschung auf, welche in der Literatur zu qualitativer Forschung kritisch diskutiert wird (vgl. Bryman 2001: 292–293; Davies 1999: 53–61).

In Bezug auf meine Rolle als Ethnographin entstand ein ethisches Spannungsfeld, weil ich aufgrund der fehlenden Forschungsbewilligung mein persönliches Netzwerk von Freunden und Bekannten beanspruchte. Es lässt sich argumentieren, dass dies ideale Voraussetzungen sind, weil bereits eine Vertrauensbasis besteht, und Freunde am ehesten über Forschungsabsichten informiert sind. Dies lässt aber ausser Acht, dass Freundschaften aus Beziehungen des Gebens und Nehmens bestehen. Für einige meiner Gegenüber mag ein moralischer Druck bestanden haben, mir zu helfen. Zusätzlich ist zu bedenken, dass auch in Freundschaften und freundschaftlichen Beziehungen Machtgefälle bestehen, insbesondere wenn Forschende aus dem Ausland einen anderen Status und andere Möglichkeiten zur Lebensgestaltung haben (vgl. Bonnin 2010: 188). Um dieses Beziehungsnetz nicht überzustrapazieren, bin ich auf eine indirekte Forschungsmethode ausgewichen. Ich suchte ausserhalb des Forschungsgebiets Menschen aus nomadischen Familien, die beispielsweise in der Stadt die Universität besuchen oder dort arbeiten und befragte sie zu ihren Familien. In der Anonymität einer chinesischen Grossstadt entzog ich sie der Beobachtung des Staates und konnte erklären, welche Forschung ich verfolgte und wofür die Gespräche verwendet würden. Meinen Gesprächspartnern habe ich persönliche Anonymität zugesichert, sowie die Unkenntlichmachung von Orten und Personen, die in den Gesprächen erwähnt wurden. Damit kann ich Quellenschutz gewähren. Die Strategie geht allerdings auf Kosten der Nähe zum Forschungsfeld. Meine Gesprächspartner wurden zu Übersetzern der Vorgänge und der Lebenswelt der Nomaden. Dadurch gingen Unmittelbarkeit und Tiefe in Bezug auf das Datenmaterial verloren.

In einem komplexen Forschungskontext tastete ich mich im Prozess des ethnographischen Arbeitens vor und wandte Strategien an, die oft aus der

Notwendigkeit geboren waren. Die daraus resultierenden Daten sind anders ausgefallen als ursprünglich geplant, und es stellen sich mir in der Auswertung einige Probleme, die ich im nächsten Teil diskutiere.

1.2.3 Datenmenge, reflexiver Umgang und ethischer Anspruch an die Daten

Ethnographie ist eine induktive und intuitive Methode. Beobachtungen, Gespräche, sowie Informationen aus Dokumenten wie Zeitungen, Webseiten etc. werden trianguliert. Eindrücke, Gehörtes, Erlebtes und Gelesenes werden gegeneinander abgeglichen und auf Gemeinsamkeiten und Unterschiede untersucht. Mit einer genügenden Anzahl solcher Datenelemente kristallisieren sich Forschungserkenntnisse heraus (vgl. Heimer 2006: 64). Es stellt sich die Frage, wie viele Daten genügen. Insgesamt ist der Datensatz, den ich durch das oben beschriebene Verfahren generieren konnte, im Umfang klein geblieben. Es wurde nicht der Punkt der Sättigung erreicht, der für eine Mikrostudie auf der Ebene nomadischer Haushalte ausgereicht hätte. Dies bedeutete, dass ich die Forschungsfrage dem bestehenden Datensatz anpassen musste.

Ein flexibler Umgang mit dem Forschungsdesign ist nicht ungewöhnlich und ein Charakteristikum ethnographischer Vorgehensweise. Das Problem, das sich stellt, ist vielmehr ein Problem des Kontexts (vgl. Hammersley 2006). Für eine Untersuchung eines spezifischen lokalen Kontexts und der Alltagspraktiken einzelner Familien reicht meine Datenlage nur bedingt aus. Die Frage aber, wie ein Makrokontext, der die weitere Gesellschaft mit einbezieht, zu definieren sei, und wie die notwendigen Daten hierfür zu generieren wären, ist nicht einfach zu beantworten. Hammersley argumentiert beispielsweise, dass als erstes die Frage zu beantworten ist, ob es sich um einen erweiterten Kontext handelt, der durch Forschung entdeckt wird, oder ob es ein vom Analysten konstruierter ist (2006: 6). Sie führt weiter aus, dass sich Schwierigkeiten ergeben bei der Eingrenzung des erweiterten Kontexts und der Situierung des Lokalen darin. Die Wahl dieses Kontexts sei letztlich in dem Sinne zufällig, dass verschiedene Perspektiven eingenommen werden können und jeder Forschungskontext in sich partiell bleibe (Hammersley 2006: 7–8; vgl. auch Strathern 2004).

Die Erweiterung des Kontexts aufgrund der Datenlage wurde zu einer Notwendigkeit. Die Daten selbst führten zu einer Verschiebung des Fokus und liessen die Wirtschaftsweise und den damit verbundenen Alltag des nomadischen Pastoralismus praktisch zur Nebensache werden. Die Mobilität der Nomaden konnte nicht genügend im Kontext der täglichen Aktivitäten und Arbeiten auf den Weidegebieten untersucht werden, sondern fast ausschliesslich in Bezug auf ihre Interaktion mit den Siedlungsorten, die Nomaden aus verschiedenen Gründen aufsuchen. Der Kontext, der sich daraus ergibt, ist nur bedingt konstruiert. Er bettet die sich verändernde Mobilität der Nomaden in Prozesse der Modernisierung und Urbanisierung ein. Damit ordnet sich das Forschungsprojekt einem gesellschafts- und entwicklungspolitisch hochaktuellen Kontext zu, den ich, um eine Forschungsbewilligung erwirken zu können, ursprünglich zu umgehen suchte.

Den erweiterten Kontext erarbeitete ich durch ein methodisches Vorgehen, das neue Fragen aufwirft. Meine Daten aus der jüngsten Feldforschung erlauben mir eine partielle Einsicht in neue und veränderte Mobilität von Nomaden. Diese setze ich in einen historischen Kontext, indem ich Rückgriff nehme auf Daten und Beobachtungen, die ich in früheren Jahren und teilweise in anderen Arbeits- und Forschungskontexten generiert habe. Anhand der bestehenden Forschung und anhand von Dokumenten aus China und der unmittelbaren Forschungsregion erarbeite ich die Entwicklung der Infrastruktur und ihre Konsequenzen für den praktischen Alltag der Nomaden und setze dies in Beziehung zur staatlichen Entwicklungspolitik.

Im Rahmen der neu ausgerichteten Forschung werden empirische Daten aus früheren Forschungsperioden (1999–2009) einbezogen und die Frage stellt sich, wie mit ihnen umzugehen ist. Zusätzlich zur historischen Einordnung müssen die Daten sorgfältig gesichtet und darauf geprüft werden, ob sie einem allgemeinen ethischen Forschungsanspruch genügen. Dabei sind meine damaligen Rollen und die Art der Datengenerierung zu reflektieren. Beispielsweise habe ich für einige Jahre als Projektmitarbeiterin für eine internationale NGO gearbeitet und in dieser Zeit ethnographische Beschreibungen der Projektlokalitäten erstellt. Wie Hansen (2006) gezeigt hat, treten Ethnographinnen und Ethnographen ungewollt in die Fussstapfen der kommunistischen Partei und ihrer Praxis der soziologischen Befragungen von Menschen durch Institutionen des Staates. Das hat seine eigene Problematik (Hansen 2006: 82), bietet aber den Vorteil, dass die befragten Menschen davon ausgehen, dass ihre Informationen Eingang in Berichterstattungen offiziellen Charakters finden, wenn die Interviewerin eine NGO-Mitarbeiterin ist und demzufolge eine offizielle Funktion innehat. Dies kann die Aussagen der Informanten beeinflussen, ergibt aber gleichzeitig den Freiraum eines impliziten Einverständnisses zur Verwendung von Informationen. Dieses kann vorsichtig ausgeschöpft werden.

Nicht nur Daten aus früheren Forschungs- und Lebensperioden müssen auf meine damaligen Rollen reflektiert werden. Dies ist auch von zentraler Wichtigkeit bezüglich der von mir durchgeführten Forschungsphase in den Jahren 2011 und 2012. In öffentlichen Räumen von Strassen, Restaurants und Teehäusern positionierte ich mich als Reisende und als Besucherin von alten Bekannten und Freunden. Da ich weder Aufnahmegerät noch Notizblock benutzte, waren Interaktionen frei von Einschränkungen und Hemmungen aufgrund einer Rolle, die ein Gegenüber in einer Interviewsituation einnehmen könnte. Die Schwierigkeit besteht vielmehr darin, eine Abgrenzung vorzunehmen zwischen Gesprächen, in denen sich beide Parteien meiner Rolle bewusst waren und aus diesem Grund Informationen weitergegeben wurden, und rein informellen, freundschaftlichen Gesprächen. Diese Unterscheidung ist nicht in jedem Fall eindeutig. Der Umgang mit den daraus resultierenden ethischen Dilemmas muss schlussendlich der Urteilsfähigkeit der Forschenden überlassen werden (vgl. Wood 2006: 374).

1.2.4 Serendipity – Chancen und Begrenzungen ethnographischen Arbeitens

> Mulling over imperfect field notes, sorting through conflicting intuitions, and beset by a host of unanswered questions, the ethnographer must somehow fashion a written account that adequately conveys his or her understanding of other people's understandings. As must now be apparent, my own preference is for chronological narratives that move from interpretations of experiences raw to those of experience digested, from moments of anxious puzzlement („What the devil is going on here?") to subsequent ones of cautious insight („I think perhaps I see"). Because that, more often than not, is how ethnographic fieldwork actually unfolds (Basso 1996: 110).

Besser lässt sich kaum ausdrücken, wie ich den Vorgang der ethnographischen Feldarbeit und insbesondere die anschliessende Aufarbeitung des Materials, die Transkription der Interviews, das Durchlesen von Beobachtungen, Gesprächsnotizen und Feldjournalen erlebt habe. „Beset by a host of unanswered questions" war der Prozess von der direkten, rohen Interpretation der Erfahrungen und des Materials zu einer Einordnung derselben in eine fassbare Form des Nachdenkens und der Analyse eine Herausforderung. Die Nachbearbeitung der Feldforschung erforderte zeitliche und räumliche Distanz. Erst diese erlaubte es, die Roherfahrung der Begrenzungen des ethnographischen Arbeitens in einem politisch komplexen und konfliktiven Kontext einzuordnen und als Chance zu sehen.

Mit Distanz und der mehrmaligen Durchsicht des vorhandenen Materials relativierte sich die geringe Anzahl von „nur" fünfzehn Interviews. Ich sichtete eine Vielzahl an Beobachtungs- und Gesprächsnotizen sowie Fotografien und Feldjournale. Die Versatzstücke ethnographischen Arbeitens haben erwartungsgemäss alleine wenig Aussagekraft. Erst der reflexive Umgang mit den Daten, ihre Zuordnung nach Themen oder Kodierungen brachten Beobachtungen und Gesprächsinhalte wie Mosaiksteinchen miteinander in Beziehung. Der Vorgang erschien einer archäologischen Ausgrabung eines Mosaiks nicht unähnlich. Während einige Stellen kontextbedingt unscharf blieben, zeigten sich an Orten, die ursprünglich nicht in meinem Blickfeld gelegen waren, Verdichtungen und überraschende Einsichten, die ich in dieser Arbeit nachvollziehbar zu machen hoffe.

Dadurch, dass ich durch die Umstände gezwungen war, viel Zeit in den Siedlungsorten und vergleichsweise wenig Zeit in den Weidegebieten zu verbringen, erschloss sich mir ein Feld der Beobachtung, dem ich unter anderen Umständen weniger Beachtung geschenkt hätte. Diese Orte entfalteten sich zu einem *serendipitous field of observation*. In der Ethnographie sind die „glücklichen Zufälle“, welche der Begriff der *serendipity* zum Ausdruck bringt, eine akzeptierte Stärke und Charakteristik der Methode (Rivoal & Salazar 2013: 178). *Serendipity* definiert sich durch eine fruchtbare Verbindung von zufälligen Beobachtungen und kreativem, durchaus auch kritischem Nachdenken, welches zu unerwarteten Forschungsresultaten führt (vgl. Hazan & Hertzog 2012). Im Zusammenhang mit der vorliegenden Forschungsarbeit war *serendipity* nicht so sehr ein Produkt von Opportunitäten und Chancen, die sich aus geplanter und zielgerichteter Forschung ergaben, wie *Serendipity* in Ethnographie ansonsten verstanden wird, sondern vielmehr der rettende Faktor in einem Forschungskontext, in welchem politische Komplexitäten die geplante ethnographische Beobachtung von Nomadenfamilien in ihren Weidegebieten verunmöglichten.

Die vorliegende Arbeit stützt sich hauptsächlich auf Daten aus einer einmonatigen Forschungsphase des Jahres 2011 und einer viermonatigen Forschungsphase des Jahres 2012. Dieser Datensatz besteht aus acht semi-strukturierten und sieben unstrukturierten Interviews, die ich entweder im Audioformat oder in Notizen festhielt sowie aus elf Interviews in Audioformat, die Forschungsassistierende anhand eines Fragebogens aufnahmen. Ebenfalls aus diesen Forschungsphasen stammen ungefähr siebzig Beobachtungsprotokolle und vierzig Gesprächsnotizen. Ergänzt wird das Material durch unzählige Gesprächsnotizen, Beobachtungsprotokolle, Fotografien, Reise- und Feldtagebucheinträge aus den Jahren 1999 bis 2009. Die Auswertung der Daten war ein fortlaufender Prozess, der mit der Datengenerierung seinen Anfang nahm. Reflexiver Umgang mit Beobachtungen teilnehmender oder nicht teilnehmender Art, von Gesprächssituationen und eine hermeneutische Herangehensweise führten zu ethnographisch definierten Themenbereichen, die in der Analyse miteinander in Beziehung gesetzt wurden. Ich ging induktiv und intuitiv vor und orientierte mich an einem praxistheoretischen Ansatz, der im nächsten Kapitel diskutiert wird.

1.3 Abend – Reflexion: Theoretischer Ansatz

Der Tag hat sich von seiner besten Seite gezeigt. Im Laufe des Morgens hat der Regen aufgehört und am Mittag ist die Sonne durch die Wolken gebrochen. Dronma Tsho hat den Käse zum Trocknen vor das Zelt in die Sonne gebracht. Auch Jacken, Schuhe, Hosen und Matten sind an der Sonne ausgebreitet, damit sie endlich trocknen können. Wenn Dronma Tsho Zeit hätte, würde sie auch noch waschen. Aber sie hat sich um Butter, Käse und den Yakdung zu kümmern. Sie ist froh, als gegen Abend Tsherang mit den zwei Jungs nach Hause kommt. Der Zehnjährige wird losgeschickt, um Wasser zu holen. Der Siebenjährige schliesst sich seinem älteren Bruder an. Als die Dämmerung einsetzt, werden sie geschickt, die Herde einzutreiben. Die Mutter schaut ihnen nach, wie sie über die Weide davon ziehen. Als die Herde beim Zelt ankommt, müssen die Kälber von den Muttertieren getrennt angebunden werden, damit sie über Nacht nicht saugen können und Dronma Tsho am nächsten Tag melken kann. Auch der Jüngste hilft mit bei der Jagd nach den wendigen Kälbern. Wenn er einen um den Hals der Kälber gebundenen Strick zu fassen kriegt, hängt er sich daran und lässt nicht los, bis der Bruder, Vater oder Mutter ihm zu Hilfe kommen, um das Tier anzubinden.

Später, die Mutter bereitet das Abendessen vor, bittet der Jüngere um das Telefon seines Vaters. Er setzt sich damit etwas abseits des Feuers und beginnt, Spiele zu spielen. Ein Nachbar ist zu Besuch. Er hat auf seiner Rückfahrt von der Siedlung bei ihrem Zelt angehalten und unterhält sich nun beim Feuer in der für Gäste und die Männer reservierten Seite des Zeltes mit Tsherang. Man lädt ihn ein, mit ihnen zu essen. Als das Essen bereit ist, haben sich alle um den Herd in der Mitte des Zeltes gesammelt. Draussen ist es dunkel geworden. Dronma Tsho füllt die Schalen der Männer und Kinder mit *she thug* – einer Nudelsuppe. Man isst. Dronma Tsho stellt sicher, dass die Schalen, insbesondere die des Gastes, mehrere Male gefüllt werden. Anschliessend trinken sie gemeinsam Tee, unterhalten sich und lassen die Kinder von der Schule erzählen. Wie der Jüngste neben dem Feuer an seinen Vater angelehnt eindöst, wird er auf eine Matte gebettet und zugedeckt. Das Gemurmel der Erwachsenen begleitet ihn in den Schlaf.

Wenn sich die Familie am Abend um die Feuerstelle sammelt, gemeinsam die Abendmahlzeit zu sich nimmt, den Geschichten der Kinder zuhört und die Erlebnisse des Tages Revue passieren lässt, ist dies ein Ort der Reflexion. So soll nun an dieser Stelle auch die epistemologische Ausrichtung der Forschungsarbeit reflektiert werden. Mit einer kurzen Ausführung von theoretischen Ansätzen, welche diese Studie geleitet haben, soll der Ethnographie und ihrer Analyse „Bodenhaftung“ gegeben werden, wie Lars Frers (2007: 36) es treffend ausdrückt:

> Meine Wahrnehmungen sind der eigentliche Stoff, aus dem diese Arbeit gewonnen ist. Ich könnte auch behaupten, diese Arbeit beruhe auf den von mir angefertigten Beobachtungsprotokollen und Videoaufzeichnungen, sie beruhe auf Datensätzen, die mit Hilfe verschiedener Techniken gerastert, zugeordnet, aufgeteilt und in das Reich des objektiven Wissens überführt werden. Das hiesse jedoch, die erst später stattfindende Objektivierung ohne Bodenhaftung in den analytischen Raum zu stellen.

Meine Wahrnehmungen, die Art wie ich Beobachtungen und Gespräche, Bilder und Texte filterte, aufteilte und zuordnete, wurden von einem praxistheoretischen Verständnis[12] geleitet. Die für diese Arbeit zentralen Konzepte Raum und Umwelt, Mobilität und Alltag sind in den Praktiken der Menschen verankert. Praktiken, so das Verständnis dieser Arbeit, konstituieren sich im Alltagshandeln. Praktiken sind in der Materialität des Körpers der handelnden Subjekte als auch in der Materialität der Dinge, mit denen der Mensch interagiert, begründet (vgl. Reckwitz 2003). Wie sich dies auf die Konzeptualisierung von Raum und Ort, von Mobilität und Bewegung und von Alltag und Handeln überträgt, wird im Folgenden skizziert.

1.3.1 Raum, Ort, Umwelt

Ein praxistheoretisches Verständnis von Raum erlaubt mir, eine ausführlich geführte Debatte zu Raum abzukürzen. Diese dreht sich um die Frage, ob Raum determiniert oder sozial konstruiert sei.[13] Raum, so die Grundannahme dieser Arbeit, konstituiert sich in den Praktiken der Menschen und ist kein vorgängig determiniertes abstraktes Etwas, kein euklidischer Behälterraum, der mit Bedeutung gefüllt werden muss, und kein statisches Gegenstück zur dynamischen Zeit. Raum ist relational und prozesshaft zu verstehen, als ein Bereich der Ko-Präsenz und der Verflechtung von Handlungssträngen und Praktiken verschiedener Menschen und Dinge (vgl. Massey 2005: 9–15). Praktiken sind immer temporal und räumlich, und zwar in einer über abstrakte Konzepte hinausgehenden Körperlich-

12 Praxistheoretische Ansätze entstanden aus einem Bestreben, Dichotomien von Strukturalismus und Interaktionismus zu überwinden. Dies drückt sich in den Arbeiten vor allem der ersten Generation von Praxistheoretikern wie Bourdieu, de Certeau, Foucault, Giddens und Sahlins aus (vgl. Postill 2010 und Ortner 2006). Die zweite Generation entwickelte praxistheoretische Ansätze weiter. Ortner (2006) beispielsweise wies darauf hin, dass die ersten Praxistheoretiker Macht mehrheitlich unberücksichtigt liessen, bzw. sie als in Dispositionen (Bourdieu) oder Strukturierungen (Giddens) inhärent behandelten. Schatzki (1996) verfolgte einen „wittgensteinian approach to human activity and the social" und andere Praxistheoretiker entwickelten praxistheoretische Fragestellungen anhand von Untersuchungsfeldern wie Medien (vgl. z.B. Bräuchler & Posthill 2008), Kultur (vgl. z.B. Swidler 1986; Hörnig & Reuter 2004) oder Konsum (vgl. z.B. Warde 2005). Für weitere Diskussionen oder nützliche Zusammenfassungen zum *practice turn* und praxistheoretischen Ansätzen, vgl. Reckwitz 2003; Postill 2010; Ortner 2006; Schatzki et al. 2001.

13 Vgl. z.B. Masseys (2005) oder Caseys (1996; 1997) Diskussionen von Raumkonzepten. Malpas (1999) stellt aus philosophischer Perspektive dar, welche Konzeptionen von Raum und Ort welche Perioden geprägt haben und wie sie die heutigen Diskussionen beeinflussen.

keit (Reckwitz 2002: 250). Handlungen, Bewegungen, Interaktionen und Routinen werden durch Menschen an verschiedenen Orten und zu verschiedenen Zeiten ausgeführt, sind verkörperlicht und strukturieren dadurch Raum. Löw (2001) meint dazu, dass Raum im Handeln entsteht, indem Körper sowohl von Menschen und Tieren als auch von Dingen, die unaufhörlich in Bewegung sind, immer wieder neue (An-) Ordnung erfahren. Dadurch materialisiert sich der Raum und ist, gleich wie Masseys Raumbegriff, prozesshaft und relational.

Doreen Massey hat die Diskussion um die Kategorie Raum massgeblich geprägt und in ihrem Werk *For space* (2005) die verschiedenen, oft ungenügend definierten Raumkonzeptionen, die in den Sozial- und Geisteswissenschaften zur Anwendung kommen, kritisch diskutiert. In den Worten Ingolds (2006: 891) ausgedrückt, konzeptualisiert Massey Raum als „incessant movement and becoming, one that is never complete but continually under construction, woven from the countless lifelines of its manifold human and non-human constituents as they thread their ways through the tangle of relationships in which they are comprehensively enmeshed“. Raum ist notwendig, um die Mehrschichtigkeit von Beziehungen zu fassen (Massey 2005: 10–12). Dieser relationale, offene Ansatz eines Raums als ständig am Werden findet sich auch bei Ingold. Er betont, dass das Leben und dessen Vielfältigkeit nicht in einem Raum stattfindet, dessen Begrifflichkeit Assoziation zu einem abstrakten, unfassbaren Konzept herstellt, sondern an konkreten Orten im Kontext einer lokalisierbaren Umwelt und im praktischen Handeln.

Wesentlich in Ingolds Ausführungen ist sein Bestreben, ein Denken zu durchbrechen, dass er die „Logik der Inversion“ nennt (Ingold 2011: 68). Bezüglich Raum (*space*) bringt er damit zum Ausdruck, dass er in der Verwendung des Begriffs einen für das westliche Denken der Moderne typischen Prozess der modularen Konzeption sieht. In der „Logik der Inversion“ werde ein Feld der Interaktion von Menschen und Dingen konvertiert und als ein Schema betrachtet „of which its manifest appearance and behaviour are but outward expressions“ (Ingold 2011: 68). Stattdessen postuliert Ingold ein konstantes Werden. Was gemeinhin als „Lebensweise“ oder als „Handlungsmodi“ beschrieben wird, entsteht gemäss Ingold immer wieder neu. Handlungen und Bewegungen der Menschen verflechten sich miteinander und mit der Umwelt. Sie bilden ein „meshwork“ – ein Geflecht oder Verflechtungen. Wo Raum darin auszumachen ist, ob er sozial konstruiert ist oder nicht, hat keine theoretische Relevanz. „The tangle is the texture of the world“ und diese ergibt sich relational aus Bewegungen (Ingold 2011: 70–71). Ingold argumentiert deshalb auch, dass Werden und Leben als ein andauernder Prozess des „wayfaring“ zu verstehen sei (2011: 156–164). Entlang von Wegen konstituiert sich die menschliche Erfahrung. Sie ist „never exclusively here or there, lived *in* this place or that, but always on the way from one place to another“ (Ingold 2011: 147).

Dieses Verständnis, welches den Fokus von abstrakten räumlichen Konzepten zu gelebter Umwelt verschiebt, nimmt die vorliegende Arbeit auf. Sie will die Alltagspraktiken der Menschen als ein „meshwork" verstehen, das sich entlang von Pfaden, Routen und Bewegungen ständig neu formiert. Trotzdem wird das räumliche Vokabular nicht zu umgehen sein. Die vorliegende Arbeit trägt das Wort im Titel. Konkrete *physische* Orte und Lokalitäten sind Handlungsorte. Sie sind Verflechtungen von Bewegungen und Handlungen von Menschen, in denen sich die alltäglichen Praktiken der Menschen konstituieren. Diese Verflechtungen verstehe ich als „sozialen Raum".

1.3.2 Mobilität und Bewegung

Im Geflecht von sozialen Beziehungen und dem alltäglichen Leben der Menschen, in ihren Praktiken, lässt sich der soziale Raum ausmachen. In nomadischen Gemeinschaften spielt Mobilität in der Konstitution von sozialen Beziehungen eine wesentliche Rolle. Mobilität ist eine zentrale Eigenschaft pastoralwirtschaftlicher Praktiken, die sich als „movement of the household in the course of the yearly round of resource extraction" (Salzman 1980: 98) äussert. In dieser Bewegung lässt sich eine Räumlichkeit konzeptualisieren, die sich von derjenigen einer sesshaften Lebensweise unterscheidet (Karplus & Meir 2013). Die Unterscheidung nomadischer Mobilität von Sesshaftigkeit birgt allerdings die Gefahr in sich, Mobilität von Nomaden zu essentialisieren. Gerade weil Mobilität im Alltag von Nomaden eine bestimmende Rolle spielt, muss sie als soziales Produkt der Alltagspraktiken betrachtet werden und darf nicht auf die pastoralwirtschaftliche Komponente reduziert werden. Mobilität kann stattdessen als etwas betrachtet werden, das Lebewesen immer und überall tun und erleben (vgl. Adey 2010: 1).

Gerade weil Mobilität ubiquitär ist, empfiehlt es sich, die teilweise kaum fassbare und abstrakte Mobilität auf ihr grundsätzliches Element – auf die Bewegung – herunter zu brechen. Cresswell (2006; 2010) tut dies, um danach zu fragen, wo Mobilität beginnt und wo sie aufhört, wem sie unter welchen Umständen zur Verfügung steht und wie sich darin politische und hegemoniale Machtkonstellationen ausdrücken. Er macht dadurch deutlich, dass Praktiken der Mobilität immer auch durch Repräsentation bestimmt sind und dass in ihr Macht inhärent ist (Cresswell 2006: 74). Nicht nur in ihrer Repräsentation, sondern auch Praktiken selbst bringen „incomplete hegemonies" hervor (Ortner 2006: 7). Ortner argumentiert deshalb dafür, in praxistheoretischen Ansätzen Macht und soziale Ungleichheit sichtbar zu machen. Sie benutzte diesen Ansatz, um in ihren *gender*-Studien Annahmen einer universellen männlichen Dominanz zu hinterfragen und die Ambiguitäten und Widersprüche in sozialen Praktiken zu untersuchen.

Mobilität auf ihr grundsätzliches Element – auf Bewegung – herunterzubrechen, führt zu einem ähnlichen Perspektivenwechsel, wie ihn de Certeau (1988) vollzieht, wenn er zuerst eine totalisierende Sicht von oben auf Manhattan beschreibt, wo die Bewegung in der Stadt durch den Blick von oben erstarrt, um danach in die Strassenschluchten selbst abzutauchen:

> Die Geschichte beginnt zu ebener Erde, mit den Schritten [...] Sie können nicht lokalisiert werden, denn sie schaffen erst den Raum. Sie sind ebenso wenig fassbar wie die chinesischen Buchstaben, deren Umrisse die Sprecher mit einem Finger auf ihre Hand skizzieren. Sicher, die Prozesse des Gehens können auf Stadtplänen eingetragen werden, indem man die (hier sehr dichten und dort sehr schwachen) Spuren und die Wegbahnen (die hier und nicht dort durchgehen) überträgt. Aber diese dicken oder dünnen Linien verweisen wie Wörter lediglich auf die Abwesenheit dessen, was geschehen ist (de Certeau 1988: 188).

De Certeau beschreibt diese Schritte, die auf ebener Erde stattfinden, als Taktiken, welche Strategien einer disziplinierenden Macht oder Totalität unterlaufen. Er interessiert sich für die Vorgänge und Aktionen, die Menschen in ihrem Alltag auf der Mikroebene als – bewusste oder unbewusste – Taktiken einsetzen, um in Räume anderer zu gelangen (1988: xix). Dies sind selten bewusste Vorgänge, sondern finden auf der Ebene alltäglicher Praktiken statt. Der vorgegebene, geplante und gebaute Raum „disziplinicrt" Bewegung, indem beispielsweise die Strassenführung die Bewegungsrichtung vorgibt. Wenn man die Bewegung als Ganzes, als Linie, betrachtet, dann disziplinieren Strassen und andere Infrastrukturen Bewegung tatsächlich. Die Linie verweist jedoch nur auf „die Abwesenheit dessen, was geschehen ist". Sie sagt nichts aus über die Geschwindigkeit, die Halte, die Interaktionen, die Motivationen und Absichten der Person, die sich von A nach B bewegt und deren Bewegung nun mehr als eine Linie wiedergegeben ist.

Bewegungen jeglicher Art sind zutiefst soziale Aktivitäten, durch welche die Welt erfahren wird. Die Bewegungen sind eingebettet in Alltagspraktiken. Sie sind die Bausteine des von Ingold beschriebenen „wayfaring". Ingold und de Certeau verdeutlichen auf unterschiedliche Art, dass das Leben, die Bewegungen, der Alltag der Menschen nicht von ihrer Umwelt abstrahiert werden kann. De Certeau tut dies, indem er die Bewegungslinie als in sich bedeutungslose Spur eines Vorgangs sieht, die das Wesentliche, nämlich die Alltagshandlungen, unsichtbar macht. Die Praktiken des Alltags werden deshalb als „Taktiken" konzeptualisiert, welche die totalisierende Sicht, ausgedrückt in der Linie, subvertieren. Diese totalisierende Sicht entspricht dem, was Ingold als „Logik der Inversion" kritisiert. Ingold benutzt zwar ein anderes Vokabular, das de Certeaus Ausführungen entgegenzustehen scheint – er sagt beispielsweise, dass „the wayfarer is instantiated in the world as *a line of travel*" (Ingold 2011: 150, Hervorhebung L.I.). Trotzdem meine ich, dass beide die gleiche Absicht verfolgen:

> What [the lines] form, as we have already seen, is not a network of point-to-point connections, but a tangled mesh of interwoven and complexly knotted strands. Every strand is a way of life, and every knot a place. Indeed the mesh is something like a net in its original sense of an open-work fabric of interlaced or knotted cords. But through its metaphorical extension to the realms of modern transport and communications, and especially information technology, the meaning of 'the net' has changed. We are now more inclined to think of it as a complex of interconnected points than of interwoven lines. For this reason I have found it necessary to distinguish between the *network* of transport and the *meshwork* of wayfaring. The key to this distinction is the recognition that the lines of the meshwork are not connectors. They are the paths *along* which life is lived. And it is in the binding together of lines, not in the connecting of points, that the mesh is constituted (Ingold 2011: 151–152).

Ingold argumentiert, dass Bewegung und Mobilität nicht als Netzwerk von Verbindungen zwischen Punkten verstanden werden können. Handlungen und Bewegungen bilden ein Geflecht, indem sich der Alltag konstituiert. Dinge und Personen sind, was sie tun und wie und wohin sie sich bewegen. Seine Umkehrung der „Logik der Inversion" verfolgt die Absicht, das Geflecht als etwas zu konzeptualisieren, das in einem ständigen Werden ist (Ingold 2011: 68). Dies kommt de Certeaus Fokusverschiebung von totalisierenden Strategien zu Taktiken, sprich Praktiken, des Alltags, nahe.[14]

1.3.3 Alltag, Handeln und Materialität

Im Geflecht der Handlungen und Bewegungen konstituiert sich der Alltag und sein sozialer Raum. Er ist prozesshaft, gleichzeitig liegt ihm Materialität zu Grunde. Prozesshaft ist er, weil er sich in den Handlungen und Bewegungen von Menschen realisiert. Diese bringen soziale Praktiken an konkreten Orten und durch die Nutzung materieller Objekte hervor. Darin liegt die Materialität des sozialen Raums. Ein Sozialraum kann auf verschiedenen Ebenen ausgemacht

---

14 Ingolds Ansatz des *wayfaring* und des *meshwork* hat Ähnlichkeiten und Überschneidungen mit der Actor-Network-Theorie (ANT). In einem fiktiven Gespräch zwischen einer Spinne und einer Ameise (engl. *ant*) verdeutlicht er, was er als den wesentlichen Unterschied ansieht, nämlich, dass ANT die Welt und die Handlungen in ihr als Assemblage bestehend aus heterogenen Teilen versteht, die sich entlang eines Netzwerks verschieben und aktualisieren. Ingold hingegen sieht sie als ein Geflecht von Bewegungs- und Handlungslinien, das nicht als Netz konzipiert werden kann, entlang dessen Handlungen geschehen. Die Handlungen und Bewegungen selber bringen die Linien des Netzes, oder in Ingold's Worten, des *meshwork*, hervor (vgl. Ingold 2011: 89–94). Die vorliegende Arbeit benutzt den Begriff Netzwerk verschiedentlich, aber nicht einem ANT Verständnis folgend, sondern beschreibend, um ein Strassen- und Telefonnetz oder auch ein Beziehungsnetz zu bezeichnen. Ich habe keinen ANT-Ansatz verfolgt und mich mit der relevanten Literatur nur am Rande auseinander gesetzt.

werden, die jeweils auf verschiedene Weise miteinander verflochten sind. Dumreicher und Kolb (2008) definieren ihn als „fields of encounter", in denen sich soziale und räumliche Interaktionen abspielen.[15] Diese verschiedenen „fields of encounter" sind durch die Handlungen und Praktiken der Menschen miteinander verflochten und bilden ihren sozialen Raum. Pries (2010: 147–170) definiert Sozialraum ähnlich und hält fest, dass Sozialraum zwar einen Bezug zu geografischem „Flächenraum" hat (Pries 2010: 152), aber nicht an ihm allein festzumachen ist. Das Soziale ist mit dem Räumlichen verflochten.[16] Die Lokalität, an der Verflechtungen von Interaktionen und Objekten entstehen, spielt durchaus eine Rolle. Sozialräume sind gemäss Pries „eigenständige, relativ dichte und dauerhafte Konfigurationen von sozialer Praxis, Symbolsystemen und Artefakte" (Pries 2010: 157). Seine Begriffsbestimmung erlaubt eine Perspektive wie sie auch im praxistheoretischen Ansatz zum Ausdruck kommt. Der Begriff des sozialen Raums, der in dieser Arbeit verwendet wird, ist demzufolge zu unterscheiden vom bordieuschen Begriff des Sozialraums (vgl. Bourdieu 1985). Er lehnt sich an das von Pries (2010) definierte Konzept an, das den Fokus auf Praktiken des Alltags legt und den Sozialraum darin ausmacht.

Schatzki (1996: 89) beschreibt Praktiken als „temporally unfolding and spatially dispersed nexus of doings and sayings". Praktiken konstituieren sich zwar nicht ausschliesslich aber oft anhand von materiellen Objekten oder „Artefakten", um Pries Vokabular zu benutzen. Praktiken sind folglich Schnittflächen von physisch ausgeführten Handlungen, von mentalen Aktivitäten, von „Dingen" und deren Nutzungen, die eine routinierte Art von Verhalten hervorbringen (vgl. Hörning & Reuter 2004; Reckwitz 2002; Warde 2005). Praktiken der Mobilität und der Kommunikation, die im Zentrum dieser Monographie stehen, sind vermittelt durch die Materialität der mobilen Technologien von Motorrad, Auto und Mobiltelefon sowie durch die Infrastruktur, welche deren Nutzung ermöglicht oder erleichtert. Als „nexus of doings and sayings" bringen sie die Materialität von Objekten mit den verkörperlichten Handlungen zusammen, die sich im Umgang

---

15 Diese sind a.) der eigene Körper, b.) das familiale Zuhause, c.) das eigene Haus, die nachbarschaftlichen Gebäude und die Strasse dazwischen, d.) das Dorf, dessen Gebäude und die Zwischenräume der Strassen, Märkte, etc. e.) das Dorf, sein Rand und seine Situierung in der Region, f.) die Nation, und g.) das Globale (Dumreicher & Kolb 2008: 328). Ihre Einteilungen weisen Ähnlichkeiten auf mit den von Lofland (1998) diskutierten „social territories" von häuslichem Raum, parochialem Raum und öffentlichem Raum.

16 Pries begegnet einer konzeptuellen Trennung von Raum und Sozialem in der Soziologie (vgl. 2010: 149). Er argumentiert gegen eine Verortung von Gesellschaft innerhalb eines vorgegebenen räumlichen Bereichs wie bspw. des Nationalstaates, ohne diesen in seiner Begrenzung zu problematisieren.

mit den Objekten herausbilden. Der *practice turn* wird deshalb gelegentlich mit dem *material turn* in Zusammenhang gebracht, da das Soziale als ein „field of embodied, materially interwoven practices“ betrachtet wird, das mit einem Verständnis des Sozialen kontrastiert, welches Individuen, Handlungen, Sprache, Systeme, Strukturen und Institutionen privilegiert (Schatzki et al. 2001: 3).

Die Materialität des Fortbewegungs- und Kommunikationsmediums sowie die dazugehörende Infrastruktur sind relevant, da sie auf Bewegungen und Handlungen einwirken. Ingold (2011: 15–62) argumentiert, dass Handlung, das Material und das Instrument, mit dem die Handlung ausgeführt wird, zusammen betrachtet werden müssen. Ob man zu Fuss unterwegs ist – mit oder ohne Schuhe –, ob man reitet, oder ob man ein motorisiertes Fortbewegungsmittel benutzt, verändert die verkörperlichte Erfahrung der Mobilität. Mobile Technologien und die Techniken ihrer Nutzung – Schuhe, Steigbügel, Pedale, Räder, Motor – haben Auswirkungen auf Bewegungen (vgl. Ingold 2004: 331). Das Medium der Fortbewegung und das Material, auf dem es sich bewegt, haben folglich Einfluss auf Praktiken der Mobilität. Wenn ein Motorrad als Instrument der Fortbewegung oder ein Mobiltelefon als Instrument der Kommunikation eingesetzt wird, dann sind diese Medien in einem Zusammenhang mit anderen Dingen, – mit Strassen und Sendetürmen zum Beispiel – und mit einem Feld der Aktivität von Menschen, die sie auf eine bestimmte Weise in einem bestimmten Kontext nutzen, zu verbinden. Diese Zusammenhänge lassen sich in den alltäglichen Handlungen und Routinen der Menschen, die sie nutzen, ausmachen.

2 sKa khog und mDzod dge – Bewohner, Geografie, Geschichte

Abbildung 2: Sommerweidegebiet in der mDzod dge Ebene (Juli 2007).

Diese Monographie befasst sich mit Nomaden aus sKa khog[17] und mDzod dge, einer Graslandregion im Süden von Amdo. Gleichermassen könnte ich sagen, sie befasse sich mit Nomaden aus Hongyuan und Ruo'ergai im Norden der Provinz Sichuan. Letztere sind die chinesischen Namen von administrativen Einheiten, „Kreisen"[18], die während der Integration der Region in die Provinz Sichuan und

17 Es gibt zwei Schreibweisen: rKa khog oder sKa khog. Obschon die Schreibweise rKa khog gemäss Auskunft eines lokalen Informanten insbesondere in alten, klassischen Texten häufiger anzutreffen ist (vgl. auch http://places.thlib.org/features/1078; Zugriff am 26. 08. 2014), verwende ich die alternative Schreibweise, mit der ich zuerst bekannt gemacht wurde.

18 Das administrative System Chinas verfügt über fünf Ebenen. Auf der ersten Ebene finden sich der Zentralstaat, gefolgt von Provinzen und Munizipalitäten mit eigenen Verwaltungen auf zweiter Ebene. Auf der dritten Ebene finden sich Munizipalitäten und Bezirke. Danach folgen auf vierter Ebene Kreise. Letztere sind untereilt in Kleinstädte und Gemeinden. Gemeinden wiederum sind unterteilt in administrative Dörfer (vgl. http://www.china.org.cn/english/feature/38436.htm; Zugriff 26. 08. 2014). Ein Glossar der chinesischen Begriffe findet sich im Anhang.

DOI 10.1515/9783110502008-003

in den 1949 gegründeten kommunistischen Staat der Volksrepublik China geformt wurden. Der nördlichste Teil der Provinz Sichuan entspricht der südlichsten Ausdehnung der tibetischen Region Amdo.

Amdo lässt sich geografisch als Einzugsgebiet des Oberlaufs des Gelben Flusses (vgl. Gruschke 2001) oder als Sprach- und Kulturraum (vgl. Tuttle 2011) definieren. Beide Definitionen bleiben ungenau, sind aber einem Verständnis von Amdo als eine von drei tibetischen „Provinzen“ vorzuziehen (vgl. Huber 2002; Sułek & Ptachkova 2017). Die Region, deren Bewohner sich gemeinhin als zu Amdo gehörend bezeichnen, erstreckt sich über weite Teile Qinghais, Teile Gansus und Sichuans. Wie es für Amdo keine genaue geografische Definition gibt, fehlt eine solche auch für Südamdo. Der Begriff ist in dieser Monographie ein geografischer und benennt die von Nomaden bewohnte Ebene am Knie des Gelben Flusses und die angrenzenden, gegen Osten und Süden abfallenden, Gebirgsregionen und Täler des Plateaus, die von tibetischen Gemeinschaften bewohnt werden (vgl. auch Kap. 2.2.1). Südamdo umfasst in groben Zügen den südlichen Teil des Bezirks Gan lho der Provinz Gansu und die nördliche Hälfte des Bezirks rNga ba der Provinz Sichuan. Im Bezirk rNga ba gelegen, gehören sKa khog und mDzod dge zu Südamdo und werden in der vorliegenden Monographie teilweise unter diesem Begriff subsumiert.

Im vorliegenden zweiten Kapitel wird die Lebens- und Wirtschaftsweise von Nomaden dieses Südamdos zugänglich gemacht und das von Nomaden bewohnte Territorium sKa khog und mDzod dge geografisch und geschichtlich situiert. In einem kurzen Überblick der letzten sechzig Jahre stelle ich zum Schluss dar, wie ein Teil des südlichen Amdos in die Volksrepublik China bzw. in die Provinz Sichuan integriert wurde und wie sich die Siedlungsform von Nomaden in sKa khog und mDzod dge dort seither verändert hat.

2.1 Nomaden – Bewohner sKa khogs und mDzod dges

Nomadengemeinschaften der Kreise sKa khog und mDzod dge wohnen in den weiten, offenen Tälern und weitläufigen Ebenen eines Hochmoorgebiets und seiner Ausläufer, welches sich vom Norden der Provinz Sichuan bis in den Südosten der Provinz Qinghai und den Süden der Provinz Gansu erstreckt. Sie siedeln in Gebieten entlang der Wasserläufe des *sKa chu* und des *rMe chu* im südlichen Amdo. Topographische und klimatische Bedingungen verunmöglichen Ackerbau in diesem von Nomaden bewohnten Gebiet fast vollständig und erschweren intensive Viehwirtschaft. Stattdessen findet sich eine Lebensform, die auf ökologische und klimatische Einschränkungen mit Mobilität reagiert. Extensive, mobile Tierhaltung ist eine spezifische Wirtschaftsweise, die sich nicht nur in für

Ackerbau ungeeigneten Zonen des südlichen Amdos, sondern ebenso in anderen Zonen des tibetischen Plateaus wie auch in weiteren ariden, semi-ariden und polaren Zonen der Welt findet.

Abbildung 3: Nomadin treibt Yakherde fürs Melken zusammen (Juli 2011).

2.1.1 Nomaden – eine Begriffsklärung

Bisher habe ich unkommentiert und unreflektiert den Begriff „Nomade" verwendet, um Bewohner des Grasland Südamdos bzw. des tibetischen Plateaus zu beschreiben. In der tibetischen Sprache werden sie *'brog pa* – „Graslandbewohner" oder „Bewohner der Hochweide" – genannt. In der westlichen Literatur zu Tibet werden die Menschen, die sich *'brog pa* nennen, meist als Nomaden bezeichnet (Fischer 2005; Pirie 2005a; Pirie 2005b).[19] In Fachtexten, die einen spezifisch pastoralwirtschaftlichen Bezug aufweisen und sich mit Ressourcennutzung, Tierhaltungsmethoden, Ökologie und Ökonomie dieser Lebensform befassen, wird der Begriff „Pastoralist" vorgezogen.

---

19 Die Verwendung von „Nomade" findet sich sowohl in wissenschaftlichen Veröffentlichungen zu Tibet (vgl. z.B. Fischer 2005; Gruschke 2013; Hayes 2010; Sułek 2010; Pirie 2005a, 2005b; Qi 2013) wie auch in Reiseliteratur und öffentlichen Medien. Pirie (2005a: 2, Footnote n. 4) begründet ihre Verwendung des Begriffs damit, dass Englisch-sprechende Tibeter „Nomade" sagen, wenn sie *'brog pa* meinen.

Ich verwende „Nomade“ als Entsprechung des tibetischen *'brog pa,* trotz Inkommensurabilität der Übersetzung (Upton 1996).[20] Ich meine damit Bewohner des tibetischen Plateaus, die in der Pastoralwirtschaft tätig sind. Allerdings beschreibe ich die Wirtschaftsform nicht als „Nomadismus“. Ich ziehe „Nomadischer Pastoralismus“, „mobile Tierhaltung“, „pastorale Wirtschaft“, „Weidewirtschaft“ und ähnliche Begrifflichkeiten vor.

Die Diskussion, dass „Nomadismus“ zu vermeiden sei aufgrund der Konnotationen, die der Begriff in westlichen Vorstellungen in sich trägt, scheint abgeschlossen zu sein. Lange Zeit betrachtete die soziopolitische und kulturanthropologische Forschung Nomadismus als eine kontinuierlich vorhandene Gesellschaftsform, welche eine perfekte ökologische Nische besetzt (vgl. Oesterle 2007; Stammler 2005: 21–24). Wirtschaftliche und politische Veränderungen liessen solche Nischen aber zusehends verschwinden. Basierend auf einem statischen Verständnis der nomadischen Gesellschafts- und Wirtschaftsformen wurde in der postkolonialen und postsozialistischen Forschung noch bis Ende der 1980er Jahre ihr Ende vorausgesagt (vgl. Gellner 1994; Khazanov 1994; Oesterle 2007: 27; Scholz 1995). Dem steht nun ein wachsender Korpus an Forschungsarbeiten gegenüber, der das politische, ökologische, ökonomische und soziale Spannungsfeld aufzeigt, in dem sich pastoralnomadische Gemeinschaften weltweit befinden. Die Forschungen fokussieren nun auf Adaptionsstrategien, Resilienz, Transformation und Innovation und zeigen überzeugend, dass es Nomadismus als statische, unveränderbare Gesellschaftsform vermutlich nie gegeben hat (Galvin 2007; Gertel & Le Heron 2012; Humphrey & Sneath 1999; Stammler 2005). Ein Paradigmenwechsel hat insofern stattgefunden, als dass die „nomadische“ Lebensweise nicht länger als zeitlose Kultur im Gegensatz zu Sesshaftigkeit stehend betrachtet wird, sondern dass der Fokus auf eine *ökonomische Kultur* gelegt wird (Humphrey & Sneath 1999). Mit dieser Verschiebung geht ein Wechsel der Begrifflichkeit einher. Pastoralismus wird als Strategie zur Ressourcensicherung in spezifischen ökologischen Kontexten betrachtet. Die neueren Untersuchungen analysieren vornehmlich, wie sich die Ressourcenstrategie der mobilen Tierhaltung in einer schnell verändernden, globalisierten Welt verhält. Sie zeigen, dass sich Pastoralismus als flexible Wirtschaftsform an verschiedene politische, ökonomische und soziale Umstände anpassen kann (vgl. Bauer und

---

20 Die eigentliche Wortbedeutung von *'brog pa* wird im nachfolgenden Kapitel diskutiert. Der tibetische Begriff an sich ist nicht mehr eindeutig. Tibeter, die aus der Graslandregion stammen, die aber einem Beruf ausserhalb der Pastoralwirtschaft nachgehen, z.B. eine Stelle in der Verwaltung innehaben, bezeichnen sich kontextbedingt manchmal als *'brog pa.* Hierbei bezeichnen sie eine regionale und kulturelle Zugehörigkeit. Vgl. hierzu auch Upton 1996.

Kerven 2005; Foggin 2000; Humphrey & Sneath 1999; Kreutzmann 2012; Salzman 1980).

Trotz der Bevorzugung von Begriffen wie „mobile Tierhaltung“, „nomadischer Pastoralismus“ oder einfach „Pastoralismus“ wird auch in neueren Studien zu Gemeinschaften und Menschen, deren Lebensgrundlage auf dieser Wirtschaftsform beruht, weiterhin der Begriff „Nomadismus“ verwendet (vgl. z.B. Gruschke 2013: 99). Das einschlägige wissenschaftliche und peer-reviewed Journal *Nomadic Peoples* trägt das Wort in seinem Titel und definiert seinen Inhalt als alle Menschen und Gemeinschaften betreffend, „who maintain a nomadic way of life“[21]. Begrifflich werden Pastoralisten und Nomaden gleichwertig und parallel verwendet. Dies erlaubt eine thematische Ausrichtung auf Pastoralisten, auf Jäger und Sammler, auf Fahrende (Peripatetiker) oder auch auf sogenannte Seenomaden. Was ihnen allen eigen ist, ist eine Form der Mobilität. Wenn die Mobilität als Ressourcennutzung in Zusammenhang mit Tierhaltung konzeptualisiert wird, ist der Begriff Pastoralismus vorzuziehen (vgl. Foggin 2000; Scholz 1991). So betrachten auch Humphrey und Sneath (1999) den Begriff „Nomadismus“ für Menschen, die mobile Tierhaltung betreiben, als unbrauchbar. Sie halten fest, dass seine Verwendung problematisch ist, weil er eine unveränderliche Kategorie von Nicht-Sesshaftigkeit voraussetzt. Zudem weist der Begriff auf stereotype Vorstellungen von freien, ungebundenen Menschen und Menschengruppen, die segmentär organisiert sind und eine einfache, traditionelle, technologisch unterentwickelte Lebensweise führen. Der Titel ihres Buches *The End of Nomadism?* ist deshalb durchaus doppeldeutig zu verstehen. Zum einen stellen sie „Nomadismus“ als analytisches Konzept in Frage. Zum anderen zeigen sie anhand der vielfältigen Formen und Ausgestaltungen der mobilen Tierhaltung im innerasiatischen Raum, dass Pastoralismus, dem Mobilität als pastorale Technik zu Grunde liegt, unter sich verändernden politischen, wirtschaftlichen und ökologischen Umständen Bestand hat.

Eine andere Argumentationslinie verfolgt Stammler (2005: 22). Er vertritt die Meinung, dass „Angst vor Stereotypen“ nicht genügend begründet, den Begriff „Nomadismus“ nicht zu verwenden. Indem er „lifestyle nomadism“ als Konzept einführt, geht er sogar einen Schritt weiter. Er argumentiert, dass das Selbstverständnis der Nenzen Rentierhalter in Sibirien über Mobilität als ökonomische Strategie hinausgeht und die in der mobilen Tierhaltung inhärente Bewegung soziale und mentale Aspekte beinhalte. Pastorale Mobilität lasse sich nicht auf ressourcenstrategische Migration reduzieren. Er begründet es damit, dass es sich vielmehr um ein emisches Konzept handle und dass man die Nenzen betreffend

21 http://nomadicpeoples.info/NP_journal/index.shtml; (Zugriff am 23. 05. 2014).

sagen könne, dass „constant movement on particular routes lies at the core of their ‚real lifestyle'" (Stammler 2005: 22–23). Statt das Statische und Zeitlose von „Nomadismus" durch eine Begriffsablösung zu entkräften, erweitert er den Begriff und zeigt, dass die Nenzen Rentierhalter im Kontext ihres nomadischen – sprich mobilen – Lebensstils durch innovative Adaption und Integration von neuen Technologien das Argument widerlegen (Stammler 2005: 24). Obschon seine Begriffswahl meiner Meinung nach nicht ganz geglückt ist[22], macht er doch auf einen wichtigen Aspekt aufmerksam. Wenn Mobilität auf eine pastoralwirtschaftliche Strategie reduziert wird, werden andere Aspekte zwangsläufig ausgeschlossen.

Mobilität ist Bewegung. Mobilität als Element des Nomadischen kann und darf weder auf Nicht-Sesshaftigkeit noch auf eine ökonomische Definition reduziert werden. Mobilität ist Bestandteil sozialer Interaktion. Tibetische Nomaden sind auch deshalb nomadisch, weil sie in teilweise grossen Distanzen zueinander leben, weil ihre Lebensorte sich im Laufe des Jahres verschieben und dies die Formen ihrer Interaktion, ihrer sozialen Beziehungen und ihrer Aussenverflechtungen beeinflusst. Die Etablierung ihrer Interaktionsräume setzt Mobilität voraus. Wenn das Nomadische statt an Nicht-Sesshaftigkeit an Bewegung als Medium für die Konstituierung sozialer Beziehungen festgemacht wird, erlaubt dies uns, Aspekte der Mobilität von Nomaden einzubeziehen, die nicht mit der unmittelbaren Tätigkeit der mobilen Herdenhaltung zusammenhängen. Die begriffliche und konzeptuelle Erweiterung erlaubt, soziale, historische und politische Elemente aufzugreifen, die durch Mobilität veränderte Konstellationen sozialer Beziehungen hervorbringen können. Dies ist gerade im Kontext von Gemeinschaften, deren Wirtschaftsweise selbst durch Mobilität bestimmt ist, interessant. Dadurch wird die Studie anschlussfähig an Mobilitäts-, Kommunikations- und Transportstudien, die Phänomene der Mobilität in einem andern als dem pastoralnomadischen Kontext untersuchen.

---

22 Stammler übersetzt einen emischen Begriff (*nenei ilngana)* als „real lifestyle". Der englische Ausdruck enthält jedoch Konnotationen von Konsum und Konsumgesellschaft. Das Wort „real" führt zu weiterer Verwirrung, da es als Ausdruck von positivistischen Vorstellungen von einer wirklichen, reinen, ursprünglichen Lebensart interpretiert werden kann. Ich frage mich deshalb, ob nicht „way of life" eine bessere Übersetzung wäre als „lifestyle", der zumindest in der westlichen Vorstellung zu Assoziationen führen kann, die Stammler kaum beabsichtigt hat.

2.1.2 'brog pa – Stand der Forschung

Nomadische Gemeinschaften des tibetischen Plateaus befinden sich im Umbruch. Eine wachsende Zahl an Studien verbesserte in den vergangenen zwei Jahrzehnten die bisher eher dürftige Kenntnislage über nomadische Gemeinschaften Tibets allgemein und insbesondere für die Zeit nach den gesellschaftlichen und politischen Umwälzungen im Zuge der Integration in die Volksrepublik China. Den Anfang machten Goldstein und Beall (1990). Ihr Schlüsselwerk zu Nomaden Westtibets legte einen wichtigen Grundstein und zeigt, wie die nomadische Lebensweise auf dem tibetischen Plateau trotz enormer gesellschaftlicher und historischer Umwälzungen Bestand hat und sich neuen Herausforderungen stellt. Miller (1999) beschreibt die Wirtschaftsform der tibetischen Nomaden als eine seit Jahrhunderten erprobte, nachhaltige Lebensweise, welche auf die spezifischen Konditionen eines fragilen Ökosystems in der extremen Klimazone des tibetischen Plateaus abgestimmt ist. Wu (1997) zeichnet ein ähnliches Bild und zeigt, wie eine Modernisierung der pastoralwirtschaftlichen Produktion Rücksicht auf ökologische Gegebenheiten und indigenes Wissen nehmen muss, will sie nachhaltig sein. Die Einführung von marktwirtschaftlichen Handlungsprinzipien und die Übertragung der Produktionsverantwortung inklusive der Aufteilung der Herdenbestände an die Familien[23] führten zwar gemäss Manderscheid (2002) zu einer „Re-Nomadisierung", wie sie es bezeichnet. Das selbstverantwortliche Wirtschaften auf Ebene der Familien und der sozialen Gruppen, zu der sie gehören, wird aber zusehends erodiert und transformiert durch Staatsinterventionen in die mobile Ressourcennutzung, Einbindung der pastoralen Produktion in regionale und globale Marktmechanismen, Urbanisierung und ähnliche Prozesse. Letztere werden im vorherrschenden Entwicklungsdiskurs in China gerne als Modernisierung beschrieben (vgl. Bauer et al. 2012; Wu 1997). Transformationen und Spannungsfelder, welche sich aufgrund der Entwicklungen der letzten Jahrzehnte seit der Einführung wirtschaftlicher Reformen ergaben, stehen zunehmend im Fokus der Forschung zu tibetischen Nomaden. Gruschke (2013) beispielsweise führt aus, dass sich die lokal herrschenden wirtschaftlichen und gesellschaftlichen Bedingungen verändert haben, dass sie sich weiter verändern und dass weltwirtschaftliche, gesellschaftliche und politische Verflechtungen von aussen auf nomadische Gemeinschaften einwirken und Transformationsprozesse auslösen. Er und andere Wissenschaftler diskutieren, inwiefern die Integration nomadischer Gemeinschaften in den chinesischen Staat und in die Netzwerke des globalen Markts

23 Zur begrifflichen Unterscheidung bzw. Überlappung von Familie und Haushalt, siehe Kap. 2.1.5.

die Rahmenbedingungen für das Wirtschaften in den Weidegebieten Tibets veränderte, und welche Ressourcenstrategien die betroffenen Nomaden entwickeln (vgl. Cencetti 2012; Costello 2002; Fischer 2014; Sułek 2010). Prozesse des lokalen und globalen Markts gewannen im Zuge der boomenden Wirtschaft und des Handels mit *dbyar rtsa dgun bu*, dem tibetischen Raupenpilz *Cordyceps sinensis*, – einer Ressource mit medizinischen Eigenschaften des tibetischen Plateaus – an Relevanz. Dieser Pilz erzielte im letzten Jahrzehnt auf dem lokalen und globalen Markt hohe Preise und veränderte die Einkommensstruktur ruraler Haushalte grundlegend (vgl. Gruschke 2013; Sułek 2009; Winkler 2008).

Eine wachsende Anzahl an Publikationen setzt sich mit den Konsequenzen einer seit der Jahrtausendwende umgesetzten An- und Umsiedlung von Nomaden des tibetischen Plateaus auseinander (Cencetti 2010; Du 2014; Yontan Nyima 2012; Ptachkova 2011) oder diskutiert eine mit der Quasi-Privatisierung und Einzäunung von Weideland einhergehende Veränderung der pastoralen Wirtschaft und deren Migrationsformen kritisch und kontrovers (Bauer 2005; Foggin 2008; Gongbu Tashi & Foggin 2012; Yeh 2005; Yeh 2013b; Yeh & Gaerrang 2011). Solche Veränderungen haben sich insbesondere seit der Umsetzung der 1999 lancierten staatlichen Entwicklungskampagne *Xibu Dakaifa* („Die grosse Erschliessung des Westens“) in den westlichen und ruralen Regionen Chinas verstärkt. Dort hat der chinesische Staat den Ausbau von Infrastruktur und Urbanisierung rapide vorangetrieben. Projekte wie Strassenbau, Ausbau des mobilen Telefonnetzes, Bau von Gebäuden und Siedlungen, Förderung des Abbaus von Bodenschätzen etc. haben nicht nur das Landschaftsbild verändert, sondern auch zu Urbanisierungsprozessen beigetragen, indem neue Verkehrswege und verbesserte Kommunikationsverbindungen den Fluss von Menschen, Waren und Informationen auf vielfältige Weise verändert haben (Bauer & Huatse Gyal 2015). Ein verstärkter Gegensatz zwischen Stadt und Land sowie ethnische und wirtschaftliche Marginalisierungen sind beobachtbar (Bauer & Childs 2008; Fischer 2008; Fischer 2009).

2.1.3 ‘brog sa – ein Ökosystem und Lebensbereich

Tibetische Nomaden – *‘brog pa* – bewohnen Regionen des tibetischen Plateaus, die sich von ackerbaulichen Gebieten durch die Höhenlage von durchschnittlich 4000–5000 m.ü.M., die Bodenbeschaffenheit, klimatische Bedingungen und die damit einhergehende Vegetation unterscheiden. Dieses spezifische Ökosystem einer hochalpinen Region umfasst ungefähr siebzig Prozent des gesamten Territoriums des tibetischen Plateaus (vgl. Foggin 2000; Miller 2005). Im tibetischen Sprachgebrauch nennt sich diese Zone *‘brog*. Bewohner Südamdos, die nach der Bedeutung gefragt wurden, erklärten diese in Abgrenzung zu *rong* (Tal, Schlucht), das heisst den Gebieten, in denen Ackerbau oder Agro-Pastoralismus betrieben wird. Sie bezeichneten *'brog* als Lebensraum von Nomaden (*'brog pa'i 'dug sa 'o).* Das tibetische Nachschlagewerk *Bod gyi tshig mdzod chen mo* gibt als Synonym für *'brog* die Begriffe *dben* und *dgon gnas* an; Wörter, die einen menschenleeren Ort bezeichnen, eine Einöde. Man kann diese Wortbedeutung dahingehend interpretieren, dass *'brog* ein Gebiet bezeichnet, das frei von menschlichen Eingriffen in die Gestaltung des Landes in Form von Ackerbau ist.

Als Einzelbegriff kommt *'brog* im tibetischen Sprachgebrauch nicht vor. Von ihm leitet sich aber eine Vielzahl von Wörtern ab (vgl. z.B. Ekvall 1980a: 429). *'brog sa* ist einer davon. *sa* bedeutet Ort, Boden, Territorium, Grundstück. Es ist der Ort bzw. das Territorium, in dem Nomaden leben, ihr Zuhause haben und ihre Tätigkeit der mobilen Herdenhaltung ausführen. Die Nutzbarmachung dieses einzigartigen Ökosystems hat eine soziökonomische Lebensweise hervorgebracht, die im Folgenden in Bezug auf Arbeitsteilung und auf die sozialen Strukturen von Familien und Gemeinschaften der *'brog pa* erläutert wird.

2.1.4 'brog las – Arbeiten auf den Hochweiden

Die Arbeiten, die mit der mobilen Tierhaltung in Zusammenhang stehen, lassen sich unter dem tibetischen Begriff *'brog las* subsumieren. Der Begriff ist ein Kompositum und bezeichnet die Arbeiten bzw. Tätigkeiten (*las* von *las ka* – Arbeit, Tätigkeit) der Menschen, die die Ökozone der *'brog* nutzen (*'brog pa'i las ka* – Arbeit der Hochweidenbewohner). Obschon der Begriff einen Bezug zum Land schafft, wird im Gegensatz zu den Arbeiten der Bauern (*zhing las* – Feldarbeit) nicht das Land direkt bearbeitet. Die Tätigkeiten und Arbeiten sind auf die Tiere ausgerichtet und die Ressourcen des Ökosystems werden folglich indirekt und extensiv genutzt. Der alternative Begriff für die Arbeit von Nomaden – *phyugs las* –bringt diese Unterscheidung zur Tätigkeit von Bauern zum Ausdruck. *Phyugs las* setzt sich zusammen aus „Herde, Tierbestand" und „Arbeit, Tätigkeit" und wird in sKa khog und mDzod ge auch als Ortsreferent benutzt – als Beschreibung des Ortes, an dem die Viehhaltung stattfindet und sich folglich das Zuhause der Nomaden befindet.

Die mobile Tierhaltung in der hochalpinen Zone des tibetischen Plateaus wurde nun schon verschiedentlich untersucht (vgl. Stand der Forschung). Obschon regionale Unterschiede bestehen, die sich beispielsweise in der Herdenzusammensetzung, den Migrationsdistanzen, Migrationszyklen und in einzelnen Ressourcenstrategien zeigen, sind die Alltagstätigkeiten tibetischer Nomaden überregional durchaus vergleichbar. Trotzdem werden sich die nachfolgenden Ausführungen auf Studien stützen, die in Gebieten des südlichen Amdos, u. a. im

Bezirk rNga ba durchgeführt wurden. Dies sind vorwiegend die Arbeiten von Ekvall (1939; 1961; 1964a; 1968; 1972), Gaerrang (2011), Li (2012), Manderscheid (1999), Wu (1997) sowie eigenes Material.

In den Hochmooren und Weidegebieten von sKa khog und mDzod dge bestehen die Herden bis zu über achtzig Prozent aus Yak[24], während in trockeneren Regionen des Plateaus Schafe und Ziegen den hauptsächlichen Herdenbestand ausmachen (vgl. Miller 1999: 17). Pferde werden ausschliesslich als Reittiere gehalten. Die Herden sind die „Felder" der Nomaden. In sie wird investiert, um von ihnen „ernten" zu können, wie es Ekvall (1968) ausdrückt. Entlang dieser zwei Maximen organisieren sich die Tätigkeiten der Nomaden des tibetischen Plateaus.

Investieren

Die Arbeitszyklen der Nomaden sind bestimmt durch „one overriding concern, the need to maintain adequate forage for the herds" (Kapstein 2006: 15). Um den Herden die Nahrungszufuhr zu sichern, wählt man die Weidegebiete entsprechend der verschiedenen Jahreszeiten und Vegetationszonen:

> The pastoral system is designed around the movement of livestock to different pastures at different seasons of the year and the tracking of favourable forage conditions. Decisions on her movement also take into consideration factors such as past use, snowfall and rainfall, growth stage of the grass, and condition of the animals (Miller 1999: 17).

Heruntergebrochen auf die täglichen Arbeiten bedeutet dies, dass die Tiere auf die Weiden getrieben werden, dass sie – je nach Umständen – überwacht werden müssen und ihnen Zugang zu Wasser und genügend Gras gesichert werden muss. Diese Arbeit führen normalerweise Männer aus.[25] Um den Herden genügend Nahrung und genügend Wasser zu sichern, wird im Zyklus der Jahreszeiten zwischen verschiedenen Weidegebieten migriert. Dieses System nimmt Rücksicht

---

24 Der Begriff Yak wird hier für die domestizierte Rinderart des *Bos Grunniens* verwendet. Im Tibetischen wird hierfür in der Regel der Begriff *nor* oder *zog* verwendet. In dieser generischen Bedeutung erscheint der Begriff „Yak" nur im Singular. Der deutsche bzw. englische Name „Yak" ist abgeleitet vom tibetischen Wort für das männliche Tier (*g.yag*). Wenn es um männliche Tiere geht, wird in dieser Arbeit der Plural verwendet. Manchmal benutze ich auch den Begriff „Packyak" oder „Reityak", welche immer männliche, meist kastrierte, Tiere sind. Das weibliche Tier nennen die Tibeter *'bri*. Es wird im Text als „Yakkuh" wiedergegeben.

25 In Südamdo nennt sich diese Tätigkeit *„zog gso"* oder *„zog skyong"*. *Zog* ist eine Bezeichnung für Yak bzw. für Vieh, und *gso skyong* bedeuten einzeln oder als Komposita „ernähren, aufziehen, hegen und pflegen, züchten".

auf die gegebenen topographischen und ökologischen Gegebenheiten. In der Regel erfolgt die Migration vertikal[26], das heisst, den Winter verbringen Nomaden an tiefer gelegenen und klimatisch relativ geschützten Stellen, während in der wärmeren Jahreszeit die höher gelegenen Sommerweiden genutzt werden (vgl. Wu 1997: 145–155). In den meisten Gebieten des südlichen Amdos herrscht ein „two season grazing system" vor, welches für 'Dzam thang (ch.: Rang tang) im Bezirk rNga ba folgendermassen beschrieben wird:

> This system mainly occurs in the northwestern Sichuan, where flat plateau surface constructs the base of rangeland and yak takes the main role in the composition of livestock. [...] After seven months when nomads stay in cold season pasture, they move out in the middle of May (around 20th of May) and migrate to warm season pasture. The distance between two kinds of pasture is about three or four hours when the men ride horse, and the relative altitude is about 100 meters or more. The procedure is to move the livestock and the people, with their tents and belongings, all together in one move, until the new campsite is reached. [...] The warm season pastures are dominated by alpine meadow, mainly *Kobresia* meadow, where nomads will not [sic!] stay until the middle of October (Wu 1997: 155–156).

Die Beschreibung deckt sich mehrheitlich mit den von mir für sKa khog[27] und mDzod dge erhobenen Daten.

Das Herdenmanagement und die damit zusammenhängenden Arbeiten sind vorwiegend der Arbeits- und Verantwortungsbereich der Männer. Es bildet den Rahmen, in dem sich die tägliche Arbeit der Nomaden abspielt.

Ernten

In der „Ernte" des hauptsächlichen Produkts aus der Herdenhaltung – der Milch – sind die Frauen unabdingbar. Melken sowie Herstellung von Butter, Käse und Joghurt fallen in den ausschliesslichen Verantwortungsbereich der Frauen und finden von Mai bis Oktober ein bis zweimal täglich statt. Im Winter nimmt die Milchleistung der Yakkühe (*'bri*) ab und es wird nur für den Hausgebrauch gemolken.[28] Nebst der Milch wird vornehmlich von Yak, aber auch von Schafen, der Dung „geerntet". In der baumarmen Region des Hochplateaus wird Yakdung

26 In den weiten Ebenen Südamdos ist auch die horizontale Migration weit verbreitet.

27 Eine unveröffentlichte Konferenzpräsentation von Gaerrang (2002) detailliert das Ressourcenmanagement seiner Gemeinde in sKa khog. Seine Beschreibung entspricht dem von Wu Ning beschriebenen System in weiten Teilen.

28 Gemäss Manderscheid (1999: 58) beträgt die durchschnittliche Milchleistung eines *'bri* (Yakkuh) 150–200 l pro Jahr. Die Milchleistung einer Red Holstein Kuh beträgt durchschnittlich 4000 l pro Jahr.

von den Frauen und Kindern gesammelt,[29] getrocknet und als Brennstoff aufbereitet. Dies ist eine Arbeit, die täglich anfällt. Saisonale Erntearbeiten sind das Sammeln, Schneiden oder Zupfen der Yakwolle, das Scheren von Schafen sowie das Schlachten von Tieren für den eigenen Konsum[30]. Letzteres gehört zum Verantwortungsbereich der Männer.

Das pastorale Weide- und Herdenmanagement tibetischer Nomaden zeugt von detaillierten Kenntnissen des Graslands (*'brog*) – Kenntnisse über Zusammenhänge zwischen Vegetationsperioden, Ökosystemen und Pflanzenarten sowie über die Beschaffenheit des Bodens, Zusammensetzung der Flora, Wachstumszeiten, Nahrungswert von Pflanzen etc. aber auch über den Umgang mit Tieren, das Herdenverhalten, Krankheiten etc. – Kenntnisse über welche durchaus auch Frauen verfügen (vgl. Wu 1999: 150; Miller 1999). *'brog las* bzw. *phyugs las* erfolgt in Abhängigkeit vom ökologischen System des Graslands und ist auf die Bedürfnisse und Anforderungen der Tierhaltung ausgerichtet. Diese Lebensweise bringt eine enge Verflechtung von Mensch, Tier und Umwelt hervor.

2.1.5 Territoriale Zugehörigkeiten, soziale Strukturen

Die Menschen, welche die *'brog* bewohnen und deren Ressourcen nutzen, sind eingebunden in Gemeinschaften bestehend aus Familiengruppen, deren Struktur und Merkmale nachfolgend erläutert werden. Die im vorherigen Kapitel beschriebenen Arbeiten werden vorwiegend in der Familie verteilt und ausgeführt. Die Gemeinschaften, zu denen die Familien gehören und die Art, wie sich die Zugehörigkeit konstituiert, bilden soziale Strukturierungen, die das Zusammenleben der Nomaden Südamdos und ihre Landrechte ordnen.

sde ba und *ru skor*

Landrechte haben sich seit der Integration der Graslandregion in den chinesischen Staat stark verändert. Bis zu diesem historischen Umbruch ergaben sich

29 Viele der aufgeführten Tätigkeiten werden auch von Kindern ausgeführt oder unterstützt und sind, solange diese die Geschlechtsreife noch nicht erlangt haben, weniger streng nach Geschlechterrollen zugeteilt. Seit der Durchsetzung der Schulpflicht im Jahr 2004 in sKa khog und mDzod dge werden Kinder nicht mehr gleicherweise als Arbeitskraft einer Familie mitgerechnet und ihre Aufgaben sind deshalb hier nicht spezifisch thematisiert.

30 Tiere für den Fleischmarkt werden heutzutage selten von den Nomaden selber geschlachtet, sondern an Händler verkauft, welche die Tiere in Schlachthöfe fahren (vgl. Gaerrang 2011; Manderscheid et al. 2004).

Landrechte aus der Zugehörigkeit zu einer Gemeinschaft. Solche Gemeinschaften konstituierten sich aus Zusammenschlüssen von Familien, welche ein Territorium für sich beanspruchten und gegen andere verteidigten.[31] Ihren Anspruch begründete eine Gemeinschaft in der Regel über Abstammungslinien, deren – manchmal mythische – Vorfahren ein Gebiet besiedelt oder erobert hatten (vgl. z.B. Gelek 1998: 52). Die Ausdehnung ihres Territoriums veränderte sich vermutlich über die Jahrhunderte, da Landrechte mit militärischer Kraft durchgesetzt werden mussten (vgl. Levine 1998: 70). Die Territorialrechte sind bis heute ritualisiert in der Zuwendung der Gemeinschaft an eine territoriale Gottheit, dem *gzhi bdag* (Pirie 2005a: 11, 21). Eine Gemeinschaft mit solcher territorialer Definition nennt sich in sKa khog und mDzod dge mehrheitlich *sde ba*. Auch die Begriffe *tsho ba* oder *shog pa* sind in Amdo gebräuchlich. Die Begriffe selber unterscheiden sich in ihrer Bedeutung sowohl regional wie diachronisch.

Wie funktionierten *sde ba* vor ihrer Integration in die Volksrepublik China? Die Beziehungen der Mitglieder eines *sde ba* gestalteten sich mehrheitlich egalitär, unabhängig von Wohlstand oder familiärer Zugehörigkeit. *sde ba* verfügten über einen Führer (*dpon po*), der seinen Anspruch entweder aufgrund seiner Abstammung erbte, von der Gemeinschaft gewählt oder von der religiösen Institution, zu der die Gemeinschaft gehörte, eingesetzt wurde. Einige *sde ba* wurden von einem Ältestenrat geleitet (vgl. Pirie 2005a). Die sozialen Strukturen eines *sde ba* waren relativ lose. Zugehörigkeit und Kooperation wurden bestimmt durch Loyalität, dem Bedürfnis nach gegenseitigem Schutz und demzufolge der Aufrechterhaltung einer gewissen militärischen Stärke, um Territorialrechte gegen aussen durchsetzen zu können (vgl. Ekvall 1961; 1964a).

Zugehörigkeit zu einem *sde ba* sicherte den Familien Rechte auf Ressourcennutzung. Diese wurden mehrheitlich über die kleineren Einheiten eines *sde ba* – hier *ru skor* genannt[32] – realisiert. Ein *ru skor* ist eine Kooperationsgemeinschaft bestehend aus mehreren Familien. Kleinere *ru skor* von zehn bis zwanzig Familien

---

31 Es kam vor, dass Familien und Familiengruppen sich von ihren ursprünglichen Gemeinschaften lösten und in andere Gemeinschaften aufgenommen wurden oder eine eigene Gemeinschaft bildeten, die entweder Land erobern musste oder welcher von einem Landbesitzer, wie beispielsweise einem Kloster oder auch einer Stammesallianz, Land zugeteilt wurde (vgl. Ekvall 1939: 69–70; Samuel 1993: 93). Verschiedene Gruppen von Familien sind in den 1930er resp. 1940er Jahren aus anderen Regionen zugezogen aufgrund von Streitigkeiten in ihren ursprünglichen Gemeinschaften. Ihnen wurde vom Gongtang Lama des Klosters Labrang in *sKa khog* Land zugesprochen (HYXZ 1996: 650–651).

32 Die Begrifflichkeit für diese Untergruppe ist wenig klar und kann sich von Gemeinschaft zu Gemeinschaft unterscheiden. *Ru rog* oder *ru khags* wurden auch als Bezeichnungen erwähnt (vgl. auch Clarke 1992; Gelek 1998; Levine 1998).

entstanden oft aus verwandtschaftsbasierten Zeltgruppen.[33] Der Begriff wird auch für Weidegruppen verwendet, die sich jährlich neu formieren (vgl. Nietupski 2011: 59). Solchen Gruppen wird vom Führer der übergeordneten Einheit, z.B. dem Führer eines *sde ba* oder der klösterlichen Institution, der das Territorium gehört, ein Weidegebiet zugeteilt. In sKa khog und mDzod dge bezeichnet der Begriff jedoch mehrheitlich eine Gemeinschaft des *sde ba*, die einen bestimmten Teil des *sde ba*-Territoriums permanent besiedelt. Es sind in der Regel grössere *ru skor* von fünfzig bis zweihundert Familien, und Verwandtschaft ist nur bedingt ein Faktor der Zugehörigkeit (vgl. Pirie 2005a: 11).

Zugehörigkeit zu einem territorial definierten *ru skor*, wie sie in sKa khog und mDzod dge vorherrschen, konstituiert sich symbolisch und rituell über die Verehrung der schon erwähnten *gzhi bdag* (territoriale Gottheit). Die Rituale verdeutlichen Loyalität und Zugehörigkeit der Familien zueinander und zu einem Territorium sowie ihre Verpflichtung zu gegenseitigem Schutz. Analog zur Ebene der *sde ba* hatten auch in *ru skor*-Gemeinschaften alle Familien, unabhängig von ihrem Reichtum und sozialen Stand, gleiche Rechte und Pflichten. Einem *ru skor* stand ein *'go ba*, ein von den Familienoberhäuptern gewählter Führer, vor. In Konsultation mit den Familienoberhäuptern regelte er die Angelegenheiten der Gemeinschaft. Er koordinierte unter anderem das Ressourcenmanagement des *ru skor*, das heisst die regelmässige, meist jährliche, Zuteilung der Weidestandplätze an die Familien und Familiengruppen. Diese Zuteilung ergab keinen dauerhaften Anspruch auf ein Stück Land. Nur für den Winterstandplatz entwickelten sich Landrechte mit semi-permanentem Charakter dadurch, dass Familien dort Heufelder und in Südamdo auch einfache Winterhütten errichteten (vgl. Ekvall 1956: 46; vgl. auch Kap 2.3).

Die *ru skor* und *sde ba* in sKa khog und mDzod dge, wie sie in ihrer territorialen Aufteilung in den 1950er Jahren bestanden, wurden bei der Integration in die Volksrepublik China mehrheitlich unverändert in die neuen administrativen Einheiten von Dörfern (ch.: *cun*) und Gemeinden (ch.: *xiang)* überführt. Zur Zeit der Kollektiven-Bildung wurden aus den *sde ba* Kommunen (ch.: *gong she)* geschaffen und aus den hier *ru skor* genannten Einheiten entstanden im Jahr 1958 Kooperationsteams, die nachfolgend zu den Arbeitsteams (ch.: *da dui* oder *xiao dui*, tib.: *ru khags*) der Kommunen wurden (vgl. Kap 2.3). Die Begrifflichkeiten haben nach der Dekollektivierung eine weitere Wandlung durchgemacht, weil nun die *ru skor* administrativ „Dörfer" (ch.: *cun*) sind und diese in der tibetischen Sprache mit *sde*

---

33 Oft waren sie in Nachbarschaft zueinander, kreisförmig angeordnet. Davon stammt der Name, der normalerweise als „Zeltkreis" oder „Zeltlager" wiedergegeben wird (vgl. z.B. Clarke 1992: 397; Ekvall 1939: 68; Gelek 1998: 50).

ba wiedergegeben werden. Die ursprünglichen *sde ba* Gemeinschaften bestehen zwar weiterhin. Das Territorium wird jedoch mit dem administrativen Begriff der „Gemeinde" – mit dem Lehnwort *shang* (tib.) – bezeichnet.[34] In der vorliegenden Studie halte ich mich an die Bezeichnungen *sde ba* für die grössere Einheit, die mit der heute bestehenden Gemeinde (ch.: *xiang*, tib.: *shang*) gleichzusetzen ist, und an *ru skor* für die Bezeichnung dessen, was heute als Dorf (ch.: *cun*; tib.: *sde ba*) bezeichnet wird.

Die Familie – Basis der pastoralwirtschaftlichen Lebensweise

Die kleinste soziale Einheit eines *ru skor* oder *sde ba* ist die Familie (*khyim tshang*). In aller Regel bildet sie eine wirtschaftliche Einheit, einen ökonomischen Haushalt. Die Herden waren und sind, mit Ausnahme der Zeit der Kollektivierung (1958 – 1978), Besitztum der Familie und werden von ihr bewirtschaftet. Die Familie übernimmt die meisten Aufgaben des pastoralwirtschaftlichen Alltags und verteilt sie an ihre Mitglieder. Der Familie als sozialer und wirtschaftlicher Einheit kommt folglich eine zentrale Rolle zu. Sie ist Ausgangspunkt der vorliegenden Ethnographie und wird im Folgenden in ihren sozialen Strukturen und ihrer Funktionsweise als ökonomischer Haushalt kurz erläutert.

Die Familie ist in sKa khog und mDzod dge die Basiseinheit eines patrilinearen, exogamen Verwandtschaftssystems. Die Abstammung väterlicherseits wird in der tibetischen Sprache *rus* – Knochen – genannt und symbolisiert die zentrale Heiratsregel der Exogamie. Heirat innerhalb desselben *rus* ist ausgeschlossen. Familien sind entweder patrilokal oder neolokal. Wenn eine Familie nur Töchter hat und die Abstammungslinie durch *mag pa*[35]-Heirat der Tochter, also der Einheirat eines Mannes in die Familie der Frau, gesichert wird (vgl. Hermanns 1959: 137–139; Clarke 1992: 402–403), führt der Enkelsohn die Abstammungslinie weiter.[36]

34 In einem meines Wissens unveröffentlichten Manuskript fragt Nancy Levine (1999), inwiefern die neuen administrativen Kategorien die traditionellen Organisationsstrukturen ersetzen oder aufheben, bzw. unter welchen Umständen traditionelle *sde ba, tsho ba* oder *ru skor* Beziehungen weiterwirken. Sie untersucht dies anhand von pastoralen Gruppen, die zu mGo log gehören. Es sind interessante Fragen, deren Untersuchung eine gewisse Dringlichkeit innewohnt, da die Erinnerungen der Generation, welche die alte Gesellschaft und ihre Strukturen noch gekannt hat, langsam verschwinden.

35 Tib. für Bräutigam, eingeheirateter Gatte.

36 Matrilokalität ergibt sich teilweise auch, wenn eine Tochter unverheiratet und im Haushalt der Eltern bleibt, aber Kinder hat (vgl. Gelek 1998: 51)

In der Auswahl des Partners herrscht in nomadischen Gemeinschaften eine im Vergleich zu Agrargemeinschaften grössere persönliche Freiheit. Sie wird jedoch eingeschränkt durch die Erwartungen der Eltern, wirtschaftlich und sozial zumindest auf derselben Stufe zu heiraten.[37] Die normale Form der Eheschliessung ist in sKa khog und mDzod dge die monogame Einzelehe, wobei auch Polygynie oder Polyandrie vorkommen können. Dies scheint jedoch eher die Ausnahme zu sein. In der Vergangenheit hatten diese Eheformen oft wirtschaftliche Gründe – entweder Reichtum, der es einem Mann erlaubte, mehrere Frauen zu heiraten oder aber Armut, die eine Familie veranlasste, nur eine Frau für mehrere Brüder in die Familie aufzunehmen (vgl. Hermanns 1959: 191–199; Ekvalls 1968: 26–27). Das heutige Eherecht der Volksrepublik China erlaubt nur Monogamie (vgl. Ehegesetz der Volksrepublik Chinas[38]), was jedoch informelle, staatlich nicht registrierte polygame Formen der Eheschliessung nicht zwangsläufig unterbindet. Inwiefern solche Familienformen im Forschungsgebiet vorkommen, bedürfte der vertieften Forschung.

Familien verändern sich im Laufe der Jahre mit der Geburt von Kindern, ihrem Heranwachsen, Eheschliessungen und weiteren familiengeschichtlichen Ereignissen. Statistisch stellt Gruschke eine Dominanz von Kernfamilien bestehend aus Ein- oder Zwei-Generationenhaushalten in nomadischen Gemeinschaften seines Forschungsgebiets in Khams fest (2013: 120–121). Obschon mir für sKa khog und mDzod dge keine statistischen Daten vorliegen, lassen meine Erhebungen vermuten, dass dort ebenso Kernfamilien vorherrschen, die zwischen ein und drei Generationen umfassen. Familien mit drei Generationen leben in neuerer Zeit meist polylokal. Das heisst, die Familie teilt sich in zwei Haushalte – die in der Pastoralwirtschaft tätige Generation verbleibt im Weidegebiet, während die ältere Generation in einem Haus in der Siedlung wohnhaft ist und bei Schuleintritt dort die Enkelkinder betreut.

Verschiedene Forschende haben darauf hingewiesen, dass die sozialen Strukturen der Pastoralisten Amdos in der Tendenz so angelegt sind, dass die Aufteilung in Kernfamilien und die damit einhergehende Teilung der Herdenbestände vermieden werden, um eine wirtschaftlich nachhaltige Herdengrösse zu sichern. Deshalb seien Grossfamilienstrukturen in nomadischen Gemeinschaften Amdos dominant (vgl. Clarke 1992; Hermanns 1959; Gelek 1998). Sie widersprechen damit den Ausführungen Ekvalls (1968), der den individualistisch operie-

37 Durch ein *elopment*, gemeinsames Weglaufen aus den jeweiligen elterlichen Haushalten, setzen sich junge Menschen immer mal wieder über solche Erwartungen hinweg, was dann oft zu längeren Aushandlungen zwischen den beiden Familien und den jungen Menschen führt, um eine Lösung zu finden, welche das junge Paar wieder in die soziale Gemeinschaft einbindet.

38 http://www.chinas-recht.de/800910.htm; (Zugriff am 22. 04. 2015).

renden Zelteinheiten, den Familien und ihren Mitgliedern, grosse Bedeutung einräumt. Ekvall argumentiert, dass in Südamdo die Kernfamilie prävalent sei. Tatsächlich bestätigen meine Erhebungen Ekvalls Befund. Bei Heirat wird in der Regel ein neuer, von der Stammfamilie unabhängiger Haushalt gegründet. Inwiefern politische und entwicklungsstrategische Ereignisse der letzten Jahrzehnte diese Prävalenz zur Fragmentierung in neolokale Haushalte verstärkten oder veränderten, konnte ich mit dem mir vorliegenden Material nicht eruieren.

In den patriarchalisch geprägten Gemeinschaften der Nomaden Südamdos kommt dem Familienoberhaupt und allgemein den männlichen Mitgliedern eine in Bezug auf Herden- sowie Familienmanagement wichtige Rolle zu. Die älteste männliche Person ist normalerweise das Oberhaupt der Familie (*khyim bdag*) und entscheidet über das Herdenmanagement, saisonale Migrationen, familiäre Angelegenheiten, Handel und repräsentiert die Familie innerhalb der Gemeinschaft und gegen aussen. Das Familienoberhaupt ist jedoch nicht alleiniger Besitzer der Herden (vgl. Ekvall 1968: 25; Manderscheid 1999: 42). Die Herde gehört der Familie und die Familienoberhäupter operieren als Teil ihrer Gemeinschaft, Verwandtschaft und ihres unmittelbaren Haushalts. Familienmitglieder, insbesondere die Eltern, sofern sie noch leben, werden bei wichtigen wirtschaftlichen und familiären Entscheidungen konsultiert. Auch die Ehefrau, die einen in der Herdenwirtschaft unverzichtbaren Beitrag leistet, entscheidet bei Kauf und Verkauf von Tieren und bei wichtigen Entscheidungen für den Familienhaushalt mit (vgl. Ekvall 1968: 28).

Erbrechtlich steht jedem Familienmitglied, inklusive den Töchtern, ein Anteil der Herde zu (vgl. auch Ekvall 1968: 25; Manderscheid 1999: 42), wobei der älteste oder fähigste Sohn den grössten Anteil erhält. Er übernimmt damit auch die Verantwortung für die Eltern, Grosseltern und weitere Familienmitglieder, die keinen eigenen Hausstand gegründet haben. Eine Teilung der Herden wird grundsätzlich dann vorgenommen, wenn ein erwachsenes Kind der Familie heiratet und sich vom elterlichen Haushalt trennt, um einen eigenen Hausstand zu gründen oder in eine andere Familie einzuheiraten.[39] Es wird bedacht, ob eine Aufteilung der Herde sowohl für den Haushalt der Stammfamilie wie auch für den neuen Haushalt wirtschaftlich ist. Grossfamilien, in denen mehr als ein verheirateter Sohn in der Stammfamilie bleibt, sind in Südamdo selten. Häufiger ist, dass in armen Familien nur ein Sohn in der Herdenwirtschaft verbleibt, während die anderen Söhne für wohlhabendere Familien arbeiten oder eine alternative

---

39 Der Tochter wird bei Heirat ein Anteil der Herde als Mitgift übergeben. Dieser wird nach Möglichkeit grosszügig gehalten, in der Hoffnung, dass der Ehemann und seine Familie die Tochter gut behandeln werden. In sKa khog bewegt sich der Anteil zwischen fünfzig und hundert Tieren (persönliche Information von junger Nomadin).

Einkommensquelle zur Herdenwirtschaft suchen. Das kann auch bedeuten, dass die Familie in die Schulbildung eines Sohnes oder einer Tochter investiert. Auch der Entscheid, einen Sohn einem Leben im Kloster zuzuführen, kann als Strategie betrachtet werden, die Herde nicht über Gebühr aufteilen zu müssen (vgl. z.B. Manderscheid 1999: 42). Wie die Herdenteilung in der Praxis vorgenommen wird und wie die Entscheidungsprozesse laufen, wenn Tiere veräussert werden, um beispielsweise einem Familienmitglied die Heirat zu ermöglichen, eine Schulbildung zu finanzieren, ein Haus zu bauen oder eine grössere Anschaffung zu finanzieren, bedarf der vertieften Forschung.

Im gegenwärtigen Verwaltungssystem der Volksrepublik China lässt sich die Familie teilweise auch über das Haushaltsregister (ch.: *hu kou ben*) fassen. Die Haushaltsregistration des *hu kou* (ch.; tib. *khyim tho*) ist eigentlich eine Wohnsitzregistrierung, welche die Bevölkerung ländlichen und städtischen Gebieten zuteilt. Sie definiert gleichzeitig administrativ die Familie als Haushaltseinheit, da darin alle Familienmitglieder erfasst werden, die zu einem Haushalt gehören. Frauen, die in die Familie einheiraten, Geburten und Todesfälle werden im *hu kou ben* festgehalten. Es bildet die Basis für die Berechnung von Steuern und von Ansprüchen auf staatliche Leistungen. Die wirtschaftlichen Reformen der frühen 1980er Jahre und die Einführung des Haushaltsverantwortlichkeitssystems (vgl. Kap. 2.3) gaben dem *hu kou* als administratives Instrument zusätzlich Bedeutung. Die Landnutzungsrechte, wie sie sich heute konstituieren, werden über das *hu kou* administrativ erfasst. Inwiefern dies die oben erwähnte Territorialität von *ru skor* und *sde ba* verändert, bleibt eine spannende Frage für die Zukunft.

2.2 sKa khog und mDzod dge lokalisieren

Das ethnografische Material, auf dem diese Studie basiert, wurde fast ausschliesslich in pastoralen Gemeinden der Kreise (ch.: *xian*) sKa khog und mDzod dge im Autonomen Bezirk rNga ba der Tibeter und Qiang[40] gesammelt. Diese beiden Kreise umfassen einen beträchtlichen Anteil eines zusammenhängenden, von Nomaden bewohnten Gras- und Moorlandgebiets des Bezirks.

---

40 Der volle Name in Tibetisch und Chinesisch lautet folgendermassen: rNga ba bod rigs cha'ang rigs rang skyong khul; (ch.) Aba zang zu qiang zu zizhizhou.

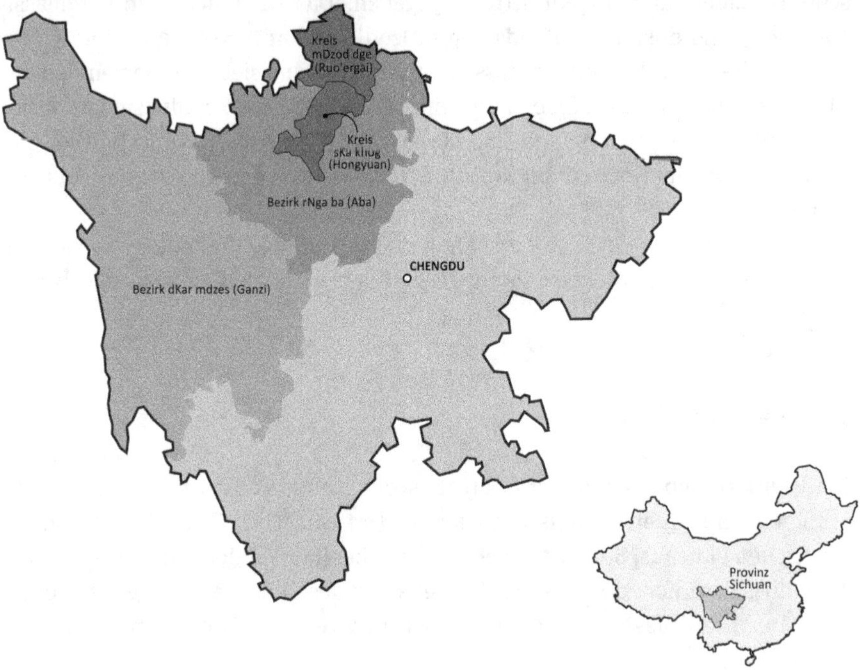

Abbildung 4: Karte von Sichuan mit Bezirk rNga ba und den Kreisen sKa khog und mDzod dge. Hergestellt von Fabian Rüdy (September 2014).

sKa khog liegt zwischen 31°50' und 33°22' N und 101°51' und 103°23' W und hat eine Fläche von 8433 km². Mit einer durchschnittlichen Höhe von 3500 m ist sKa khog der höchstgelegene Kreis des Bezirks rNga ba. Die jährliche Durchschnittstemperatur liegt zwischen 0,5 und 4,0°C. Das hochalpine Klima hat eine kurze Vegetationsperiode zur Folge. Die vorherrschende Wirtschaftsform der mobilen, extensiven Herdenhaltung ist bedingt durch die geografische Lage und deren naturräumliche Faktoren (vgl. Klein et al. 2011: 425–426). Administrativ ist der Kreis sKa khog in insgesamt sieben Gemeinden (ch.: *xiang*) und vier Kleinstädte (ch.: *zhen*) unterteilt. Nur in der südlichsten dieser administrativen Einheiten, in Lha rgyal gling (ch.: Shuajingsi), wird von Han Chinesen etwas Ackerbau betrieben.

Nördlich an sKa khog angrenzend erstreckt sich der Kreis mDzod dge bis zur Nord- und Westgrenze des Bezirks rNga ba und der Provinz Sichuan. mDzod dge liegt zwischen 32°56' und 34°19' N und 102°08' und 103°39' W. Es hat eine Fläche von 10.620 km², wovon 8080 km² aus hochalpinem Gras- und Moorland und 1600 km² aus Waldgebieten bestehen. Das Klima ist in den tieferliegenden Waldregionen milder als im hochalpinen und moorigen Grasland. Die jährliche Durchschnittstemperatur wird mit 1,1°C angegeben. Das bewaldete Min-Bergmassiv entlang des nordöstlichen Rands von mDzod dge wird von agro-pastoralen Gemeinschaften bewohnt, und umfasst acht der insgesamt siebzehn Gemeinden und Kleinstädten des Kreises. Sieben Gemeinden und zwei Kleinstädte sind aufgrund des vorherrschenden Gras- und Moorland-Ökosystems pastoralwirtschaftlich ausgerichtet. Auch im Umland der Kreisstadt (ch.: *xian zhen*) wird Pastoralwirtschaft betrieben.

Das Territorium der Kreise sKa khog und mDzod dge umfasst etwas mehr als die Hälfte des gesamten pastoralwirtschaftlich genutzten Gebiets des Bezirks rNga ba.

2.2.1 Der Bezirk rNga ba[41]

Der Bezirk rNga ba liegt in der Übergangszone Sichuans zwischen der Ebene des mittleren und unteren Laufs des Yangtze (*bri chu*, ch.: *Chang Jiang*) und des tibetischen Plateaus. Sein südlicher und östlicher Rand bildet den nordwestlichen Abschluss des Chengdu-Beckens einerseits und des tibetischen Plateaus andererseits. Der Bezirk lässt sich topographisch in zwei unterschiedliche Zonen aufteilen.

Die erste Zone grenzt an das Chengdu-Becken. Am nördlichen Rand dieses Beckens steigt das Gelände steil an und führt in ein Gebiet mit tiefen Flusstälern und schroffen, hohen Gebirgszügen. Das Qionglai- und Min-Bergmassiv mit durchschnittlichen Gipfelhöhen von 4500 m prägen die südliche Hälfte des Bezirks topographisch.[42] Der Min-Fluss (ch.: *Min Jiang*) ist einer der vier Zuflüsse zum Yangtze, welche Sichuan[43] den Namen gegeben haben. Sein Einzugsgebiet, definiert durch enge, teils bewaldete Täler, bildet die südliche und südöstliche Zone des Bezirks.[44] Sie ist geprägt von Ackerbau, teilweise verbunden mit Agro-

---

41 Der Bezirk rNga ba (ch.: Aba) ist nicht zu verwechseln mit dem Kreis rNga ba, der in den letzten Jahren aufgrund gehäufter Selbstverbrennungen von Mönchen in westlichen Medien Bekanntheit erlangt hat. Zum Bezirk rNga ba gehören dreizehn Kreise, einer davon – rNga ba – gab dem Bezirk den Namen. Weder der Bezirk noch der Kreis mit dem Namen rNga ba sind deckungsgleich mit dem Gebiet rNga ba, das bis 1952 zum Einflussbereichs des Köngishaus der Me Familie, gehörte, oder zu den sechs *tsho ba* Gruppen, die zur religiösen Gemeinschaft von Labrang zählten (vgl. Nietupski 2011: 77–78).

42 Sku bla (ch.: Siguniang) ist mit 6250 m der höchste Gipfel des Qionglai-Massivs und Shar dung ri (ch.: Xuebaoding) ist mit 5588 m einer der höchsten Gipfel des Min-Massivs.

43 Sichuan bedeutet „vier Flüsse".

44 Das in rNga ba gelegene Abflussgebiet des Dadu ist mitgemeint, da er später in den Min-Fluss mündet und so ebenfalls zum Einzugsgebiet des Yangtze zu rechnen ist.

Pastoralismus, dessen Anteil ansteigt, je tiefer bzw. höher man in die Täler vordringt. Die tieferen Lagen werden durch humides Kontinentalklima mit milden Wintern und warmen Sommern mit viel Regen bestimmt; das Klima in höher gelegenen Tälern entspricht einem Gebirgsklima mit kühlen Temperaturen (vgl. Manderscheid 1999; Wu 1997: 55–59).

Die zweite und nördliche bzw. nordwestliche Zone des Bezirks rNga ba unterscheidet sich topografisch und klimatisch deutlich von dem durch steile Bergtäler geprägten Süden und Osten des Bezirks. Sie liegt nördlich der Wasserscheide des Yangtze. Ihre Gewässer – die Flüsse *sKa chu* (ch.: *Bai He*, Weisser Fluss) und *rMe chu* (ch.: *Hei He*, Schwarzer Fluss) – fliessen in den *rMa chu* (ch.: *Huang He*, Gelber Fluss) ab. Diese Zone ist eine Hochebene, geprägt von weiten Tälern, durchbrochen von mehrheitlich unbewaldeten Hügelzügen und Bergrücken (Hayes 2010: 327). Das Ökosystem des „mDzod dge Moorgebiets" (ch.: *Ruo'ergai shidi*) liegt auf einer Höhe von 3400 m bis 3900 m und hat insgesamt eine Fläche von 19.600 km² (Hayes 2010: 326; Rafferty 2011: 175). Diese Zone, bestehend aus Gras- und Moorlandschaft, wird fast ausschliesslich durch nomadischen Pastoralismus wirtschaftlich genutzt, mit Ausnahme einiger Regionen entlang des Flusstals im Kreis rNga ba (vgl. Nietupski 2011: 75). Dieses Gras- und Moorland erstreckt sich nördlich und westlich des Min-Bergmassivs (ch.: *Min Shan*) welches den Bezirk am östlichen und südlichen Rand in der generellen Nord-Süd Richtung durchläuft. Im Nordwesten bildet der Gelbe Fluss (*rMa chu*, ch.: *Huang He*) die Grenze zu den Provinzen Qinghai und Gansu. Im Nordosten und Osten begrenzen die Bergzüge und Täler von The bo (ch.: Tiebu), Bab bzo (ch.: Bazuo), dPal skyid (ch.: Qiuji), gZi rtsa sde dgu (ch.: Jiuzhaigou) und Zung chu (ch.: Songpan) die Graslandregion.

Der Bezirk rNga ba als Gesamtes ist nicht nur geografisch eine Übergangsregion zwischen dem mehrheitlich von Han-Chinesen bevölkerten Chengdu-Becken und dem tibetischen Plateau, sondern stellt auch eine Kontaktzone zwischen ethnisch[45] und sprachlich verschiedenen Gruppierungen dar. In der ersten Zone finden sich die von den Qiang besiedelt Täler. Sie finden sich vorwiegend entlang des Min-Flusses und seiner Zuflüsse in den Kreisen Wenchuan (ch.), Maoxian (ch.), bKra shis gling (ch.: Lixian), Khro chu (ch.: Heishui) und Zung chu (ch.: Songpan) und sprechen ihre eigene Sprache (vgl. LaPolla und Huang 2003). Die Kreise bTsan lha (ch.: Xiaojin), Chu chen (ch.: Jinchuan),

45 Gemäss den Informationen der Regierungswebseite des Bezirks liest sich seine ethnische Zusammensetzung wie folgt: „Die Gesamtbevölkerung von 890.864 setzt sich zusammen aus 56.6% Tibetern, 18.5% Qiang, 3.3% Hui, 21.4% Han und 0.1% anderen."
Quelle: http://www.abazhou.gov.cn/abgk/jbzq/; (Zugriff am 22. 05. 2014), meine Übersetzung.

'Bar khams (ch.: Ma'erkang) und Khro chu (ch.: Heishui) sind das Territorium von Tibetern, die ebenfalls eine qiangische Sprache sprechen und im Bezirk rNga ba gemeinhin als *rGyal rong*-Tibeter oder als *rong ba* –Talbewohner – bezeichnet werden. In den Kreisen Zung chu, gZi rtsa sde dgu und Teilen des Kreises mDzod dge werden tibetische Dialekte gesprochen, die dem Khams-Tibetischen Dialekt ähnlich sind. Ihre sprachliche Zuteilung zu Khams oder Amdo ist nicht eindeutig (vgl. Gruschke 2001: 98; Jinba 2014). Diese vornehmen zu wollen, würde geschichtlich bedingte Fluidität von Identifizierungen von Gemeinschaften und regionalen Zuschreibungen auf unzulässige Art vereinfachen (vgl. Huber 2002a: xiii–xviii; Harrell 2001; Upton 1996) und ist deshalb müssig. Stattdessen bietet sich an, sich auf eine der Bedeutungen der tibetischen Begrifflichkeit von *mdo khams* zu beziehen, die nicht als Unterscheidung zwischen Khams und Amdo zu lesen ist, sondern als Bezeichnung *einer* Region östlich von Zentraltibet (vgl. Kapstein 2006: 7; Qi 2013: 39–41; Yeh 2003: 507–509).

Die sprachliche Unübersichtlichkeit des Bezirks ist aufgehoben, sobald die Graslandzone (*'brog*) beginnt. Das pastorale Gebiet des Bezirks rNga ba, durch seine flachere Topographie erkennbar auf Karten (vgl. Abbildung 10), entspricht auch einem Sprachraum, der notabene nicht an der Provinzgrenze endet. Über Amdo wird gesagt, dass es einen Sprachraum darstelle, der seinen Sprechern erlaube, über regionale Grenzen hinweg zu kommunizieren (vgl. Norbu et al. 2000: xvi). Während dies in den von Bauern und Agro-Pastoralisten bewohnten Tälern des Bezirks nicht in jedem Fall gegeben ist, wird dies insbesondere durch die „steppe language" (Denwood 1999: 23) – die Sprache der Nomaden– gewährleistet, die über weniger ausgeprägte regionale Variationen verfügt als die Sprache bzw. Sprachen der Talbewohner. Manchmal fungiert *'brog skad* – die Sprache der Steppe oder des Graslands – auch für Tibeter aus den Tälern, die zu Hause *rong skad* – „Talsprache" – sprechen, als *Lingua franca*.

sKa khog und mDzod dge gehören zu dem Gebiet im Bezirk rNga ba, in dem *'brog skad* gesprochen wird.

2.2.2 sKa khog und mDzod dge in der Geschichte der innerasiatischen Region

Das Forschungsfeld befindet sich an der Schnittstelle von zwei sich überlagernden Geografien. Diese ziehen auch verschiedene Geschichtsschreibungen nach sich. sKa khog und mDzod dge sind sprachlich und geografisch eindeutig Teil der tibetischen Region Amdo und somit des ethnografischen Tibet. Gleichzeitig sind sie Verwaltungskreise des modernen Staates der Volksrepublik China mit seinen Grenzziehungen, politischen und administrativen Systemen und dem Anspruch, das Zusammenleben seiner Staatsbürger zu regeln.[46] Diese geografische Schnittstelle ist auch geschichtlich komplex. Die Ausdehnung der administrativen Kreise ist nur teilweise identisch mit dem Territorium, das die Namen *mDzod dge* und *sKa khog* vormals bezeichneten.

Seit Jahrhunderten bewohnen und bewirtschaften Nomaden das Grasland von sKa khog und mDzod dge in Südamdo. Dies tun sie nicht in Selbstgenügsamkeit und Isolation, sondern in Interaktion innerhalb ihrer Gemeinschaften, zwischen Gemeinschaften und durch politische, religiöse und ökonomische Beziehungen mit Akteuren ausserhalb ihres unmittelbaren Umfelds. Daher soll im Folgenden die Geschichte sKa khogs und mDzod dges im Kontext Südamdos und insbesondere des heutigen Bezirks rNga ba beschrieben werden. Südamdo war und ist eingebunden in ein komplexes Feld von sich verschiebenden politischen Konstellationen, von der Besiedlung bis zur Zeit der chinesischen Republik (1911–1949), des chinesischen Bürgerkriegs (1945–1949) und des Beginns der Volksrepublik China (1949).

Historisch verbrieft ist die Besiedlung der Graslandregion Südamdos durch die chinesische Geschichtsschreibung der Tang-Dynastie (607–907), die über die in der chinesisch-tibetischen Grenzregion ansässige Bevölkerung der Ch'iang (auch Qiang geschrieben)[47] und der T'u-fan Tibeter berichtete (Stein 1972). Dass die Bewohner des tibetischen Plateaus und folglich Südamdo in den Dokumenten der Tang-Dynastie Erwähnung fanden, ist darauf zurückzuführen, dass zu jener Zeit Tibet als politisch-militärischer Akteur die asiatischen Geschicke mitzubestimmen begann (Stein 1972: 56; van Shaik 2011: 1–20). Unter dem tibetischen Herrscher Srong btsan sgam po (617–650) und seinen Nachfolgern expandierte Tibet. Es kam zu militärischen und diplomatischen Interaktionen in der chinesisch-tibetischen Grenzregion, dem heutigen Amdo Shar khog bzw. Zung chu. Tang Autoritäten hatten 618 am östlichen Rand von Südamdo eine Garnisonstadt errichtet, um das Chengdu-Becken vor Angriffen der Tibeter zu schützen. Diese Garnisonstadt mit dem chinesischen Namen Jing'an[48] (tib.: *Cin an*) wurde im Lauf

46 Provinzgrenzen bzw. die Unterschiedlichkeiten der Lebensweise und Sprache in den Provinzen haben unbestreitbar Auswirkungen auf Tibeter. Bisher gibt es jedoch keine Untersuchungen dazu, wie Zugehörigkeit zu einer Provinz sich in Identitätskonstruktionen von Tibetern abbildet.

47 Der Begriff Ch'iang ist nicht eindeutig. Er kann ein Ausdruck für pastoral-nomadische Proto-Tibeter sein (vgl. Schaeffer et al. 2014: 7) oder eine Bezeichnung der bis heute im Bezirk rNga ba wohnhaften ethnischen Gruppe der Qiang (Stein 1972: 46–47). Möglich ist auch, dass es sich um einen allgemeinen Begriff handelte für Nomaden, welche ein Gebiet bewohnten, das „sich südlich vom Kuku nor nach Se chwan hin erstreckte" (Hermanns 1949: 8; vgl auch Kollmar-Paulenz 2006: 16).

48 Heute ist die Stadt eher bekannt unter dem Namen des Kreises, Songpan. Der tibetische Name für Songpan – Zung chu – bezeichnet den Min-Fluss (ch. *Min Jiang*).

der wechselvollen Geschichte zu einem wichtigen Durchgangs- und Handelsplatz an der chinesisch-tibetischen Grenze. Entlang des Min-Tals entstand eine Handelsroute, welche das Chengdu-Becken mit Amdo und mGo log verband. Während das Min-Tal anfänglich in den Händen der Tang-Dynastie verblieb (Hayes 2014: 19), wurde es später von der tibetischen Armee in ihr Territorium eingefügt. Seit 763 besiedelten und kontrollierten Tibeter das gesamte Gebiet von Shar khog und das pastorale Gebiet westlich davon (Hayes 2014: 10). Dies ist auch in tibetischen Quellen dokumentiert. Einige der in jüngerer Zeit lokal publizierten historischen Arbeiten zu mDzod dge oder sKa khog, die sich auf ältere tibetische Quellen stützen (vgl. z.B. Losang Choepel 2005; Rwa 2007), sehen den Ursprung der tibetischen Präsenz im Grasland Südamdos in dieser Eroberungs- und Siedlungsgeschichte des siebten Jahrhunderts. Sie führen die Besiedlung der grossen mDzod dge Ebene – Südamdo – auf den tibetischen Minister dGa' ye shes dar rgyas zurück. Er war zur Zeit der Expansion des tibetischen Reichs in die Region gesandt worden, um das Gebiet dem Reich einzuverleiben und die Grenzen zu sichern. Da Minister dGa' den Wert des Landes am Oberlauf des Gelben Flusses als fruchtbares und für die Herdenhaltung geeignetes Weideland erkannte, machte er es zu seinem eigenen Herrschaftsbereich (vgl. Rwa 2007: 30; Tuttle 2011).[49]

Mit der Expansion des tibetischen Reichs bis an die östlichen Ränder des tibetischen Plateaus und darüber hinaus wurde Tibet ein ernstzunehmender politischer Akteur im innerasiatischen Raum (vgl. Beckwith 1987). Dies sollte jedoch nur von relativ kurzer Dauer sein. Im Jahr 842 kam das tibetische Grossreich mit der Ermordung des Kaisers gLang darma zu seinem Ende. Das Reich zerfiel in eine Vielzahl von kleineren und grösseren lokalen Fürsten- oder Königstümern, blieb jedoch Teil eines grossen innerasiatischen Kultur- und Handelsraums, den es gebietsweise dominiert hatte (vgl. Kollmar-Paulenz 2006: 58). Ein Grossteil der östlichen Regionen des tibetischen Plateaus – Teile Khams und Amdos (tib.: *mdo khams*) – kam nie mehr unter direkten politischen Einfluss späterer zentraler Regierungsgewalt in Lhasa (vgl. Snellgrove & Richardson 1968: 111; Pirie 2005a). Amdo wurde jedoch nach dem Zerfall des Reiches zu einer Zufluchtsstätte von buddhistischen Mönchen und befruchtete spätere buddhistische Bewegungen, die in nachfolgenden Jahrhunderten politisch eine Rolle spielen sollten (Kollmar-Paulenz 2005: 61–2; van Shaik 2011: 49–52).

49 Stein (1972: 23) erzählt diese Geschichte etwas anders. Seine Quelle *dKar chag of the Co ne bsTan 'gyur*, hält fest, dass der Minister dGa' nach Amdo geschickt wurde, um Steuern einzuziehen und sich stattdessen dort einen Machtbereich für sich und seine Nachkommen sicherte. Tuttle (2011b) erwähnt, dass dGa' mit zehntausend Soldaten nach Co ne in mDo med (Amdo) gesandt wurde und dass die Region südlich von Co ne, inklusive rNga ba, Zung chu und mDzod dge, zu seinem Herrschaftsbereich wurde.

Die Region Amdo kam im 13. Jahrhundert als Teil des innerasiatischen Raums unter den Einfluss mächtiger mongolischer Führer. Goden Khan, der Enkelsohn von Chinggis Khan, erhielt ein Lehnsgebiet nördlich des Kokonor[50] und angrenzend an Amdo. Er expandierte militärisch in die tibetische Region (Kollmar-Paulenz 2005: 78–79; van Schaik 2013: 75). In der Folge wurde Sakya Pandita (tib.: sa skya paṇḍita kun dga' rgyal mtshan), der fünfte Thronhalter von Sakya in Zentraltibet, zum Repräsentanten der Tibeter am mongolischen Hof bestimmt. Diese Rolle beinhaltete im Wesentlichen „writing and signing a long letter, which was circulated among the local clan leaders of Tibet and which stated that they were all to accept Mongol rule" (van Shaik 2013: 77). Der faktische und politische Einfluss der von der mongolischen Führung eingesetzten tibetischen Repräsentanten, der Sakyapa, über nomadische Gemeinschaften Südamdos blieb vermutlich gering. sKa khog und mDzod dge und umliegende Gebiete lagen mehrheitlich ausserhalb der damals bestehenden politisch etablierten Herrschaftsräume des Fürstentums Tshong kha (vgl. Kollmar-Paulenz 2005: 57), des Minyag-Reichs (vgl. Kollmar-Paulenz 2005: 61) bzw. des Königshaus Cone (Tuttle 2011).[51] Die lokalen Führer (*dpon po*) sicherten die Interessen ihrer Gemeinschaften wohl vornehmlich über Aushandlungen und Allianzen mit der mongolischen Heerführung nach militärischen Aktionen oder zur deren Verhinderung. Davon zeugt bis heute die Zuteilung von Titeln der Mongolen an tibetische Verantwortungsträger (vgl. Clarke 1992: 395). In mDzod dge beispielweise erinnern mongolische Flurnamen in der Region an kriegerische Auseinandersetzungen mit und die Präsenz von Mongolen (vgl. z.B. Losang Choepel 2005: 46).

Die mongolische Yuan-Dynastie wurde im 14. Jahrhundert von der Ming-Dynastie (1368–1644) abgelöst, deren Interaktionen mit der tibetischen Region Amdo sich vorwiegend über Handel und gegenseitige Verleihung von Titeln manifestierte (Sperling 2003: 474–475; Perdue 2000: 273; Kolmaš 1967: 28–29.) China war angewiesen auf Pferde aus Amdo und Khams für seine militärischen Expeditionen, deren Ziel es war, den Einfluss der Oirat Mongolen einzugrenzen. Wichtige Handelsplätze dafür befanden sich in mThe bo (Tuttle 2011d)[52] und in Zung chu, beides Agrar-Regionen östlich der Grasland-Region. Die Gegend um das Knie des Gelben Flusses in Südamdo war bekannt für die Qualität ihrer

50 Kokonor ist der mongolische Name des grossen Salzsees im Norden der heutigen Provinz Qinghai (tib.: tsho sngon). Der Name bedeutet „Blauer See". Kokonor gilt auch als Name für die Region Amdo. Inwiefern der Begriff „Kokonor" das Gebiet am Knie des Gelben Flusses tatsächlich mit einbezog, bedarf der vertieften Forschung.

51 http://places.thlib.org/features/24353/descriptions/81; (Zugriff am 27. 06. 2015).

52 http://places.thlib.org/features/24353/descriptions/81#ixzz3eGTcmt6a; (Zugriff am 20. 08. 2015).

Pferde und folglich zentral eingebunden in den Pferdehandel. Handelsrouten nach mGo log, Khams und Lhasa verliefen teilweise durch das südliche Amdo. Es kann vermutet werden, dass die ansässigen Gemeinschaften wichtige logistische Dienste als Führer und Transporteure von Waren und Personen leisteten.

Aus der Zeit der mongolischen Herrschaft blieben zwei Dinge, welche für die weitere Administration und Geschichte Tibets bestimmend bleiben sollten. Erstens hatten die Mongolen ein effizientes Steuer- und dazugehöriges Postsystem aufgebaut, das Verbindungslinien und Routen etablierte, die Zentraltibet mit dem mongolischen Hof verbanden (van Shaik 2011: 83–84). Ausserdem trug die mongolische Herrschaft zumindest in der zentraltibetischen Region zu einem Ende der regionalen Fragmentierung bei und führte zu einer Machtverschiebung von einflussreichen regionalen Herrscherhäusern zu buddhistischen Schulen (van Shaik 2011: 84). Was mit der Patronatsbeziehung zwischen dem mongolischen Hof Godan Khans und dem Abt des Klosters Sa kya seinen Anfang genommen hatte, machte Schule. Der mongolische Hof des Altan Khan sicherte sich im ausgehenden 16. Jahrhundert politischen Einfluss in Tibet durch die Übernahme des Patronats für die im 15. Jahrhundert entstandene buddhistische *dGe lugs*-Schule, die seit ihrer Entstehung enorm an Einfluss gewonnen hatte. Dies zementierte den Einfluss der Mongolen über Zentraltibet, das unter der Regierung des 5. Dalai Lama[53] wieder zu einem geeinten Herrschaftsbereich wurde. Obschon sich auch in Amdo die neue *dGe lugs*-Schule rasch ausbreitete und die Religionsrichtungen der *Bon* und der *sNying ma*-Schule an die geografische Peripherie gedrängt wurden, blieb Amdo ausserhalb des direkten Einflussbereichs von Lhasa. Zu keiner Zeit während der folgenden Jahrhunderte bis zur Einverleibung tibetischer Regionen in die Volksrepublik China hatte Lhasa politische, fiskalische oder militärische Kontrolle über die politischen Gruppierungen und Gemeinschaften Amdos (Pirie 2005a: 4). Die Regierung in Lhasa konnte ihren Einfluss in Amdo jedoch über das wachsende Netzwerk und Patronat von *sGe lugs*-Klöstern und Lamas – die zum Teil über weitläufige Ländereien und beträchtlichen politischen Einfluss verfügten – ausüben. Zentral wurde diesbezüglich das in 1709 vom ersten *'jam dbyangs bzhad pa* gegründete Kloster Labrang. Dieses wurde rasch zum wichtigen politischen Akteur in der Region Amdo und machte seinen Einfluss bis ins südliche Amdo geltend (vgl. Makley 2007; Nietupski 2011; Pirie 2005b: 85). Auch andere *dGe lugs*-Klöster wie *Ki rti*, *A mchog tsen nyi* oder *sTag tshang lha mo* spielten insbesondere im südlichen Amdo in wechselnden Allian-

53 Diese Regierung wurde unter dem Namen *dGa' ldan pho brang* bekannt und blieb bis ins 20. Jahrhundert bestehen.

zen und Machtverhältnissen eine politische Rolle (vgl. Pirie 2005a: 4; Ekvall 1980).

Die Machtkonstellationen im innerasiatischen Raum veränderten sich im 17. und namentlich im 18. Jahrhundert weiter, als die Qing-Dynastie (1644–1912) Macht und Einfluss der Mongolen zurückdrängte und insgesamt eine expansive Aussenpolitik verfolgte (vgl. Perdue 2005). Die *dGe lugs*-Regierung in Lhasa erweiterte ihre Allianzen. Zusätzlich zur religiösen Patronatsbeziehung (tib. *chos yon*) zwischen Lhasa und dem mongolischen Hof entstand eine ähnliche Beziehung zum Manchu Hof der Qing-Dynastie. Letztere machte ihren Einfluss bis zu ihrer Entmachtung am Anfang des 20. Jahrhunderts in der Region geltend. Sie zementierte ihren Verwaltungsanspruch durch die Entsendung von Ambanen[54] und die Stationierung von Truppen an strategischen Punkten.[55] Als Mittelzone zwischen dem Qing-Hof und der Regierung in Lhasa bildete Amdo einen Raum, der durch verschiedene politische und religiöse Akteure geprägt war. Es gab kein Machtgebiet Amdo, das gegenüber dem mächtigen Qing-Hof oder gegenüber Lhasa auftrat, sondern einzelne Klöster, allen voran Labrang (vgl. Makley 2007: 39–40), sowie Fürsten- und Königshäuser und Föderationen nomadischer Gemeinschaften, die ihre Interessen durch Allianzen untereinander oder durch Vereinbarungen mit den Vertretern der Qing-Verwaltung zu sichern suchten. Letzteres etablierte sich vorwiegend durch die Verleihung von *tusi* Titeln[56] an die

---

54 „Amban" ist ein Mandschu-Begriff und bedeutet „Minister". Ambanen waren Vertreter und Repräsentanten des Mandschu-Hofs (Qing-Dynastie) in Territorien, die dem Hof Tribut schuldeten. Gemäss Kolmaš (1994) waren die meisten der 170 Ambanen entweder Mongolen oder Mandschu.

55 Lhasa erhielt im Jahr 1727 einen Amban (van Shaik 2011: 142) und Xining, die heutige Hauptstadt der Provinz Qinghai und damals wichtiger Handelsort am Rand des tibetischen Plateaus, im Jahr 1725 (Nietupski 2011: 117). Der Einfluss dieser Vertreter des Kaiserhofs auf das pastorale Amdo blieb im besten Fall nominell. Erst nach der Begründung der Provinz im Jahr 1928 und der turbulenten Periode der Kriegsherren wurde der Einfluss letzterer auch in der Graslandregion spürbar (Goodman 2004: 383; Nietupski 2011: 117–118). Im Herrschaftsgebiet des Dalai Lama wurde die Macht seiner Regierung seitens der Qing eingeschränkt, indem die Regionen *Tsang* und *Ngari* der Souveränität des Panchen Lamas unterstellt wurden, um ein politisches Gegengewicht zum Dalai Lama zu schaffen (van Shaik.2011: 143). Das östliche Kham wurde von den Qing-Armeen erobert und von den von Lhasa unabhängigen Königshäusern Derge und Nangchen regiert (vgl. van Shaik 2011: 145).

56 Das *tusi*-System begann während der Yuan-Dynastie, florierte während der Ming-Dynastie und bewährte sich teilweise auch während der Qing-Dynastie als taktisches Mittel der Administration von Regionen, die von ethnischen Gruppen mit kleinräumigen politischen Formen bewohnt wurden. Durch die Verleihung von *tusi*-Titeln an lokale Fürsten und Häuptlinge verwaltete der kaiserliche Hof diese Regionen indirekt durch offiziell anerkannte Posten, die in historischen Dokumenten aufgelistet sind. Die *tusi* waren dem kaiserlichen Hof gegenüber verpflichtet, Tribut

jeweiligen Fürsten- oder Königshäuser. Inwieweit die Verleihung von Titeln auch nomadische Führer zum Beispiel der in Südamdo bekannten Föderation der *zhing 'brog* (vgl. Fussnote 64) einschloss, entzieht sich meinem gegenwärtigen Wissensstand. In der Zeit der Qing-Dynastie wurden zudem Zuständigkeitsbereiche für die Qing-Verwalter, u. a. Ambane, definiert, die später zum Teil in etwas veränderter Form zu den heute bekannten Provinzen führen sollten.

1911 markierte mit der Gründung der Republik China die Transformation des Qing-Kaiserreichs in einen chinesischen Nationalstaat. Die Transformation führte anfangs des 20. Jahrhunderts zu veränderten Beziehungen und Verhältnissen an „China's ethnic frontiers" (Lin 2011). Sie resultierten in einer verstärkten chinesischen Präsenz und einem grösseren Einfluss politischer Akteure der Republik China in den tibetischen Regionen Khams und Amdos, gleichzeitig auch in verstärkten Versuchen seitens tibetischer Regionen, sich von dem Qing-Machtanspruch zu distanzieren und Unabhängigkeit zu demonstrieren. Die Regierung in Lhasa unter Führung des 13. Dalai Lama reklamierte ihre Unabhängigkeit von China (van Shaik 2011: 189–191; vgl. auch Goldstein 1989: 68–71; Coleman 2013: 375). Amdo sowie Teile von Khams wurden in die teilweise blutigen Auseinandersetzungen von Kriegsherren gezogen, die an den Rändern des Einflussbereichs der Republik in ihrem Namen eigene Machtansprüche zu sichern suchten (vgl. z.B. Lipman 1997: 172–177; van Shaik 2011: 183–184; Fischer 2008: 164–165). Tibetische Akteure waren in die Kriegsgeschehen teilweise involviert. Sie suchten sich in den Wirren der damaligen Zeit ihre eigenen Allianzen, um ihre Interessen zu sichern (vgl. z.B. Goodman 2004: 385–386; Bulag 2011: 48; Coleman 2013: 368–474).

In diese Periode fällt die Formierung der Provinzen Qinghai und Gansu, wie wir sie heute kennen, im Norden (vgl. Lipman 1997: 175) und Xikang im Süden (vgl. Lin 2011: 65–70; Peng 2002). Das Gebiet des heutigen Bezirks rNga ba kam in keiner dieser Provinzen zu liegen. Es war Teil des 16. administrativen Distrikts von Sichuan mit Maoxian als Hauptsitz und Jing'an in Shar khog als wichtiger Garnisonstadt. Es ist jedoch schwierig zu eruieren, wieviel tatsächlichen Einfluss republikanische Verwalter bzw. Kriegsherren auf nomadische Gemeinschaften und deren lokale Führer hatten. Ihr Einflussbereich beschränkte sich vermutlich auf Shar khog und die Garnisonstadt Jing'an (vgl. Hayes 2014) und auf die Fürstenhäuser der rGyal rong-Täler im Süden. Insbesondere in den Tälern von Shar khog – und vermutlich auch in den Tälern von rGyal rong[57] – zementierten lokale Führer in der ersten Hälfte des 20. Jahrhunderts ihren Wohlstand und Einfluss

zu zahlen und gewissen politischen, wirtschaftlichen und militärischen Pflichten nachzukommen. Inwiefern dies in den fernen tibetischen Regionen durchgesetzt werden konnte, bleibt eine offene Frage.

57 Vgl. das literarische Werk von Alai (2002) *Red Poppies: A Novel of Tibet.*

lokal durch Anbau von und Handel mit Opium im Austausch gegen Waffen und andere Waren aus China (vgl. Hayes 2008: 110–120; Solinger 1977: 44).

Eingebettet in historische, sich ständig verändernde Machtkonstellationen in der Region Amdo und Chinas waren pastorale Gemeinschaften des südlichen Amdo durch Handel und religiös-politische Netzwerke über die Jahrhunderte mit tibetischen und mongolischen, sowie gegen aussen mit Qing- und republikanischen Akteuren vernetzt. Trotz der politischen Ereignisse im China des 20. Jahrhunderts und der Zuteilung der Graslandregion zur „Songpan Region" des 16. Distrikts in Nord-Sichuan blieb das Grasland von sKa khog und mDzod dge für republikanische oder kommunistische Akteure bis Mitte des 20. Jahrhunderts grösstenteils ein wildes, unkontrollierbares und kaum passierbares Gebiet (Hayes 2008: 69–70; 2014: 327).[58] Die pastoralen Gemeinschaften handelten als Teil ihrer sozialpolitischen Einbindung in die Fürstenhäuser von 'Bar khams, Khro chu und rNga ba (vgl. auch Fussnote 63), obschon sie auf den Karten der chinesischen Regierungen als Teil der Songpan Region eingezeichnet waren. Dies änderte sich drastisch, als das pastorale Südamdo in den chinesischen Staat integriert wurde. 1952 wurde der 16. Administrative Distrikt (die „Songpan Region") der republikanischen Verwaltung aufgelöst und der „Tibetische Bezirk der Provinz Sichuan" (ch.: Sichuan Zangzu Zhou) gegründet. Dieser erhielt nach mehreren Neubenennungen 1986 die bis heute gültige Namensgebung von „Autonomer Bezirk rNga ba der Tibeter und Qiang". Das erste Mal in der Geschichte kamen die Bewohner von sKa khog und mDzod dge „under state level scrutiny" (Hayes 2010: 328). Wie sich das auf die Lebensweise auf der *'brog* auswirkte, wird das nächste Kapitel ausführen.

2.3 sKa khog und mDzod dge transformiert

Nach der Gründung der Volksrepublik China 1949 stellte die Integration der von Tibetern bewohnten Territorien Sichuans und Xikangs sowie Gansus und Qinghais für die neuen chinesischen Machthaber eine grosse Herausforderung dar. Die Provinz Sichuan, die während der Kriegsjahre ihre regionale Autonomie in taktischen Aushandlungen mit den Vertretern der republikanischen Zentralregierung aufrechterhalten hatte und verschiedene Machtbereiche lokaler Kriegsherren konstituierte, musste in das nationale System integriert werden. Gleichzeitig galt

58 Direkte Nachbarschaft und Handelsbeziehungen mit Shar khog sowie der Durchzug der Roten Armee während des Langen Marsches resultierten in unmittelbaren Interaktionen zwischen Tibetern und Republikanern bzw. kommunistischen Truppen in sKa khog und mDzod dge (vgl. Hayes 2008).

es einen Weg zu finden, die autonomen und isolierten lokalen Gemeinschaften[59] zur politischen und wirtschaftlichen Kooperation zu bewegen (vgl. Solinger 1977: 19–42).

Diese Integration tibetischer Regionen in den kommunistischen Staat bedeutete nicht nur hinsichtlich politischer Machtverhältnisse und des Selbstverständnisses tibetischer pastoraler Gemeinschaften eine Zäsur. Sie war auch eine Zäsur bezüglich der Art, wie Land bewohnt und besiedelt wurde. Menschliche Präsenz hatte zwar über Jahrhunderte die Graslandregion geprägt, aber im pastoralen Südamdo – und vermutlich ebenso in andern pastoralen Regionen des tibetischen Plateaus – nahm der Bau von permanenten Siedlungen[60], Strassen und anderen Infrastrukturbauten erst mit der Ankunft der Vertreter der kommunistischen Volkspartei ihren Anfang. Der Aufbau einer staatlichen Struktur und die Umsetzung von Programmen des „nationalen Aufbaus" (ch.: *guojia jianshe*) hatten das erste Mal in der Geschichte sKa khogs und mDzod dges „state-led social, economic and infrastructure engineering of the grasslands" (Hayes 2010: 328) zur Folge. Das Kapitel versucht diese Zäsur zu verdeutlichen, indem es in einer Fortführung der Geschichte Südamdos die vorherrschende Siedlungsform in sKa khog und mDzod dge vor 1950 zur Ausgangslage nimmt, um anschliessend die Integration in die Volksrepublik in den ersten Jahrzehnten der 1950er bis 1970er Jahre und die neueren Entwicklungen seit den 1980er Reformjahren bis heute nachzuzeichnen.

2.3.1 Besiedlung und Siedlungsformen vor 1950

Die Gras- und Moorlandebene Ka khogs und mDzod dges blieb mehrheitlich ausserhalb des direkten Einflussbereichs der Republikaner und der Wirren des Bürgerkriegs. Seine Bewohner sahen zwar die Rote Armee durchziehen, waren jedoch, was die politischen Belange betraf, eher nach Norden, nach Labrang und

59 Einige dieser isolierten tibetischen Gemeinschaften waren vermutlich Zufluchtsorte für Republikaner, die vor den Kommunisten flohen und teilweise von dort aus den Widerstand gegen sie planten. Damit zogen sie tibetische Regionen in den politischen Konflikt zwischen der Roten Armee und den Republikanern hinein (vgl. Alai 2002; Hayes 2008). Dieser Kampf gegen republikanische Kräfte wurde während der Niederschlagung der Revolten in tibetischen Regionen als Legitimation der militärischen Offensiven gegen die tibetische Bevölkerung benutzt (persönliche Informationen eines Bewohners aus mDzod dge).

60 Die Definition von „Siedlung" in diesem Kontext ist „menschliche Niederlassung; Ansammlung von Gebäuden, in denen Menschen wohnen, samt den dabei befindlichen, anderen Zwecken dienenden Bauten, Einrichtungen, Verkehrsflächen usw." (Quelle: http://www.duden.de/rechtschreibung/Siedlung; Zugriff am 27. 08. 2015).

Abbildung 5: Einfaches Winterhaus in mDzod dge in Strassennähe, frisch mit Lehm verputzt (Okt 2012).

dem restlichen Amdo, ausgerichtet. Im tibetischen Teil des Bezirks rNga ba bestand der machtpolitische Raum aus dem „Königshaus" von rNga ba; verschiedenen „Fürstentümern" von rGyal rong, welche pastorale Gebiete des südlichen sKa khog kontrollierten;[61] einer Allianz aus zwölf nomadischen und bäuerlichen Gemeinschaften,[62] die das Gebiet am Knie des Gelben Flusses bewohnten (vgl. Germano & Washu 2011)[63] sowie dem Einflussbereich des Klosters Labrang und seiner Satellitenklöster (vgl. Nietupski 2011). Diese bildeten ein Netz der politischen und religiösen Einflussnahme, das sich über ganz Amdo inklusive mGo log

61 Beispielsweise gehörte Sangs dkar im südlichen sKa khog zu Khro chu (ch.: Heishui) (persönliche Information); Teile von 'Dzam thang (ch.: Rangtang) und das südliche rNga ba gehörten zu Tsha kho, dem heutigen 'Bar khams (vgl. Jinba 2014: 130, n. 4; Manderscheid 1999: 43; Nietupski 2011: 76)

62 *Zhing 'brog* oder *mDzod dge shog pa bcu gnyis* – Die beiden Begriffe bezeichnen eine Allianz bestehend aus nomadischen und bäuerlichen Gemeinschaften des heutigen mDzod dge, die religiös und politisch dem Kloster Ki rti in sTag tshang lha mo zugewandt waren (vgl. Ekvall 1980b: 3).

63 Die Begriffe sind Übersetzungen, von gebräuchlichen Bezeichnungen für Personen in Führungspositionen. Dies sind *rgyal po, dpon po,* und *mgo ba* oder *'go ba. rgyal po* bedeutet „König" und *dpon po* bedeutet „Chef, Regent, Herr, Meister". *Mgo ba* oder *'go ba,* ist dem zweiten in der Bedeutung ähnlich und lässt sich als „Vorsteher, Häuptling, Leiter" übersetzen. Er trägt das Wort „Kopf" (*mgo*) oder „Anfang" bzw. „Vorsteher" (*'go*) im Namen. Die Begriffe werden in den politischen Strukturen der Gemeinschaften Amdos verschieden verwandt. Für Ausführungen zu den politischen Strukturen in nomadischen Gemeinschaften Amdos, vgl. Ekvall 1939, 1968, 1980b; Nietupski 2011: 54–62; Samuel 1993: 92–96; Pirie 2005b.

und bis nach Lhasa erstreckte.[64] Die Infrastruktur, die diese Verflechtungen unterstützte, bestand vorwiegend aus etablierten, aber selten ausgebauten Routen, Flussübergängen, Pässen und aus spezifischen Lagerstätten von Führern nomadischer Gruppen. In der Graslandregion hatten sich vorwiegend, wenn nicht ausschliesslich, um die Klöster und Paläste der Königs- und Fürstenhäuser permanente Siedlungen gebildet. Letztere befanden sich selten direkt im Grasland, sondern an dessen Rand, z.B. in Flusstälern, in denen Ackerbau betrieben wurde und folglich gebaute Infrastruktur bestehend aus Stein- oder Holz- und Lehmhäusern vorhanden war. Das Grasland selbst war abgesehen von Bauten, die gleich detaillierter vorgestellt werden, frei von gebauten, permanenten Infrastrukturen.

Die Art zu Wohnen der Nomaden in sKa khog und mDzod dge unterscheidet sich von der Wohnweise der sogenannt sesshaften, in Ackerbau tätigen Bevölkerung. In Gemeinschaftsgruppen (vgl. Kap. 2.1.5) besiedeln sie ein Territorium, in dem sie im Zyklus der Jahreszeiten mehrmals ihren Standort wechseln (Ekvall 1956). Diese Siedlungsform steht dem Bau von fester Infrastruktur entgegen. Dennoch verfügten Nomaden mDzod dges und Ka khogs mehrheitlich über einen Winterstandplatz für Familien oder Familiengruppen. Durch den Bau einer Winterhütte, einem Korral für die Tiere gebildet durch Sod- oder Lehmmauern und durch das Anlegen von Heufeldern für Winterfutter erhielt der Standplatz eine gewisse Permanenz, und Familien erhielten innerhalb ihres *sde ba* ein Anrecht darauf (vgl. Evkall 1956: 46–47; Stein 1972: 123–124). Dieses Recht auf den Winterstandort war jedoch weniger fixiert als entsprechende Landnutzungsrechte in agrarwirtschaftlichen Gemeinschaften (vgl. Ekvall 1956; Hayes 2008: 65) und konnte bei Bedarf aufgehoben oder an veränderte Verhältnisse angepasst werden.

In den Sommermonaten manifestierte sich eine fluide Siedlungsform, die weder Permanenz noch Dichte aufwies:

> When a community moves out of winter quarters to begin the seasonal search for the best pasturage, the families retain their winter-quarters location relationships. If they have been organized as encampment – commonly called „tent circle"– they continue that pattern of placement throughout each of the moves; if they have camped separately, yet having a neighborhood relationship as a group, they maintain the same pattern and neighborly relationship: within long earshot of each other, or at least within a few minutes ride. Occasionally, as they move, the pattern is adjusted to topography. Where it is steppe-like, or wide valleys, the tent neighborhood groups in a circle, but where it consists of narrow ravines and sharp ridges, the tents may be scattered along a valley and its connecting side

64 Vgl. auch Piries Zusammenfassung der Geschichte Amdos, welche wechselnde Machtblöcke und Allianzen von Gemeinschaftsverbänden und Klöstern verdeutlicht (2005a: 5–8).

valleys – keeping relatively close, however, so that their herdsmen meet during the day, or combine in cooperative herding (Ekvall 1968: 33).

Die Siedlungsform war zwar mobil, doch die Wanderung von nomadischen Familien oder Gruppen von Familien verlief nicht ziellos. Migrationen fanden im Rahmen von Territorialrechten auf Ebene der *sde ba* bzw. der *ru skor* statt (vgl. Kap 2.1).

In den Monaten des sommerlichen Weidewechsels (Mai – Oktober) wohnten Nomaden in mobilen Behausungen.[65] Der Standplatz des Zelts wurde zum Teil baulich verfestigt durch Sodmauern, Bodenvertiefungen und ähnliche Massnahmen. Die Feuerstelle wurde aus dem Boden ausgehoben und aus Lehm gebaut (vgl. Ryser 1999: 162–165). Ausserhalb des Zeltes errichtete das Oberhaupt der Familie eine *dar lcog* – eine hohe Stange, an welcher ein mit Gebeten bedrucktes Tuch festgemacht war – und eine Feuerstelle für das Rauchopfer an die territoriale Gottheit (vgl. Kap 2.1). Beides stellte eine Verbindung zu den *la btsas* her (vgl. Hermanns 1949: 51), die untenstehend diskutiert werden. Wenn Nomaden ihren Standplatz wechselten, blieben jeweils Spuren im Land zurück, die je nach Intensität und Dauer der Nutzung längere Zeit sichtbar blieben[66].

Zu den beständigen Bauten, die im Grasland Südamdos bereits vor 1950 existierten, gehören Klöster (*dgon pa*), Tempel (*lha khang*), religiöse Schreine (*chos rten*) und Steinhaufen bestückt mit Gebetsfahnen und pfeilähnlichen Stangen (*la btsas*) (vgl. Samuel 1993: 158–159; 182–183; Weiner 2012: 164). In der Graslandregion des tibetischen Plateaus waren Klöster die einzige dichte und permanente Siedlungsform (vgl. Gruschke 2013: 98). Klöster hatten eine wichtige soziale Rolle inne im Gefüge pastoraler Gemeinschaften und bewirkten eine territoriale Verankerung dadurch, dass sie Handelsplatz, Geldinstitut oder Lager für Besitztümer der nomadischen Bevölkerung waren (vgl. Ekvall 1968: 82). Zusammen mit *la btsas* und anderen religiösen Bauten sind sie Ausdruck eines Kosmos, in dem Tibeter leben und sich bewegen. *La btsas* (auch *lha tho*) sind Bestandteil religiöser Vorstellungen, die in vor-buddhistische Zeit zurückreichen, und ritueller Ort für die Verehrung der Territorialgötter (vgl. Stein 1972: 203–212; Samuel 1993: 182–186). Ihre religiöse und soziokulturelle Bedeutung wurde von anderen Autoren ausführlich diskutiert.[67] *La btsas* sind insofern interessant in der Diskussion der Siedlungsweise von Nomaden, als dass sie Referenzpunkte in den

65 Die Struktur und Machart des „schwarzen Zelts" wurde verschiedentlich beschrieben (Hermanns 1949: 43–50; Ekvall 1968: 61–64; Manderscheid 2001; Ryser 1999: 162–167).

66 In mDzod dge liess sich 2012 beobachten, dass die *dar lcog* nach dem Umzug auf die Winterweide auf dem letzten Lagerplatz stehenbleiben.

67 Vgl. z.B. Blondeau et al. 1996; Blondeau 1998; Buffetrille und Diemberger 2002; Tucci 1988.

von *sde ba* oder *ru skor* bewohnten Territorien darstellen. Durch die rituelle Verehrung von Territorialgottheiten wird die Zugehörigkeit zu einem Territorium mitsamt Rechten und Pflichten manifest. Die Errichtung eines *la btas* ist ein baulicher Akt. Es werden dabei persönliche Dinge der Mitglieder einer Gemeinschaft – vornehmlich Waffen – im Boden, auf dem der *la btsas* errichtet wird, vergraben.

Klöster und *la btsas* sind also Teil einer „sacred geography" (Samuel 1993: 158), die sich in konkreten und permanenten Bauten manifestiert. Sie waren in der vormodernen Zeit die einzigen Infrastrukturen, welche die mobile Siedlungsform von nomadischen Gemeinschaften verankerten. Diese „sacred geography" hatte zusätzlich eine soziopolitische Komponente, indem Verbindungen zu Klöstern politische und religiöse Loyalitäten bzw. Zugehörigkeiten von nomadischen Gemeinschaften bestimmten.

2.3.2 Siedlungsbau und permanente Infrastruktur von 1950 bis 1980

Abbildung 6: Wintersiedlung in mDzod dge (November 2005).

Seit Jahrhunderten besiedelt, bewirtschaftet und bewohnt, setzte Infrastrukturbau im grösseren Stil in sKa khog und mDzod dge wie auch anderswo im pastoralen Amdo erst mit der Ankunft der Vertreter des neugegründeten chinesischen Staates ein. Die historische Studie über rTse khog (ch.: Ze ku) in Qinghai von Weiner (2012) erlaubt interessante Einblicke in die Prozesse des nationalen Aufbaus in einer mehr oder weniger infrastrukturfreien Graslandregion. Die Vermutung liegt nahe, dass die Verhältnisse, welche die ersten Teams des neuen Staates in mDzod dge und sKa khog antrafen, ähnlich waren, wie sie in Weiners

Studie für rTse khog, eine pastorale Region Amdos ca. 500 km nordwestlich von mDzod dge und sKa khog, beschrieben wurde.[68] Weiner (2012: 164) schildert sie folgendermassen:

> There simply was no physical infrastructure and no human resources through which to govern. In fact, other than the few fixed-place monasteries and the small hamlets that grew around them (Tib. *sde wa*, Ch. *tawa)*, there were no permanent structures on Zeku's grasslands.

Weiner dokumentiert detailliert, dass die Teams, die beauftragt waren, einen Kreissitz im Grasland von rTse khog ins Leben zu rufen, nicht auf eine vorhandene Siedlungsstruktur zurückgreifen konnten, sondern vorerst ihre Zelte – aus Sicht der Teams – in der Wildnis errichteten, in der es weder Zeichen menschlicher Behausung noch Material wie Holz oder Ziegel gegeben hat (Weiner 2012: 203–209). Die ersten Inspektionsteams, medizinische Teams und pastorale Arbeitsteams, die von der Siedlung in der Nähe des Klosters Reb gong ins Grasland von rTse khog entsandt worden waren, hatten als Aufgabe, Propaganda zu verbreiten, demographische und wirtschaftliche Daten zu sammeln und das Vertrauen der lokalen Bevölkerung durch medizinische Dienstleistungen zu gewinnen (Weiner 2012: 144). Ebenfalls sollten sie beginnen, administrative Kapazitäten aufzubauen (Weiner 2012: 145).

Im Grasland des Bezirk rNga ba nutzten die Teams der neugegründeten Volksrepublik Chinas ebenfalls Klöster und Herrschaftshäuser von Königen und Fürsten als Anknüpfungspunkte für die Politik der Integration und des sozialen Aufbaus. Ausgehend von den Handelsgarnisonen oder Verwaltungsstätten der Republikaner (z.B. Jing'an in Shar khog und Mao xian), knüpften die Teams Kontakt mit lokalen Verantwortungsträgern in Klöstern und Herrschaftshäusern und verfolgten danach eine systematische Durchdringung der Region (vgl. Hayes 2008: 148–150). Dieser Beginn der Integration in den Staat wird von den Jahrbüchern für mDzod dge auf 1950 (RGNJ 2012)[69] und für sKa khog auf 1954 datiert (HYNJ 2012)[70]. Die Integration erfolgte in der ersten Phase durch die Entsendung von Arbeitsteams und kommunistischem Kaderpersonal mit dem Auftrag, ein

68 Weiner bezeichnet rTse khog als Südamdo. Dies mag insofern korrekt sein, als südlich von rTsekhog der von Mongolen besiedelte Kreis Yul rgan nyin (ch.: Henan) zu finden ist und weiter südlich und südwestlich davon der Bezirk mGo log, der erst in der jüngeren Geschichtsschreibung zu Amdo gezählt wird. Weiner limitiert aber seine Bezeichnung Amdo auf die Provinz Qinghai und lässt ausser Acht, dass die tibetischen Regionen südöstlich von rTse khog, die in Gansu und Sichuan liegen, auch zu Amdo zu zählen sind.

69 http://www.abazhou.gov.cn/abgk/gxzc/reg/index_5.html; (Zugriff am 29. 05. 2014).

70 http://www.abazhou.gov.cn/abgk/gxzc/hy/index_5.html; (Zugriff am 29. 05. 2014).

Netzwerk von administrativen Zentren zu errichten (vgl. Da'erji & Li 1993: 22; Hayes 2008: 152). Die Arbeitsteams und Kadermitarbeiter waren begleitet von Militär und Personen, die demographische und sozio-ethnografische Erhebungen über die Bevölkerung, Ressourcen, und Topographie vornehmen sollten (vgl. Hayes 2008: 161). Gleichzeitig begann der Bau eines regionalen Transportsystems (siehe Kapitel 3.1). Es wurden Schulen und Kliniken errichtet, in den Anfangsjahren vorwiegend in Zelten, mit dem Ziel, die Bevölkerung von den Vorzügen der sozialistischen Ideologie zu überzeugen (vgl. Hayes 2010: 328; Horlemann 2002: 247).

Der Aufbau einer administrativen Struktur, die Einrichtung öffentlicher Dienste wie Schulen und Kliniken und der Zuzug von chinesischen Kader und Militärs zog den Aufbau von Verbindungswegen und Gebäuden nach sich. Die Nomaden der Region wohnten jedoch weiterhin in Zelten und Winterhütten und folgten den pastoralen Praktiken wie bisher. Diese Lebensweise veränderte sich erst mit der Umsetzung der „demokratischen Reformen" 1958 grundlegend (vgl. Weiner 2012: 399; 414). Die Reformen leiteten den Umbruch der Gesellschaft ein und waren ein Wendepunkt in der Politik des chinesischen Staates in Bezug auf den Umgang mit tibetischen Regionen. Bisher strebte der chinesische Staat mit seiner Politik an, bestehende Strukturen und Machtverhältnisse tibetischer Gemeinschaften zu berücksichtigen und tibetische Verantwortungsträger in den Prozess des nationalen Aufbaus einzubinden. Dazu wurden früh junge, motivierte Menschen rekrutiert und an neu gegründete Ausbildungszentren in chinesischen Städten geschickt, um sie mit den Ideen und der Funktionsweise des sozialistischen Staates vertraut zu machen (vgl. Hayes 2008: 167; Upton 1999: 95, 97). Der „gradualist approach" (Hayes 2008: 151) führte aber nicht zu den gewünschten Resultaten und es gab einen Richtungswechsel. Die „demokratische Reform" hatte die Auflösung der politischen und wirtschaftlichen Privilegien der führenden Schicht und die sozialistische Transformation der Gesellschaft zum Ziel. Sie koinzidierte zudem mit der Lancierung der Kampagne „Der Grosse Sprung nach Vorne". Die Folgen waren für Besitzverhältnisse und Lebensweise von Nomaden so umwälzend und invasiv, dass daraus ein Aufstand resultierte, der, mit Unterbrüchen, von 1958 bis 1962 dauerte. Er hatte eine Forcierung der Reform zur Folge, welche die alte Gesellschaft mit ihren sozialen, politischen und religiösen Strukturen auflöste (vgl. Horlemann 2002: 248). Das Jahr, in dem diese gesellschaftliche Umgestaltung ihren Anfang nahm[71], ist im amdo-tibetischen Gedächt-

71 Leider endet Weiners ausgezeichnete Studie mit dem Aufstand, und die weiteren Entwicklungen müssen aus verschiedenen Quellen rekonstruiert werden. Es bestehen sehr wenige Studien über diese Zeitperiode und ihre Auswirkungen in Amdo. Eine Anzahl von staatlicher Stelle nicht-autorisierter Biographien oder fiktionalisierte Beschreibung wurden in den relativ

nis haften geblieben. Die ältere Bevölkerung erinnert sich bis heute an dieses Jahr als *rgya caga yong dus* – die Zeit, als die Chinesen kamen (vgl. auch Pirie 2008: 220; Robin 2012).

Nach der Unterdrückung der Rebellion wurde das Ziel einer raschen und umfassenden Modernisierung der Gesellschaft und der wirtschaftlichen Produktion angestrebt. Die Besitzverhältnisse wurden durch die Kollektivierung umgestaltet. Der Grosse Sprung nach Vorne und die Kulturrevolution resultierten in Initiativen zur Steigerung der pastoralen Produktion und in der Zerstörung von religiösen und sozialen Institutionen der Nomaden Südamdos. In mDzod dge und sKa khog wurden im Moorgebiet Entwässerungskanäle gebaut, um Weideland zu gewinnen. Die Folge waren ein Absinken des Wasserspiegels und Probleme der Wasserbeschaffung, die in den folgenden Jahren zu vermehrtem Brunnenbau führten (Hayes 2010: 329–330). Die neugeschaffene Struktur der Volkskommunen (ch.: *ren min gong she*) und Produktionsteams (ch.: *da dui*), welche innerhalb der bestehenden *sde ba* und *ru skor* realisiert worden war (vgl. z.B. Horlemann 2002: 245–249; Pirie 2008: 221), führte zur Errichtung einer Infrastruktur, die der Administration diente und zum Bau von Wintersiedlungen für die Nomaden (vgl. Ekvall 1968: 96; Qi 2013: 63; Weiner 2012: 367–368). Die Siedlungsstrukturen, die damals entstanden, bestehen zum Teil bis heute. An einigen Orten wurden die Verwaltung und ihre Dienste später zentralisiert, so dass Gebäude der *da dui* aufgegeben wurden und nur noch Ruinen von Häusern und eingefallene Sodmauern darauf hinweisen, dass einmal ein gewisses Mass an Gebäudeinfrastruktur bestanden hat.

1976 endete die Kulturrevolution mit dem Tod Maos. Die Führungselite wurde abgelöst und 1978 begann eine neue Politik der Reformen. Die Volkskommunen als Produktionseinheit wurden aufgelöst. Die entstandene Gebäudeinfrastruktur blieb zumindest teilweise erhalten, ebenso Verbindungswege zwischen administrativen Einheiten von Kreisen und Gemeinden. Nomaden kehrten mehrheitlich wieder zu traditionellen Praktiken der Herdenhaltung zurück (vgl. Manderscheid 2002).

offenen Jahren vor 2008 veröffentlicht (vgl. Erhart 2013). Die Monographie von Makley (2007) *The Violence of Liberation* bildet einen wichtigen Beitrag zu wissenschaftlichen Aufarbeitung dieser Periode.

2.3.3 Wirtschaftliche Reformen und die Entwicklungspolitik des Staates von 1980 bis 2012

Abbildung 7: Neue Wohnsiedlung für Nomaden in mDzod dge (Oktober 2012).

Zu Beginn der 1980er Jahre erhielten Familien die Produktionsverantwortung, nachdem die kommunal bewirtschafteten Herden an Familien oder Gruppen von Familien verteilt worden waren. Dies formalisierte sich in der Umsetzung des „Haushaltverantwortlichkeitssystems" (ch.: *lianchan chengbao ziren zhidu*). In Bezug auf Siedlungsformen hatte die neue Politik anfänglich eine zentripetale Wirkung. Angehörige von Nomadenfamilien, die in der Verwaltung, beispielsweise als Lehrer, arbeiteten und in Gemeindesiedlungen wohnten, verliessen ihre Posten, um ihren Anteil an Herden zu erhalten und sich und ihren Familien eine Wirtschaftsgrundlage zu schaffen und Anrecht auf Weideland zu sichern. Weideland wurde in sKa khog und mDzod dge vorläufig gemeinschaftlich bewirtschaftet[72] und

72 In mGo log erfolgte die Aufteilung und Verpachtung des Winterweidelands an individuelle Haushalte oder Gruppen von Haushalten Hand in Hand mit der Aufteilung der Herden (Horlemann 2002: 254).

die Zuteilung von Weidegebieten an Haushalte erfolgte innerhalb der *ru skor* und unter der Verantwortung ihres Leiters, der in der Regel auch Parteisekretär (ch.: *shu ji*) des *ru skor* war (vgl. auch Pirie 2005a: 11).

Die erste Phase der Dekollektivierung und der Umsetzung wirtschaftlicher Reformen liess ein Rückzug des Staates aus der Wirtschafts- wie auch Lebensweise von nomadischen Familien vermuten. Die Ressourcennutzung und Produktionsverantwortung lagen vollständig bei der Familie als Haushaltseinheit, und langsam verschoben sich auch die Absatzmärkte für pastorale Produkte von staatlichen Kanälen zu marktwirtschaftlich orientierten, privaten Händlern. Falls es den Rückzug staatlichen Einflusses tatsächlich gegeben hat, so machte sich dieser bereits in den 1990er Jahren wieder vermehrt bemerkbar. Ein neues Regime der wirtschaftlichen Entwicklung und der Umgestaltung der pastoralen Produktionsweise wurde propagiert und in der Region staatlich orchestriert umgesetzt. Die Entwicklungspolitik berief sich zumindest rhetorisch auf wissenschaftliche Handlungsprinzipien.

Eine Intensivierung der Produktion auf dem Grasland sollte durch ein System von Weidenutzungsverträgen, von Abzäunung von Weideland, Futterproduktion durch Bewässerung und verbesserter Tierzucht erreicht werden (vgl. Bauer & Nyima 2010: 25; Clarke 1987, Wu 1997). Die Umgestaltung der Landnutzungsrechte führte zu einer Erweiterung des „Haushaltverantwortlichkeitssystems“. Haushalte erhielten territorial festgelegte Nutzungsrechte von Weideland. Dies erfolgte in verschiedenen Phasen und führte von 1996 bis 1998 zur Einteilung von bisher gemeinschaftlich bewirtschafteten Weidegebieten in Winterweideparzellen, basierend auf errechneter Besatzdichte[73] und der Ausstellung von Pachtverträgen mit einer Laufzeit von fünfzig Jahren an einzelne Haushalte (Bauer & Yontan Nyima 2010). Fast zeitgleich mit der Zuteilung von Weidelandparzellen als Winterweide oder für die ganzjährliche Nutzung wurde in sKa khog und mDzod dge das Programm *sanpeitao jianshe* (ch.) umgesetzt, das „Umfassende Set des dreifachen Aufbaus“, welches den Häuserbau auf Winterweiden, das Anlegen von Feldern zur Winterfütterung sowie den Bau von Winterstallung förderte. Dies resultierte effektiv in der Ansiedlung von Nomaden auf ihren Winterweideparzellen durch Fixierung der Weidegebiete, Einzäunung derselben und den Bau von festen Wohnhäusern. In einigen Gemeinden von mDzod dge bewirkte das Programm eine Umkehrung der während der Planwirtschaft in den Volkskommunen geschaffenen zentralisierten Wintersiedlungen und führte dazu, dass Nomaden, die ihre Winter-

73 Diese errechnet sich aus der Zahl der Tiere bzw. deren Masse in Kilogramm pro Quadratmeter.

häuser auf den ihnen zugeteilten Weiden zu errichten hatten, nun verstreut über das Territorium des *ru skor* wohnten. Für einige hatte dies den Verlust des Anschlusses an Elektrizität, Schulen und an Verkehrswege zur Folge (vgl. Hayes 2010: 333).

Das neue Jahrtausend brachte die Lancierung der Kampagne „Die grosse Erschliessung des Westens". Sie trieb Infrastrukturbau und Ressourcenextraktion voran, setzte aber gleichzeitig Entwicklungsprogramme in pastoralen Regionen um, die mit ökologischer Verantwortung und dem Schutz eines fragilen Ökosystems begründet wurden[74] (vgl. Bauer und Yontan Nyima 2010; Du 2014; Foggin & Gongbu Zhaxi 2013; Yeh 2005). Das Abzäunen von Weideland wurde als Umweltschutz-Massnahme instrumentalisiert und eine neue Siedlungsform für Nomaden ausserhalb von Weidegebieten forciert, um das Grasland zu schützen, das aus Sicht der Regierung durch Übernutzung Flurschäden aufwies. Um eine ökologische Migration (ch.: *shengtai yimin*) unter dem Entwicklungsprogramm „Rückzug aus dem Weideland" (ch.: *tuimu huancao*)[75] in die Wege zu leiten, entstanden neue Siedlungen für Nomaden und ganze Gemeinschaften wurden in neugebauten Siedlungen am Rande von bestehenden Bezirks- und Kreisstädten ausserhalb der Weidegebiete angesiedelt. Diese Politik wurde vor allem in Qinghai vehement verfolgt (vgl. Cencetti 2012; Du 2014; Foggin 2008). In sKa khog und mDzod dge wurde seit 2004 und verstärkt seit 2008 Siedlungsbau für Nomaden mit Regierungsgeldern umgesetzt. Im Effekt bedeutete dies eine Umkehrung der Streusiedlung, die mit der Privatisierung von Weideland einherging. Zwischen 2008 und 2012 entstanden in den Gemeinden auf Ebene der Dörfer (ch.: *cun*) bzw. der *ru skor* neue Wohnsiedlungen, die ihre Besitzer auf verschiedene Weise zu nutzen begannen. Dies war eine direkte Folge des staatlichen Programms „Stabile Behausung für Nomaden" (ch.: *mumin dingju*), das als Komponente der Entwicklungsstrategie „Building the new socialist countryside" (kurz, ch.: *xinnongcun*

74 Nach verheerenden Überschwemmungen am Unterlauf des Yangtze im Jahr 1998 wandte sich das Augenmerk der Regierung auf Präventionsmassnahmen. Im Zuge davon wurde eine Strategie formuliert, die Erosion und Wasserablauf am Oberlauf und an den Zuflüssen zum Yangtze vermindern sollten. Eine direkte Folge davon sind die Programme „Sloping land conversion" (ch.: *tuigeng huanlin*), welches Wiederaufforstung vorantrieb, und „Rückzug aus dem Weideland", welches die zunehmende Bodendegradation von Weideland stoppen sollte. Beide Programme betrafen tibetische Regionen direkt. Ihre ökologischen und sozialen Auswirkungen werden sehr kontrovers diskutiert (vgl. Bennet et al. 2008; Du 2014; Foggin 2013; Ryavec & Winkler 2006; Winkler 2002; Xu et al. 2001, 2004; Yeh 2005).

75 Gruschke (2013: 112) übersetzt das Programm als „Weiden zu Grasland".

jianshe) konzeptualisiert wurde, welche seit 2006 in ruralen Regionen Chinas umgesetzt wurde (vgl. Ahlers 2014).

In mDzod dge und sKa khog kam es zu keinen Umsiedlungen ganzer Gemeinschaften. Die neuen Siedlungen wurden im Jahr 2012 in der Regel von nur einem Teil der pastoralen Familien bewohnt. Die in der Pastoralwirtschaft tätigen Familienmitglieder wohnten weiterhin in den Winterhäusern und im Sommer in Zelten in wechselnden Weidegebieten. Dass den Nomaden nun eine Wohngelegenheit in einer Siedlung, oft in der Nähe von Servicezentren mit Einkaufsmöglichkeiten zur Verfügung stand, veränderte jedoch die Art des Wohnens. Wohndichte, Nachbarschaft, Beziehungen und Bewegungen wurden durch neue Infrastruktur und Wohnhäuser beeinflusst.

2.4 sKa khog und mDzod dge urbanisiert? – Ein Ausblick

Verdichtete Infrastruktur und Wachstum von Gemeinde- und Kreisstädten in sKa khog und mDzod dge waren Folge einer ganzen Reihe von Regierungsprogrammen in der Graslandregion. Ungeachtet davon wird der Ausbau von Siedlungen mit dem in der Volksrepublik China seit jüngerer Zeit dominanten Entwicklungsparadigma der Urbanisierung begründet. Urbanisierung wird als unvermeidlich angesehen für eine Gesellschaft, die sich modernisieren und entwickeln will (vgl. Yeh & Henderson 2008). Während Urbanisierung in der Begrifflichkeit von Geographen als Folge wirtschaftlicher Entwicklung konzeptualisiert wird (vgl. Ma 2002: 1546), lässt sich in der Volksrepublik China beobachten, dass Urbanisierung als Entwicklungsstrategie eingesetzt wird, um wirtschaftliches Wachstum herbeizuführen (vgl. Han 2010: 780–781).

China durchläuft seit den Reformen der späten 1970er und 1980er Jahren einen Prozess der Urbanisierung, welche als sozialistische Transitionsphase oder als Transformation im Zuge der wirtschaftlichen Reformen analysiert wurde (vgl. Ma 2002: 1551–1552). Sie manifestiert sich exemplarisch in den industriellen Zentren der Ostküste und wachsenden Metropolen in den Provinzen. Während sie dort durch die enorme Migration von Arbeitskräften aus ruralen Gebieten in die Industrieparks der Städte verursacht und unterstützt wird und damit in einem Zusammenhang mit der Entwicklung der Wirtschaft und der Entstehung und Verbreitung globaler, kapitalistischer Wirtschaftssysteme steht, warnt Ma (2002) davor, die Vorgänge in China nur in Bezug auf kapitalistische Marktkräfte verstehen zu wollen. Er plädiert zu Recht für die Entwicklung eines länderspezifischen theoretischen Ansatzes, der den Kontext des zentral organisierten chinesischen Staates und seiner Lenkungseigenschaft in Bezug auf Wirtschafts- und Stadtentwicklung mit einbezieht. So spielt beispielsweise die administrative Urbanisierung in dem zentral organisierten Staat China eine wichtige Rolle (Friedmann 2005; Tan & Ding 2008).

Auch in tibetischen Regionen Chinas lassen sich Prozesse der Urbanisierung ausmachen, die weder mit einem Anstieg der Produktion im ruralen Wirtschaftssektor noch mit einer wachsenden Industrialisierung erklärbar sind. Stattdessen ergibt sich Urbanisierung insbesondere in den ruralen und den westlichen Regionen Chinas aus staatlich finanzierten Initiativen, die Infrastruktur einerseits und den Dienstleistungssektor andererseits ausbauen (vgl. Fischer 2014; Tashi Nyima 2010; Bauer & Huatse Gyal 2015). Gerade in tibetischen Regionen scheint Urbanisierung vorwiegend ein politischer Prozess zu sein. Sie wird durch politische Entscheide der administrativen Statusänderung beispielsweise von Bezirkshauptorten, Kreis- oder Gemeindesitzen durch ein „administrative scaling-up" herbeigeführt (vgl. Yeh & Henderson 2008: 13–14). Diese Form der staatlich gesteuerten Urbanisierung hat einen „urban bias" hervorgebracht (Fischer 2008), welcher besonders die von ethnischen Minderheiten bewohnten Gebiete wie Tibet benachteiligen. Der Urbanisierungsdiskurs hat eine ideelle räumliche Aufteilung zur Folge, welche ländliche Peripherie mit Rückständigkeit und urbanes Zentrum mit Fortschritt gleichsetzt (vgl. z.B. Yeh & Henderson 2008: 13–14; Fischer 2008; Fischer 2014).

sKa khog und mDzod dge sind von solchen Entwicklungsdiskursen betroffen. Sowohl in den beiden Kreisstädten als auch in einzelnen Gemeinden hat „adminstrative scaling-up" stattgefunden (vgl. Kap. 6.3.3). Dennoch stellt sich die Frage, inwiefern die Transformationen der Siedlungsformen im südlichen Amdo als Urbanisierung bzw. als urbane Räume konzeptualisiert werden dürfen. Bei den Siedlungen in sKha khog und mDzod dge handelt es sich trotz Siedlungsbau der letzten Jahre um kleine Ortschaften mit Einwohnerzahlen von unter fünfzehntausend in Kreisen und unter zweitausend in Gemeinden. Auf dieser Basis genügt ein China-spezifisches Verständnis von Urbanisierung nicht. Die Kategorie „Urbanisierung" und die des „Urbanen" muss insgesamt kritisch hinterfragt werden (vgl. Yeh & Henderson 2008).

Der Ansatz von Neil Brenner (2013) und Brenner und Schmid (2015), das Urbane und Urbanisierung als Prozess zu verstehen, der den ländlichen Raum mit einschliesst, eröffnet eine nützliche Perspektive. Brenner und Schmid haben eine neue Theorie der Stadt und des Urbanen formuliert und argumentieren, dass die Stadt nicht ausschliesslich als einen in sich geschlossenen Raum mit gewissen infrastrukturellen Gegebenheiten und Bevölkerungsdichte definiert werden dürfe und dass Prozesse der Verflechtung ebenso mitgedacht werden müssten. Ein territoriales und demographisches Verständnis der Stadt und des Urbanen genüge nicht. Brenner und Schmid schlagen deshalb vor, anstatt einen physisch eingrenzbaren Raum des Urbanen zu definieren, die Frage zu stellen „Is there an urban *process*?“ (2013: 104, kursiv im Original). Mit der Abkehr von einer reifizierten Kategorie des Urbanen wird eine Anbindung von Transformationsprozessen im ruralen Raum an urbane Prozesse möglich.

Von dieser Ausgangsposition aus wird die Frage obsolet, ob Orte wie sie sich in sKa khog und mDzod dge finden, als Städte klassifizierbar sind. Die Fragen, ob sie gross genug seien, um als Stadt zu gelten, ob die Bevölkerungsdichte einer Beschreibung als urbaner Raum standhält, und ob der Bevölkerungszuwachs und dessen Heterogenität genügen, um von einer städtischen Einheit zu sprechen, sind nicht länger ausschlaggebend. Die Stadt und das Urbane müssen anders gedacht werden. Einerseits muss untersucht werden, wie die von den Pastoralisten bewohnten Gebiete und die darin angesiedelten Ortschaften von den urbanen Entwicklungen über Netzwerke, Kapitalflüsse, Infrastruktur etc., die von den grossen Metropolen ausgehen, vereinnahmt werden. Andererseits muss gefragt werden, inwiefern die Siedlungsentwicklung selbst als ein urbaner Prozess oder Urbanisierungsprozess gedeutet werden kann und wie Nomaden sKa khogs und mDzod dges daran teilnehmen.

Die Situierung der Forschungsfragen im konkreten geografischen, sozialen und geschichtlichen Kontext der Nomaden von sKa khog und mDzod dge zeigt ein Umfeld pastoralen Wirtschaftens, das sich in den letzten Jahrzehnten enorm gewandelt hat, mit Auswirkungen auf die Siedlungsform in der Graslandregion. Wohnformen haben sich verfestigt. Eingrenzungen und Zuteilungen von Weideland haben die Mobilität pastoraler Tierhaltung umgestaltet. Siedlungsbau für die nomadische Bevölkerung veränderte ihre Lebensweise, auch wenn der Bau dieser Siedlungen keine staatliche orchestrierte Um- oder Ansiedlung nach sich gezogen hat.

Was bedeutet Urbanisierung in Hinblick auf die Lebens- und Wirtschaftsweise dieser Menschen und der damit verbundenen Mobilität? Inwiefern sind Nomaden sKa khogs und mDzod dges Teil von urbanen Prozessen? In welcher Weise transformiert die veränderte Lebens- und Siedlungsform Praktiken der Mobilität? Welchen Einfluss haben Entwicklung von Strassen- und Telekommunikationsinfrastruktur zusätzlich zur Siedlungsinfrastruktur und wie interagieren Nomaden sKa khogs und mDzod dges mit der Infrastruktur? Motorräder, Autos und Mobiltelefone sind die Technologien, welche Infrastruktur zugänglich machen, und Infrastruktur ist unbestreitbar notwendig, um urbane Prozesse zu ermöglichen. Der nächste Teil widmet sich der Infrastrukturentwicklung und der Aneignung und Inkorporation von mobilen Technologien in den Alltag von Nomaden und fragt, wie diese die Mobilität von Nomaden verändern.

Teil II: **Inkorporation**

„Every road is a story of striving: for profit, for victory in battle, for discovery and adventure, for survival and growth, or simply for livability. Each path reflects our desire to move and connect. Anyone who has benefitted from a better road – a shorter route, a smoother and safer drive – can testify to the importance of good roads. But when humans strive, we also err, and it is hard to build without destroying.“

Ted Conover

Teil II: Inkorporation

3 Strassen und Motorfahrzeuge – Verflechtungen von Infrastruktur und Mobilität

Am Anfang des 21. Jahrhunderts gehören Strassen und Motorfahrzeuge fast in allen Regionen der Welt zum Alltag. Sie erschliessen Regionen und schaffen Zugänge zu Märkten. Ebenso haben Strassen, Transportsysteme und ihre Entstehung in diversen Regionen der Welt eine bedeutende geo- und wirtschaftspolitische Rolle gespielt, oft auch im Zusammenhang mit Kolonialpolitik (vgl. z.B. Alber 2000; Colombijn 2002; Gewald, Luning & van Walraven 2009; Masquelier 2002). Strassen sind auf verschiedene Weisen weltweit in soziale und kulturelle Kontexte integriert. Gerade weil dem so ist, erstaunt es, dass dem „social life" (Appadurai 1986) von Strassen und Motorfahrzeugen lange Zeit verhältnismässig wenig wissenschaftliche Aufmerksamkeit geschenkt wurde (vgl. Miller 2001; Urry 2000). Erst in jüngerer Zeit scheint eine Anthropologie der Strasse und der Infrastruktur in den Sozialwissenschaften an Aufmerksamkeit gewonnen zu haben.[76]

Die lange Abwesenheit des Automobils und dessen Systemen als Studienobjekt in den Sozial- und Humanwissenschaften erstaunt, wenn man sich bewusst macht, welchen Einfluss sie auf das soziale Leben von Menschen und Gemeinschaften ausgeübt haben (Carrabine & Longhurst 2002: 181–182) und wie invasiv Strassen und andere Systeme des Automobils sowohl in städtischen als auch ländlichen Räumen sind. Urry (2004) wundert sich denn auch darüber, dass das System der „automobility" selten diskutiert worden sei, obschon sein „character of domination is more systemic and awesome in its consequences than what are normally viewed as constitutive technologies of the global" (Urry 2004: 25).

Im Zuge des *mobilities turn* sind zwischenzeitlich einige Arbeiten entstanden, die Transportsysteme, Praktiken der Mobilität und soziale Bezüge in Verbindung miteinander untersuchen. Sie widmen sich der Frage, wie das Technische von Transportsystemen und Fahrzeugen in den sozialen Kontext von Menschen, insbesondere in Städten, aber auch in globalen Kontexten, eingebettet sind. Ein „new mobility paradigm" (Sheller & Urry 2006) hat zu neuen Ansätzen geführt, die dem Sozialen mehr Raum geben.[77] Auch das Auto und andere Fahrzeuge als

76 Eine grössere Zahl an kultur- und sozialanthropologischer Studien zu Strassen und Autos erschien seit der Jahrtausendwende. Vgl. Dalakoglou & Harvey 2012; Featherstone et al. 2005; Harvey 2010; Merriman 2011, Moran 2009; Snead et al. 2010; Wollen & Kerr 2002.

77 Vgl. z.B. Canzler et al. 2009; Cresswell 2006; Grieco & Urry 2011; Jensen 2011; Kaufmann 2002; Kellermann 2006; Larson et al. 2006.

DOI 10.1515/9783110502008-004

Abbildung 8: Die Provinzstrasse S209, die Hauptverkehrsstrasse für die Kreise sKa khog und mDzod dge (Juli 2011).

Alltags- und Konsumobjekt sind vermehrt in den Fokus gerückt, nachdem Miller (2001) noch anfangs des neuen Jahrhunderts in einem Sammelband zu *car cultures* auf das vernachlässigte Alltags- bzw. Konsumobjekt Auto aufmerksam machte.

Das vorliegende Kapitel 3 knüpft daran an. Es präsentiert eine „Anthropologie der Strasse“, die Einblick gibt, wie staatliche Projekte auf die sozialen Verhältnisse lokaler Gemeinschaften in sKa khog und mDzod dge einwirkten und diese veränderten. Ein sozialanthropologischer Blick erlaubt, die Materialität der Strassen und die in späteren Kapiteln diskutierte Materialität der Telekommunikationsinfrastruktur als Bereiche zu betrachten, in denen soziale Phänomene sichtbar werden. Soziale Praktiken machen Infrastruktur zur Komponente von sozialen Räumen. So argumentiert bsw. Sørenson (2004: 10), dass es nicht möglich sei, die Einbettung von Motorfahrzeugen in einen sozialen Kontext zu verstehen, ohne die Interaktion zwischen Fahrzeug, Verkehr und dem Bau von Strassen zu untersuchen.

In einem historiographischen und ethnographischen Überblick über die Entwicklung des Strassenbaus in Tibet und speziell im südlichen Amdo beschreibt das Kapitel die geopolitische und wirtschaftspolitische Bedeutung des Strassennetzes in sKa khog und mDzod dge. Lokal werden Strassen jedoch auch in den sozialen Kontext der Menschen, deren Lebensorte sie durchziehen, eingebettet. Dies verdeutlicht sich im Alltag der Nomaden sKa khogs und mDzod dges und in der Interaktion zwischen der Motorisierung nomadischer Haushalte und des Strassenbaus. Im weiteren Teil des Kapitels zeige ich anhand von Fallbeispielen, wie Motorräder und Autos im Kontext von Familien aus sKa khog und mDzod dge „konsumiert" werden und neue Praktiken der Mobilität entstehen. Diese haben wiederum Rückwirkungen auf den Strassenbau und die Nutzung von Strassen im lokalen Kontext. Die Darstellung des Aneignungs- und Inkorporationsprozesses von Motorfahrzeugen in den Alltag von nomadischen Familien orientiert sich am Domestizierungsansatz, der in Kapitel 3.4 ausführlicher diskutiert und auf seine Begrenzungen problematisiert wird.

3.1 Geschichte des Strassenbaus in Tibet mit Fokus auf Südamdo

Strassen sind nicht einfach da. Sie sind keine neutrale Materialität. Strassen werden mit einer Absicht gebaut. Ihre Entstehung und die Begründungen derselben sind Teil komplexer historischer Prozesse, in denen hegemoniale Konstellationen, Aspirationen, Ausgrenzungen zum Ausdruck kommen. Der Prozess des Strassenbaus ist verknüpft mit Fragen, wer die finanziellen, technischen, personellen und regulatorischen Mittel zur Verfügung stellt, und wer den Diskurs über Strassen und ihren Zweck bestimmt. Strassen sind für Einige ein Zeichen oder Versprechen von Modernisierung und Fortschritt, für Andere sind sie eine Verbindung, die wirtschaftliches Wachstum oder persönliche Freiheit ermöglicht. Strassen können aber auch Verbindungen kappen und ausschliessen. Strassen, sowohl ihre Entstehung als auch ihre Nutzung, sind eingebettet in politische und materielle Geschichten, welche diesen ansonsten kaum beachteten Raum zu einem komplexen und kontroversen Raum werden lassen (vgl. Dalakoglou & Harvey 2012: 460; siehe auch Lay 1994).

Die Anfänge des modernen Strassenbaus auf dem tibetischen Plateau sind eng verbunden mit den Bestrebungen der neugegründeten Volksrepublik China, den sozialistischen Nationalstaat aufzubauen und abgelegene Gemeinschaften an der Revolution und der gesellschaftlichen Umgestaltung teilhaben zu lassen (vgl. Goodman 2004: 325; Weiner 2012). Zu den ideologischen Zielsetzungen der 1950er Jahre kamen realpolitische und geostrategische Überlegungen hinzu, welche den Strassenbau in Tibet vorantrieben und bis heute ihre Bedeutung beibehalten haben (vgl. Arya 2011; Garver 2006). Die Anfänge des Strassenbaus in Südamdo sind deshalb in den Kontext der Integration der gesamten tibetischen

Region in die Volksrepublik China zu setzen. Sie entsprechen dem staatlichen Bedürfnis, die Rand- und Grenzregionen erschliessbar und kontrollierbar zu machen. In den letzten zwei Jahrzehnten sind zudem Aspekte der wirtschaftlichen Entwicklung und der Ressourcenerschliessung als Begründungen für den Ausbau des Strassensystems in den Vordergrund gerückt. Wirtschaftliche Entwicklung kann jedoch auch als Instrument des Staates betrachtet werden, seinen Einflussbereich und seinen Anspruch in Randregionen zu festigen (vgl. Hayes 2014).

Der Diskurs zu den Gründen für den Strassenbau auf dem tibetischen Plateau mag sich über die Jahrzehnte verändert haben. Strassen sind in jeder Zeitperiode als Räume zu verstehen, die nicht zu trennen sind von politischen und geschichtlichen Bedeutungszuschreibungen und die deshalb nicht auf ihre Materialität reduziert werden können. Strassen, um die es im Folgenden gehen wird, sind geplante und gebaute Verbindungen, die als Transportwege motorisiert befahrbar sind. Der Begriff „Strasse“ ist demnach zu unterscheiden von einer allgemeinen Begrifflichkeit von Verkehrsweg, Handelsstrasse, Route, Verbindung usw., die keine oder geringe baulichen Interventionen von Menschen voraussetzt. „Strassen“ resultieren aus baulichen Massnahmen und ermöglichen den Transport von Menschen und Gütern auf Rädern.

3.1.1 Routen und Wege auf dem Tibetischen Plateau vor 1950

In Tibet wurde das erste Auto bereits eingeführt, bevor es Strassen gab, die für Verkehr auf Rädern geeignet waren. Obschon dies der normalen Entwicklung und Wechselwirkung zwischen neuer Verkehrstechnologie und dem Bereitstellen von geeigneten Fahrwegen entspricht (vgl. Lay 1994: 44–60), stellt ein Artikel aus *China im Bild*, einem chinesischen Online-Magazin, dies etwas anders dar:

> Ein amerikanischer Wissenschaftler sagte einmal, dass Tibet bis in die fünfziger Jahre keinem anderen Gebiet der Erde gleiche, es gäbe immer noch keine Verkehrsmittel auf Rädern. Tatsächlich lässt sich das Auftauchen moderner Verkehrsmittel in Tibet auf das Jahr 1928 datieren. Damals wurden zwei Autos aus dem Ausland importiert, auseinandergeschraubt wurden sie auf dem Rücken von Tieren und Menschen von Indien nach Lhasa transportiert und dort wieder zusammengeschraubt. Doch da Lhasa damals noch über keine Strassen verfügte, wurden diese beiden Autos einfach die kostbarsten schrillsten Dekorationsstücke zur Zeit des dreizehnten Dalai Lamas. 1930 importierte die britische Handelsvertretung in Gyangze drei Autos der Marke Dodge, die genauso in Einzelteilen ankamen und dann dort zusammenmontiert wurden. Die folgende Szene ist in die Verkehrsgeschichte Tibets, wenn nicht gar als Wunder der Weltverkehrsgeschichte, eingegangen: Ein Auto ist auf dem Weg von Gyangze nach Pagri auf dem Zugtierpfad steckengeblieben und hinter dem Auto sieht man eine Herde Yaks, die das Auto herausziehen (Tang 2001).

Der vollständige Artikel hält fest, dass der Strassenbau mit dem Einmarsch der Befreiungsarmee der Volksrepublik Chinas ihren Anfang nahm. Er zeigt, dass eine Absicht bestand, durch Strassenbau das tibetische Plateau in den neugegründeten Staat einzubinden und verweist auf einen Diskurs, der Strassen als Errungenschaft darstellt und den chinesischen Staat als Entwickler von rückständigen Regionen.

Tatsächlich gab es vor dem Bau von Verbindungswegen durch die Volksrepublik China im gesamten tibetischen Territorium keine Strassen, die für den motorisierten Verkehr geeignet gewesen wären. Trotzdem wäre es ein Irrtum anzunehmen, dass daraus Isolation oder wirtschaftliche Stagnation folgte und die Menschen und Gemeinschaften Tibets intern und extern nur wenig vernetzt gewesen wären. Samuel (1993: 42–44) zeigte beispielsweise, dass Tibet eingebunden war in ein Netz von Handelsrouten und Pilgerwegen im innerasiatischen Raum und fasste zusammen: „Tibet was made by long-distance trade“ (Samuel 1993: 43; vgl. auch van Spengen 2000). Die für den Handel mit China bedeutenden Wege etablierten sich entlang der Tee-Pferd-Handelsrouten zwischen dem Südwesten Chinas (Yunnan und Sichuan) und den tibetischen Regionen Khams und Amdo (vgl. Booz 2011: 23; Hayes 2008: 70–78; Perdue 2005: 36, 68–72; Samuel 1993: 98). Historische Quellen Chinas verdeutlichen zudem die strategische Bedeutung, die insbesondere während der Qing-Dynastie den Verbindungswegen durch Khams und Amdo nach Lhasa oder in die westlichen Gebiete des heutigen Xinjiang zukamen (Dai 2009; Perdue 2005). Zusätzlich zu den Routen, welche tibetische Regionen mit ihren benachbarten Regionen verbanden, war Tibet durchzogen von Verbindungs- und Kommunikationswegen, die sich unter anderem über religiöse Institutionen wie Klöster, heilige Orte und durch Pilgerschaft etablierten. Diese bildeten wichtige intra- und interregionale Austausch- und Kommunikationsnetzwerke, die bis heute ihre Bedeutung beibehalten haben (vgl. z.B. Huber 2002b: 116; Samuel 1993: 98).

sKa khog und mDzod dge als Teil des südlichen Amdo verfügten folglich bereits vor Ankunft des chinesischen Staates über Verbindungswege, wenngleich es bis 1954 ein mehrheitlich infrastrukturfreies Territorium blieb. Nomadische Gemeinschaften waren mit religiösen Institutionen verflochten, die sich teils mitten im Grasland[78], teils in agro-pastoralen Gebieten Südamdos und teils in

78 In mDzod dge sind dies beispielsweise das Kloster sTag tsha dgon pa in der heutigen Kreisstadt; das Kloster Sog tshang in Thang skor und das Kloster 'bras spung thos bsam rnam rgyal gling in Byams me. In sKa khog sind dies unter anderen das Kloster A mchog mtshan nyid dgon an der Grenze zum Kreis rNgaba; das Kloster Dar rgyas byams chen chos 'khor gling und ein grosses Kloster der *snying ma*-Schule in der Gemeinde rMe ba.

deren Grenzregionen[79] etabliert hatten (vgl. Ekvall 1964b; Nietupski 2011). Klöster waren Handelsplätze und Treffpunkte für die Menschen der näheren und weiteren Umgebung. Sofern es in der Graslandregion überhaupt Siedlungen gab, befanden sie sich in unmittelbarer Nähe der Klöster (vgl. Weiner 2012). Sie waren die einzigen Orte in oder am Rand des Graslands, die über eine Siedlungsstruktur verfügten (Gruschke 2013: 98). Dort trafen Verbindungswege und Handelsrouten aufeinander. Das Kloster Sog tsang in mDzod dge, beispielsweise, war strategisch gut positioniert durch seine Lage an einer Furt des Gelben Flusses, einer Übergangsstelle für Handelskarawanen und andere Reisende zwischen rNga ba und rTag tshang lha mo (vgl. Carlson 2005) oder zwischen Südamdo und Khams und mGo log.

Nomaden aus sKa khog und mDzod dge waren wichtige Akteure im Handel zwischen den Regionen. Ihr Territorium war Durchgangsregion für Handelsware aus Amdo und Khams nach Zung chu in Shar khog und für Güter aus China, die den Weg über Zung chu in die tibetischen Regionen fanden (vgl. Hayes 2008: 70–78; Booz 2011: 128, 164). Für die Songpan Region/Nordsichuan definiert Hayes das folgende „Strassensystem“:

> Since at least the sixth century, the Min River system has facilitated the movement of goods and people, mostly along a north-south trade route and to a lesser extent into western Sichuan along its main tributaries. [...] The single Qing Dynasty „highway“ through the region ran north-south along the Min River. This imperial post road was linked to paths along Min River tributaries and the other major rivers of the region and to a network of paths that ran east-west through passes in the north-south mountain ranges. These paths led to the Tibetan Khams pa, to the Amdo plains (Qinghai), to Gansu Tibetan, Hui, and Han towns and mercantile centers, and even to farthest Lhasa by various north, eastern, southwest, and northwest merchant's routes (*shanglu*). These historical tea-horse roads spread out in all directions, but the three most important were the Long'an, Songcheng, and Xining roads. The short, difficult and sometimes dangerous Long'an road started in Songpan and crossed Snow Mountain pass to the east, leading to Pingwu County. The Songcheng road, the most heavily traveled of the three, was the official north-south imperial road that started in Guan Country (contemporary Dujiangyan) and followed the course of the Min River to Songpan. The Xining road passed through Chuanzhusi and then Huangsheng Pass and headed west-northwest. This road split into three primary routes after the pass, heading into the grasslands, due west toward the chieftaincies of the Aba Tibetans, and northward toward the monasteries of Xiahe and the southern Gansu Tibetan communities (Hayes 2014: 4).

79 Bekannt sind die zur *dge lugs*-Schule gehörenden Ki rti Klöster in der Kreisstadt rNga ba und in sTag tshang lha mo im Kreis mDzod dge und an der Grenze zu Gansu. Der Kreis rNga ba ist bekannt für seine hohe Dichte an Klöstern.

Die Handelswege[80] durch die Graslandregion waren für Auswärtige schwierig zu bereisen (vgl. Hayes 2014: 26, 66). Eine Reise durch das pastorale sKa khog und mDzod dge erforderte geografische Kenntnisse in einer Region, in der es weder Ortschaften noch Strassen gab, sondern nur Wasserläufe, Pässe und schwer passierbare Moorgebiete mit teilweise variabel verlaufenden Reitpfaden. In unbekanntem Gelände benötigte man Schutz vor Überfällen, den man unter anderem dadurch erlangte, dass man ortskundige Führer anheuerte, die über ein Beziehungsnetz zu den Führern der *sde ba* oder *tsho ba* verfügten, welche ihnen sicheren Durchzug durch die jeweiligen Territorien garantieren konnten (vgl. Carlson 2005; Horlemann 2012).

Wege in sKa khog und mDzod dge formierten sich zudem durch Praktiken der nomadischen Herdenhaltung und durch soziale sowie religiöse Rituale eines *sde ba* oder *ru skor*. Eine Furt, die Stätte des lokalen Territorialgottes (*lab rtse*), fixe Wasser- oder Salzstellen, Moorgebiete, die umgangen werden mussten, um Sommerweiden zu erreichen, liessen durch Bewegungen der Menschen und Herden ausgetretene Pfade entstehen, die über längere Zeit oder permanent im Land sichtbar blieben.[81]

3.1.2 Anfänge des modernen Strassenbaus

Mit der Einverleibung Tibets in den chinesischen Staat, besiegelt durch das 1951 durchgesetzte 17-Punkte-Abkommen zwischen der Volksrepublik und der Regierung in Lhasa[82] wurde das tibetische Plateau durch zwei Strassen, welche zu Hauptverkehrsadern werden sollten, erschlossen. Der Bau der Khams – Tibet Strasse (ch.: *kang zang lu*) wurde 1954 fertig gestellt (CSHRS 2003).[83] Der Verlauf

80 Horlemann (2012: 128–129) weist darauf hin, dass bereits zur Zeit der Tang-Dynastie (607–907) eine Verbindung zwischen Lintan (ch.: Taozhou) und Co ne (ch.: Zhuoni) via The bo (ch.: Diebu) nach mDzod dge in rNga ba und Zung chu bestand. Ekvalls (1939, 1968) Arbeiten bestätigen, dass Lintan für die Nomaden aus der Region mDzod dge ein wichtiger Handelsplatz war.

81 Lay (1994) hat historisch nachgewiesen, wie sich Wege durch häufigen Gebrauch von Menschen und Tieren verfestigten und zum Teil hunderte von Jahren später archäologisch nachweisbar sind.

82 Das Abkommen regelte unter anderem die Stationierung von Truppen der Volksbefreiungsarmee im Autonomen Gebiet Tibets sowie die Sicherung der Aussengrenzen des von der Volksrepublik beanspruchten Territoriums.

83 Der Dokumentarfilm „Kampf um Tibet: Undercover auf dem Dach der Welt" (vgl. https://www.youtube.com/watch?v=xOiaGwyJEsI; Zugriff am 31.07.2015) gibt dazu an, dass die Armee aus der damaligen tschechoslowakischen Republik die Arbeiten unterstützt habe und zeigt Aus-

entsprach der bestehenden Handelsroute, die Administratoren der Qing-Dynastie bereits im 18. Jahrhundert durch Garnisonen, Brücken etc. hatten ausbauen lassen (Dai 2009: 82). Heute wird sie „Sichuan-Tibet-Highway" genannt (ch.: *chuan zang guodao*)[84]. Ebenfalls 1954 abgeschlossen wurde der Bau des „Qinghai-Tibet-Highways" (ch.: *qing zang guodao*). Diese Verbindungsstrasse von 1.948 km gilt als der wichtigste Transportweg zwischen Inland-China und Tibet, auf dem vermutlich bis heute achtzig Prozent des Waren- und Personenvolumens von und nach Tibet transportiert werden (CTO 2005).[85] Diesen beiden Hauptverkehrsadern für die tibetische Region wurden seither kontinuierlich andere Strassen hinzugefügt.

In den Publikationen der Volksrepublik China wird der Bau von Überlandstrassen in Randregionen als heroische Tat im Rahmen des Aufbaus des sozialistischen Staates dargestellt. Die Berichte und Filme über diese Zeit erzählen von hoher Einsatzbereitschaft, von Opferbereitschaft, Wagemut und Entbehrungen (Tang 2001). Zweifellos war der Bau dieser Strassen eine grosse Leistung. Sie führten durch topographisch anspruchsvolles Gelände, überquerten Pässe von über 5000 Metern, reissende Flüsse und durchquerten teilweise unwegsame und klimatisch extreme Regionen mit Permafrost, welche die Ingenieure der damaligen Zeit vor grosse Herausforderungen stellten.

Strassenbau wurde im ersten Fünfjahresplan (1953 – 1957) der Volksrepublik China als wichtige Priorität festgelegt. Fast zwölf Prozent des Staatsbudgets reservierte die Regierung für den Ausbau des Transport- und Kommunikationssystems (Arya 2011: 82). In dieser ersten Periode wurden Entscheidungen über die Strasseninfrastruktur zentral gefällt und waren nicht auf die Bedürfnisse einzelner Regionen ausgerichtet (vgl. Démurger 2001: 98). Sie hatten gesamtwirtschaftlichen und strategischen Überlegungen Rechnung zu tragen. Der Aufbau eines Transportsystems sollte den Zugang zu allen Regionen des ausgedehnten Staats-

---

schnitte aus einem Film mit dem Titel „Der Weg nach Tibet", der damals gedreht wurde. Gemäss dem Film wurde das Strassenbau-Projekt bereits 1951 begonnen und 1954 abgeschlossen.

84 Ähnlich der amerikanischen Route 66 erhält sie in neuerer Zeit unter urbanen Chinesen Kultstatus (vgl. den Film „Der Sichuan-Tibet Highway" der Filmserie „Fahrt ins Risiko: Die gefährlichsten Strassen der Welt"; http://programm.ard.de/TV/Programm/Alle-Sender/?sendung=2872415026098302; Zugriff am 31. 07. 2015). Entlang des Sichuan-Tibet Highway ist eine Eisenbahnlinie in Planung mit dem Ziel, diese bis 2030 zu eröffnen.

85 Seit der Eröffnung der Eisenbahnlinie im Juli 2006, welche die Linie Xining-Ge'ermu bis nach Lhasa verlängerte und mehrheitlich dem Verlauf des Qinghai-Tibet-Highways folgt, hat sich ein Teil des Waren- und Gütertransports auf die Schiene verlagert (vgl. Gruschke 2008: „Mit Nomaden und Mönchen in der Tibet-Bahn auf der neuen Strecke von Lhasa nach Golmud: Abenteuer auf Schienen", in *Neue Zürcher Zeitung* vom 8. März 2008, http://www.nzz.ch/magazin/reisen/abenteuer-auf-schienen-1.683873; (Zugriff am 29. 07. 2016).

territoriums sichern und die Bemühungen um Industrialisierung und den nationalen Aufbau unterstützen (vgl. Comtois 1990: 798–799). In militärischer und aussenpolitischer Hinsicht war es von hoher strategischer Relevanz, die nördlichen, südlichen und westlichen Grenzen des von China beanspruchten Territoriums für die Armee zugänglich zu machen. Innenpolitisch war der Zugang, die Kontrolle der mehrheitlich von Tibetern, Uiguren, Mongolen oder anderen ethnischen Gruppen bewohnten Randregionen und die Anbindung dieser geopolitisch relevanten Regionen an den Staat zentral (vgl. auch Bauer 2014: 159–161). Auf Grund dieser Prioritätensetzung entstand in tibetischen Regionen ein Strassennetz, das 1962 mehrheitlich fertiggestellt war und bis heute den Grundpfeiler des Nationalstrassensystems im Westen Chinas bildet (siehe Abbildung 9).

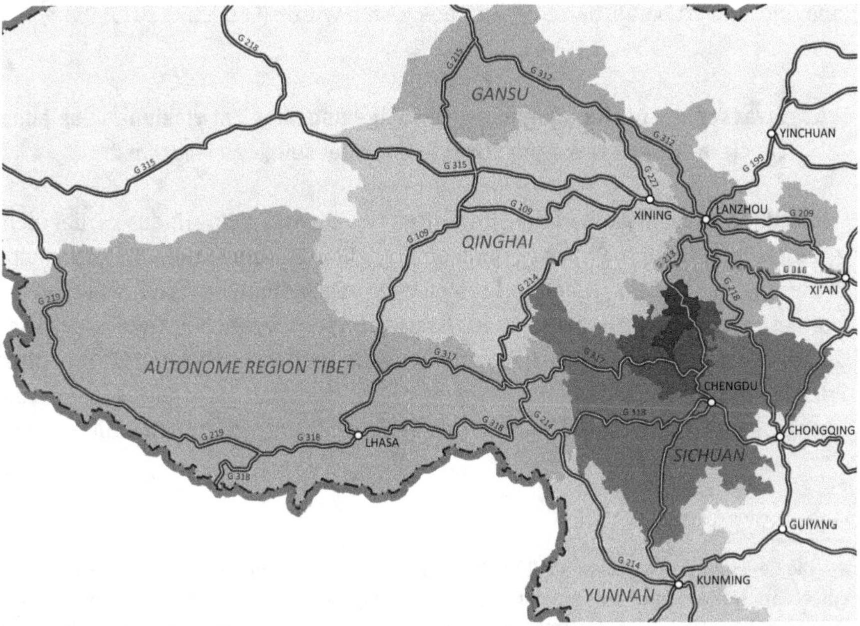

Abbildung 9: Karte der Hauptverkehrslinien des Strassennetzes auf dem tibetischen Plateau. Hergestellt von Fabian Rüdy (September 2014).

Abbildung 9 zeigt die für das Autonome Gebiet Tibet sowie die Provinzen Qinghai, Gansu, Sichuan und Yunnan relevanten Fernverkehrstrassen, die durch das tibetische Plateau führen und eine Verbindung zu Zentren im chinesischen Inland schaffen. Sie sind nun Teil des Nationalstrassensystems und sind mit dem Buchstaben „G" gekennzeichnet. Die Sichuan–Tibet-Nationalstrasse hat eine nördliche Route (G317) von 2.413 km und eine südliche (G318) von 2.159 km Länge.[86] Die Qinghai–Tibet-Nationalstrasse (G109), die von Xining nach Lhasa führt und eine Länge von 1.948 km hat, bildet im Fernstrassensystem der Volksrepublik einen Teil der Verbindungsstrasse von Beijing nach Lhasa. Die G213 und G214 sind wichtige Nord-Süd-Verbindungen für das östliche Tibet (Khams und Amdo). Die G213 wurde in Teilstücken von 1954 bis 1959 gebaut (Hayes 2008: 170, 188) und folgte in weiten Strecken einer der drei Tee-Pferd-Handelsrouten (vgl. Booz 2011: 23). Für den östlichen und südlichen Teil Amdos in Sichuan und Gansu ist sie der hauptsächliche Transportweg für Güter und Personen. Für das zentrale und westliche Amdo in Qinghai und für sKye dgu mdo (ch.: Yushu, nördliches Khams) in Qinghai ist die G214 eine der zentralsten Verbindungsstrassen. Die zuvor bestehende Transportroute wurde bereits in den 1930er Jahren ausgebaut und entlang der Strecke Militärstützpunkte errichtet (vgl. Horlemann 2015: 155–156). Diese Route, 1944 weiter ausgebaut, zerfiel danach wieder, bis sie 1954 zu einer motorisiert befahrbaren Strasse ausgebaut wurde (Gruschke 2013: 93).[87]

3.1.3 Strassenbau in sKa khog und mDzod dge und neue Entwicklungen seit der Lancierung der Kampagne „Grosse Erschliessung des Westens"

Der nationalistische Aufbau im Bezirk rNga ba des südlichen Amdos verlief nicht in einem gradlinigen Prozess. Das verdeutlichen Berichte über die „friedliche Befreiung" des Bezirks (Da'erji & Li 1993: 9–24). Die administrative Einheit musste erst geschaffen und die Präsenz des Staates in den tibetischen Gemeinschaften durch Arbeitsteams gesichert werden. Verkehrswege waren zentral, um diese Präsenz und Kommunikation zur operativen Zentrale der Teams in Maoxian und Chengdu zu sichern sowie Material- und Personentransporte zu ermöglichen (vgl.

---

86 Die Benennung von Strassen mit Buchstaben und Nummern wurde erst in den 1980er Jahren eingeführt. Nationalstrassen sind mit dem Buchstaben G (für *guo* – national) und einer dreistelligen Zahl bezeichnet, Provinzstrassen mit dem Buchstaben S (für *sheng* – Provinz). Die Zahlen geben die Richtung an. Strassen, die zur 100-Gruppe zählen, führen von Beijing oder der Provinz-Hauptstadt sternförmig in die jeweiligen Regionen Chinas. Die 200-Strassen sind die Verbindungsstrassen von Norden nach Süden und die 300-Gruppe verbinden Westen und Osten. So ist beispielsweise die Qinghai-Tibet Strasse Teil der G109, die Beijing mit Lhasa verbindet. Die Sichuan–Tibet Strasse ist Teil der G318, die von Shanghai an der Ostküste nach Chengdu im Westen und weiter nach Lhasa führt.

87 Gruschke (2013) nennt solche nicht asphaltierte, aber motorisiert befahrbare Strassen „Pisten". Horlemann (2015) zeigt auf, dass unter Ma Bufang, Provinzverwalter von Qinghai während der republikanischen Periode, nach und nach Transport- und Kommunikationsinfrastruktur errichtet wurde und dass diese Infrastruktur zu seinem strategischen und militärischen Vorteil in Auseinandersetzungen mit der tibetischen Bevölkerung gereichte.

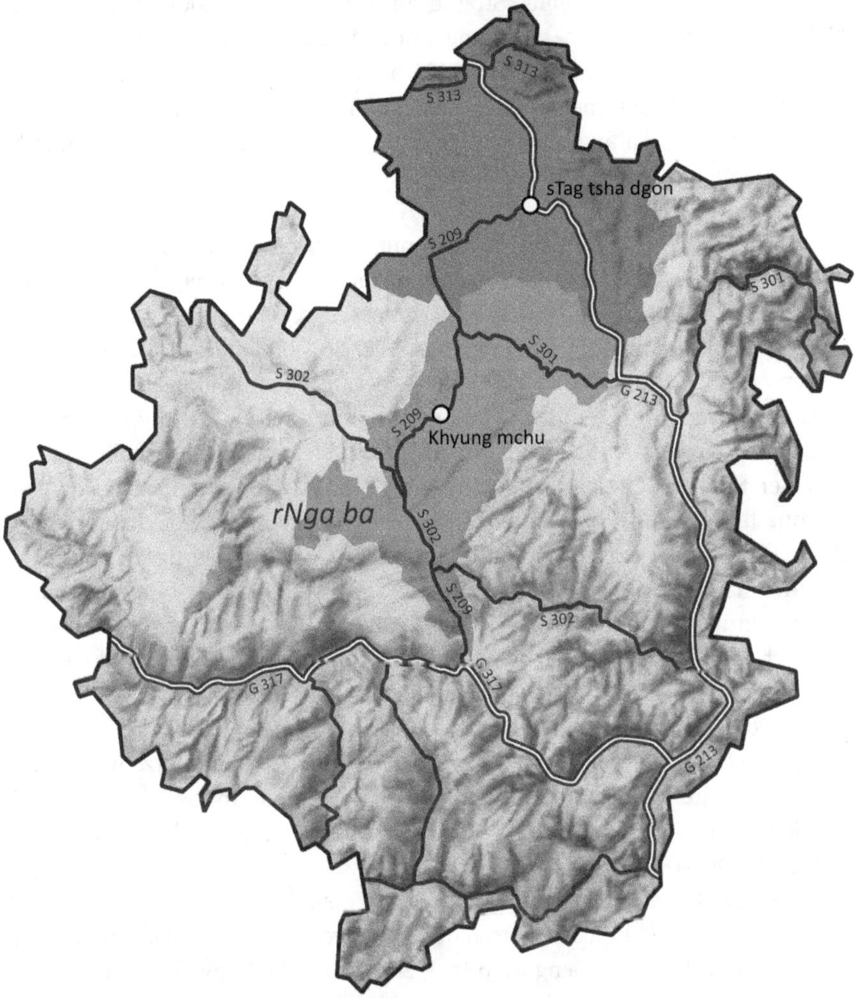

Abbildung 10: Topographische Karte und Strassennetz im Bezirk rNga ba: National- und Provinzsstrassen. Hergestellt von Fabian Rüdy (September 2014).

Hayes 2008: 170, 188). Deshalb wurde der Strassenbau auch sofort in Angriff genommen und ging Hand in Hand mit dem Aufbau einer Verwaltungsstruktur (vgl. Solinger 1977; Weiner 2012).

1951 baute das Militär eine Verbindungsstrasse von Chengdu in den Kreis rNga ba und erweiterte danach kontinuierlich das Strassennetz, das alle Kreise des Bezirks rNga ba erreichbar machen sollte (Da'erji & Li 1993: 86). Zwischen 1955 und 1958 wurde die Verbindung zwischen den Kreisen Zung chu und 'Bar khams via sKa khog zu einer Strasse ausgebaut (Hayes 2008: 170). Die Verbindungsstrasse zwischen sKa khog und mDzod dge wurde 1958 in Angriff genommen und fertiggestellt[88]. Bis 1965 waren alle Kreise des Bezirks rNga ba mit einer motorisiert befahrbaren Strasse erschlossen, was nicht nur Gütertransporte erleichterte, sondern auch die Verschiebung von Truppen. Letzteres spielte bereits während der Niederschlagung der Revolten von 1958 bis 1962 eine gewichtige Rolle (Hayes 2008: 179).

Von 1951 bis 1958 wurde ein Strassennetz von 1.596 km gebaut. 1958 waren im Bezirk rNga ba 210 Motorfahrzeuge im Einsatz. Bis 1978 vergrösserte sich das Strassennetz auf 4.323 km. Insgesamt besassen die Volkskommunen im Jahr 1978 1.627 Motorfahrzeuge (Da'erji & Li 1993: 86). Innerhalb des in den ersten Jahren erstellten Gerüsts aus Verbindungsstrassen, den heutigen National- und Provinzstrassen, lag es in der Verantwortung der Kreise, alle ihre administrativen Einheiten (Gemeinden und Dörfer) verkehrstechnisch zu erschliessen. Der Bau der Strassen erfolgte anfänglich durch militärisches Personal und lokal rekrutierte Arbeiter (Hayes 2008: 170). Später, während der Kollektivierung der Besitzverhältnisse und Produktionsweise und der Umsetzung des „Grossen Sprungs nach Vorne" (1958–1962), wurde die lokale Bevölkerung angehalten, Infrastrukturprojekte umzusetzen (Hayes 2008: 187, n. 509). Vermutlich war dies zugleich eine Strategie der Bevölkerungskontrolle, da zu jener Zeit ein Teil der tibetischen Bevölkerung gegen die staatlich forcierte gesellschaftliche Umgestaltung revoltierte[89]. Während der politischen Kampagne „Youth to the countryside" (ch.: *shang shan xia xiang),* die von 1968 bis 1975 über vierzehn Millionen Jugendliche aus den Städten in ländliche Regionen entsandte *(*Bernstein 1978*)*, wurden auch diese städtischen Jugendlichen für solche Arbeiten eingesetzt (Hayes 2008: 211).

Mit dem Ende der Kulturrevolution und dem Tod von Mao Ze Dong 1976 begann eine neue Politik der wirtschaftlichen Reformen. Die 1978 lancierten „Vier Modernisierungen" von Deng Xiao Ping zielten auf die Entwicklung von Chinas Industrie, der Landwirtschaft, Landesverteidigung sowie Wissenschaft und Tech-

---

88 http://www.abglj.net/xiashu/&i=6&comContentId=6.html; (Zugriff am 10. 09. 2014).

89 Die fehlgeleitete Politik des „Grossen Sprung nach Vorne" löste enormes Leid und eine landesweite Hungersnot aus. Dies hatte Auswirkungen auf hunderte von Tibetern, die aufgrund der Repression der Revolte Zeit in Gefängnissen oder in Arbeitslagern verbrachten. Dort waren Nahrungsmittel zusätzlich ungenügend. Lokale Informanten sagen, dass in dieser Periode bis zu einem Drittel der männlichen Bevölkerung dezimiert wurde. Vgl. auch Erhard 2013; Hayes 2008: 156–157 und n. 408; Makley 2007. Insassen von Gefängnissen und Arbeitslagern waren in diesen Jahren und während der Jahre der Kulturrevolution die hauptsächlichen Arbeitskräfte für den Bau von Strassen.

nik. Obschon Investitionsprioritäten in den Bereichen Energie und Infrastruktur definiert und in der nationalen Entwicklungspolitik immer wieder bestätigt wurden, hatten sie bis zur Jahrtausendwende kaum spürbare Auswirkungen in den ruralen Gebieten der westlichen Provinzen Chinas. Dies lässt sich damit erklären, dass Direktiven aus der Zentrale in Beijing dezentralisiert umgesetzt werden sollten. Dadurch lag die Verantwortung für den Energie- und Infrastrukturausbau bei den Provinzen, die jedoch ihrerseits die Entwicklungsschwerpunkte oft nicht in teure Infrastrukturprojekte setzten (Démurger 2001: 100).

Im Bezirk rNga ba waren gemäss offiziellen Angaben im Jahr 1990 sechsundneunzig Prozent der Gemeinden ans Strassennetz angeschlossen (vgl. Da'erji & Li 1993: 86). Die Zahl sagt jedoch nichts über die Qualität dieser Strassen und Wege aus und lässt offen, ob sie alle mit Motorfahrzeugen befahrbar waren. Die Verbindungswege und Strassen, welche die Kreissitze mit ihren Gemeinden verbanden, waren noch Ende der 1990er Jahre mehrheitlich einfache Pisten, Feldwege oder auch nur Fahrspuren oder Bergpfade. Ihr Bau und die Instandhaltung lagen im Verantwortungsbereich des Bezirks bzw. der Kreise. Eine Abschrift aus dem Jahrbuch des Bezirks rNga ba von 1990 beschreibt die Situation folgendermassen:

> Zustand der Strassen und Planung: Aufgrund der Schwierigkeiten, welche das Terrain stellt, ist es nicht einfach, ein extensives Strassennetz zu bauen.
>
> Gegenwärtiger Bestand an öffentlichen Strassen: 5.028 km (Staatsstrassen – 911 km, Provinzstrassen – 1.104 km, Kreisstrassen – 620 km, Gemeindestrassen – 841 km).
>
> Aufgrund historischer, topografischer und klimatischer Faktoren ist die Oberfläche der Strassen in einem schlechten Zustand, der Unterhalt ist ungenügend und das Strassennetz entspricht nicht dem Bedarf. Dies und jahreszeitliche Faktoren, welche die Strassen saisonal unpassierbar machen, führen zu ernsthaften Beschränkungen für die Entwicklung der Region (Eigene handschriftliche Abschrift und Übersetzung aus dem rNga ba Jahrbuch 1990).

Im Bezirk rNga ba wurde der Ausbau des Strassensystems erst mit der Lancierung der Kampagne „Grosse Erschliessung des Westens“ ab dem Jahr 2000 in grösserem Stil in Angriff genommen. Dieses Programm hatte zum Ziel, in den westlichen Provinzen die Wirtschaftsentwicklung anzukurbeln (vgl. Goodman 2004; Yeh 2005: 10). Mit der Bereitstellung von Mitteln für die Entwicklung der westlichen Provinzen wurde es möglich, die Zustimmung für umfangreiche Infrastrukturprojekte zu erhalten. Das Resultat war, dass in Sichuan und in anderen Provinzen des Westens die physische Infrastruktur zügig ausgebaut wurde und sich die staatliche Integration der Wirtschaft und Gesellschaft seit der Lancierung der Kampagne massiv beschleunigte (McNally 2004: 429). Die Entwicklung der Infrastruktur in Sichuan konzentrierte sich in erster Linie auf den Ausbau von Strassen, welche Chengdu als Zentrum der Provinz stärkten (McNally 2004: 436). Nichtsdestotrotz war der Ausbau der Infrastruktur in den Randregionen der Provinz, auch im Bezirk rNga ba, beträchtlich.[90]

Die Strassenbauaktivitäten im Bezirk rNga ba resultierten zum einen in verbesserter Qualität der Strassen durch bereinigte Linienführung, Verbreiterung und Asphaltierung, zum anderen wuchs die Länge des Strassennetzes insgesamt. Dies betraf sowohl National- und Provinzstrassen als auch das rurale Strassennetz der Kreise und Gemeinden. Gemäss dem rNga ba Jahrbuch 2002 hatten National-, Provinz- und Kreisstrassen 2001 eine Länge von 6.000 km und die ruralen Strassen wiesen eine Länge von 2.000 km aus (ABNJ 2002). Bis 2006 erhöhte sich die Strassenlänge auf 7.700 km für die erste Kategorie und auf 4.000 km für die zweite (ABNJ 2007). Das Jahrbuch 2003 stellt fest, dass in einer Periode von nur zwei Jahren mehr Strassen verbessert, asphaltiert und verlängert wurden, als in den zwanzig vorhergehenden Jahren zusammen (ABNJ 2003).

Am 5. Mai 2008 erschütterte ein Erdbeben der Stärke 7.9 das Min-Bergmassiv im Norden Sichuans und am Südrand von Amdo. Das Epizentrum lag im Kreis Wenchuan im südlichen Teil des Bezirks rNga ba. Während die Graslandregion nur marginal von der enormen Zerstörung betroffen war, wurden die Zufahrtsstrassen von Chengdu, die durch die Min-Berge führten, stark in Mitleidenschaft gezogen. Sie blieben während Monaten für den Verkehr unpassierbar. Die Regierung hat seither grosse Beträge in den Wiederaufbau von Behausungen und Infrastruktur der betroffenen Kreise investiert. Strasseninfrastruktur wurde wiederhergestellt, verbessert und ausgebaut. Eine weitere Neuerung der Verkehrsinfrastruktur ist der Flugplatz in sKa khog, der Ende August 2014 eröffnet wurde. Entlang eines Teils der Nationalstrasse G213, welche durch Zung chu nach mDzod dge und sTag tshang lha mo führt, wurde der Bau einer Bahnlinie in Angriff

90 Die G213 wurde bereits vor dem Jahr 2000 von Chengdu bis zum Nationalpark des Jiuzhai-Tals im Kreis gZi rtsa sde dgu ausgebaut und asphaltiert. Der weitere Streckenabschnitt der G213, der durch das von Nomaden bewohnte Gebiet von mDzod dge nach Gansu führt, blieb bis 2006 eine Naturbelagstrasse und war während regnerischer Sommermonaten nur schwer passierbar. Die G317, eine wichtige Zubringerstrasse für den gesamten Bezirk, wurde zeitgleich mit der Lancierung der Kampagne „Grosse Erschliessung des Westens" verbessert. Staudammprojekte in den Tälern der Min-Berge bewirkten neue Linienführungen. Der Bau eines Tunnels und sein Durchstoss im Jahr 2004 erleichterten die mühsame Fahrt über die Passstrasse nach 'Bar khams und sKa khog und machte die Verbindung ganzjährlich passierbar. Die Fahrzeiten von Chengdu nach sKa khog verkürzten sich durch den Tunnel um mindestens eine Stunde. Weiter asphaltierte das Strassenbauamt die Provinzstrasse S209 bereits im Jahr 2000 und verbesserte den Belag 2003 zumindest im Kreis sKa khog. Vermutlich aus Gründen der Finanzierung liess die Asphaltierung der S209 im Kreis mDzod dge länger auf sich warten.

genommen. Sie soll die Provinzhauptstädte Chengdu und Lanzhou verbinden und den Tourismus sowie die wirtschaftliche Entwicklung der Region entlang der Bahnlinie ankurbeln. Die Eröffnung ist für das Jahr 2018 vorgesehen.

Die Entwicklung des Strassenbaus hat sich im vergangenen Jahrzehnt massiv beschleunigt. Während in den 1950er Jahren Strassen und Verbindungswege den sozialistischen Aufbau einer Nation voranzutreiben hatten, um Amdo in den neuen Staat einzubinden, zielte der Infrastrukturausbau seit den Reformjahren und der nachfolgenden „Grossen Erschliessung des Westens" auf die wirtschaftliche Entwicklung (Gruschke 2013: 110). Der Bau des Strassennetzes ist folglich eine Materialisierung der Absichten staatlicher Akteure. Sie drückt sich in einem Diskurs aus, Moderne und Fortschritt in abgelegene und rückständige Staatsgebiete bringen zu wollen (vgl. Flower 2004: 649–651). Strassen sind Trägerinnen dieses Diskurses. Weil in China der Strassenbau als Instrument zur Erreichung dieser Absichten gilt, wird mit ihm eine Vision der Moderne erschaffen, die den Staat als Agenten der Veränderung für rückständige Regionen positioniert.

3.2 Strasseninfrastruktur und motorisierte Mobilität in sKa khog und mDzod dge

Bessere und längere Strassen vereinfachten den staatlichen Einfluss und die Kontrolle in der Region. Staatliche Interventionen, welche Subsistenz-Pastoralismus in eine marktwirtschaftliche Viehzucht zu transformieren beabsichtigten, nahmen parallel zum Ausbau der Infrastruktur zu (vgl. Bauer 2005; Clarke 1987; Gruschke 2013: 110–111; Yeh & Gaerrang 2011: 165–166). Als Träger staatlicher Bemühungen, öffentliche Dienste in abgelegenen ruralen Regionen zu garantieren, verstärkten sie Zentralisierung und Urbanisierung und trugen dadurch zu einer wachsenden Bedeutung von Kreis- und Gemeindesitzen bei. Urbanisierung gilt bis heute als Messgrösse für Fortschritt in ruralen Regionen (vgl. Han 2010; Qian, Feng & Zhu 2012; Yeh & Henderson 2008).

Nun stellt sich die Frage, ob Strassen und Verbindungswege auch für die lokalen Akteure in Südamdo, die abseits der Strassen wohnen, eine Bedeutung hatten und haben. Wie wirken sie sich auf die alltäglichen Praktiken der Nomaden aus? Wen verbindet die grössere Dichte an Strassen und wen schliesst sie aus? Sind Strassen ein Bestandteil der von den Nomaden gelebten und erlebten Mobilität? Dieses Kapitel untersucht, inwiefern Strassenbau und Motorisierung in einer Wechselwirkung stehen und wie Nomaden sKa khogs und mDzod dges sich an Prozessen des Strassenbaus beteiligten. Es verdeutlicht, dass Strassen in einen sozialen Kontext eingebettet sind und es nicht genügt, nur die staatliche Perspektive zu thematisieren. Erst im gelebten Umfeld der Menschen erlangt die Materialität der Strasse ihre Bedeutung.

Die folgenden editierten Notizen aus meinem Feldjournal illustrieren die veränderten Mobilitätsformen, die in Verflechtungen von motorisierter Fortbewegung und intensiviertem Strassenausbau mit gesellschaftlichen und wirtschaftlichen Veränderungsprozessen zum Ausdruck kommen.

> 17. Februar 2006. Gongbo (19 Jahre, männlich, Student aus einer Nomadenfamilie) sucht mich in der Siedlung der Gemeinde auf. Ich habe über einen Bekannten ausrichten lassen, dass ich angekommen sei. Noch am selben Tag holt mich Gongbo mit einem Motorrad, das er sich von einem Cousin ausgeliehen hat, ab. Wir fahren per Motorrad hinaus auf die *phyugs las*, an den Winterstandplatz seiner Familie. Die Familie besteht aus seiner Mutter, seinem jüngeren Bruder und ihm. Die Fahrt führt erst auf der ungeteerten Siedlungsstrasse zur asphaltierten Provinzstrasse. Wir fahren Richtung Kreissitz. Nach ungefähr zehn Minuten Fahrzeit überqueren wir einen Pass und biegen danach nach rechts ins Weideland ab. Die Fahrspur, der wir nun folgen, wäre normalerweise ein Feldweg. Er wurde von den Nomaden gebaut, indem sie die Fahrspuren der Motorräder einebneten, den Grund an neuralgischen Stellen mit Steinen festigten und so zu einem Weg ausbauten, der sowohl mit Motorrad als auch mit einem vierrädrigen Motorfahrzeug befahrbar ist. Wann das geschehen ist, kann mir Gongbo nicht sagen. Heute ist nur eine Motorradspur erkennbar, da es sehr viel geschneit hat. Wenn nicht die Sonne den ganzen Tag geschienen und den Schnee getaut hätte, wäre der Weg überhaupt nicht befahrbar gewesen, oder höchstens für die ganz mutigen und erfahrenen Lenker. Gongbo ist nicht sonderlich erfahren. Er besucht seit einigen Jahren die Schule und wohnt deshalb die meiste Zeit in einem Internat. Er verbringt im Sommer und im Winter höchstens je einen bis zwei Monate in seiner Heimat und ist sich deshalb das Motorradfahren auf dem unebenen Gelände des Graslands nicht gewohnt. Dass sein Haushalt kein eigenes Motorrad besitzt, ist seinen Fahrkünsten auch nicht förderlich. Er ist darauf angewiesen, dass Freunde, Verwandte oder Bekannte ihm ein Motorrad leihen. Oft wird er von Freunden auf deren Motorrad mitgenommen, wenn er vom Internat in der Gemeindesiedlung angekommen ist und nach Hause will. Auch wenn er während seiner Aufenthalte mit Freunden umherziehen will, ist er darauf angewiesen, dass Freunde ihn mitnehmen.
>
> Ich fahre auf dem Rücksitz des Motorrades mit. Das ist der normale Platz für Frauen. Oft sieht man auch noch bis zu zwei Kinder mit auf dem Rücksitz. Oder Frauen, die mit einem gefüllten Rucksack und grossen, sperrigen Waren auf ihrem Schoss, mitfahren. Wie sie es schaffen, auf dem Rücksitz zu bleiben, während sie die Waren festhalten und bei Gefahr auch noch Nomadenhunde abwehren, ist mir ein Rätsel. Meine Arme sind steif, als wir nach über einer Stunde Fahrt in der *phyugs las* ankommen, da ich mich am Sitz des Motorrads festgeklammert habe. Der Weg ist keineswegs eben. Schlaglöchern und Unebenheiten im Gelände muss ausgewichen werden. Trotzdem erscheint mir das Sitzen auf dem Rücksitz als die höhere Kunst als das Fahren.
>
> 26. Mai 2006. Ich bin zu Besuch bei Dronma, der Mutter von Gongbo. Bei meinem Besuch der Familie im Februar haben wir festgestellt, dass wir uns sehr gut verstehen, trotz der verschiedenen Welten, in denen wir leben und den Kommunikationsschwierigkeiten auf-

grund meines mangelhaften Tibetischen. Dronma hat darauf bestanden, dass ich bei einem nächsten Besuch in der Region auch einige Tage bei ihr verbringe. Als ich am Vortag in der Gemeindesiedlung ankam, trafen wir uns zufällig, da sie auf einem ihrer wenigen Besuche in der Siedlung war, um Einkäufe und sonstiges zu tätigen. Sie hatte eben eine Rückfahrgelegenheit auf dem Rücksitz des Motorrads eines Bekannten für sich gesichert, konnte aber auf die Schnelle keinen zweiten Fahrer auftreiben, der in die gleiche Richtung fuhr, und dem sie mich anvertraut hätte. Sie bittet deshalb ihren Neffen, der ihr direkter Nachbar ist, mich am nächsten Tag zu ihr auf die *phyugs las* zu bringen. So geschieht es denn auch. Ich spreche mich am nächsten Tag mit dem Neffen ab und wir arrangieren einen Treffpunkt für den späteren Nachmittag. Gegen Abend fahren wir los. Der Weg ist mir bereits bekannt, präsentiert sich allerdings ohne Schnee ganz anders. Es zeigt sich nun, dass der Weg über die Weiden mehrheitlich ein relativ gut befahrbarer Feldweg ist. Stellenweise weicht mein Chauffeur auf eine Fahrspur aus, die sich entlang des Weges durch das Gras zieht und umfährt so grobe Schlaglöcher. Nach einer knapp einstündigen Fahrt kommen wir bei Dronmas Haus an.

31. Mai 2006. Seit einigen Tagen begleite ich Dronma und unterstütze sie bei den täglichen Arbeiten, sofern sie mich als Gast denn auch helfen lässt. Heute haben wir ein Problem. Das Solarpanel, mit dem abends das Licht im Haus oder Zelt betrieben wird, funktioniert nicht richtig. Ausserdem leidet Dronma an starken Bauchschmerzen. Auf Nachfrage erzählt sie, dass sie aufgrund ihrer Schmerzen vor einigen Tagen in der Siedlung gewesen sei. Leider habe sie den Vertrauensarzt dort nicht angetroffen, und die Schmerzen wären auch nicht so stark gewesen. Ich ermutige sie, am nächsten Tag den Arzt aufzusuchen. Sie weigert sich erst vehement, da sie doch Besuch habe und es schwierig sei, gleich zwei Motorradfahrer aus ihrem Bekanntenkreis aufzutreiben, die uns beide in die Siedlung fahren. Wir einigen uns dann, dass ich die Einladung ihres Bruders und seiner Familie vom Vortag wahrnehmen und sie auf ihrem Sommerweideplatz besuchen werde, während Dronma abwesend ist. Trotz allem gestaltet sich die Aufgabe, eine Mitfahrgelegenheit zu organisieren, schwierig. Zwar fahren regelmässig Nomaden ihres und des benachbarten *ru skor* an unserem Weideplatz vorbei, doch sie kennt nicht alle gut genug, um sie um eine Mitfahrgelegenheit bitten zu können. Sie erzählt, dass es früher einfacher gewesen sei, als alleinstehende Frau in die Siedlung zu gehen. Da hätte sich jeweils eine Gruppe Frauen zusammengeschlossen, um in die Siedlung zu reiten. Heutzutage gäbe es in praktisch jedem Haushalt ein Motorrad. Verheiratete Frauen könnten mit ihren Männern oder älteren Söhnen mitfahren und Töchter mit ihren Brüdern oder Vätern. Alleine könne sie nicht in die Siedlung reiten und ihr ältester Sohn ist meistens abwesend, während der jüngere Sohn noch zu jung und körperlich nicht gross genug sei, um ein Motorrad fahren zu können. Sie stellt fest, dass ihre Mobilität von andern abhängig ist, weil sie kein eigenes Motorrad besitzt. Es sei unpraktisch und mühsam. Wenn ich Motorrad fahren könnte, meint sie, könnten wir zwei zusammen in die Siedlung oder gar in die Kreisstadt fahren. Da ich Ausländerin sei, wäre es auch kein Problem, wenn ich als Frau ein Motorrad fahre. Das Problem der Mitfahrgelegenheit löst sich, als wir am selben Abend Besuch von einem guten Bekannten von Dronma erhalten. Sie sieht ihn vorbei fahren und ruft ihn auf eine Schale Tee und einen Schwatz herein. Dronma fragt ihn, ob er morgen in die Gemeindesiedlung fahre und ob er sie mitnehmen könne. So organisieren sie die Fahrt für den nächsten Tag. Gegen Mittag, zu einer Zeit, von der er weiss, dass die Frauen mit Melken und der Milchverarbeitung fertig sind, kommt er bei unserem Weideplatz vorbei und fährt mit Dronma in Richtung Siedlung los. Ich werde vom Bruder abgeholt und wir

gehen zusammen zur Sommerweide, wo er und seine Frau für ein paar Wochen ihre Herden weiden.

03. Juni 2006. Das Solarpanel funktioniert immer noch nicht. Dronma hatte es zwar reparieren lassen, als sie vor drei Tagen in der Siedlung war. Es stellt sich aber heraus, dass sich der Reparateur wenig Mühe gegeben hat, nach der Ursache des Defekts zu suchen. Ich habe Dronma deshalb vorgeschlagen, dass wir ihn zusammen aufsuchen könnten, wenn ich in ein paar Tagen abreisen und zurück in die Siedlung muss. Ich habe ihr versprochen, ihr mit meinen wenigen chinesischen Sprachkenntnissen beizustehen. So steht Dronma einmal mehr vor der Herausforderung, zwei Mitfahrgelegenheiten zu organisieren. Eine hat sie sich am Vorabend gesichert. Ihr Neffe wird vorbei kommen und eine von uns beiden mitnehmen. Nach dem Melken und während des Milchverarbeitens nimmt der Verkehrsfluss von Motorrädern, die vom Sommerweidegebiet an unserem Standplatz vorbei Richtung Siedlung fahren, zu. Dronma schaut regelmässig von ihrer Arbeit auf und kontrolliert, ob sie einen Fahrer kennt, ob er beispielsweise in einem Verwandtschaftsverhältnis zu ihr steht. Es gelingt ihr, einen jungen Mann zu stoppen und ihn zu bitten, mich mitzunehmen. Sie wird auf den Neffen warten und mir später in die Siedlung folgen. Zwei Stunden später sind wir beide wieder vereint in der Siedlung und machen uns auf, um unsere Geschäfte zu erledigen.

Die Notizen aus dem Feldjournal beschreiben eine motorisierte Mobilität, die nicht allen in gleichem Mass zugänglich ist. Sie zeigen auch, dass der Besitz eines Motorrads 2006 in der Region eine Normalität war und dass Nomaden das Motorrad benutzten, um damit die Verbindung zwischen Weidestandplatz und Siedlung aufrecht zu erhalten. Der Ausschnitt aus der Lebenswelt von Nomaden weist auf eine Mobilität, die es vor zwei Jahrzehnten kaum gab, bzw. die nicht dieselbe Bedeutung im Alltag der Nomaden hatte.

3.2.1 Lokale, regionale und interregionale Verkehrsmodalitäten

In vormoderner Zeit, bevor der Staat in Südamdo Strassen baute, waren die Nomaden sKa khogs und mDzod dges bereits mobil. Sie wohnten in abgelegenen und dünnbesiedelten Regionen, manchmal in grossen Distanzen zu ihren Nachbarn und zu anderen Gemeinschaften. Ihre Mobilität erlaubte es ihnen, mit den Nachbarn in der näheren und weiteren Umgebung in Beziehung zu treten. Mobilität war Teil davon, wie Bewohner im Grasland soziale Beziehungen des *ru skor*, des *sde ba* und zu Klöstern und Handelsplätzen auch ausserhalb Südamdos aufrechterhielten.

Gesellschaftliche und politische Transformationen der vergangenen sechzig Jahre haben diese Mobilität verändert. Lokale, regionale und interregionale Mobilität gestaltete sich für die Bewohner des südlichen Amdos besonders seit den demokratischen Reformen und der Bildung von Volkskommunen im Zuge der Kollektivierung anders als vorher. Mit der Ankunft von Staatsvertretern, der

Formierung des Bezirks rNga ba und dem Aufbau der Kommunen verfestigten sich die Bewegungsräume durch staatliche Kontrolle. Haushaltsregistrierungen und Zuteilungen zu Arbeitsteams limitierten die Mobilität von Einzelnen auf grundlegende Art (vgl. Hayes 2008: 159–160). Seit der Auflösung der Volkskommunen, der Gewährung grösserer kultureller und religiöser Freiheiten und der Übertragung der Produktionsverantwortung an Familien vergrösserten die Bewohner des südlichen Amdos ihren Bewegungsradius wieder (vgl. Huber 2006). Eine vollständige Rückkehr zu Mobilitätsformen, wie sie vor der Kollektivierung bestanden haben, hat jedoch nicht stattgefunden.

In diesem Kapitel lege ich dar, wie sich Bewohner des Graslands in sKa khog und mDzod dge nach den Reformjahren bewegten und welche Verkehrsmodalitäten ihnen zur Verfügung standen. Das Kapitel soll eine Vergleichsbasis schaffen, um die Mobilität, welche die private Motorisierung der letzten fünfzehn Jahre hervorgebracht hat, einordnen zu können. Ich zeige Verkehrsmodalitäten sowohl vor der Integration der Region ins Staatsgebilde der Volksrepublik als auch seit den Reformjahren. Dabei unterscheide ich zwischen lokalen, regionalen, und interregionalen Verkehrsmodalitäten. Verkehr innerhalb eines Gemeindegebiets bezeichne ich als lokal, Mobilität zwischen Gemeinden und Kreisen als regional, und solche, die über mehrere Kreise und aus dem Bezirk hinaus führen, als interregional.

Lokal

Für die Nomaden Südamdos war das *ru skor* nach der Familie der erste Referenzpunkt ihrer Zugehörigkeit. Innerhalb dieses Territoriums erfolgte die Mobilität des jährlichen Migrationszyklus. Für den Umzug hielten sie Yaks, die mit dem Zelt, Haushaltsgeräten und Habseligkeiten der Familienmitglieder beladen wurden. Yaks transportieren die Habseligkeiten der Familie inklusive Zelt, während die Mitglieder der Familie die Pferde reiten, um die Herden zu treiben.[91]

Daran schien sich bis zur Motorisierung der nomadischen Haushalte nur wenig geändert zu haben. Die jährliche Migration wurde mit Yaks durchgeführt. Für Tätigkeiten wie Hüten und Treiben der Herden wurde grösstenteils das Pferd eingesetzt, manchmal auch ein Reityak. Zur Zeit der Planwirtschaft wurden Lastwagen und Traktoren eingeführt, mit denen damals teilweise und heutzutage normalerweise der Weidewechsel durchgeführt oder unterstützt wird.[92] Eine jun-

91 Ekvall (1968: 37–39) hat einen typischen Umzugstag detailliert beschrieben.

92 In Westtibet, wo die Migrationsdistanzen wesentlich grösser sind als in Nordosttibet, werden nicht nur Material, sondern auch Tiere per Lastwagen transportiert (Goldstein & Beall 1990). Chos bstan rgyal (2014: 188) beschreibt, wie eine nomadische Gemeinschaft in mTsho lho (in Qinghai)

ge Frau aus einer nomadischen Familie mDzod dges beschrieb den Umzug folgendermassen:

> In der Vergangenheit, als es noch keine Lastwagen gab, da benutzten die Nomaden Pferde, wenn sie den Weidewechsel vollzogen. Wenn sie auf die Sommerweide zogen, haben sie die Yaks beladen. Alles Material wurde auf Yaks geladen. Sie hatten keine Lastwagen. Und dann haben sie die Herden und die beladenen Yaks auf die Weide getrieben. Als sie keine Lastwagen hatten, ritten sie ihre Pferde und trieben so die Herden. Die Yaks waren mit dem Zelt und allen anderen Dingen beladen, und so kamen sie auf die Sommerweide. Heutzutage wird es im Sommerweidegebiet zum Teil immer noch so gemacht. Wenn man dort auf eine andere Weide wechseln will, dann benutzen die meisten zwar einen Lastwagen oder einen Traktor. Es sind nur noch wenige, die Yaks beladen. Nomaden haben so viele Dinge, dass sie einen Lastwagen oder einen Traktor brauchen, um alles zu transportieren. Aber es gibt Orte, da können Lastwagen nicht fahren. Diesen Sommer hat es so viel geregnet, Lastwagen kamen nicht durch. Deshalb mussten die Nomaden ihre Yaks einsetzen, um ihr Material von einer Weide zur nächsten zu transportieren. Viele hatten aber keine dieser Packyaks mehr und sie mussten sie von andern Familien, von denen die welche hatten, ausleihen. Früher hatten alle Packyaks zum Beladen.[93]

Diese Verkehrsmodalität, die durch Einsatz der eigenen Tiere erfolgt, hat bis heute ihre Bedeutung beibehalten. Je nach Terrain und Erschliessungsgrad durch Strassen kommt für die jährliche Migration weiterhin nur diese Art von Transport in Frage. Vielerorts in mDzod dge und sKa khog wird die jährliche Migration von Winter- zu Sommerweiden aber mit motorisierten Fahrzeugen durchgeführt.

Nebst den Umzügen bestehen zusätzlich Mobilitätsbedürfnisse im Kontext des pastoralen Alltags. Aus Ekvalls ethnographisch gehaltenen Erzählungen (1952; 1978; 1980b) und seinen wissenschaftlichen Veröffentlichungen (1968; 1974) wird deutlich, dass das Pferd essentiell war für die tägliche Mobilität. Mit ihm wurden die Herdenarbeiten verrichtet, die Kommunikation zwischen Nachbarn des *ru skor*, zwischen Mitgliedern verschiedener *ru skor* und innerhalb des *sde ba* sichergestellt, das Land ausgekundschaftet, Jagd betrieben etc. Das Pferd war das zentrale Fortbewegungsmittel in den Routinen der Pastoralwirtschaft. Es war zudem zentral, um soziale, wirtschaftliche und politische Geschäfte der eigenen Familie, des *ru skor* und des *sde ba* wahrzunehmen. Letzteres erforderte meist die Mobilität der Männer.

Nach der Auflösung der kollektiven Produktionseinheiten und der von Manderscheid (2002) beschriebenen „Re-Nomadisierung" anfangs der 1980er Jahre nahmen Bewohner Südamdos einige Praktiken der Mobilität wieder auf. Erneut

---

im Jahr 2001 gemeinsam einen Lastwagen angeschafft hat, um damit den Umzug auf die Sommerweide durchzuführen.

93 Ausschnitt aus dem Interview A01IWb_aB2012_f27.

begaben sich die Männer eines *ru skor* ein- oder zweimal jährlich zum *la btse* zur Durchführung von *bsang* Ritualen. Bei den mit der territorialen Gottheit in Zusammenhang stehenden Ritualen spielt das Pferd bis heute eine wichtige Rolle (vgl. Iselin 2011a). Kommunikation untereinander, Treffen von Vorsteher der Familien, der *ru skor* oder der *sde ba*, religiöse Rituale etc. bedurften der Mobilität und wurden durch Einsatz des Pferdes wahrgenommen. Während Tätigkeiten, die nicht im unmittelbaren Umfeld des Zelts und der *phyugs las* stattfanden, mehrheitlich von den Männern wahrgenommen wurden, waren auch Frauen daran beteiligt. Frauen waren ebenso versierte Reiterinnen. Teilnahme an religiösen Ritualen oder Besuche des Klosters, Nachbarschaftshilfe, das Suchen eines verlorenen Tieres oder Hüten einer Herde waren Aktivitäten, die sowohl Männer als auch Frauen ausübten, wenn auch letzteres mehrheitlich in den Verantwortungsbereich der Männer fällt.

ru skor und *sde ba* sind integriert in die administrative Struktur des Staates. *ru skor* sind administrativ „Dörfer" (ch.: *cun*), das heisst Subdivisionen von Gemeinden (ch.: *xiang*). Gemeinden haben frühere politische Strukturen des *sde ba* zum Teil ersetzt. Mit der Einführung der Einheiten von Dorf und Gemeinde wurde auch eine administrative Infrastruktur geschaffen (siehe Kapitel 2.3.2). Jede Gemeinde verfügt über einen Verwaltungssitz, der zumeist von der Kreisstadt aus durch eine Strasse erschlossen ist. Am Gemeindesitz befinden sich zusätzlich zur Verwaltung normalerweise eine Schule, eine Klinik, Einkaufsmöglichkeiten und Wohnhäuser für die ansässige Bevölkerung. Wenn die Nomaden vom Weidegebiet an den Gemeindesitz mussten, um beispielsweise vor dem Umzug auf die Sommerweide Material zwischenzulagern, einzukaufen, oder Kinder zur Schule zu bringen, benutzten sie vor der Motorisierung das Pferd. Nur wenige Nomaden besassen einen eigenen Traktor oder Lastwagen, um Material zu transportieren. Für grössere Materialtransporte von und zum Gemeindesitz wurden gegen Bezahlung Lastwagen, Traktoren, Pickups oder sonstige Fahrzeuge mit Fahrer angeheuert. Diese Art von Transport erfolgte grösstenteils in Gelände ohne Strassen. Motorisierte Fahrzeuge konnten deshalb nur dort eingesetzt werden, wo topographische und klimatische Bedingungen dies zuliessen. Besitzer von Traktoren, Lastwagen oder anderen Fahrzeugen waren in der Regel Einheimische, die mit ihren Transportdiensten ein Einkommen generierten. Wer Transport brauchte, liess Fahrern eine Nachricht zukommen, dass ihre Dienste beansprucht würden oder veranlasste Fahrzeuge auf der Durchfahrt durchs Weidegebiet, anzuhalten. Das folgende stammt aus einem Beobachtungsprotokoll von meinen Feldnotizen, als die private Motorisierung noch nicht sehr weit verbreitet war:

> August 2000. Lama Gyab fährt mit dem Pickup seines Vaters auf die Sommerweide. Sein Vater war früher Fahrer eines Produktionsteams (ch.: *da dui*) der Kommune und führt nun

> in seiner Gemeinde Fahrdienste gegen Bezahlung aus. Seine Mutter bewirtschaftet die Herde und ist seit drei Wochen auf der Sommerweide. Dort will er nun hin. Nach einer kurzen Strecke über den Weg, der zur benachbarten Gemeinde führt, biegt er ab und fährt über das Grasland. Er folgt Spuren, die von früheren Fahrten ins Land geschrieben waren. Nach einer Weile kommt er bei einem Winterhaus vorbei. Der Nomade kennt das Auto und winkt dem Fahrer. Lama Gyab hält an. Sie unterhalten sich und schliesslich fragt der Nomade, wann er an den Gemeindesitz zurückfahren werde. Lama Gyab antwortet und der Nomade fragt ihn, ob er dann hier anhalten könne. Er habe Material, das in die Gemeinde soll, ob er es mitnehmen könne. Lama Gyab verspricht, auf seiner Rückfahrt in zwei Tagen seine Ware aufzuladen und mitzunehmen.[94]

Wem die notwendigen Mittel oder Beziehungen für solche Transportdienste fehlten, konnte auf Yaks als Transportmittel ausweichen. Mit dem Pferd hingegen sicherte man vor allem Personentransport, also persönliche Mobilität, zwischen *ru skor* und Gemeinde. Pferde dienten sowohl Frauen als auch Männern als Fortbewegungsmittel und es gab diesbezüglich keinen *gender*-Unterschied. Wenn Einkäufe getätigt oder Kinder zur Schule gebracht werden mussten, konnten sowohl Frauen als auch Männer dies erledigen. Mussten Strecken zurückgelegt werden, die aus dem eigenen Weidegebiet (*ru skor*) hinaus führten, organisierten sich die Frauen in kleineren oder grösseren Gruppen oder gingen auch mal alleine oder mit ihren Kindern, um beispielsweise die Siedlung aufzusuchen oder einer Nachbarin auszuhelfen. Der Bewegungsradius von Männern war aufgrund ihrer Rollenzuschreibungen aber grundsätzlich grösser als derjenige von Frauen.

Regional

Regionale Mobilität führt aus dem Territorium des eigenen *sde ba* bzw. der Gemeinde hinaus und war in vormoderner Zeit wahrscheinlich mehrheitlich ein männliches Privileg. Die regionale Verkehrsmodalität bezeichnet Mobilität innerhalb eines Kreises und konstituiert sich heutzutage in erster Linie in der Bewegung zwischen Gemeinde und Kreissitz. Kreissitze sind für die Nomaden sKa khogs und mDzod dges von Relevanz, weil nicht alle Gemeinden gleich gut ausgestattet sind mit Einkaufsmöglichkeiten. Auch sind weiterführende Schulen und ein Krankenhaus in der Kreisstadt angesiedelt. Kreisstädte verfügen zudem über Banken, Post und möglicherweise bessere Verkaufskanäle für pastorale Produkte. Ausserdem war und ist die Kreisstadt der Verkehrsknotenpunkt für regionalen und interregionalen Personen- und Warentransport.

---

94 Beobachtungsnotiz aus der Feldforschung, August 2000.

Wie nun bewegten sich die Nomaden in sKa khog und mDzod dge zwischen ihren Wohn- und Weidegebieten in den Gemeinden und den Kreissitzen, als sie nicht motorisiert waren? Nur wenige der Gemeinden waren an das öffentliche Verkehrsnetz angeschlossen. Der Transport in die Kreisstadt wurde deshalb mehrheitlich lokal organisiert. Analog zu Materialtransporten im Weidegebiet gab es Fahrer, die sich auf den Personentransport spezialisierten. Sie erwarben Kleinbusse oder Personenwagen, die sie als Sammeltaxis einsetzten. Zum Teil etablierten sich quasi-öffentliche Fahrpläne. Man wusste, wann man sich wo einzufinden und wie viel man zu zahlen hatte, um in die Kreisstadt zu fahren.

Einige Gemeinden sKa khogs und mDzod dges waren und sind bis heute an das öffentliche Verkehrsnetz angeschlossen. Fahrstrecken wurden normalerweise durch Busse mit gleichbleibendem Fahrpersonal bedient. Der Fahrer und sein Begleiter wurden dadurch zu wichtigen Personen, die auch unbegleitetes Material transportierten oder Botschaften übermitteln:

> Juli 2002. Der Bus von der Kreisstadt mDzod dges in die Gemeinde Byams me fährt an einem Tag hin und am folgenden Tag zurück. Die Fahrt dauert gut vier Stunden. Es gibt, ausser in der Gemeinde Thang skor, keine fahrplanmässige Halte, aber der Fahrer hält, wenn ein Passagier signalisiert, dass er sein Ziel erreicht hat, oder auch um neue Passagiere, die am Strassenrand winken, mitzunehmen. Einige Minuten vor der Abfahrt am Busbahnhof kommt eine Frau zum Fahrer. Sie bittet ihn, jemandem, der an der Strecke wohnt, eine Nachricht zukommen zu lassen. Sie erzählt ihm den Inhalt der Botschaft. Er hört zu und nickt. Offenbar kennt er den Adressaten der Nachricht und weiss, wo er wohnt. Unterwegs überbringt er nicht nur die Botschaft, sondern er hat noch ein kleines Packet bei sich, das ihm ebenfalls unterwegs anvertraut wurde, um es jemandem an der Strecke auszuliefern.[95]

Regionaler Verkehr ist im lokalen Kontext verankert. Die Fahrer kennen die Strecke, die regelmässigen Passagiere und oft auch viele der Menschen, die entlang der Fahrstrecke wohnen. Häufig sind sie selber Einheimische. Unkompliziert können Botschaften, sowohl in Briefform als auch verbal, weitergeleitet werden.

Materialtransporte kleineren Umfangs wurden in gleicher Weise, entweder im öffentlichen Bus oder im Sammeltaxi und vom Besitzer begleitet, transportiert. Für Material, das nicht in die Gepäckfächer der Personentransporter passte, kamen andere Verkehrsmodalitäten zum Tragen. Praktisch in jeder Gemeinde und jedem Kreis gab es verschieden grosse Fahrzeuge, die für Transporte gemietet werden konnten.

---

95 Beobachtungsnotiz aus der Feldforschung, August 2002.

Das Pferd als Hauptfortbewegungsmittel der Nomaden kam im regionalen Verkehr nur zum Einsatz, solange die Distanzen verkraftbar waren. In der Regel war dies der Fall, wenn der Kreissitz näher am Weidegebiet lag als der Gemeindesitz.

Interregional

In vormoderner Zeit spielten Nomaden eine zentrale Rolle im interregionalen Verkehr auf dem tibetischen Plateau, so auch einige der Nomaden sKa khogs und mDzod dges. Einerseits erschlossen sie sich durch interregionale Bewegungen Zugang zu Märkten, die sich ausserhalb der pastoralen Regionen und oft auch ausserhalb der von Tibetern bewohnten Gebieten befanden (vgl. Carlson 2005; Ekvall 1968; Hayes 2008). Ihre Ortskenntnisse, ihre Erfahrungen im Umgang mit Yaks und Pferden sowie ihre Fähigkeiten im Beladen von Yaks waren unabdingbar für den Handel mit eigenen Produkten, für Handels- und Pilgerkarawanen (Horlemann 2012: 109; Lin 2011: 81) sowie für militärische Feldzüge (vgl. Perdue 2005). Diese Rolle von Nomaden des südlichen Amdos im interregionalen Transport von Personen und Gütern kann nicht unterschätzt werden.

Seit der Gründung der Volksrepublik und der Integration tibetischer Gebiete in den Staat verlegte sich der interregionale Verkehr kontinuierlich auf motorisierte Transportmittel. Einige der grossen Handelsrouten wurden nach und nach zu Strassen ausgebaut. Insgesamt regulierte und monopolisierte der Staat den Handel von 1958 bis zu den Reformjahren. Auch der interregionale Personenverkehr war den politischen Strömungen unterworfen. Pilgerreisen waren bis zu den Reformjahren nicht mehr möglich, da im Zuge der Kulturrevolution alle religiösen Praktiken unterbunden worden waren. Hingegen gab es Migration aus China in dessen westliche, auch tibetische, Regionen. Auslöser dafür waren die Gründung und der Ausbau der Volkskommunen und Programme, die während der Kulturrevolution hunderte junge Menschen in den Landdienst schickten (vgl. Bernstein 1978; Hansen 2005; Rohlf 2007). In der Gegenrichtung begaben sich junge Bewohner aus mDzod dge oder sKa khog, die Verantwortung im administrativen System übernehmen sollten, seit den 1950er Jahren nach Chengdu und Beijing, um an den neu gegründeten Hochschulen für Angehörige ethnischer Minderheiten (ch.: *minzu xueyuan*) an Ausbildungsgängen teilzunehmen (vgl. z.B. Hayes 2008: 167; Upton 1999: 95–102).

Nach der Auflösung der Volkskommunen und der Einführung marktwirtschaftlicher Strategien in den 1980er Jahren wurde das Verkehrsnetz, das bereits vor den Reformjahren entstanden war, für den Personenverkehr ausgebaut. Materialtransporte wurden privatisiert und von Transportunternehmen sichergestellt. Im Bezirk rNga ba operierten Transportunternehmen vorwiegend zwischen der Provinzhauptstadt und Kreisstädten, während der Weitertransport von Waren in abgelegene Gemeinden durch lokale Fahrer von Lastwagen und Kleintransportern organisiert wurde.[96]

Für interregionale Personentransporte gab es zumindest seit den 1990er Jahren Langstreckenbusse, welche Kreise mit der Provinzhauptstadt Chengdu verbanden. Verbindungen aus dem Bezirk rNga ba bestanden auch in die benachbarten Provinzen Gansu und Qinghai. Die verstreut und abseits der Strassen lebenden Nomaden, die interregional reisten, mussten erst zu Fuss oder mit dem Pferd bis zu einem Verbindungspunkt an der Strasse oder an den Gemeinde- bzw. Kreissitz reiten. Einige nahmen erst regionale Sammeltaxis in Anspruch, um in die Kreisstadt zu gelangen, wo sie auf den Langstreckenbus umsteigen konnten. Dies bedeutete für einige Nomaden eine Übernachtung in der Kreisstadt, da die Langstreckenbusse meistens frühmorgens fuhren. Auch eine Rückreise aus der Stadt ins Gemeindegebiet erforderte zum Teil Koordination, wie ein Ausschnitt aus meinen Feldnotizen aus dem Jahr 2000 zeigt:

> April 2000. Sechs Uhr dreissig morgens am Ximen Langstreckenterminal in Chengdu für Busse in den Norden und Nordosten Sichuans. Das Terminal ist belebt. Menschen suchen ihre Busse oder warten im Saal, dass ihr Bus aufgerufen wird. Co-Chauffeure rufen ihre Destinationen aus, um ihren Bus zu füllen. Beim Bus nach sKa khog sind Tibeter damit beschäftigt, Waren auf das Dach des Busses zu verfrachten und zu sichern. Endlich ist alles verstaut und alle haben einen Platz gefunden. Die Gruppe Tibeter, die vorher mit dem Beladen des Busses beschäftigt war, hat nun auch ihre Sitzplätze im hinteren Teil eingenommen. Weiter vorne sitzt ein tibetisches Paar mit einem Kind, das den Kopf bandagiert hat. An ihrer Kleidung sind sie als Nomaden erkennbar. Ein junger Mann, obschon westlich angezogen, gibt sich als Tibeter zu erkennen, als er mit dem Paar mit Kind ein paar Worte wechselt. Pünktlich um sieben fährt der Bus los. Stunden später, am späten Nachmittag, erreicht der Bus nach der Überquerung des zweiten Passes das Grasland sKa khogs. Mitten im Grasland ist das Land offen und scheinbar menschenleer. Nur ab und zu ein Haus am Strassenrand, in der Ferne an einem Hang ein paar Winterhäuser von Nomaden. Da ruft der Mann des Paares nach vorne zum Fahrer. Dieser hält an. Das Ehepaar mit dem Kind steigt aus. Der Mann klettert auf das Dach des Busses, um ihr Gepäck herunter zu holen. Etwas verlassen stehen sie am Strassenrand. Als der Bus losfährt, winkt der Mann zwei Reitern zu, die Richtung Strasse reiten. Möglicherweise haben sie an einer windgeschützten Stelle auf das Paar gewartet.

Solche und ähnliche Situationen habe ich des Öfteren beobachtet. Vor allem in früheren Jahren war es Fahrern erlaubt, irgendwo auf der Strecke anzuhalten, um Passagiere mitzunehmen oder aussteigen zu lassen.

---

96 Lastwagen waren bis zur Jahrtausendwende auch das günstigste Verkehrsmittel für interregionalen Personentransport. Pilgerreisen nach Lhasa wurden per Lastwagen durchgeführt. In der Zwischenzeit ist Personentransport auf Laster oder Traktoren aus Sicherheitsgründen verboten.

Interregionaler Transport war für die Nomaden sKa khogs und mDzod dges – ausser sie besassen selbst ein Transportfahrzeug – in erster Linie Reiseverkehr, wobei für viele Nomaden interregionale Reisen bis in die 1990er Jahre eher die Ausnahme als die Regel bildeten. Solche Reisen waren zeitaufwendig, kosteten Geld und führten oft durch oder in Regionen, in denen man sich in einer anderen Sprache verständigen musste[97]. Abgesehen von tibetischen Händlern, Studenten aus nomadischen Familien, die in der Bezirk- oder der Provinzhauptstadt zur Schule gingen, und Tibetern, die in der Verwaltung tätig waren und regelmässig in Städte ausserhalb des Bezirks rNga ba reisen mussten, nahmen viele Nomaden diesen Weg nur aus konkretem Anlass auf sich, z.B. um ein Krankenhaus aufzusuchen. Nebst dem Reiseverkehr sind interregionale Verkehrsmodalitäten für die nomadische Lebensweise von Bedeutung, weil sie Zugang zum Markt schaffen. Den interregionalen Transport von Produkten aus der nomadischen Weidewirtschaft zum Markt führen heutzutage Nomaden allerdings selten selbst aus. In aller Regel werden die Produkte über Mittler direkt auf dem Weideland gehandelt (vgl. Manderscheid et al. 2004).

Diese kurzen Ausführungen zu lokalen, regionalen und interregionalen Verkehrsmodalitäten zeigen, dass die traditionellen Verkehrsmittel – das Pferd und das Yak – in vormoderner Zeit nicht nur für die Nomaden selber im lokalen Kontext eine zentrale Bedeutung hatten. Sie waren auch für regionale und interregionale soziale, wirtschaftliche und politische Beziehungen von zentraler Bedeutung. Ohne Nomaden, deren Tiere und Ortskenntnisse, wäre interregionaler Verkehr durch die von Nomaden bewohnten, weitläufigen Gebiete Südamdos kaum durchführbar gewesen. Dies hat sich mit dem neuen Staatssystem und dem Bau von Strassen drastisch verändert. Pferd und Yak spielen nur noch im lokalen und beschränkt im regionalen Verkehr eine Rolle. Dies reduziert die Mobilitätsmöglichkeiten von Nomaden bzw. macht sie abhängig von Transportdienstleistungen, die gegen Bezahlung angeboten werden. Das wiederum erfordert ihre Teilnahme am Markt, um die notwendigen Tauschmittel generieren zu können, um Transport zu bezahlen oder um motorisierte Fahrzeuge anzuschaffen und sie zu unterhalten.

97 Ausnahmen waren Ziele im tibetischen Kulturraum. Die Klöster Labrang und Kumbum (sKu 'bum byams pa gling) in Amdo oder Lhasa waren und sind wichtige Reiseziele.

3.2.2 Motorisierung nomadischer Haushalte – neue lokale Verkehrsmodalitäten

Abbildung 11: Neue und alte Fortbewegungsmittel: Motorrad der Marke Wuyang Honda und Pferd im Sommerlager (Juni 2006).

Die Auflösung der Kommunen Ende der 1970er Jahre und die Reformperiode der 1980er Jahren schufen neue Rahmenbedingungen für die Mobilität der Nomaden aus dem südlichen Amdo. Sie wirtschafteten wieder selbstverantwortlich, und daraus wie auch aus nachfolgenden regionalen Entwicklungen ergaben und ergeben sich lokale, regionale oder interregionale Mobilitätsbedürfnisse. Beispielsweise musste der Vorrat an Nahrungsmitteln wie Mehl, Öl, Reis, Zucker oder Gemüse aufgestockt werden; Kinder mussten zur Schule gebracht oder dort abgeholt werden; Medikamente oder eine medizinische Konsultation sind nur am Gemeinde- oder Kreissitz erhältlich. Politische oder soziale Veranstaltungen, an denen man teilnehmen wollte oder musste, fanden am Gemeindesitz statt. Diese Mobilität wurde, wie im letzten Teil beschrieben, in aller Regel durch das Pferd und das Yak gewährleistet[98]. Ein Ritt in die Siedlung erforderte allerdings Zeit

98 Um diese Verkehrsmodalität, die durch das Pferd gewährleistet war, bildete sich eine eigene Infrastruktur. Vor Geschäften und Restaurants in den Gemeinden befanden sich Stangen, an

und physische Anstrengung. Oft dauerte es mehrere Stunden, um die Strecke von Sommer- oder Winterstandplatz zum Zielort zurückzulegen. Man hatte nur beschränkt Zeit, sich am Gemeindesitz aufzuhalten und seine Geschäfte abzuwickeln. Wie sich ein Ausflug gestaltete, erzählt eine junge Frau, Tochter einer Nomadenfamilie:

> In der Zeit, als es noch keine Motorräder gab, gingen wir jeweils mit den Pferden in die Gemeinde. Dazu benötigten wir viel Zeit. Wir standen sehr früh am Morgen auf, zogen uns sauber an und ritten in die Gemeindesiedlung. Dann erledigten wir die Dinge, die wir erledigen mussten und kehrten danach heim. Wir hatten keine Zeit, um etwas dort zu bleiben. In jener Zeit, als man das Pferd benutzte, um in die Siedlung zu gehen, ging man viel seltener. Nun haben alle ein Motorrad und es ist praktisch. Die Männer gehen dauernd in die Gemeinde, auch wenn es keinen Grund dazu gibt. Früher, als man reiten musste, benötigte es viel Zeit und viel Anstrengung und man ging nur manchmal dorthin, wenn wir etwas brauchten.[99]

Die Mobilität zwischen Weidegebieten und Gemeindesiedlungen hat sich durch private Motorisierung vereinfacht. Bevor diese einsetzte, dienten motorisierte Fahrzeuge hauptsächlich der Einkommensgenerierung. In den Reformjahren der 1980er, nachdem die Produktionsverantwortung von den Volkskommunen an die Haushalte relegiert worden war, wurde es möglich, ein motorisiertes Fahrzeug für eigenverantwortliche, gewerbliche Nutzung anzuschaffen (vgl. z.B. Childs, Goldstein & Wangdui 2010: 57). Zur Zeit der Planwirtschaft gehörten motorisierte Fahrzeuge den Volkskommunen und ihren Produktionsteams oder anderen staatlichen Institutionen. Mit dem Übergang zu Privatwirtschaft lag der Entscheid über Kauf und Verkauf von Tieren, um gegebenenfalls ein motorisiertes Fahrzeug zu erstehen,[100] bei den Familien. In den 1980er und 1990er Jahren erwarben einige wenige von ihnen Fahrzeuge, die sie praktisch ausschliesslich zu Erwerbszwecken einsetzten. In sKa khog und mDzod dge begann die Motorisierung im grösseren Stil erst gegen Ende der 1990er Jahre mit der Einführung von Motorrädern.

In den späten 1980er und frühen 1990er Jahren tauchten die ersten Motorräder auf dem Grasland auf. Meine Recherchen lassen vermuten, dass sich anfäng-

---

welche Pferde angebunden werden konnten. In den Aussenquartieren von Kreissitzen gab es „Parkplätze" für Pferde – Hinterhöfe, wo man die Pferde gegen ein Entgelt abgeben konnte. Die Pferde wurden getränkt und ein Auge auf sie gehalten. Entlang der Strecken, die regelmässig zurückgelegt wurden, entwickelten sich durch den häufigen Gebrauch Reitwege. Diese Pfade wurden später von Motorrädern genutzt oder einige verwuchsen wieder.

99 Aus dem Interview A04IW_aB2012_f23, geführt im Oktober 2012.

100 Gemäss dem Artikel „Capitalist Roaders" in der *New York Times* von Ted Conover (2. Juli 2006) war in China privater Autobesitz bis 1994 gesetzlich verboten oder eingeschränkt (vgl. auch Conover 2010).

lich Personen, die bereits Erfahrungen mit motorisierten Fahrzeugen hatten, ein Motorrad kauften. Sie verdienten beispielsweise ihren Lebensunterhalt als Fahrer oder reparierten Motorfahrzeuge. So besassen sie die Mittel, die Erfahrung und wahrscheinlich auch die Neugierde, in ein Fahrzeug zu investieren, welches bisher auf dem Grasland eher unbekannt war. Es muss sich aber rasch gezeigt haben, dass Motorräder mit Geschick auch abseits der Strasse eingesetzt werden können und sich deshalb in Gebieten, die über keine oder schlechte Strassen verfügten, als Fortbewegungsmittel eignen.

Das Motorrad hat sich seit den ersten vereinzelten Käufen in den späten 1980er und frühen 1990er Jahren zu einem bevorzugten Fortbewegungsmittel im lokalen Kontext entwickelt. Insbesondere seit Anfang des 21. Jahrhunderts hat sich die Zahl der Anschaffungen kontinuierlich erhöht. Selten handelte es sich bei diesen Käufen um Neuanschaffungen. Die Motorräder kauften Händler oder Mittelmänner in Städten oder stadtnahen Gebieten meist gebraucht, um sie dann auf dem Grasland weiter zu verkaufen.[101] Als der prozentuale Anteil an Haushalten mit Motorrädern stieg und die Nachfrage eher zu- als abnahm, entwickelte sich ab der Jahrtausendwende ein lokaler Markt auf dem Grasland und es wurden vermehrt Serviceleistungen wie Reparaturstätten[102], Benzinverkauf[103] und Verkaufsstätten für Motorräder in den Gemeinden und Kreisstädten angeboten. Neue Motorräder mussten nicht mehr ausschliesslich von ausserhalb der Region eingeführt werden. Motorradbesitzer verkauften ihre älteren Modelle an Bekannte oder Verwandte und kauften für sich ein neueres oder ein neues Motorrad. Indem eine grössere Anzahl an Motorrädern in unterschiedlichen Gebrauchszuständen und zu unterschiedlichen Preisen erhältlich war, wurden sie auch für Familien mit tiefem Haushaltseinkommen erschwinglich. So verfügten 2004 in einigen Gemeinden in mDzod dge und sKa khog schätzungsweise bis zu achtzig Prozent der Haushalte über ein Motorrad. 2012 galt das Motorrad als Teil der Standardausrüstung eines nomadischen Haushalts.

---

101 Als sich die Diebstähle von Motorrädern in den Städten erhöhten und gleichzeitig die Anzahl Motorräder auf dem Grasland zunahm, vermuteten Stadtbewohner Diebstahl und ein wachsender Grau- bzw. Schwarzmarkt in tibetischen Gegenden. Die Vermutung besteht, dass diese Ansichten ein Ausdruck von den in Sichuan unter der Han Chinesischen Bevölkerung weit verbreiteten Vorurteile gegenüber Angehörigen ethnischer Minderheiten war (vgl. Yeh 2012). Bezüglich organisiertem Motorraddiebstahl in Amdo vgl. auch Fischer 2008: 168.

102 Anfangs betrieben fast ausschliesslich Han Chinesen Reparaturwerkstätten. Das lässt sich damit erklären, dass das lokale Wissen über Funktion und Zusammensetzung von Motoren anfangs fehlte und Nomaden handwerklichen Berufen oft herablassend gegenüber standen. Dies hat sich in den letzten Jahren geändert.

103 Der Benzinverkauf etablierte sich auf Gemeindeebene anfangs privat in Hinterhöfen von Nomaden. Für einen Beschrieb der Vorgänge, siehe Kap 5.3.2.

Mit dem Erwerb von Motorrädern um die Jahrtausendwende setzte auf dem Grasland eine Welle der Motorisierung ein, die nicht auf Einkommensbildung, sondern den Eigengebrauch ausgerichtet war. Man kaufte sich Motorräder, um die Fahrt in das Gemeindezentrum oder in die Kreisstadt zu erleichtern. Der Verkehr zwischen Weidegebieten und dem Ort, wo sich der Markt für Ein- und Verkäufe und die öffentliche Verwaltung befinden, verkürzte sich zeitlich und war körperlich weniger anstrengend. Der Zustand der Strasse bzw. die Frage, ob es überhaupt befahrbare Strassen gab, war zu Beginn der Motorisierung nicht ausschlaggebend. Motorräder wurden gekauft, weil sie auch ohne Strasseninfrastruktur eingesetzt werden konnten und deshalb ein für das Grasland sinnvolles Fortbewegungsmittel boten.

3.2.3 Nomaden bauen Strassen – Motorisierung und Infrastrukturausbau in Wechselwirkung

Anfänglich benutzten Motorradfahrer Reitpfade oder Pfade, die durch Herdenbewegungen entstanden waren, als Fahrspuren. Wenn in solchen Fahrspuren das Fortkommen schwierig wurde, weil sie vom Wetter ausgewaschen oder durch Übernutzung erodiert waren, suchte man sich einen neuen Weg durch das unebene Gelände neben der alten Fahrspur. So fanden sich auf dem Grasland zwei, drei, vier oder mehr Fahrspuren, die mehr oder weniger parallel zueinander verliefen und die generelle Richtung wiesen, in welcher das Terrain befahren werden konnte und befahren wurde. Diese Fahrspuren waren besonders ausgeprägt und häufig, je näher sie bei einem Ort lagen, den viele Nomaden regelmässig aufsuchten, wie beispielsweise der Gemeindesitz.

Der Besitz von Motorrädern führte zu einem verstärkten Verkehr zwischen den Weideplätzen und den Gemeinde- oder Kreissitzen in sKa khog und mDzod dge. Man hatte ein Motorrad gekauft, um sich die anstrengende Reise vom Weideplatz zum jeweiligen Markt- und Verwaltungszentrum zu vereinfachen. Eine Strecke, die vormals ein anstrengender Ritt zu Pferd von zwei bis drei Stunden bedeutete, konnte mit dem Motorrad nun in höchstens einer Stunde zurückgelegt werden. Mit der zeitlichen Verkürzung der Wegstrecke nahm die Häufigkeit zu, mit der sie zurückgelegt wurde. Mit dieser Zunahme und der steigenden Anzahl von Haushalten, die denselben Weg benutzten, stieg auch der Bedarf nach besseren Fahrwegen als diejenigen, welche die eigenen Motorräder in das Land gezeichnet hatten.

Dieses Bestreben, die Fahrspuren in richtige Strassen auszubauen, fiel in die Zeitperiode, in der in ganz Westchina die Strasseninfrastruktur ausgebaut wurde. Während der Ausbau der Hauptlinien vom Zentralstaat sowie der Provinz- und Bezirksverwaltung vorangetrieben wurde, nützten den Nomaden öffentliche Strassen nur beschränkt. Sie wohnten oft weit entfernt vom Strassennetz und mussten zudem wegen der mobilen Herdenhaltung verschiedene Strecken zwischen mehreren Weidegebieten bewältigen. So begannen Gemeinden oder die nächstkleinere administrative Einheit (die *ru skor)* den Strassenbau in ihren Territorien selber in die Hand zu nehmen. Zum Teil mögen Gelder für den Strassenbau zur Verfügung gestanden haben.[104] Hauptsächlich aber bauten die Nomaden einiger Gemeinden in mDzod dge befahrbare Strassen zu ihren Winter- bzw. Sommerweidegebieten in Eigenleistung. Diese Strassen waren einfache, einspurige Naturbelagstrassen ohne festes Unterbett, wie es bei professionell gebauten Strassen vorausgesetzt werden kann. Das bedeutete, wie sich in den nächsten Jahren zeigen sollte, dass der Unterhalt solcher Strassen anspruchsvoll war und weiteren Einsatz benötigte. In einigen Gemeinden verloste die lokale Regierung die für Strassenbau zur Verfügung stehenden Mittel und teilte sie so einer oder zwei Siedlungen zu, in deren Weidegebieten danach die Strassen vom Strassenbauamt gebaut wurden und deshalb von besserer Qualität waren. In sKa khog wiederum finanzierte teilweise die Milchpulverfabrik den Strassenbau. Gemäss Informationen von Bewohnern hatte diese ein Interesse daran, dass Milch in den entlegenen Weidegebieten gesammelt und zur Fabrik in der Kreisstadt gefahren werden konnte. Mit dem Bau ging die Verpflichtung einher, die Milch an die Fabrik zu verkaufen.

Der Bau von motorisiert befahrbaren Strassen zu den Sommer- und Winterweideplätzen mag sich lokal verschieden entwickelt haben. Es lässt sich jedoch aufgrund der Angaben von lokalen Informanten sagen, dass die meisten dieser Strassen im Zeitraum von 2005 bis 2010 entstanden. Der Bau von Strassen in die Weidegebiete antwortete auf ein Bedürfnis, das durch die Zunahme an Motorrädern hervorgerufen worden war und auf die zunehmende Häufigkeit, mit der zentrale Orte wie der Gemeinde- oder Kreissitz aufgesucht wurden.

Der Ausbau der Strassen erlaubte den Einsatz von Autos, auch wenn sie einer Machart entsprechen, die ansonsten nicht unbedingt für den Gebrauch auf dem Grasland geeignet sind, weil sie z.B. über keinen Vierradantrieb verfügen oder das Chassis zu tief liegt. Seit den verbesserten Strassen hat die Anzahl an Haushalten, die ein Auto für private Zwecke kauften, deutlich zugenommen. Anfangs waren dies vor allem Haushalte in Siedlungen und Städten. In der Zwischenzeit gibt es auch viele pastorale Haushalte, deren Lebenszentrum sich weiterhin in der *phyugs las* befindet, die ein Auto besitzen.

---

104 Ich habe hierzu keine quantifizierbaren Angaben. Es lässt sich vermuten, dass die Bezirksverwaltung durch das staatlich geförderte Programm zur Entwicklung von Strassen in ruralen Gebieten den Gemeinden Gelder zur Verfügung stellen konnte (vgl. z.B. Li 2006: 41–47).

3.3 Inkorporation der motorisierten Fahrzeuge in den pastoralen Alltag – Vier Familienprofile

Abbildung 12: In der *phyugs las*: Familienwagen, geparkt in der Nähe eines Winterhauses in mDzod dge (Oktober 2012).

Dieses Kapitel zeigt anhand von Fallbeispielen, wie Familien des südlichen Amdo motorisierte Fahrzeuge in ihren Familienalltag inkorporierten. Es sind Beispiele aus drei verschiedenen *ru skor* der Kreise sKa khog und mDzod dge. Die Fallbeispiele erheben nicht den Anspruch, repräsentativ zu sein für die Vorgänge der Motorisierung und Integration von Motorfahrzeugen in nomadische Haushalte. Sie zeigen im Rahmen spezifischer Familienkontexte wie Motorrad oder Personenwagen in den Familienalltag Einzug hält.

3.3.1 Dondrub[105]

Dondrub, 50 Jahre alt, wohnt seit fünf Jahren zusammen mit seiner Frau in der Siedlung, die 2004 gebaut wurde. *'brog sde gsar ba* – neues Nomadendorf – nannte sich dieses Quartier (ch.: *mumin xincun*). Die Siedlung liegt am Ortsein-

105 Leitfadeninterview A05IW_aB2012_f20, geführt mit der zwanzigjährigen Tochter von Dondrub im Oktober 2012. Alle Zitate dieses Fallbeispiels stammen aus dem Leitfadeninterview. Auslassungen wurden mit [...] gekennzeichnet. Auch Einschübe zum besseren Verständnis werden mit eckigen Klammern gekennzeichnet.

gang zum Gemeindesitz. Einzelnen Familien wurde damals ein Stück Land zugewiesen, auf dem sie ein Haus errichten konnten. Das damalige Hausbauprogramm unterscheidet sich von dem seit 2008 implementierten Ansiedlungsprojekt „Stabile Behausung für Nomaden“ (ch.: *mumin dingju*). Letzteres erläutert eine Tochter Dondrubs:

> Die Regierung baut nun eine neue Siedlung, draussen bei der Strasse, aber wir werden dafür Geld bezahlen müssen in Zukunft, je nach Grösse des Hauses. Man muss erst danach zahlen, wenn die Regierung das Bauprojekt abgeschlossen hat [...]. Das Haus, in dem wir jetzt wohnen, wurde viel früher gebaut, lange vor dem Programm „Stabile Behausung für Nomaden“. Wir bauten es selber. Dort wohnen wir nun auch, es ist aber nicht Teil des staatlichen Bauprogramms.

Dondrub, das Oberhaupt einer neunköpfigen Familie, bewohnt dieses Haus zusammen mit seiner Frau und den Enkelkindern, die zur Schule gehen. Sein Sohn, vierunddreissig Jahre alt und verheiratet, bewirtschaftet zusammen mit seiner Frau die Herde. Sie leben auf dem Land, das 1996 ihrer Familie in einem Pachtvertrag mit einer Laufzeit von fünfzig Jahren zugeteilt wurde. Dort wohnen sie in einem einfachen Wohnhaus.[106] Im Sommer ziehen der Sohn und seine Frau für einige Wochen auf die von ihrem *ru skor* gemeinsam bewirtschaftete Sommerweide. Sie haben drei Kinder im Alter von fünfzehn, dreizehn und zehn Jahren, die alle die Schule besuchen. Zur Familie gehören zudem die zwei Töchter von Dondrub, die vierundzwanzig und zwanzig Jahre alt sind. Die Ältere hat die Schule abgeschlossen und arbeitet in der Verwaltung in der Kreisstadt. Die jüngere Tochter, mit der ich das Gespräch geführt habe, hat soeben ihr Universitätsstudium begonnen. Die Familie verfügt über eine Yakherde von ungefähr 200 Tieren. 2012 besitzt die Familie als Fortbewegungsmittel sieben Pferde, ein Motorrad und ein Auto. Die Pferde werden im Weidegebiet eingesetzt, um die täglichen Arbeiten der Weidewirtschaft zu bewältigen. Mit dem Motorrad wird die Verbindung zwischen Weidestandplatz und Gemeindesitz bewältigt und das Auto ist Dondrubs Fahrzeug in der Siedlung. Damit bewegt er sich in der Gemeinde oder wenn er einen Besuch auf der Winterweide macht.

Die älteste Generation dieser Familie hat sich am Gemeindesitz niedergelassen und die Herdenwirtschaft der nächsten Generation überantwortet. Dafür kümmert sie sich um die Kinder des Sohnes, die zur Schule gehen und während

106 In der Region Südamdo wohnten Nomaden bereits in der vormodernen Zeit im Winter in einfachen Lehmbauten, die sie gemäss Carlson (2005) als „Zelte“ bezeichneten. Der Baustil wurde insbesondere seit dem staatlich subventionierten Programm (ch.) *sanpeitao jianshe* („Umfassendes Set des dreifachen Aufbaus“, siehe Kap. 2.3.3) mit Materialien wie Ziegelstein und Beton ergänzt. Einige Nomaden leben immer noch in den traditionellen Lehmbauten.

der Schulzeit bei den Grosseltern wohnen. Sie zogen in die Siedlung, als das älteste der Enkelkinder im Schuleintrittsalter war. Der Sohn und seine Frau besorgen die Herdenwirtschaft. Ihr Winterweidestandplatz ist in der Nähe der Gemeindesiedlung und sehr gut erreichbar, da er mehr oder weniger direkt an die asphaltierte Provinzstrasse grenzt.

Der Sommerweideplatz liegt in einiger Entfernung zum Winterweideplatz und zur Gemeindesiedlung, wo Dondrub und seine Frau wohnen. Die Tochter berichtet:

> Die Sommerweide ist weit entfernt. Einige Weideplätze sind näher, andere weiter entfernt. Die am weitesten entfernten sind in der Nähe der Kreisstadt. [...] Die Distanz ist gross. Sogar für die näher liegende Weide benötigt man mehr als eine Stunde. [...] Mit dem Pferd braucht man wesentlich mehr Zeit. Als ich zur Primarschule ging [2000], hatten wir bereits ein Motorrad. Bevor ich zur Schule ging, hatten wir keines. Als ich klein war, war ich viel krank und meine Mutter musste mit mir dauernd in die Klinik. Sie ritt mit mir auf dem Pferd hin. Damals hatten wir kein Motorrad. Ich erinnere mich nicht, wann wir das erste Motorrad kauften. Als ich zur Schule ging, hatten wir eines. [...] Es hat eine Strasse zu unserer Winterweide. Die ist sehr gut. Es ist die Provinzstrasse. Zu unserem Winterstandplatz folgt man ihr [während ungefähr zwanzig Minuten] und dann ist es nur noch ein sehr kurzes Wegstück. Zur Sommerweide gibt es einen Weg, den unser Dorf gebaut hat.

Der Weg, der aus dem Winterweidegebiet des *ru skor* auf die Sommerweiden führt, wurde vor vielen Jahren erstellt und ist mangels Unterhalts seither zerfallen. Trotzdem ist er bei guten Wetterverhältnissen mit dem Motorrad und Auto befahrbar. Im Sommer 2012 hat es aber sehr viel geregnet und es entstand eine Schlammbahn, die das Befahren mit Motorrad erschwerte und mit Kraftwagen verunmöglichte.

> Die Winterweiden sind aufgeteilt auf die Familien, aber die Sommerweiden nicht. Wir haben nur einen Umzug pro Jahr. Im Winter sind wir die ganze Zeit in der Winterweide. Im Sommer gehen wir von unserem Zuhause aus auf die *phyugs las*. Dort bleiben wir für den Sommer und dann gehen wir wieder zurück. Früher gingen wir zur Sommerweide und danach zogen wir weitere Male [innerhalb des Sommerweidegebiets] um. Aber wir tun das nicht mehr. Wir gehen auf die *phyugs las* und dort bleiben wir die ganze Zeit. Für die Winterweide ist es dasselbe. Wenn wir umziehen, benutzen wir keinen Lastwagen. In der Regel benutzen wir einen Kleinlaster oder Pickups.

Der Begriff „Sommerweide“ (*dbyar sa*) wurde in diesem Gespräch nur zur Unterscheidung zwischen Sommer und Winterstandplatz benutzt. Wenn es um den Umzug auf die Sommerweide ging, wurde konsequent der Begriff *phyugs las* benutzt. Dies kann dahingehend verstanden werden, dass während dieser Wochen die Arbeiten der Pastoralwirtschaft intensiv sind und es die für die Milchwirtschaft ausschlaggebende Phase ist. Es ist die arbeitsintensive Zeit, in der täglich die Yak-Kühe gemolken werden und die Milch zu Butter und Käse verarbeitet wird.

> Im Sommer? Im Sommer werden die Yak-Kühe gemolken. Die Frauen melken und die Männer hüten die Herden. Im Sommer, da geht es ums Melken und die Milchverarbeitung. Das sind die hauptsächlichen Arbeiten.

Die *phyugs las* ist grundsätzlich der Ort, wo sich die Herden aufhalten und die Tiere gemolken und geweidet werden. Diese Tätigkeiten sind zwar im Sommer wesentlich intensiver, finden aber auch zu den anderen Jahreszeiten statt. Während die Milchwirtschaft den Frauen untersteht, sind traditionell die Männer für das Weideregime, für die Fütterung und die Herdenüberwachung, zuständig. Jedoch zeigen sich hier Brüche in den *gender*-Rollen:

> Die Männer? Die bleiben wahrscheinlich nicht oft auf der *phyug las*. Aber unserer, der bleibt. Er hütet die Herden. So ist das. [...] Im Sommer, nein, im Herbst sind die Männer meistens in der *phyugs las*. Im Herbst, wenn das Gras beinahe abgegrast ist, bleiben die Tiere nicht und bewegen sich weg auf der Suche nach Gras. Im Sommer hat es genügend Gras, um die Herden zusammen zu halten. Dann muss man erst am Nachmittag da sein, um sie einzutreiben. Ansonsten kann man sie sich selbst überlassen. Die Herden vermischen sich zwar, aber man kann sie am Abend wieder trennen. Im Winterweidegebiet ist die Weide abgezäunt und man muss die Herden nicht hüten. Diejenigen, die Schafe haben, müssen sie vor den Wölfen beschützen. Aber weder im Winter noch im Sommer müssen die Herden gehütet werden, nur im Herbst.

Die Informationen zur Arbeitsteilung in den Weidegebieten kamen von der Schwester des Bruders, der zusammen mit seiner Frau die Pastoralwirtschaft betreibt. Die Frage stellt sich, was Männer tun, wenn keine Herdenaufsicht anfällt. Hätte ich den Bruder befragen können, hätten sich möglicherweise interessante Antworten ergeben. Über die Mobilität ihres Bruders und anderer Männer sagt die Schwester Folgendes:

> Die Männer bleiben nicht oft in der *phyugs las*. Wenn sie in die Gemeinde fahren, haben einige dort etwas zu tun. Sie haben einen Grund, um zu gehen, andere haben keinen Grund. Sie gehen dorthin, um sich zu vergnügen. Sie brauchen keinen besonderen Grund, um dorthin zu gehen. [...] Mein Bruder geht zwei bis dreimal die Woche in die Gemeindesiedlung. Normalerweise geht er oft dorthin.
>
> Als es noch keine Motorräder und Strassen gab? Natürlich gingen sie auch da in die Gemeindesiedlung. Sie hatten aber keine Motorräder und es brauchte viel Zeit, um mit dem Pferd dorthin zu gelangen. Wahrscheinlich gingen sie nicht so oft. Ich weiss es nicht. Es gab zu der Zeit keine Lokalitäten, wo man sein konnte. Es gab keine Orte, wo man Tee trinken konnte und keine Orte, wo man sich aufhalten konnte.

Auf die Frage, ob das Motorrad auch in der Weidewirtschaft eingesetzt werden könne, meinte sie:

> Es gibt einige, die benutzen ihre Motorräder, um die Herden zu treiben. Wenn die Weide eben ist, dann geht es schneller. Es wird genutzt, um Butter und Käse in die Gemeindesiedlung zu bringen und man ist schneller bei den Herden; wenn man sich zwischen den Weiden hin und her bewegt.

> Wenn wir Yaks verkaufen, brauchen wir keine Fahrzeuge. Diejenigen, welche die Tiere kaufen, kommen zu uns auf die Weide. Für den Verkauf von Butter und Käse gehen wir in die Gemeinde. Wir verkaufen nicht sehr grosse Mengen.

Mit dem Motorrad können nur limitiert Waren transportiert werden. Längst nicht alle Nomaden besitzen Pickups und der Transport von Tieren ist auch mit einem Pickup nur sehr begrenzt möglich. Den Marktzugang scheinen Nomaden auch nicht primär durch ihre eigene Motorisierung zu erreichen, sondern durch die der interessierten Käufer, zumindest was den Verkauf von Tieren anbelangt.

Nebst dem Motorrad besitzt die Familie ein Auto. Dies ist das Fortbewegungsmittel des 50-jährigen Dondrub. Er und seine Frau wohnen knapp zwei Kilometer ausserhalb des Zentrums der Gemeinde. Will er sich dort mit anderen treffen oder Einkäufe tätigen, nimmt er das Auto:

> Wir besitzen ein Auto. Es ist ein QQ[107]. Mein Vater hat kein Motorrad, er benutzt das Auto, einen silbergrünen QQ. Mein Bruder hat kein eigenes Auto. Er benutzt das Motorrad. Auch meine Schwester hat kein Auto.

> In rMa chu, da fahren die Frauen heutzutage Motorrad. In einigen Jahren wird es sich auch hier verändert haben. Da werden die Frauen hier Auto fahren.

Wenn man dieses Familienporträt zusammenfasst und auf seine Alltagspraktiken der Mobilität untersucht, ergibt sich Folgendes:

Die älteste Generation wohnt in der Siedlung in einem Haus. Sie betreut die jüngste Generation, die Kinder des Sohnes, die in der Siedlung zur Schule gehen. Sie werden mit Produkten aus der Weidewirtschaft versorgt, gewährleistet durch die Mobilität des Sohnes. Die zusätzlichen Einkäufe tätigen sie in der Siedlung. Ihr Wohnhaus steht in einem Quartier am Rand des Gemeindezentrums. Dort leben vor allem ältere Menschen ihrer Generation, die die Verantwortung der Herdenwirtschaft an die jüngere Generation übertragen haben. Der Mann des Hauses trifft sich regelmässig mit anderen Männern seiner Generation am Gemeindesitz. Er nimmt das Auto, um dorthin zu fahren. Männer sieht man selten zu Fuss unterwegs. Frauen hingegen legen die Strecke zwischen dem Haus in der

---

107 Der QQ Chery ist ein dem Ford Mini nachempfundener Kleinstwagen, der in China von der Firma Chery Automobiles Ltd. hergestellt wird.

Wohnsiedlung und den Geschäften im Zentrum zu Fuss zurück, wenn sie nicht mit ihrem Mann mitfahren. Die Kinder, die zur Schule gehen, sind ebenfalls zu Fuss oder mit dem Fahrrad unterwegs.

Die zweite Generation, bestehend aus drei Geschwistern, zeigt eine Diversifizierung der Lebensumstände, welche beispielsweise von Gruschke (2013) oder von Costello (2002) als Strategie zur Ressourcensicherung thematisiert wurde. Der Sohn betreibt mit seiner Frau die Herdenwirtschaft. Seine Mobilität etabliert sich zu einem erheblichen Teil zwischen Weidegebiet und Gemeindezentrum. Aufrechterhalten wird sie durch das Motorrad. Dass die Frau unter Umständen auch ab und zu mit von der Partie ist und auf dem Rücksitz des Mannes mitfährt, ist Teil dieser Mobilität. Allerdings ist die räumliche Zuteilung gemäss dem Interview recht deutlich. Die Frau ist in der *phyugs las* und kümmert sich um die täglichen Arbeiten und der Mann ist mobil. Männer halten sich normalerweise nicht täglich in der *phyugs las* auf.

Die Schwestern bewegen sich wiederum in einem anderen Umfeld. Die eine hat ihre Ausbildung abgeschlossen, wohnt nun in der Kreisstadt und ist dort berufstätig. Die andere studiert in der Provinzhauptstadt. Beide bewältigen die Distanz zwischen dem Arbeits- bzw. Studienplatz und ihrem Zuhause, dem elterlichen Wohnhaus in der Siedlung, mit öffentlichen Verkehrsmitteln. Dass sie sich später, wenn das Einkommen es erlaubt, ein Auto anschaffen werden, oder es sich zumindest vorstellen können und wünschen, brachte meine Gesprächspartnerin im Interview indirekt zum Ausdruck.

Mit der Aufgliederung der Familie und ihrer Wohnsitze an verschiedenen Orten verändert sich die Mobilität. Die Verkehrsmodalitäten unterscheiden sich entlang der räumlichen Differenzierung einzelner Familienmitglieder. Diejenigen, die im Zentrum dieser Studie stehen, sind Dondrub und seine Frau, die ihr Leben in der Weidewirtschaft verbracht haben und ihr Sohn und seine Familie, die jetzt die Weidewirtschaft betreiben. Ihre Mobilität spielt sich zu einem wesentlichen Teil zwischen der *phyugs las* und der Gemeinde ab.

3.3.2 Dronma Gyab[108]

Dronma Gyab ist ein achtundvierzig jähriger Familienvater und Oberhaupt einer Familie, deren Lebensgrundlage die Pastoralwirtschaft ist. Er bewirtschaftet zusammen mit seiner Frau, die ein Jahr jünger ist, eine Yakherde von sechzig Tieren.

---

108 Leitfadeninterview A03IW_aB2012_f23, durchgeführt im Oktober 2012. Alle Zitate in diesem Kapitel stammen aus dem Interview mit der älteren Tochter von Dronma Gyab.

Sie weiden keine Schafe. Viele Familien ihrer Gemeinde haben keine Schafe, weil entweder ihre Weiden für Schafhaltung in ungeeignetem Terrain liegen – die Gemeinde liegt im Kerngebiet des mDzod dge Moorgebiets – oder weil sich mit Schafen seit dem Zusammenbruch des Wollmarkts in den 1990er Jahren keine guten Umsätze mehr erzielen lassen. Zusätzlich zur Yakherde besitzen sie drei Pferde. Das Ehepaar hat zwei Töchter, die beide in Ausbildung sind. Die ältere Tochter ist dreiundzwanzig Jahre alt und studiert an einer Universität in Chengdu, wo das Gespräch stattgefunden hat. Die jüngere Tochter ist neunzehn Jahre alt und besucht das Gymnasium. Beide gehen in den Ferien regelmässig nach Hause, um besonders während der intensiven Zeit auf der Sommerweide die Mutter zu unterstützen, die gesundheitliche Probleme hat und die tägliche Arbeit im Sommer nicht alleine bewältigen kann.

Die meiste Zeit des Jahres leben sie im Winterweidegebiet. Dieses wurde ihnen zugewiesen, als 1996 ihre Gemeinde die Weidegebiete aufteilte. Die verantwortlichen *'go ba* teilten das Land eines *ru skor* in einigermassen gleichwertige Parzellen ein und verloste diese anschliessend unter den Familieneinheiten. Dronma Gyabs Tochter erzählt:

> Wenn man vom Gemeindesitz her denkt, dann ist die Sommerweide weiter entfernt als die Winterweide. Zur Winterweide sind es ungefähr dreissig Kilometer. Zur Winterweide besteht nur eine Fahrspur, [die durch Nutzung entstanden ist]. Aber die Art Strassen, die von Menschen gebaut wird, eine solche gibt es nicht. Mit dem Motorrad kann man auf die Winterweide fahren, obschon es schwierig ist. Man kann auch, mit Schwierigkeiten, mit dem Auto hinfahren. Dort, wo sich unser Standplatz befindet, hat es nicht viele Familien und das Weideland ist nicht sehr gut. Strassen werden dort gebaut, wo viele Menschen sie benutzen können. Das Terrain [bei uns] ist ungeeignet. Es ist bergig und es hat Wasserläufe und *na*. Weisst du was *na* sind? Das sind diese Moorgrasbüschel. Und die Berge, in dem sich unsere Weiden befinden, sind hoch. Deshalb wurde keine Strasse gebaut.

Im Sommer 2007, fünf Jahre vor diesem Gespräch mit der Tochter, besuchte ich die Familie im Weidegebiet. Als die Tochter noch an der Schule und telefonisch erreichbar war, habe ich mit ihr einen Besuch vereinbart und sie hat mir die Telefonnummer ihres Grossvaters und des Vaters gegeben. Ersterer wohnt in der Nähe des Klosters und in einem Gebiet mit Netzwerkabdeckung. Ich informierte ihn, dass ich in der Gemeinde sei und er sandte eine Nachricht zu der Familie ins Weidegebiet. Am nächsten Tag kam Dronma Gyab an den Gemeindesitz und rief mich an. So trafen wir uns. Auf dem Motorrad, das er – wie er mir erzählte – vor ein, zwei Jahren gekauft hatte, fuhren wir in ihr Winterweidegebiet. Während des ersten Wegstücks folgten wir der vor zwei Jahren geteerten Strasse. Obschon es nur eine Gemeindestrasse ist, wurde sie zumindest bis zum Kloster asphaltiert, um dieses für den Tourismus zu erschliessen. Noch vor dem Kloster bog Dronma Gyab auf eine Fahrspur ab. Es hatte in den vergangenen Tagen nicht geregnet und die Fahrspur war trocken und gut befahrbar. Ich war froh, dass dem so war, als wir von der Ebene in die Hügel gelangten. Der Weg stieg steil an und Dronma Gyab wies mich an, mich erstens nicht zu fürchten und zweitens festzuhalten. Mit einigem Geschick manövrierte er das Motorrad über einen von früheren Regenfällen teilweise ausgewaschenen Weg, der steil zu einer Passhöhe anstieg. Auf der anderen Seite ging es ähnlich abenteuerlich wieder bergab. Danach fuhren wir eine Weile entlang eines offenen Tals mit Winterhäusern und abgezäunten Weiden zu beiden Seiten. Nach der Überwindung eines weiteren Hügelzugs auf einer Fahrspur, die nun noch enger geworden war, erreichten wir ein weiteres Tal. Es war die Winterweide der Familie, die an der Seite eines Hügelzugs lag.

> Wir sind die meiste Zeit auf der Winterweide. Früher, als das Weideland noch nicht aufgeteilt war, hatten wir eine Frühlingsweide und eine Herbstweide, nun aber nicht mehr. Wenn wir auf die Sommerweide gehen, bleiben wir dort vielleicht einen Monat und ein paar Tage, nicht mehr. Danach kehren wir auf die Winterweide zurück. Wir haben genug Land. Seit das Weideland aufgeteilt wurde, hat jeder Haushalt seinen eigenen Platz. Für den Sommerumzug haben wir früher die Yaks benutzt. Wir haben einige *tshe thar*[109], die wir für den Umzug einsetzten. Aber heutzutage mieten wir jeweils einen Traktor. Wir treiben die Herden auf die Sommerweide und transportieren alles Material mit dem Traktor.

Bei meinem Besuch auf der Winterweide im Sommer 2007 wohnte die Familie zwar noch auf der Winterweide, aber sie hatte das Zelt in einiger Entfernung vom Winterhaus aufgestellt. Die Melksaison hatte im Vormonat begonnen. Die Tiere waren in einen Bereich der Weide getrieben worden, der etwas abseits vom Winterhaus lag und wo im Winter nicht geweidet worden war. Um der Mutter das anstrengende Weben der Ersatzstreifen für das schwarze Yakhaarzelt zu ersparen, hatte die Familie ein Segeltuchzelt gekauft. Dieses war leichter aufzustellen, leichter zu transportieren und leichter instand zu halten, erzählte mir der Vater. Später machten die Töchter und ich einen Spaziergang zum Winterhaus. Es war vom Standplatz des Zeltes aus nicht zu sehen gewesen. Nachdem wir eine Weile der Höhenlinie des Hügels gefolgt waren, öffnete sich nach einem Grat eine weitere Flachstelle. An deren Ende war ein einfaches Lehmhaus auszumachen. Rund um das Haus wuchs Alfalfa – Winterfütterung für die Pferde – und verdeckte zum Teil den Fussweg. Der Weg, das konnte man erkennen, wurde auch

---

109 *Tshe thar* ist ein buddhistisches Ritual der Freisetzung von Lebewesen. Für Nomaden hat das Ritual eine zweifache Bedeutung. Einerseits entspricht man mit der Freisetzung von Leben dem buddhistischen Konzept von verdienstvollen Aktionen, andererseits wird damit eine Verbindung zur territorialen Gottheit geschaffen, von der man Schutz und Segen erhofft. Die meisten Herden der Nomaden enthalten ein bis mehrere Yak, die *tshe thar* sind und entsprechend gekennzeichnet sind. Für eine detaillierte Beschreibung dieser Praktik, vgl. Holler (2002).

mit dem Motorrad befahren. Ich fragte die Tochter beim Interview fünf Jahre später, wie sie das Motorrad einsetzen:

> Wo wir wohnen, brauchen wir Pferde für die Weidewirtschaft (*'brogs las*). Es ist unmöglich ohne Pferde. Meine Mutter ist krank, weisst du. Und mein Vater erledigt das Hüten der Herden. Wo immer er hin geht, er nimmt immer das Pferd. Um irgendwo hin zu kommen, um die Herde zu treiben, wenn die Strasse nicht gut ist, dann braucht es das Pferd. Mit dem Motorrad kann man keine Herde zusammentreiben. Dazu braucht es wirklich das Pferd. Für die Arbeit der Nomaden braucht es das Pferd. Man muss ein Pferd haben. Auch dann, wenn die Strasse schlecht ist – manchmal ist sie nicht befahrbar, und man kann das Motorrad nicht benutzen – dann braucht man ein Pferd.

Ich erinnere mich an die Fahrt auf dem Rücksitz mit ihrem Vater. Ich erinnere mich an meine Nervosität, als ich den steilansteigenden ausgewaschenen Pfad sah, dem wir mit dem Motorrad gefolgt sind. Bei schlechtem Wetter, nach Regen oder Schnee, wäre dies nicht möglich gewesen.

> Die Arbeit der Nomaden ist folgendermassen: Am Morgen steht man früh auf, um die Yakkühe zu melken. Nach dem Melken wird der Yakdung gesammelt und auf dem Gras [zum Trocknen] ausgestrichen. Dann muss die Milch zentrifugiert werden. Danach gibt es Frühstück. Dann muss der Vorrat an Yakdung für das Feuer erneuert werden und die Yakkühe müssen auf die Weide getrieben werden. Danach der Käse, man muss Käse herstellen und ihn zum Trocknen ausbreiten. So ist das. Im Sommer ist da noch *tshi pa*, die feine Yakwolle, oder? Die muss gezupft und gesponnen werden. Das ist die Arbeit im Sommer. Männer stehen früh morgens auf, treiben die Yakkühe ein, treiben sie auf die Weide und bringen sie abends wieder zurück. Sie reiten am Morgen weg auf ihren Pferden. So ist das.
>
> Heutzutage haben alle ein Motorrad. Es gibt niemanden ohne Motorrad. Für das Hüten der Yaks kann es bei uns nicht eingesetzt werden, weder auf der Sommer- noch auf der Winterweide. Bei einigen Haushalten ist das möglich. Bei uns geht das nicht. Aber das Motorrad kann gebraucht werden, wenn wir Nahrungsmittel oder andere Dinge einkaufen müssen. Dann ist es praktisch. Wenn wir in die Gemeinde oder in den Kreissitz fahren müssen, ist es sehr nützlich. Wie oft Nomaden in die Siedlung fahren, das ist sehr unterschiedlich. Einige junge Nomaden gehen oft. Sie arbeiten nicht sehr viel. Andere gehen nicht sehr oft. Sie bleiben auf der Weide und helfen den Frauen bei der Arbeit. Andere sind da anders. Sie gehen jeden Tag in die Gemeinde. Sie gehen nicht, um etwas zu kaufen oder Dinge zu erledigen. Sie gehen in die Teehäuser, um andere zu treffen. Andere gehen nicht jeden Tag dorthin.
>
> Früher, als ich die Primarschule in der Gemeinde besuchte, hatten wir kein Motorrad. Ich ging zu Pferd. Ich weiss nicht mehr, wieviel Zeit dafür benötigt wurde. Man ging auch damals in die Gemeinde. Man nahm das Pferd. Man ritt zur Schule. Man ritt hin, wenn man eine medizinische Behandlung brauchte. Als ich in der ersten, der zweiten, der dritten, der vierten Klasse war, ging ich zu Pferd zur Schule. Damals benutzten wir immer das Pferd, um vom Weidestandplatz in die Gemeinde zu gehen. Wenn die Schule begann oder wenn die Ferien anfingen, nahmen wir das Pferd. Mein Vater kam mit dem Pferd, um mich abzuholen.

> Als ich in der siebten Klasse [in der Kreisstadt][110] war, da hatten wir immer noch kein Motorrad. Damals kam ein Verwandter und nahm mich mit dem Motorrad mit, um mich zur Schule zu bringen. Der Vater brachte meine Sachen mit dem Pferd. Später, als ich in der achten oder neunten Klasse war, hatte mein Vater ein Motorrad.

Dronma Gyab kaufte sein Motorrad spät im Vergleich zu anderen Einwohnern seiner Gemeinde. Gemäss seinen Angaben und Aussagen seiner Tochter erfolgte der erste Kauf eines Motorrads erst 2005 oder 2006. Zu dem Zeitpunkt hatte die Mehrzahl der Haushalte seiner Gemeinde ein Motorrad und der Trend zur Anschaffung von Autos hatte bereits eingesetzt, insbesondere bei denjenigen, die sich am Gemeindesitz angesiedelt hatten oder in seiner Nähe lebten. Dass Dronma Gyab so lange mit dem Kauf zugewartet hat, lässt sich mit der Lage seiner Winterweide erklären und sicherlich auch mit den beschränkten Mitteln, die der Familie zur Verfügung standen. Das Weidegebiet von Dronma Gyab ist schlecht bis überhaupt nicht erschlossen. Auch wenn Motorräder unabhängig von der Existenz gebauter Strassen eingesetzt werden können, war das Fahren in dem von seiner Familie bewohnten Territorium stark wetterabhängig. Der Einsatz des Motorrads war zusätzlich durch die Vegetationsart auf Teilen seiner Weide und das steile Gelände eingeschränkt. Bei meinen Befragungen anderer Familien erwähnten viele, dass sie das Motorrad kauften, als die Kinder zur Schule gingen. Das war bei Dronma Gyab nur bedingt der Fall. Beide Töchter waren zu Kaufzeitpunkt bereits an Internatsschulen ausserhalb der Gemeinde und kamen nur in den Ferien, aber nicht oder nur selten an Wochenenden, nach Hause.

Dronma Gyab und seine Familie verwenden das Motorrad fast ausschliesslich für die Fahrt an den Gemeinde- oder Kreissitz. Dazu kauften sie es. Obschon Dronma Gyab nicht zu jenen Männern gehört, die jeden Tag in die Gemeinde fahren, gibt es für ihn praktische Gründe, dorthin zu gehen. Die Männer seines *ru skor* treffen sich vermehrt dort und auch seine Eltern wohnen in der Nähe der Gemeindesiedlung. Er fährt hin, wenn er etwas für den Haushalt braucht und in der wenig arbeitsintensiven Zeit auch öfters, um sich mit andern Männern zu treffen. Wenn seine Frau in die Siedlung will, nimmt er sie auf dem Rücksitz seines Motorrads mit. Bei gutem Wetter und trockenen Wegen stellt dies kein Problem dar. So erklärte mir Dronma Gyab die Anschaffung des Motorrads, als er mich an jenem Sommertag im Juli 2007 wieder in die Gemeinde zurückbrachte. Er lud mich ein, seine Familie wieder zu besuchen und das nächste Mal einige Tage zu bleiben. Dazu kam es nicht mehr. Im nächsten Frühling brachen politische Unruhen in der Region aus und ich machte bis 2011 keinen Besuch mehr in seiner

---

110 Die 7. bis 9. Klasse wurde nicht in der Gemeinde, sondern an einer zentralen Schule in der Kreisstadt besucht.

Gemeinde. Den Kontakt zu seiner Tochter, die zwei Jahre später an einer Universität in Chengdu zu studieren begann, hielt ich. So konnte ich im Herbst 2012 ein längeres Gespräch mit ihr führen, um die Veränderungen, die seither stattgefunden haben, besser zu verstehen:

> Ja, jetzt kaufen viele Nomadenfamilien Autos in unserer Gemeinde. Wir selber haben diesbezüglich noch keine Pläne gemacht. Für die Arbeit auf den Weiden, da besteht keine Absicht, ein Auto zu kaufen. Um damit hin und her zu fahren [zwischen Weidegebiet und Gemeinde], darüber haben wir nicht nachgedacht. Solange wir im Weidegebiet leben, gibt es keinen Anlass ein Auto zu kaufen. Noch wohnen wir nicht in der Siedlung. Wenn man in der Siedlung wohnt, ist es sicherlich nützlich, ein Auto zu haben. Oder um damit nach Hause zu fahren... Aber die Strassen sind so schlecht. Nein, vorläufig haben wir keine Absicht, ein Auto zu kaufen. Wenn man woanders arbeitet, dann ist es sicherlich nützlich, ein Auto zu haben.

Dieser Familie steht eine Veränderung bevor, die hier nur zwischen den Zeilen zum Ausdruck kommt. Dronma Gyab und seine Frau kennen nur ein Leben als Hirtennomaden. Noch bevor im Jahr 2004 die obligatorische Schulpflicht durchgesetzt wurde, haben sie aber beide Töchter zur Schule geschickt, obschon die Mutter Rücken- und andere Gesundheitsprobleme hat und die Hilfe einer der Töchter zu Hause hätte gebrauchen können. In einem Jahr wird die älteste Tochter ihre Ausbildung abgeschlossen haben. Mit etwas Glück wird sie eine der bevorzugten Beamtenstellen im staatlichen Verwaltungsapparat finden. Sie wird möglicherweise die erste der Familie sein, die sich ein Auto leisten kann und sich eines anschafft. Es kann sein, dass Dronma Gyab, wenn beide Töchter ihre Schule abgeschlossen und eine Arbeitsstelle haben, seine Herden verkaufen oder „vermieten" und das Land verpachten wird, um in die Siedlung für Nomaden zu ziehen, die mit Regierungsmitteln 2010 erbaut worden ist. Das Beispiel dieser Familie zeigt, dass ihre Mobilität sich durch die Inkorporation des Motorrads nur wenig geändert hat, dass aber möglicherweise grössere Veränderungen auf sie zukommen.

3.3.3 Thubten[111]

In diesem Kapitel lasse ich einen vierzig-jährigen Nomaden sprechen – nennen wir ihn Thubten –, den ich weder persönlich kenne noch selber befragt habe. Das

111 Aus dem Interview B04IW_aB2012_m40, geführt von Forschungsassistierenden im Januar 2013. Der Beginn eines anderen Themenbereichs im Interview wird durch Paragraphierung gekennzeichnet.

Interview führte eine lokale Person, die als Forschungsassistentin für mich tätig war. Ich kann deshalb keine Hintergrundinformationen liefern oder das Profil aus persönlichen Beobachtungen und Erfahrung ergänzen. Ich kenne die Gemeinde und das *ru skor,* aus dem der Sprecher stammt und bin vertraut mit den Gegebenheiten dort. Ich bilde sein Erzählen ungefiltert ab und redigiere lediglich die Fragen der Interviewerin heraus. Wo es für das Verständnis notwendig ist, habe ich sie als Fragen in Thubtens Mund gelegt. Das kommt nur an wenigen Stellen vor. Bemerkungen in eckigen Klammern stammen von mir und sind Einfügungen zum besseren Leseverständnis:

> Unsere Familie zählt vier Personen. Sie besteht aus uns Eltern und zwei Söhnen. Ich bin das Oberhaupt der Familie und vierzig Jahre alt. Meine Frau ist siebenunddreissig Jahre alt. Die Kinder sind zehn und elf. Beides sind Jungen und beide gehen zur Schule. Sie besuchen die Primarschule in der Kreisstadt.
>
> Meine Frau und ich, wir leben auf der Weide, betreiben die Weidewirtschaft. Wir haben ungefähr 150 Yak. Pferde? Wenn man die grossen und die kleinen zählt, dann haben wir vier Pferde. Wir haben keine Schafe. Dann haben wir ein Motorrad, aber kein Auto. Beide von uns Eltern haben ein Telefon. Beide benutzen wir China Telecom.
>
> Im Zelt, da sind die Dinge für die Milchverarbeitung, die elektronische Milchzentrifuge. Dann sind da die Lagersäcke, der Stauraum. Hinter dem Stauraum ist das Pferdegeschirr. Dann ist da der Herd. Früher war es der Herd der Nomaden [aus Lehm]. Heutzutage besitzen viele einen Eisenherd. So ist das.
>
> Unsere Winter- und Sommerweiden unterscheiden sich nicht. Hauptsächlich hat es auf der Sommerweide mehr Moorgebiet und auf der Winterweide ist mehr trockenes Land. Das ist der Unterschied. Es hat keine Wälder dort. Und es besteht auch kein Unterschied zwischen Sommer- und Winterweide. Von der Winterweide sind es ungefähr zwanzig Kilometer bis zum Gemeindesitz. Ich glaube, das ist in etwa die Distanz.
>
> Im Laufe eines Jahres ziehen wir zuerst von der Winterweide auf die Sommerweide. Danach gehen wir zurück auf die Frühlingsweide [die innerhalb der abgezäunten Winterweide liegt]. Dann gehen wir wieder hoch auf die Sommerweide. Danach gehen wir zurück. Das heisst, wir ziehen viermal um.
>
> Um den Umzug durchzuführen, benutzen wir vornehmlich Motorfahrzeuge. Wir haben keine Helfer, folglich benutzten wir das Motorrad, um die Dinge zu transportieren, die wir damit transportieren können. Für die Dinge, die wir nicht selber transportieren können, mieten wir einen Lastwagen und zahlen etwas dafür. Oder wir mieten einen Traktor für diese Dinge. Die Entscheidung, wie oft und wann auf die Sommerweide gezogen wird, wird von den Führern (*'go ba*) der Gemeinde (*sde ba*) gefällt. Sie berücksichtigen den Zustand, das Wachstum des Grases und dann entscheiden sie jährlich. Für den Umzug auf die Sommerweide, für einen guten Teil der Strecke gibt es einen Feldweg zu der Weide. Dann aber, um zu den einzelnen Weideplätzen zu gelangen, da gibt es keine gebauten Feldwege mehr, da

gibt es nur Fahrspuren. Der ausgebaute Feldweg wurde von der Verwaltung der Gemeinde gebaut. Sie hat etwas Geld von der Landesregierung erhalten und baute dann die Strasse.

Bezüglich der Arbeit auf den Weiden ist es so, dass im Sommer und Herbst die Arbeit der Frauen hauptsächlich aus der Milchverarbeitung und dem Aufbereiten des Yakdungs [als Brennmaterial] besteht. Das sind hauptsächlich Aufgaben der Frauen. Das Hüten der Herden und das Treiben der Yak in die abgezäunte Weide, das sind hauptsächlich die Aufgaben der jungen Männer. Dann, im Winter und im Frühling muss man nicht melken. Da muss man nur die Yakherde auf die Weide und zurück in den eingezäunten Bereich treiben. Da gibt es keinen Unterschied zwischen den Arbeiten von Männern und Frauen. Wie die mechanisierten Dinge eingesetzt werden? Nun, für die Milch benutzen wir die elektrische Milchzentrifuge. [...] Das Motorrad benutzen wir, um Dinge [auf den Weiden] zu transportieren. Wenn wir etwas benötigen von der Kreisstadt oder der Gemeinde und wir von der Sommerweide dorthin müssen, für diese Dinge wird das Motorrad hauptsächlich benutzt. Auf der Sommerweide ist seine Nutzung nicht immer praktisch. Dort hat es viel sumpfiges Land und hohe Moorgrasbüschel und das Motorrad ist ungeeignet. Die meisten benutzen dort Pferde. Auf der Ebene, dort kann man es benutzen.

Motorräder, die ersten Motorräder, die erschienen in den 1980er, nein, in den 1990er Jahren. Am Anfang gab es nur wenige. Ihre Besitzer fuhren sie in der Siedlung. Ich war sehr erstaunt und erfreut, das ist es, was ich empfand. Damals gab es keine Strassen, nur einige dieser Fahrspuren oder Feldwege, aber keine Strassen in die Weidegebiete. Die Strassen damals waren in schlechtem Zustand.

Motorräder werden hauptsächlich benutzt, um damit in die Siedlung zu fahren, um Vorräte einzukaufen. Wenn die Wege gut sind, dann werden sie eingesetzt, um damit hoch und runter zu fahren [zwischen/auf den Weiden], um den Umzug vorzunehmen. Ich kaufte mein erstes Motorrad 1999. Damals waren sie ziemlich teuer. Ich zahlte drei, viertausend [Yuan[112]]. Ich kaufte es für so viel. Ich kaufte es in der Gemeinde, wo es einen Motorradladen gab. Dort kaufte ich es. Ich kaufte ein neues Motorrad. Das war die Zeit, als alle ein Motorrad kauften. Die Familienfinanzen standen nicht schlecht. So kauften wir es, um damit [zwischen Weide und Gemeinde] hin und her zu fahren. Dadurch wurde die Verbindung, der Transport (*'grim drul*) sehr erleichtert. Man brauchte nicht mehr so viel Zeit. Deshalb kauften wir es hauptsächlich. Es wird in erster Linie von mir benutzt. Niemand sonst in der Familie hat ein Motorrad. Und ein Auto haben wir bisher noch nicht. Wenn die Frauen irgendwo hin müssen, dann fahren sie mit. Auf dem Rücksitz des Motorrads fahren sie mit.

Der Bericht dieses vierzigjährigen Nomaden bestätigt, was bereits in den anderen Familienprofilen zum Ausdruck kam: dass das Motorrad nebst einem Transportmittel in erster Linie ein Mobilitätsmedium ist, das die Verbindung zwischen

112 Sechs Yuan entsprechen ca. einem Schweizer Franken. Durch die Koppelung an den US Dollar war die Währung in den letzten fünfzehn Jahren relativ stabil. Das Motorrad kostete demnach ungefähr 600 CHF (bei einem durchschnittlichen Jahreseinkommen von 3.900 Yuan bzw. 450 CHF im Jahr 2000).

zerstreut lebenden Nomaden und den Siedlungen herstellt und erleichtert. Es zeigt auch, dass Frauen auf die männliche Mobilität angewiesen sind. Um diesen Punkt zu verdeutlichen beschreibt das nächste Kapitel einen Haushalt einer alleinerziehenden Mutter.

3.3.4 Lhamo Tsho[113]

Dieses Fallbeispiel handelt von einer Frau und ihrer Familie, die mit Hilfe zweier ihrer Kinder den pastoralwirtschaftlichen Betrieb mit hundertfünfzig Tieren unterhält. Die Daten entstammen ebenfalls den Interviews, die eine meiner Assistierenden erhoben hat.[114] Hören wir dieser 33-jährigen Nomadin zu, was sie über ihr Leben, über Strassen und über Mobilität zu sagen hat:

> Zu meiner Familie gehören sechs Personen. Es sind dies meine Eltern, ich und meine drei Kinder, ein Sohn und zwei Töchter. Ich bin das Oberhaupt der Familie. Mein Ehemann kam ums Leben, deshalb habe ich keinen Mann. Mein Vater ist dreiundachtzig und meine Mutter ist einundsiebzig. Meine älteste Tochter ist achtzehn, die jüngere Tochter ist sieben und mein Sohn ist neun Jahre alt. Ich bin dreiunddreissig Jahre alt.[115] Von meinen Kindern geht nur die Älteste zur Schule. Sie absolviert eine medizinische Ausbildung. Meine Eltern leben in der Nähe des Klosters. Dort machen sie ihre täglichen Umrundungen[116]. Meine jüngere Tochter und mein Sohn gehen noch nicht zur Schule. Wir sind zu Hause auf der Weide und betreiben die Herdenwirtschaft. Ich bin alleine, und deshalb geht das nicht, dass ich sie zur Schule schicke. Die gegenwärtige Situation, die Umstände, erlauben es nicht. Ich habe hundertfünfzig Tiere in meiner Herde. Dazu gehören sechs Pferde, keine Schafe. Bezüglich mechanischer Dinge habe ich ein Fernsehgerät und eine elektronische Milchzentrifuge. Motorrad? Motorrad habe ich keines. Ich kann nicht fahren. Ich habe ebenfalls kein Auto. Telefone jedoch haben wir. Meine Eltern haben ein Festnetztelefon. Meine älteste Tochter und ich haben beide ein Telefon. Ich habe ein Telefon von China Telecom und meine Tochter

113 Strukturiertes Interview, B01IW_aB2013_f33, aufgenommen im Januar 2013.

114 Der Unterschied zu meinen eigenen Interviews besteht darin, dass sie mit Nomaden, die ihr bisheriges Leben in der Herdenwirtschaft tätig waren, Gespräche geführt haben. Meine Interviews sind zum Teil ausführlicher und weniger strukturiert, weil ich, wenn es mir sinnvoll erschien, vom Fragebogen abwich und nachfragte, um zusätzliche Informationen zu einem mir interessant erscheinenden Punkt zu erhalten. Allerdings führte ich die Gespräche mit Personen, die zum Zeitpunkt des Interviews selber nicht in der Weidewirtschaft tätig waren. Es handelte sich um Mitglieder von Familien, die Pastoralwirtschaft betreiben.

115 Die Frau hat mit fünfzehn Jahren ihr erstes Kind zur Welt gebracht. Das ist früh, aber nicht ungewöhnlich. In nomadischen Gemeinschaften heiraten Frauen oft mit sechzehn und Männer mit achtzehn. Sexuell aktiv ist man bereits vor der Eheschliessung.

116 Die Umrundung von religiös bedeutsamen Orten und Objekten ist eine religiöse Praxis tibetischer Buddhisten.

eines von China Mobile. Die Eltern haben ein Heimtelefon. Ich weiss nicht, wo sie es gekauft haben.

Im Frühling stellen wir das schwarze Yakhaarzelt auf. Im Herbst stellen wir das weisse Segeltuchzelt auf. Das weisse Zelt wurde von der Regierung gekauft. Im Zelt ist am oberen [hinteren] Ende der Stauraum. Im unteren [vorderen] Bereich ist das Brennmaterial. Dann sind im Zelt die Milchzentrifuge, das Fernsehgerät und ein Bett. Diese Dinge hat es. [Im Sommer ist der Raum, in dem wir kochen und schlafen derselbe].

[Nun haben sie überall diese Siedlungen für Nomaden errichtet und dort baut die Regierung Häuser.] Auch ich habe ein Haus dort. Es wurde in der Nähe des Klosters errichtet, zusammen mit den anderen Häusern unserer Gemeinschaft (*sde ba*[117]). Wir haben es selber gebaut und die Regierung unterstützte uns ein bisschen. Hauptsächlich haben wir es in Eigenleistung erbaut. Nun leben meine Eltern dort.

Die Sommerweide ist eine grosse Ebene. Es ist Weideland, das sich in die Weite zieht. Unser Sommerstandplatz ist ein guter Ort. Er ist recht gross. Das Winterweideland hat zu einer Seite hin einen Berg und vorne erstreckt sich Moorland. Das Wasser kommt von den Bergen. Es hat eine Quelle dort. Von der Sommerweide ist es etwa dreissig Kilometer bis zum Gemeindesitz, von der Winterweide sind es ungefähr fünfzig Kilometer. Von der Sommerweide zur Kreisstadt sind es etwa fünfunddreissig Kilometer und von der Winterweide dreissig Kilometer.

Die Weidewechsel vollziehen wir folgendermassen: Im Frühling ziehen wir für einen Monat auf die Sommerweide. Danach kommen wir zurück. Danach, wenn wir von der Sommerweide zurück sind, bleiben wir etwa einen Monat. Dann sind wir auf der Sommerweide, bis wir wieder zurückkommen. Das macht drei Weidewechsel. Wir ziehen viermal um. Unsere Leiter entscheiden, wann es Zeit ist, auf die Sommerweide zu gehen. Sie besprechen es zusammen und dann sagen sie beispielsweise, dieses Stück Weide geht bis hier, und dieses hier bis hier. So kontrollieren sie [die Zuteilung von Weiden]. Vom Winterstandplatz auf die Sommerweide gibt es für etwa zwanzig Kilometer einen Feldweg. Es ist einer dieser Wege, die mit Steinen befestigt wurden, so ist er. Der Weg ist durchschnittlich in der Qualität. Weder ist er gut noch ist er wirklich schlecht. Es ist einfach einer dieser Feldwege. Einige Abschnitte sind gut, dort wo Steine unterlegt wurden. Die Strasse wurde von der Dorfverwaltung gebaut, also von der [lokalen] Regierung.

Die Arbeiten? Nun, im Winter sammeln wir Yakdung, holen Wasser, füttern die Hunde, so etwa. Die Männer hüten die Herden. Sie weiden die Yakherde. Wenn man Schafe hat, hüten sie auch diese. Und die Männer hüten auch die Pferde. Im Herbst müssen die Männer das Gras schneiden. Wenn man eine Frau ist, dann ist man noch auf der Sommerweide [und

117 Die Sprecherin benutzt den Begriff „*sde ba*". Sie bezeichnet damit die Einheit, die in dieser Arbeit normalerweise als *ru skor* beschrieben wird. *sde ba* trägt auch die Bedeutung von Dorf in sich und es handelt sich möglicherweise um eine Rückübersetzung der vom Staat geschaffenen administrativen Einheit. Die administrative Einteilung der Gemeinde in „Dörfer" (ch.: *cun*) entspricht den traditionell bestehenden *ru skor*.

kümmert sich um die Milchverarbeitung]. Im Sommer hüten die Männer die Herden. Die Frauen melken, stellen Butter, Käse und so weiter her, um die Familie zu ernähren. Im Frühling sammeln die Männer die Yakwolle, und die Frauen spinnen die Wolle, weben das Zelt und nähen das Zelt.

Wir haben kein Motorrad. Ich kann nicht fahren. Wenn ich in die Kreisstadt muss, dann gehe ich im Auto. Ich zahle etwas Geld und gehe im Auto. Wenn ich zum Kloster gehe, um meine Eltern zu besuchen, dann reite ich hin. Seit drei, vier Jahren besitze ich ein Telefon. Als ich es kaufte, gab es in unserem Weidegebiet keine Verbindung und ich konnte es dort nicht benutzen. Um Empfang zu haben, musste man auf den Hügel steigen. [...] Seit ungefähr drei Jahren haben wir auf der Sommerweide Netzwerkabdeckung [...], aber immer noch nicht auf der Winterweide [...]

Die grössten Veränderungen sind, dass Nomaden nun Telefone und Motorräder haben. Wenn man ein Motorrad fahren kann, kann man es für vieles nutzen. Es ist sehr nützlich. Nomaden haben das nun. Es ist gut, dass Nomaden Motorräder haben, und Autos. Wenn man sie nutzen muss, dann sind sie sehr praktisch. Wenn es zusätzlich auch Strassen hat, kann man sie für den Umzug nutzten. Vorher musste man für den Umzug den ganzen Tag Yaks beladen, sonst konnte man nicht umziehen. Heutzutage können wir Traktoren und Kleinlaster benutzen und es braucht nur wenige Stunden, um dorthin zu gelangen. Das ist gut. Wenn es eine Strasse oder einen Weg hat, dann benutzen wir heutzutage alle Fahrzeuge. Wenn es keine Strasse hat, dann beladen wir die Yaks. So ist das.

Hier spricht eine Frau, die selbstverantwortlich eine Herde von über hundert Tieren betreut. Obschon sie von der Rollenteilung der Arbeiten spricht, muss sie sowohl männliche wie weibliche Arbeiten übernehmen. Ihr Sohn ist neun Jahre alt und kann die männliche Rolle noch nicht ausfüllen, auch wenn zu vermuten ist, dass er das Hüten der Herde teilweise übernimmt. Das Interview erklärt nicht, ob es einen Bruder oder Onkel gibt, der bei Arbeiten aushilft, welche die Kraft eines Mannes erfordern, z.B. beim Umzug und Aufstellen des Zeltes. Wahrscheinlich kann sie für solche Aufgaben auf Nachbarschaftshilfe oder die Unterstützung von Verwandten zählen.

Auch ihre Mobilität ist nur in sehr groben Zügen skizziert. Im lokalen Kontext der Weide und um die Eltern zu besuchen, reitet sie ein Pferd. Wenn sie in die Kreisstadt muss, fährt sie gegen Bezahlung in einem Auto mit. Sie erklärt nicht, wie sie zur Strasse kommt, an der Autofahrdienste gegen Bezahlung erhältlich sind. Gemäss ihren Angaben wohnt sie näher an der Kreisstadt als an der Gemeindesiedlung und wird deshalb kaum zuerst in die Gemeinde gehen, um dort ein Sammeltaxi zu nehmen. Wahrscheinlicher ist, dass ihr Winterweidegebiet in der Nähe der Provinzstrasse ist und sie diese zu Fuss erreichen kann, um sich dort Mitfahrgelegenheiten zu sichern. Ihre Angaben sind unbestimmt. Wir wissen nichts über ihr weiteres Beziehungsnetz, das ihr Zugang zu Mobilität gewähren könnte. Sie macht keine Hinweise darauf, dass andere, die ein Motorrad oder ein

Auto haben, sie mitnehmen würden. Wir wissen nicht, ob und wie sie ihr Mobiltelefon nutzt, um Verbindungen zu Menschen mit Autos oder Motorrädern herzustellen. Die Angaben über die Netzwerkabdeckungen sind vage. Sie scheint selbstbestimmt über Arbeitseinteilung, Mobilität und Verbindungen zu andern zu entscheiden.

3.4 Prozesse der Inkorporation von Technologien motorisierter Mobilität in den Alltag von Nomaden

Abbildung 13: Fahrzeug unter Schutzhülle rechts vom Zelt eines Herbstlagers in sKa khog (Oktober 2012).

Als eine neue Technologie der Mobilität haben motorisierte Fahrzeuge Eingang in den Alltag von tibetischen Nomaden aus sKa khog und mDzod dge gefunden. Neue Technologien verändern nicht per se den Alltag und die Gesellschaft. Sie müssen zuerst von den Menschen angeeignet und genutzt werden, ihre Funktionalität unter Beweis stellen und sich so im Alltagshandeln der Menschen durchsetzen (Röser 2007b: 7). Diesen Prozess beschrieben die British Cultural Studies der 1990er Jahre als „Domestizierung". Domestizierung wird als methodischer Ansatz verstanden, der untersucht, wie Medienobjekte von Mitgliedern eines Haushalts in ihre täglichen Praktiken im häuslichen Alltag eingebunden werden. Er eröffnet dabei zwei Analyseperspektiven. Die erste besteht aus einem Kontextualisierungskonzept, „das beschreibt, wie ein Medium ausgehend von einem technischen Gerät zur sozialen Wirklichkeit im Alltag der Menschen wird“ (Krotz & Thomas 2007: 32). Die zweite Analyseperspektive bietet einen theoretischen Erklärungsansatz bezüglich der Diffusionsprozesse neuer Medien oder neuer Technologien (vgl. Röser 2007b: 15) und versteht sich als Gegenentwurf zu Theorien, die einen einseitigen Technologiedeterminismus vertreten (vgl. Sørensen 2004: 6).

Der Domestizierungsansatz, der ursprünglich entwickelt wurde, um die Prozesse der Einführung von Informations- und Kommunikationstechnologien (ICTs) in den häuslichen Alltag zu untersuchen (vgl. Silverstone & Haddon 1996; Silverstone, Hirsch & Morley 1992), wurde seither weiterentwickelt. (Berker 2006; Haddon 2006; Ling 2004; Silverstone 2005).[118] In Norwegen nutzten Forscher im Rahmen von Technologiestudien[119] diesen Ansatz, um Technologie in ihrer Einbettung in den sozialen Kontext der Nutzer zu untersuchen. Der Schwerpunkt verschob sich auf Abläufe und Prozesse im Alltag und deren Formierung im sozialen Umfeld (vgl. Lie & Sørensen 1996; Sørensen, Aune & Hatling 2000). Domestizierung wurde als ein „multi sited process that transcends the household space“ (Sørenson 2004: 7) verstanden, der zuliess, Technologien zu untersuchen, die vorwiegend ausserhalb des Heims genutzt werden, z.B. das Auto oder das Mobiltelefon.

Im deutschsprachigen Raum wurde der Ansatz spät rezipiert. Er befruchtete die Medienforschung, indem er das Zuhause als Ort des Medienhandelns in den Blick rückte (Röser 2001b: 16–17). Jedoch wurde die methodische Begrenzung auf die häusliche Sphäre bald als Herausforderung betrachtet, die es zu überwinden galt. Es zeigte sich, dass das Zuhause längst nicht mehr der einzige oder ausschliessliche Ort der Nutzung von ICTs oder anderen Technologien ist (vgl. Höflich & Hartmann 2007). Ebenfalls wurde kritisiert, dass der Domestizierungsansatz den Alltag zu einseitig auf die häusliche Sphäre reduziert, obwohl diese nur eine von mehreren Alltagssphären ist (vgl. Bakardjieva 2006). Krotz und Thomas (2007) merkten zudem an, dass Alltag konzeptuell ungenügend definiert sei. Der Domestizierungsansatz unterliegt folglich wesentlichen Begrenzungen,

---

118 Für Ausführungen zu Werdegang und Anwendung des Domestizierungsansatzes, vgl. z.B. Berker et al. 2005; Haddon 2006; Ling 2004; Röser 2007a; Silverstone 2005.

119 In Trondheim, Norwegen, bestand eine Forschergruppe am *Centre for Technology and Society* der *Norwegian University of Science and Technology*.

die von verschiedenen Autoren diskutiert wurden (vgl. z.B. auch Haddon 2011; Krotz & Thomas 2007; Röser 2007a; Sørensen 2004; Steward 2003).

Was folgt, versteht sich als lose Anlehnung an den Domestizierungsansatz. Der Kontext der Feldforschung liess keine detaillierte ethnographische Untersuchung im Kontext einzelner Familien zu. Dennoch habe ich mich der Begrifflichkeit dieses Modells bedient, weil sie das Prozesshafte der Aneignung mobiler Technologien sichtbar macht und sie im Alltagskontext der Nutzer situiert. Sie verdeutlicht zudem, dass die Inkorporation von Technologien zur Entstehung von Praktiken führt, die nicht nur auf der individuellen Ebene und der Ebene der Familie eine Wirkung erzielen. Vielmehr wird deutlich, dass im weiteren sozialen Kontext ein „*Wandel* der Beziehungen des Haushalts zur Aussenwelt, zur näheren und weiteren Umgebung, zwischen öffentlicher und privater Sphäre" (Röser 2007b: 21; kursiv im Original, L.I.) herbeigeführt wird. Dieser Vorgang nennt sich *Konversion*.

Die Herausforderung besteht darin, nachvollziehbar aufzuzeigen, wie Kommunikations- und Mobilitätstechnologien einen Platz im Alltag der Nomaden Südamdos finden (Aneignung), welche Bedeutung ihnen zugemessen werden, welche Routinen und Praktiken sich im sozialen Kontext der Nutzer entwickeln (Platzierung und Inkorporation) und welche Veränderungen dadurch bewirkt werden (Konversion). In dem Sinn nutze ich das begriffliche Instrumentarium des Domestizierungsansatzes. Ich ordne mit ihm die ethnographischen Beschreibungen und untersuche den Prozess der Aneignung und Inkorporation von materiellen Gütern vom Kauf bis zu seinen Auswirkungen auf den Alltag. Dieser Prozess wird im Folgenden sowohl für das Motorrad als auch für den Personenwagen anhand ethnographischen Materials dargestellt – und später, in Kapitel 4 auch für das Mobiltelefon. Die Begrifflichkeit der vier Phasen des Konsumprozesses – Aneignung (*appropriation*), Platzierung (*objectivation*), Inkorporation (*incorporation*) und Konversion (*conversion*) – erkläre ich fortlaufend mithilfe des empirischen Materials.

3.4.1 Aneignung des Motorrads

Zu Besuch im Grasland Südamdos schaute ich mit einer Bekannten an einem Tag im August 2012 Fotos an. Dabei stiessen wir auf ein Familienbild. Darauf war ein Motorrad prominent abgebildet. Auf dem Sitz sass ein kleiner Junge, davor standen zwei Mädchen, eines davon identifizierte ich als meine Bekannte. Hinter dem Motorrad standen drei Erwachsene. Im Hintergrund war der Fluss zu sehen, das sommerliche Grasland und am rechten Rand ein Sonnenschirm mit Picknickdecke. Es war ein Familienbild, das am jährlich stattfindenden Pferderennen der

Gemeinde aufgenommen worden war. Mich interessierte das Bild, weil das Motorrad, um das sich die Familie gruppiert hatte, offensichtlich zentral platziert worden war. Im Gespräch stellte sich heraus, dass das Foto vor fast zwanzig Jahren, in der Anfangszeit der Motorisierung in sKa khog und mDzod dge, gemacht worden war. Es entstand folglich zu einer Zeit, als noch kaum jemand ein Motorrad besass. Als wir das Bild betrachteten, stellte ich Fragen zu damals. Meine Bekannte erzählte Folgendes:

> Ich weiss nicht mehr, wann es war. Vielleicht 1994 oder 1995. Das war im Juli. Alle waren da draussen am Picknicken, auch unsere Familie ging hin, wie alle andern, um uns zu vergnügen. Damals kam mein Onkel auf einem Motorrad. Das hier auf dem Bild. Alle haben es bewundert. Wahrscheinlich war er in unserer Gemeinde einer der ersten, der ein Motorrad besass. Heutzutage? Heutzutage gibt es niemanden mehr ohne Motorrad. Es ist lange her. Aber ich weiss noch, dass alle das Motorrad sehen wollten. Besonders die Jungs und auch die Männer standen rum und haben sich darüber unterhalten. Mein Onkel war nicht der einzige, der eines besass. Es gab auch noch andere. Sie benutzten es in der Gemeindesiedlung. Später, als alle begannen Motorräder zu kaufen, fuhr man damit auch auf dem Grasland. Die Männer fanden es toll. Die alten Leute waren besorgt.[120]

Ihr Onkel, einer der ersten, der ein Motorrad besass, war früher Fahrer gewesen und hatte später eine eigene Reparaturwerkstatt in seiner Gemeinde betrieben. Seit einigen Jahren führt er eine Reparaturwerkstatt und eine Verkaufsstelle für Motorräder. Kürzlich hat er eine Zweigstelle in der Kreisstadt eröffnet. Unter anderem verläuft die erste Phase der Aneignung über Verkaufsstellen wie die seine.

Aneignung beschreibt die Phase des Konsumprozesses, in welcher ein Objekt von einer Ware zu einem persönlichen Gegenstand wird. Aneignung entspricht dem Handeln aufgrund einer Erwartung oder eines Gefühls, dass dem Objekt im persönlichen Alltag ein Platz eingeräumt werden kann und sollte, also dem Eindruck „that it could somehow fit into our life“ (Ling 2004: 28). Das Umfeld, Freunde, Werbung und ähnliche Faktoren tragen dazu bei, dass man ein Objekt in einer Weise wahrnimmt, die ihm einen Wert oder einen Nutzen zuschreibt (Ling 2004: 28–29). Diese Wert- und Nutzungszuschreibungen sind retrospektiv für die Anfangsphase der Motorisierung in Südamdo nicht ganz einfach auszumachen. Auch ist das ethnographische Material zu wenig detailliert, um auf der Ebene einzelner Akteure die Entscheidungen, die damals zur Aneignung geführt haben, nachzeichnen zu können. Zehn Jahre nach den Anfängen der Motorisierung sind die Phasen der Domestizierung nicht mehr gleich ausgeprägt vorhanden. Ich konzentriere mich auf Merkmale der Aneignung aus der Anfangszeit der

120 Gesprächsnotiz GP01_aB2011_f25, Juli 2011.

Motorisierung und ergänze sie mit den Vorgängen der Aneignung gut zehn Jahre später, einer Zeit, in der das Motorrad ein Alltagsinstrument geworden ist und zur Standardausrüstung nomadischer Haushalte in sKa khog und mDzod dge gehört.

Der Onkel meiner Bekannten, dessen Motorrad so prominent in dem Foto in Erscheinung trat, war einer der ersten Besitzer eines Motorrads in seiner Gemeinde. Er steht vertretend für diejenigen, die als erste Motorräder anschafften. Ihnen kam eine Pionierrolle zu – wahrscheinlich ohne dass sie diese angestrebt hätten – indem sie dazu beitrugen, dass ein Objekt in einen sozialen Kontext eingeführt und ein Kennenlernen möglich wurde, ohne dass gleich eine Kaufentscheidung fallen musste. Wie das Gespräch mit meiner Bekannten verdeutlichte, begutachteten insbesondere männliche Nomaden interessiert die ersten Motorräder, die im Grasland Südamdos gefahren wurden. Freunde und Bekannte des eigenen Umfelds sind oft diejenigen, die den Anstoss geben, um sich mit einem Objekt auseinanderzusetzen und es sich gegebenenfalls anzueignen. Jener Onkel und andere Erstkäufer konstituierten einen solchen Anstoss. Ein 30-jähriger Nomade aus einer Gemeinde in mDzod dge beschrieb seine persönliche Evaluation des Motorrads folgendermassen:

> Ich erinnere mich nicht sehr deutlich an die Zeit, als die ersten Motorräder auftauchten. Das ist wahrscheinlich zwanzig Jahre her, als ich das erste Motorrad gesehen habe. Ja, etwa einundzwanzig oder zweiundzwanzig Jahre sind seither vergangen. Ich dachte, dass es eine gute Sache sei, ein Motorrad. Dass es eine hervorragende Sache wäre, eines zu haben.[121]

Thubten (vgl. Kap. 3.3.3) beschrieb, dass alle sehr erstaunt, ja gar erfreut gewesen waren, als Motorräder in seiner Siedlung auftauchten. Eine junge Frau sagt, dass insbesondere junge Männer von den Motorrädern fasziniert waren:

> Als ich klein war, konnte man in meiner Gemeinde wahrscheinlich ein, zwei Motorräder sehen. Als ich in der sechsten Klasse war, gab es mehr und mehr Motorräder. Ich erinnere mich, dass es sehr viele Motorräder hatte, als ich in der sechsten Klasse war. Aber früher gab es fast keine. Da sah man nur eins oder zwei. Die jungen Männer fuhren mit Motorrädern herum. Das bemerkte ich. Ansonsten habe ich keine besonderen Eindrücke aus dieser Zeit. Es gab viele Unfälle, weil die jungen Männer so schnell und gerne mit Motorrädern herum fuhren.[122]

In weiteren Gesprächen zeigte sich, dass das Motorrad als erstrebenswertes Fortbewegungsmittel wahrgenommen wurde. Insbesondere für junge Männer wurde es rasch das bevorzugte Fortbewegungsmittel, mit dem sie sich nebst grösserer

---

121 Aus Interview B05IW_aB2012_m30, geführt von Forschungsassistierenden, Dezember 2012.

122 Aus Interview B03IW_aB2012_f19, geführt von Forschungsassistierenden, Dezember 2012.

Bewegungsfreiheit auch Status erwerben konnten. Auf der Ebene des Haushaltes erwähnten Nomaden häufig praktische Gründe wie die Vereinfachung des Transports, bessere Verbindung zwischen Weide und Gemeinde oder die Notwendigkeit, Kinder zur Schule zu bringen. Insgesamt lässt sich aber auch ein Momentum der Diffusion feststellen, das darauf gründete, dass „alle" eines kauften, wie Thubten meinte:

> Weshalb ich es kaufte? Alle kauften Motorräder zu der Zeit. Wir kauften eines, um damit hin und her zu fahren [von der Weide zur Siedlung]. Die Verbindung wurde einfacher. Man benötigte nicht mehr so viel Zeit. Wir kauften es vor allem deshalb.[123]

Nachdem ein Haushalt oder ein Einzelner entschieden hatte, ein Motorrad zu erwerben, war der erste Schritt der Aneignung getan. Nun ging es um die Umsetzung, den Kauf eines Motorrads. Dafür standen zwei Kanäle zur Verfügung: ein Occasionskauf oder in jüngerer Zeit ein Neukauf in einem Verkaufsgeschäft. Erster konnte in eine Reparaturwerkstatt getätigt werden, verlief aber in der Regel über informelle Kanäle des persönlichen Netzwerks, weil in der Anfangszeit der Motorisierung auf dem Grasland keine Verkaufslokale existierten und ein Occasionsmarkt erst entstehen musste.

Personen aus nomadischen Gemeinschaften, die Handel betrieben, als Fahrer von Lastwagen arbeiteten oder eine Reparaturwerkstatt führten, hatten Zugang zu den entsprechenden Verkaufskanälen ausserhalb Südamdos und waren vermutlich die ersten, die Motorräder einführten. Mit der Entwicklung der Nachfrage entstand auch lokal ein Handel. Für Nomaden, die ein Motorrad erstehen wollten, spielte das persönliche Beziehungsnetz eine wesentliche Rolle. Ein dreissig-jähriger Nomade einer Gemeinde in mDzod dge erklärte den Kauf seines Motorrads folgendermassen:

> Vor etwa zehn Jahren kauften wir ein Motorrad. Dafür zahlten wir 3000 Yuan, damals. Damals kauften die meisten Motorräder über Beziehungen. Jemand handelte mit Motorrädern und dann verhandelte man mit der entsprechenden Person. Das Motorrad, das wir erwarben, war ein neues Motorrad. Die Pferde benutzten wir, um zu reiten. Das Motorrad setzten wir ein, um zwischen der Sommer- und Winterweide hin und her zu fahren. Um Dinge zu transportieren. Wir kauften es hauptsächlich aus diesem Grund.[124]

In der Anfangszeit wurde praktisch ausschliesslich das damalige Modell der Wuyang Honda verkauft, was die Evaluation und Auswahl aus verschiedenen Modellen erübrigte. Dies vereinfachte die Einfuhr von Motorrädern für Händler

---

123 Aus Interview B04IW_aB2012_m40, geführt von Forschungsassistierenden, Dezember 2012.
124 Aus Interview B05IW_aB2012_m30, geführt von Forschungsassistierenden, Dezember 2012.

oder Mittelspersonen. Sie konnten damit rechnen, Abnehmer zu finden. Das 125ccm-Modell der Firma Wuyang-Honda (japanisch-chinesisches Joint Venture, das ab 1992 in Guangzhou tätig war), war das marktführende Modell in der Region.[125]

Mit der steigenden Nachfrage entstanden Verkaufsstellen in den Kreisstädten für diejenigen Nomaden, die ein neues Motorrad erwerben wollten und bereit waren, dafür die entsprechenden Summen zu zahlen. Eine junge Nomadin, die angab, dass ihre Familie 1999 das erste Motorrad erwarb, sagte:

> Damals kostete ein Motorrad 6000 Yuan. Heutzutage sind sie teurer geworden. Wir kauften es in der Kreisstadt. Es war ein neues Motorrad. Wir kauften ein Motorrad, weil wir viele Kinder haben in unserer Familie und wir zur Schule mussten. Um uns zur Schule zu bringen, war das Pferd nicht praktisch. So haben wir ein Motorrad gekauft.[126]

Diejenigen, die angaben, dass ihr erstes Motorrad ein neues gewesen sei, hatten es entweder über Mittelsmänner erstanden, oder sie kauften es in Geschäften, die nach dem Jahrtausendwechsel zuerst in Kreisstädten und etwas später auch in Gemeinden eröffneten. Die angegebenen Preise variierten zwischen 4000 und 6000 Yuan. 2012 lautete der Neupreis eines 125ccm-Motorrads der Marke Wuyang Honda 7000 Yuan.

Mit Zunahme der Anzahl Motorräder, die in Umlauf waren, entstand ein informeller Occasionsmarkt. Der Preis richtete sich nach Zustand des Motorrads und dessen Alter. Beim Kauf eines Occasionsmotorads spielten soziale Beziehungen eine wesentliche Rolle. Diese manifestierten sich insbesondere, wenn statt Bargeld bezahlt wurde ein Tauschhandel stattfand. Man bot Schafe, Yaks oder Pferde gegen ein Motorrad, wie die Beschreibung einer Nomadin aus einer Gemeinde von mDzod dge zeigt:

> Warum wir ein Motorrad kauften? Nun, es war praktisch. Alle erwarben ein Motorrad zu der Zeit. Es gab zwar keine Strassen, aber man konnte das Motorrad trotzdem benutzen. Das Motorrad braucht keine Strassen, man kann es trotzdem einsetzen. Deshalb kauften wir es. Wir brauchten es nicht eigentlich in der Weidewirtschaft, wir benötigten es hauptsächlich, um damit hin und her zu fahren [zwischen Weide und Siedlung]. Das wurde viel einfacher dadurch. [...] Mit dem Pferd benötigte man sehr viel Zeit. Deshalb dachten wir, dass es gut wäre, ein Motorrad zu haben und so erwarben wir eines. Einige, die ein Motorrad kaufen, verkaufen ein Pferd oder ein Yak, um es zu erwerben (A01IWb_aB2012_f27).

---

125 Wuyang Honda scheint den Markt in Amdo zu dominieren. In Gegenden von Khams und dem Autonomen Gebiet Tibets sind andere Modelle verbreitet oder dominierend, wie Beobachtungen während einer Forschungsreise im Herbst 2015 ergaben.

126 Aus Interview B03IW_aB2012_f19, geführt von Forschungsassistierenden, Dezember 2012.

Die soziale Bedeutung, die mit einer Aneignung einherging, hatte sich mit dem Entstehen eines Occasionsmarkts etwas verschoben; Motorräder und deren Erwerb wurden alltäglich. Trotzdem hat der Aneignungsprozess seinen Platz im sozialen Geschehen beibehalten. Dies wird an den Vorgängen an einer Verkaufsstelle und während der ersten Fahrt sichtbar, wie sich aus meinen Feldnotizen vom September 2012 erschliessen lässt:

> September 2012. Das Verkaufsgeschäft für Honda und Yamaha Motorräder an der Strassenkreuzung im Norden der Kreisstadt ist neu. Es hat vor einigen Monaten seine Tore geöffnet. Obschon es nicht das einzige Verkaufsgeschäft für Motorräder ist, läuft das Geschäft gut. Es wird von einem jungen Ehepaar betrieben, das zwar nicht Besitzer ist, das Geschäft aber selbständig führt. Gegen die Strassenseite befindet sich eine grosse Fensterfront, in der die neusten Motorradmodelle ausgestellt sind. Im Innenraum befinden sich weitere Modelle, unter anderem das meistverkaufte Modell WH 125-6. In einem weiteren Raum sind Ersatzteile gelagert. Er fungiert auch als Werkstatt. Von diesem Raum aus gelangt man in den Innenhof. [...] Im Innenhof steht ein neues Motorrad. Zwei Nomaden stehen um das Motorrad herum. Einer von ihnen ist der Käufer. Die Betreiberin des Geschäfts ist damit beschäftigt, das Motorrad fahrtüchtig zu machen. Sie zieht Schrauben nach, setzt die Zündkerze ein, schmiert die Kette, montiert Spiegel und stellt den Lenker ein. Ihr Mann gesellt sich dazu und arbeitet mit, bis weitere Kunden auftauchen. Auch sie kaufen ein Motorrad derselben Marke. Bald stehen zwei Motorräder im Innenhof und werden fahrtüchtig gemacht. Die Käufer schauen zu und beobachten, an welchen Schrauben gedreht wird, wie die Kerze eingesetzt und Motorenöl eingefüllt wird und ähnliches. Dem ersten Käufer wird zusätzlich ein Helm verkauft. Zwei Farben stehen zur Auswahl. Gratis erhält er einen Regenschutz. Das erste Motorrad ist nun startklar. Es ist aber immer noch deutlich als neues Fahrzeug erkennbar, nicht nur, weil es sauber ist und noch keine Gebrauchsspuren aufweist, sondern auch, weil Verpackungsteile absichtlich nicht entfernt werden. Der Plastik auf dem Sitz bleibt vorläufig am Motorrad, ebenso die Kartonumhüllung bei Spiegel, Gepäckträger und Pedalen. Mit dem als Neukauf markierten Motorrad fährt der Besitzer aus dem Innenhof und durch die Kreisstadt nach Hause oder auch ins nächste Teehaus zu seinen Freunden.[127]

Dass Verpackungselemente, die das Motorrad als Neukauf markierten, solange wie möglich am Motorrad belassen wurden, weist darauf hin, dass ein Neukauf symbolisch bedeutungsvoll war. Hierzu eine weitere Beobachtung aus meinen Feldnotizen:

> August 2012. Auf einem Rundgang durch die Gemeindesiedlung habe ich Lhamo Dronma getroffen. Wir hatten uns vor fünf Jahren das letzte Mal gesehen. Sofort zieht sie ihr Telefon hervor, um ihren Sohn Huadan zu informieren, dass ich da sei. Er antwortet nicht auf die mehrmaligen Anrufe seiner Mutter. Wir beschliessen, zu ihr nach Hause zu gehen. Sie wohne jetzt in einer der neuen Siedlungen am Rand der Gemeinde, erzählt sie mir. Als wir uns auf den Weg zu ihrem Haus machen, winkt sie plötzlich ganz aufgeregt einem jungen

127 Aus den Feldnotizen: Beobachtungsprotokoll BP04_A2012, August 2012.

> Mann zu, der auf einem Motorrad angefahren kommt. Es ist Huadan. Er sitzt auf einem gerade erworbenen, neuen Motorrad. Die Lenkstange, der Spiegel und der Gepäckträger sind mit Karton umwickelt. Zwischen der Lenkstange ist eine neue, weisse *kha btags* geknotet. Der Plastikbezug über dem Sitz markiert das Motorrad ebenfalls als neu.
>
> Huadan hält an. Wir begrüssen uns und freuen uns über das Wiedersehen nach so langer Zeit. Huadan meint, das sei nun ein glückverheissender, günstiger Moment. Es sei ein gutes Zeichen, dass wir uns jetzt begegnen, gerade als er sich ein neues – sein erstes – Motorrad angeschafft hat. Ich solle auch die erste Person sein, die auf seinem Motorrad mitfährt. Während die Mutter zu Fuss nach Hause geht, werde ich, als Gast, gebeten aufzusteigen und wir fahren zusammen in die Siedlung und zum Haus seiner Mutter (BP05_aB2012).

Die Bemerkungen von Huadan machen deutlich, dass der Kauf des Motorrads ein wichtiger Moment war, der durch unsere Begegnung zu diesem Zeitpunkt symbolisch zusätzlich Gewicht erhielt. Als Ausländerin wurde ich in vielen tibetischen Familien als Ehrengast behandelt. Weil es ein Wiedersehen nach langer Zeit war, wurde der Moment des Treffens als bedeutsam gewertet. In Bezug auf den Kauf des Motorrads wurde er als *rten 'brel* – als gutes Omen – interpretiert.

Ein Neukauf beinhaltete einen Statusaspekt, den auch Occasionskäufer nutzten. Obschon das Motorrad nicht wie ein Neukauf vorgeführt wurde, liessen sich auch bei Occasionskäufen interessante Begebenheiten beobachten:

> Oktober 2012, bei einer Motorrad-Reparaturwerkstatt. Einige Motorräder sind vor der Werkstatt aufgereiht. Zwei, drei stehen kreuz und quer herum. An einem davon arbeitet der Werkstattbesitzer. Die Werkstatt selber ist ein grosser Raum mit einem Tisch, Werkzeugen und einem riesigen Haufen Schrottteile. Neben dem Schrotthaufen steht ein Rahmen eines Motorrads. Vor der Werkstatt hat ein junger Mann sein Motorrad geparkt und die Frau, die zusammen mit ihrem Mann die Werkstatt betreibt, hält einen Notizzettel in der Hand. Sie ist dabei, eine Liste der Teile zu erstellen, die der junge Mann an seinem Motorrad ersetzt haben will. Zu jedem Teil, das er nennt, gibt sie ihm den Preis an und wenn er zustimmt, setzt sie es auf die Liste. Den jungen Mann schätze ich auf zwanzig Jahre. Ich frage ihn nicht, ob er sein altes Motorrad aufgebessert haben will oder ob er ein altes Motorrad erstanden hat und es nun so herrichten lässt, dass es neu aussieht. Beide Interpretationen liegen im Bereich des Möglichen. Mehrere Male habe ich bereits Motorräder gesehen, die eindeutig nicht mehr neu waren, aber in Plastik gewickelte Sitze oder in Karton gepackte Spiegel und andere Teile aufwiesen. Wahrscheinlich gehört auch der leere Rahmen des Motorrads in der Werkstatt zu einer Maschine, die neu aufgerüstet werden soll.[128]

Aneignungsprozesse, wie sie in diesem Kapitel zum Ausdruck kommen, veranschaulichen, dass die Inkorporation eines Motorrads in den Alltag von Nomaden prozesshaft verlief. Sie begann als eine Idee, eine Wahrnehmung. Das persönliche Umfeld prägte die Wahrnehmung und die Meinungsbildung und

128 Aus den Feldnotizen: Beobachtungsprotokoll BP06_aB2012, Oktober 2012.

beeinflusste den Entscheidungsfindungsprozess. Vielleicht strebte man an, zu den Ersten zu gehören, die über die neue Technologie verfügen oder mit den anderen mithalten zu können. Zumindest in der Anfangszeit der Motorisierung waren solche Aneignungsprozesse auch bezüglich Status relevant. In der Zwischenzeit ist das Motorrad ein Alltagsinstrument geworden und seine Aneignung reduziert sich fast gänzlich auf den eigentlichen Kauf, welcher kaum mehr symbolisches Kapital produziert. Die Aneignung ist alltäglich geworden.

3.4.2 Platzierung des Motorrads

Durch die Aneignung ist ein Produkt aus der Warenkette zu einem persönlichen Objekt geworden. Damit beginnt die Phase dessen, was als *objectification* bezeichnet wird. Röser (2007b: 21) übersetzt *objectification* mit „Platzierung". Dieser Begriff ist insbesondere für Dinge wie Fernseher oder Homecomputer passend, muss aber im Zusammenhang mit dem Motorrad erweitert werden. Das Motorrad wird zwar im heimischen Umfeld platziert und ihm wird ein Ort zugeteilt, wo es zu stehen hat, wenn es nicht im Einsatz ist. Hauptsächlich ist es aber ein Fortbewegungsmittel. Diesbezüglich ist Platzierung eher ideell zu verstehen. Welcher Platz, welche Funktion wird dem Objekt im Alltag zugeteilt und wer benutzt es zu welchen Zwecken (Ling 2004: 29)? Diese Art von Platzierung kommt in den Gründen zum Ausdruck, die für den Erwerb von Motorrädern angegeben wurden. Die folgenden Aussagen stammen aus strukturierten Interviews mit Nomaden, drei Männern und einer Frau, und beantworten die Frage, was zum Kauf des ersten Motorrads geführt habe:

> Weshalb ich es kaufte? Das war zu jener Zeit, als alle Motorräder erwarben. Die Familienfinanzen standen gut und so kauften wir eines. Wir benötigten es, um damit hin und her zu fahren [zwischen Weide und Siedlung]. Die Verbindung und der Transport wurden einfacher dadurch. Man benötigte nicht mehr so viel Zeit. Wir kauften es vor allem deshalb.[129]

> Das Motorrad setzten wir ein, um zwischen der Sommer- und Winterweide hin und her zu fahren. Um Dinge zu transportieren. Wir kauften es hauptsächlich aus diesem Grund.[130]

> Der Grund, weshalb wir es kauften, war, weil ein Motorrad schnell ist. Damit kann man schnell hin und her fahren [zwischen Weiden und Siedlungen]. Es ist nützlich. Es ist doch so, oder?[131]

---

129 Aus Interview B04IW_aB2012_m40, geführt von Forschungsassistierenden, Dezember 2012.
130 Aus Interview B05IW_aB2012_m30, geführt von Forschungsassistierenden, Dezember 2012.
131 Aus Interview B06IW_aB2012_m23, geführt von Forschungsassistierenden, Dezember 2012.

> Wir kauften ein Motorrad, weil wir viele Kinder haben in unserer Familie und sie zur Schule gebracht werden mussten. Auch um andere Familien aufzusuchen und hin und her zu fahren [zwischen verschiedenen Weideplätzen und der Siedlung]. Aufgrund dieser Bedürfnisse erwarben wir ein Motorrad. Es ist nicht sehr praktisch, diese Mobilität mit dem Pferd aufrecht zu erhalten. So haben wir ein Motorrad gekauft.[132]

Motorräder sind Fortbewegungsmittel. Ihr tibetischer Name ist *phrul rta*, was „motorisiertes Pferd" bedeutet. Ihre Nutzung ersetzte aber das Pferd nur teilweise (vgl. Iselin 2011a). In vielen Gesprächen über den Nutzen von Motorrädern kam zum Ausdruck, dass Motorräder praktisch sind, weil sie schnell sind und lange Fahrten angenehmer machen. Erwähnt wurde auch, dass sie praktisch sind, weil man damit Lasten transportieren kann. Viele Informanten äusserten, dass man es kaufte, um damit „hin und her" zu fahren. „Hin und her" lässt sich allgemein verstehen. Es benennt das Motorrad als nützliches Fortbewegungsmittel mit dem man Distanzen zwischen einem unbestimmten A und B überwinden kann. „Hin und her" hatte aber oft auch die Bedeutung von der Wegstrecke zwischen Weidegebiet (*phyugs las*) und Gemeinde- oder Kreissitz. In diesem Sinn wird das Motorrad ideell als Transport- und Mobilitätsmittel platziert, das den Benutzer mit Lokalitäten und Menschen in Verbindung setzt.

Zusätzlich zur ideellen Platzierung sind die physische Platzierung, die räumliche Zuteilung und die Bedeutungen, die sich daraus ergeben, in Betracht zu ziehen. Wo wird das Motorrad geparkt, wenn es nicht gebraucht wird? Das musste nach einem Kauf erst bestimmt werden. Beobachtungen und Gespräche ergaben, dass es in der Regel in der Nähe des Hauses oder des Zeltes platziert wurde. Im Sommer wurden die Motorräder beim Zelteingang geparkt. Einige machten sich die Mühe, die Fahrzeuge mit einem Tuch oder Plastik abzudecken. Jemand erzählte mir, dass sie die kleinen, weissen Segeltuchzelte aufstellten und die Motorräder dort parkten. Im Winterweidegebiet standen Motorräder in der Nähe des Eingangs. Häuser haben in der Regel eine Art Vorhof, gebildet durch eine Mauer, eine Hecke oder einen Zaun. Falls es einen überdachten Bereich gab, waren Motorräder oft dort geparkt. Bei einer Familie, die sich neu und das erste Mal ein Occasionsmotorrad angeschaffte hatte, beobachtete ich, wie sie jeden Abend das Motorrad über drei Treppenstufen vom Hof über die Schwelle des Winterhauses hoben und es im Eingangsbereich parkten. Jeden Morgen stellten sie es wieder im Hof ab, damit sie ungehindert hinein- und herausgehen konnten. Diese Familie war nicht wohlhabend und die Interpretation liegt nahe, dass sie damit das Motorrad den Wettereinflüssen entziehen wollten, um seine Lebensdauer zu verlängern oder es vor allfälligem Diebstahl zu schützen. Ich habe diese

132 Aus Interview B03IW_aB2012_f19, geführt von Forschungsassistierenden, Dezember 2012.

Praxis sonst nur in den Siedlungen beobachtet, wo man Fahrzeuge des Nachts von den Strassen nahm, weil Diebstahl weit verbreitet war.

Das Parken des Motorrads in der Nähe des Haus- oder Zelteingangs verdeutlicht, dass es zum persönlichen Bereich von Haushaltsmitgliedern gehört. Man räumte ihm einen Platz ein, der überblickbar war und der schnellen Zugriff ermöglichte, sollte man das Motorrad benötigen. Es wurde ihm ein gewisser Schutz gegeben, was möglicherweise mit zunehmender Gewöhnung an das Vorhandensein des Motorrads abnahm. Die Präsenz des Motorrads vor der Tür oder dem Zelteingang markierte das Mobilitätspotential des Haushalts gegen aussen und zeigte, dass zum Haushalt ein Mann im Erwachsenenalter zählte. Inwiefern diese Bedeutung der Platzierung bewusst genutzt wurde, kann ich mit meinen Daten nicht belegen.

3.4.3 Inkorporation des Motorrads

Mit der ersten Platzierung und der ersten Nutzung begannen sich bereits Alltagsabläufe zu etablieren und es entwickelten sich Routinen und Rechte. Wer nutzt das Motorrad wozu? Wem gehört es? Wer handelt mit wem seine Nutzung aus und wie viel darf diese Nutzung kosten? Bei der Inkorporation geht es um die Platzierung des Motorrades im Kontext der Alltagspraxis einer Familie und der sozialen Gruppe, zu der man gehört. Inkorporation ergibt sich deshalb auch aus der Beziehungsstruktur der nomadischen Familie und deren Umfeld. Wie, von wem, wann und wohin das Fahrzeug zum Einsatz kommt, wird im Familienkontext ausgehandelt. Die Struktur der Familie, soziale Rollen der Familienmitglieder, ihre wirtschaftliche, geografische und soziale Situierung hat einen Einfluss auf den Inkorporationsprozess. Dies verdeutlichten die Fallbeispiele in Kapitel 3.3. Hier sollen nun einige konkrete Aspekte herausgegriffen werden.

Das Familienoberhaupt bestimmt über die Nutzung

Die Inkorporation des Motorrades orientiert sich am Familienoberhaupt, an seinem Selbstverständnis, seinen Aufgaben und seiner Rolle innerhalb der Familie und der sozialen Gruppe. Die Struktur eines Haushalts, die Rollenzuteilungen aufgrund von Alter und Geschlecht beeinflussen Zugriffs- und Bestimmungsrechte. Bis vor wenigen Jahren wurde das Motorrad praktisch ausschliesslich von Männern gefahren. Normalerweise ist die älteste männliche Person einer Familie deren Oberhaupt. Sie bestimmt massgeblich, wem das Motorrad zur Verfügung steht.

Wenn das Familienoberhaupt eine Frau ist – eine grosse Anzahl der ärmeren pastoralen Haushalte besteht aus einer alleinstehenden oder geschiedenen Frau mit ihren Kindern –, dann besitzt dieser Haushalt aller Wahrscheinlichkeit nach nur dann ein Motorrad, wenn die Frau Söhne hat und einer von ihnen alt und gross genug ist, um es zu fahren. Die Inkorporation in den Alltag eines solchen Haushalts verläuft über Verhandlungen zwischen dem Familienoberhaupt – der Mutter – und ihren Söhnen.

Die Nutzung erfordert Ressourcen

In wohlhabenden Familien mDzod dges oder sKa khogs ist es nicht ungewöhnlich, dass jedes männliche Familienmitglied, das von Alter und Grösse her fahren kann, ein eigenes Motorrad besitzt. Die Inkorporation des Motorrads innerhalb des Alltäglichen eines solchen Haushalts verläuft dann personengebunden. Das bedeutet, dass das Motorrad das persönliche Fahrzeug einer Person ist, die darüber frei verfügen kann. Aushandlungsprozesse müssen dann geführt werden, wenn die Nutzung den Einsatz von Mitteln bedingt, auf die nicht nur die betreffende Person einen Anspruch hat. Wenn Familienmitglieder über kein eigenes Einkommen verfügen, ist die Nutzung abhängig von Verhandlungen im Familienkontext.

Wie die Mittel in einer Familie eingeteilt werden, wer in welcher Form darüber verfügen kann, konnte ich für diese Arbeit nicht klären.[133] Die Nutzung von Motorrädern bedarf aber finanzieller Ressourcen, um den notwendigen Treibstoff zu kaufen. Für Haushalte, in denen die Mittel knapp sind, muss deshalb abgewogen werden, wofür und wann das Motorrad eingesetzt wird.

Die Nutzung privilegiert das männliche Geschlecht

Der Zugang der Frauen zur motorisierten Mobilität bedarf der Aushandlung. Parallel zur Zunahme der motorisierten Mobilität verringerte sich die berittene Mobilität, die den Frauen zugänglich war, beziehungsweise reduzierte sie auf das unmittelbare Weidegebiet. Dies führt zu einem Ausschluss der Frauen, die mehrheitlich nicht Motorrad fahren können. Ihr Zugang zu den Motorrädern setzt den männlichen Fahrer und Begleiter voraus und muss über die männliche Schlüsselposition ausgehandelt werden.

---

133 Einer meiner Informanten erklärte es folgendermassen: „Nein, es gab keine Diskussionen bezüglich des Autokaufs. Für uns Nomaden, also zum Beispiel in unserer Familie, wenn mein Vater sagt, dass er für die Familie ein Auto kaufen will, dann würde meine Mutter nicht dagegen reden, denn es ist ja für die Familie. Alle können es nutzen. Wir sind nicht wie ihr Ausländer oder wie die Chinesen, wo die Frau um ihre Meinung gefragt wird und der Mann sich danach richtet. Nomadenmänner fragen nicht viel. In einer Familie sind Frau und Mann gleich. Wenn es Ausgaben für die Familie gibt, dann müssen wir das nicht gross diskutieren“ (A09IWa_bA2012_m23).

Inkorporation von Motorrädern etabliert Zuordnungen

Im Kontext einer pastoralen Familie und ihrer Alltagspraxis der Herdenhaltung hat Inkorporation Auswirkungen auf den Haushalt und dessen Aufteilung von Aufgaben und Rollen, von Räumen und Zugängen zu Orten: Wo wird das Motorrad üblicherweise geparkt? Wofür wird es gebraucht und zu welchen Zeiten? Wer hat bevorzugten Zugang? Wie wird die Nutzung innerhalb des Haushalts geregelt? Die Beantwortung solcher Fragen zeigt Muster auf, die einen Einfluss auf die räumlichen Strukturierungen sowohl im familiären Umfeld als auch im erweiterten sozialen Kontext haben. Wesentliche Aspekte dieser Strukturierung sind in Kategorien von *gender*, sozialen Zugehörigkeiten und Alter zu verorten, wie die Fallbeispiele im Kapitel 3.3 aufgezeigt haben. Was sich daraus ergibt oder welche räumlichen und sozialen Transformationen die Inkorporation bewirkt, kommt in der von der Domestizierungstheorie *conversion* genannten Phase zum Ausdruck.

Konversion versteht sich in der vorliegenden Arbeit als Wandel, der durch die Integration des Motorrads in den pastoralen Alltag und der Etablierung von Routinen und Handlungsmustern herbeigeführt wird. Dieser Wandel lässt sich auf verschiedene Weise als Phase fassen. Durch die Integration des neuen Objekts in den Alltag werden die Beziehung zur näheren und weiteren Umgebung, zu privatem und öffentlichem Raum neu geordnet bzw. interpretiert. Konversion macht die Wirkung der Aneignung und Nutzung von Technologien sowohl im gelebten Alltag der Familie als auch im sozialen Umfeld sichtbar (Röser 2007b: 21). Diese Wirkung hat einen räumlichen Aspekt, der im dritten Teil dieser Arbeit aufgegriffen wird.

3.4.4 Personenwagen: Von der Aneignung bis zur Inkorporation

Das Motorrad ist innerhalb eines Jahrzehnts zu einem Alltagsgegenstand geworden. Seit ungefähr 2005 ist in sKa khog und mDzod dge zu beobachten, dass die Zahl der Autokäufe für den privaten Gebrauch ansteigt. Dieser Trend ist allgemein in ganz China festzustellen. 2001 zählte die Volksrepublik über 1.2 Mia. Einwohner und ungefähr 10 Mio. Autos (Hessler 2010: 19). Das entspricht einer Motorisierungsrate von mehr als hundert Personen pro Fahrzeug.[134] 2010 gab es über 90 Mio. Autos auf den Strassen Chinas und bis 2012 stieg die Zahl auf über 120 Mio. (Li 2013). Der Guardian meldete, dass sich die Anzahl Autos und Motorräder zwischen 2000 und 2010 verzwanzigfacht habe (Watts 2013). Obschon die Unter-

---

134 Nach Jones (2010: 3) spricht man von Massenmotorisierung, wenn ein Verhältnis von einem Fahrzeug zu 2.5 Personen besteht, bzw. wenn auf 1000 Personen 400 Fahrzeuge kommen.

schiede bezüglich Motorisierung zwischen Stadt und Land beträchtlich sind und man davon ausgeht, dass über siebzig Prozent der gegenwärtigen Motorisierungsrate in den grossen Städten Chinas erfolgen (Li 2013), ist ein Trickle-Down-Effekt der Massenmotorisierung in Südamdo beobachtbar. Dieser erfolgte bisher hauptsächlich über das Motorrad. Nun verfügt das Grasland in sKa khog und mDzod dge aber über Strassen und Wege, die auch mit dem Auto befahrbar sind. Gleichzeitig hat sich der Markt für pastorale Produkte günstig entwickelt und es sind mehr Mittel für den Konsum vorhanden (vgl. Gaerrang 2011 für sKa khog; Gruschke 2013 für sKye rgu mdo; Sułek 2010 für mGo log).

Der Besitz von Personenwagen war in China streng reguliert und erst eine Lockerung ab Mitte der 1990er Jahre ermöglichte die Zunahme an Autos als Privateigentum (Conover 2010: 229). Bis gegen Ende der 1990er gehörten die meisten Personenwagen auf den Strassen Chinas den Regierungs- und Verwaltungseinheiten, die damit ihre Kader chauffierten (Hessler 2010). In Südamdo besassen die Volkskommunen (heutige Gemeinden) in den 1970er Jahren zum Teil Lastwagen für den Transport von Produkten aus der Pastoralwirtschaft, was in der Anfangszeit als Erfolg der staatlich induzierten Modernisierung und Industrialisierung dargestellt wurde (Hayes 2008: 188). Nach der Auflösung der Volkskommunen blieben diese Fahrzeuge entweder im Besitz der Verwaltungseinheit oder der Fahrer erhielt die Möglichkeit, das Fahrzeug in Eigenverantwortung zur Einkommensgenerierung zu benutzen oder zu kaufen. Autos, Lastwagen, Kleinbusse, Traktoren, die im Grasland Südamdos in den 1990er Jahren unterwegs waren, wurden in aller Regel bis vor ungefähr zehn Jahren fast ausnahmslos zu Zwecken der Einkommensgenerierung erworben.

Dieses Kapitel setzt sich jedoch nur mit dem Kauf und der Integration von Fahrzeugen auseinander, die für den Eigengebrauch, und ohne Absicht, damit ein Einkommen zu erzielen, gekauft wurden. Solche Käufe sind ein neues Phänomen in sKa khog und mDzod dge. Die Gründe für den Kauf eines Autos sind vielfältig und haben sicherlich mit den bereits erwähnten, zunehmend vorhandenen Geldmitteln zu tun und mit einer im Vergleich zu früheren Jahrzehnten verbesserten Strasseninfrastruktur.

Die Aneignung eines Autos verläuft im Vergleich zu Motorrädern anders, weil das Fahrzeug ausserhalb der pastoralen Regionen erworben werden muss. Zusätzlich sind bürokratische Hürden wie der Erwerb eines Fahrausweises, die Registration des Fahrzeugs und der Abschluss einer Versicherung zu überwinden. Aneignung beginnt deshalb nicht erst mit dem Erwerb eines Fahrzeugs, sondern mit dem Erwerb des Fahrausweises. Für Nomaden ist dies mit Aufwand verbunden, da die Städte, in denen eine Prüfung abgelegt werden kann, ausserhalb der Graslandregion liegen, was auch sprachlich eine Herausforderung darstellt. Ein 75-jähriger Nomade erzählt Folgendes:

> Ja, wer ein Auto hat, muss einen Fahrausweis haben. Dafür gehen sie nach..., sie gehen nach 'Bar khams und in diese andere Stadt [nach Wenchuan]. Dort erlernen sie das Autofahren. Danach müssen sie einen Test bestehen. Es ist nur ein praktischer Test. Dafür muss man nicht Chinesisch sprechen und lesen können. Die Frauen? Ja, einige lernen auch Autofahren, aber sie absolvieren keinen Test. Draussen in den Weidegebieten lernen sie, wie man ein Auto fährt, aber den Test machen sie nicht. Ich weiss nicht weshalb. Es ist so. Sie gehen nicht zum Test.[135]

Ein tibetischer Mann mit Schulbildung und Chinesisch-Kenntnissen, der selber den Fahrausweis erworben hat, hat den Vorgang etwas ausführlicher erläutert. Er erzählte, wie er die Prüfung abgelegt habe. Er sei zusammen mit Chinesen, die in der Verwaltung arbeiteten, in einem Raum gewesen. Auf allen Computern sei der Test, ein Multiple-Choice-Verfahren, aufgeschaltet gewesen. Aber keiner im Raum habe genügend richtige Antworten gehabt. Niemand aus der Gruppe, und das seien Personen mit perfekten Chinesisch-Kenntnissen gewesen, habe den Test bestanden. Er erzählt:

> Für den Fahrausweis muss man eine schriftliche Prüfung ablegen. Dies ist natürlich für die meisten Nomaden ein unüberwindbares Hindernis, da sie nicht genügend schriftliche Kenntnisse des Chinesischen besitzen. Meistens sprechen sie auch kaum Chinesisch. Da sie weder chinesisch lesen noch schreiben können, bezahlen sie bei den Prüfungsstellen einen Betrag. Der Betrag geht nicht an jemanden, der dann für sie die Prüfung schreibt, denn die Prüfung ist nicht bestehbar. Die Lösung ist, dass man einen Geldbetrag bezahlt und dann ein Zertifikat erhält, das bescheinigt, dass man den Theorietest abgelegt und bestanden hat. Nomaden legen den Test gar nicht ab. Sie kaufen sich einfach den Bestätigungsschein. Nebst dem theoretischen Test muss auch noch ein praktischer Test abgelegt werden. Einige gehen hierfür für einige Tage in eine Stadt, wie zum Beispiel Wenchuan, und buchen Fahrstunden. Danach legen sie den Test ab. Andere lernen zu Hause Autofahren und gehen danach für die Prüfung in die Stadt.[136]

Ein nationales Gesetz schreibt vor, was notwendig ist, um einen Fahrausweis zu erhalten (Hessler 2010: 59). Die schriftliche Prüfung ist Bestandteil der Autofahrprüfung. Wie der obige Gesprächsmitschnitt zeigt, bestehen in der Praxis Möglichkeiten, diese zu umgehen und stattdessen das Zertifikat einer bestandenen Prüfung zu kaufen. So ist es für Nomaden – die der chinesischen Sprache nicht mächtig sind – ohne grössere Umstände möglich, einen Fahrausweis zu erwerben.[137] Eine Anzahl Nomaden lernt bzw. übt das Autofahren im Auto eines Familienmitglieds, Freundes oder Verwandten. Dies ist insofern unproblema-

135 Aus den Feldnotizen: Gesprächsprotokoll GP02_aB2012_m75, September 2012.

136 Aus den Feldnotizen: Gesprächsprotokoll GP03_aB2012_m38, September 2012.

137 Einige Fahrer, die ich kennenlernte, verzichteten ganz auf den Erwerb eines Fahrausweises.

tisch, als in nomadischen Regionen der Verkehr gering ist und es genügend verkehrsarme Strassen gibt, worauf die Leute üben können. Ausserdem erfordert das Fahren auf dem Grasland Kenntnisse, die man sich in den Städten nicht aneignen kann.

Nicht nur der Erwerb des Fahrausweises, sondern auch der Kauf des Fahrzeugs findet ausserhalb der Region statt. Die Nomaden sKa khogs und mDzod dges fahren für den Erwerb eines Autos nach Chengdu in Sichuan oder nach Lanzhou oder Linxia in der nördlichen Provinz Gansu. Diesen Käufen geht ein Entscheidungsprozess voraus, indem man in der Familie und mit Freunden diskutiert, welches Fahrzeug man will, was sich empfiehlt. Man hat sich vorher in Gesprächen mit Freunden und Bekannten mit den Modellen und deren Vor- und Nachteilen vertraut gemacht. Ein junger Mann erklärte mir, wie dies in seiner Familie vonstatten gegangen war. Untenstehend ein Ausschnitt aus dem Gesprächsprotokoll:

> Wir haben diskutiert, welches Auto wir kaufen wollten. Dann einigten wir uns auf einen Pickup, weil dieser für Nomaden am nützlichsten ist für den Materialtransport und für Fahrten auf dem Grasland. Danach hat Vater einige Yaks, Butter und Käse verkauft. Als genug Geld beisammen war, fuhr meine Schwester, die den Fahrausweis hatte, zusammen mit meinem Vater und einem Verwandten, der sich gut mit Autos auskannte, nach Chengdu. Dort haben sie sich auf den Automärkten umgesehen. Sie haben dann statt eines Pickups einen Personenwagen gekauft, einen Kompaktwagen. Im Alltag stellte sich heraus, dass dieser Wagen nicht sehr nützlich war und sie tauschten ihn gegen einen Pickup ein. Der Tausch fand mit einem Bekannten aus der Gemeinde statt.[138]

Der Kauf eines Automobils verlangt nicht nur Diskussion und die Auseinandersetzung mit der Frage, welches Fahrzeug für die jeweiligen Bedürfnisse geeignet wäre, er erfordert auch die Bereitstellung eines grösseren Barbetrages. Der Verkauf von Tieren, meistens Yaks, um das nötige Bargeld aufzutreiben; die Aufnahme eines Darlehens bei der Bank, dem Kloster oder bei Verwandten; ist ein weiterer Schritt in der Aneignung. Der Kauf eines Autos ist keine kleine Sache und kann finanziell teurer sein als der Bau des Hauses in einer der neuen Siedlungen für Nomaden. Oft nimmt man eine oder mehrere Personen mit, mit denen man sich beraten kann und die in der Entscheidungsfindung und in praktischen Dingen helfen. In der oben beschriebenen Episode war die Tochter, die zur Schule gegangen und nun Lehrerin ist, für das Sprachliche zuständig. Autoverkaufsmärkte finden sich allesamt in chinesischsprachigen Städten. Allerdings entstanden auf einigen grossen Autoverkaufsmärkten Servicezentren, die sich auf eth-

138 Aus den Feldnotizen: Gesprächsprotokoll GP04_bA2012_m23, November 2012.

nische Gruppen (ch.: *shaoshu minzu*) in China spezialisiert haben und sprachlich und fachlich als Mittler dienen.

Nach dem Kauf beginnt eine Form der Platzierung, die nicht das gekaufte Objekt an einen Platz rückt, sondern durch die Platzierung von persönlichen Dingen im Innenraum des Autos den Wagen zum Eigenen werden lässt. Zusätzlich kennzeichnet man das Fahrzeug mit dekorativen Elementen. In unmittelbarer Nähe der grossen Automärkte befindet sich ein Markt für Zusatzteile und dekorative Elemente für alle Arten von Autos. Einen davon habe ich im Rahmen der Feldforschung besucht:

> November 2012, Chengdu. Im Stadtteil Hongpailou befinden sich einige der grossen Autoverkaufszentren, welche Tibeter aus dem Bezirk rNga ba aufsuchen. Neben den Autoverkaufsstellen haben sich auch andere Dienste und Geschäfte etabliert. Es gibt eine Verwaltungsstelle für die Beschaffung von Autoversicherungen. Es gibt Reparaturwerkstätten, Läden, die Reifen verkaufen und eine grosse Anzahl an Geschäften, die Sitzüberzüge, Radkappen, Lichter, Aufkleber, Luftauffrischer und vieles mehr anbieten. Dort beobachte ich eine Gruppe von Nomaden, die ihr neu erstandenes Auto, einen roten Chevrolet, vor einem der Geschäfte geparkt haben. Es sind drei Männer. Der älteste von ihnen trägt traditionelle tibetische Kleidung, eine *tsha ru.*[139] Sein Gurt und die Art, ihn zu tragen, kennzeichnen ihn als einen Nomaden aus dem südlichen Amdo. Sein Dialekt bestätigt später den visuellen Eindruck. Auch der junge Mann der Gruppe trägt eine *tsha ru*. Der dritte von ihnen trägt eine Outdoor-Jacke, wie sie in den letzten Jahren auf dem Grasland des Bezirks rNga ba modisch geworden sind. Die drei Männer stehen um das Auto herum und schauen dem Verkaufsassistenten zu, wie er ihr Auto neu dekoriert. Er ersetzt die schwarzen Rahmen der Fenster durch silbrige Rahmen. Auf das Rückfenster klebt er eine transparente Folie, die eine Strassenkarte abbildet. Diese Strassenkarte habe ich auf einer Vielzahl von Autos in Südamdo gesehen, und zwar sowohl auf Autos von chinesischen Touristen als auch von einheimischen Tibetern. Möglicherweise ist es die Nachbildung der Strecke einer Autorally in Nordwest-China. Der junge Mann schaut sich im Geschäft um. Er nimmt eine kleine, batteriebetriebene Gebetsmühle in die Hand, die ich ebenfalls in vielen Autos von Nomaden gesehen habe, und stellt sie wieder zurück ins Regal. Ob er sie gekauft hat, weiss ich nicht. Der ältere Nomade öffnet die Vordertür und greift ins Handschuhfach. Er zieht verschiedene Papiere hervor. Ich stelle fest, dass nebst den Papieren, die wahrscheinlich zum neu erstandenen Auto gehören, auch zwei VCDs[140] im Handschuhfach sind. Im Kofferraum befinden sich Taschen und eine Jacke. Es sind persönliche Objekte, die nach dem Kauf

---

139 Von der Wortbedeutung her ist eine *tsha ru* ein Lammfell. In den in Qinghai gelegenen Regionen Amdos bezeichnet der Begriff nur die aus Lammfell hergestellten Mantelkleider. In sKa khog und mDzod dge ist *tsha ru* ein allgemeiner Begriff für das Mantelkleid mit fell-artigem Innenfutter, das oft aus synthetischen Materialien besteht. Das Sommergewand ohne Fell-Innenfutter nennt man schlicht *lwa*.

140 Video Compact Discs – Vorläufer von DVDs, Disketten zum Speichern von Ton und Bild, die auf speziellen Wiedergabegeräten zusammen mit Fernsehbildschirm oder Computerbildschirm abgespielt werden können.

im Auto platziert wurden. Ich schaue dem Dekorieren noch eine Weile zu und denke darüber nach, wie das Auto nach und nach von den neuen Besitzern vereinnahmt wird.[141]

Nach dem Kauf beginnt bereits die Phase der Platzierung. Das Objekt wird vereinnahmt, personalisiert und erhält schlussendlich einen Platz im Alltag. Dies beginnt mit der Fahrt aus der Stadt nach Hause. Sie markiert die eigentliche „Jungfernfahrt“ für die neuen Besitzer. Dadurch, dass das Auto in einer Stadt ausserhalb des tibetischen Hochlands gekauft werden muss, verläuft die erste Fahrt mit dem neuen Auto in fast jedem Fall über eine Strecke von mehreren hundert Kilometern. Man fährt durch die chaotischen, verstopften Strassen einer chinesischen Metropole, bis man auf die Autostrasse gelangt, die in die heimatliche Region führt. Die ersten zwei- bis dreihundert Kilometer der Reise führen über das Nationalstrassennetz, das Südamdo an die Provinzen und ihre Hauptstädte Lanzhou und Chengdu anbindet. Wenn das tibetische Plateau erreicht ist, geht die Fahrt auf den gut ausgebauten Provinz- oder Bezirkstrassen weiter. Erst das allerletzte Teilstück der Reise – je nach Lage der Winterweiden der Nomaden handelt es sich um die letzten zehn bis fünfzig Kilometer – führt über teils holprige, mit Schlaglöchern versehene Naturstrassen oder über Fahrspuren, die durch häufige Nutzung entstanden sind. Dieses letzte Teilstück ist vertrautes Terrain. Man ist nun im eigenen Weidegebiet angekommen. Der Fahrer weiss, ob bis ans Haus bzw. Zelt heran gefahren werden kann oder ob es topographische Hindernisse wie Gräben, Gewässer und sumpfige Stellen gibt, welche die Gefahr des Steckenbleibens in sich bergen. Zu Hause angekommen, wird das Auto geparkt. Familienmitglieder fahren Probe und führen das Auto in der Siedlung vor. Nach und nach wird es ein Mobilitätsmedium unter anderen. Es hält Einzug in den Familienhaushalt und in dessen alltägliche Routinen.

141 Aus den Feldnotizen: Beobachtungsprotokoll BP07_CDU2012, November 2012.

4 Telekommunikation und Mobiltelefone – Verflechtungen von Infrastruktur, Technologie und Kommunikationsformen

Die Motorisierung nomadischer Haushalte und der Strassenbau in sKa khog und mDzod dge führten zu einer Verbesserung und Beschleunigung der Verbindung zwischen Nachbarn eines *ru skor* und zwischen Bewohnern derselben *sde ba*. Auch die Verbindung zwischen der in den Weidegebieten und in zentralen Siedlungsorten lebenden Bevölkerung, den dortigen Marktzugängen und Serviceleistungen des Staates und der Privatwirtschaft verbesserte und beschleunigte sich. Der gebräuchliche Begriff für diese Verbindungen lautet im Tibetischen *grim grul* bzw. im Chinesischen *jiaotong*. In seiner Doppelbedeutung von „Verkehr" und „Kommunikation" wird er vor allem in Bezug auf Verkehrswege, Verkehrssysteme, Transportsysteme, Verkehrsaufkommen, Verkehrsregeln etc. verwendet. Trotzdem enthält der Begriff gleichzeitig die Bedeutung von miteinander verkehren, von Kommunikation, von Beziehungen, die durch Post, Telegraph und Telefon ermöglicht werden. Der Begriff schafft damit eine Verbindung zwischen dem Thema von Kapitel 3 und dem Aufkommen von Telekommunikation, das in diesem Kapitel besprochen werden soll. Wie Kapitel 3 beschreibt auch dieses die Verbindungen und Verknüpfungen von Orten und Personen sowie die Veränderungen dieser Verbindungen, die durch Infrastruktur und die Inkorporation von mobilen Technologien in den Alltag von Nomaden entstanden.

4.1 Wege der Kommunikation in sKa khog und mDzod dge

Kommunikation gilt als universales Grundbedürfnis von Menschen. Räumliche Mobilität von Individuen und Gemeinschaften wirkt sich nun aber erschwerend auf deren Kommunikationsfähigkeit aus, was evolutionsbiologisch sowohl für Menschen als auch für Gemeinschaften anderer Organismen Nachteile mit sich bringen kann, wie Geser (2004) argumentiert. Er führt aus, dass die Evolution von organischem Leben durch zwei Grundbedingungen bestimmt wurde: Erstens physische Nähe als Voraussetzung zur Initiierung und Aufrechterhaltung interaktiver Beziehungen. Zweitens stabile Siedlungsverhältnisse, welche die Entwicklung von komplexen Formen der Kommunikation und Kooperation erlaubten (Geser 2004: 2). Trotz teilweiser Absenz dieser Faktoren hat der Mensch interpersonale Beziehungsstrukturen der Solidarität und Kooperation gebildet, indem sich beispielsweise in nomadischen Gemeinschaften der Raum sozialen Zusammenlebens über andere Kanäle als in einer dörflichen Gemeinschaft konstituiert

DOI 10.1515/9783110502008-005

(Geser 2004: 3). Nichtsdestotrotz sieht Geser das Transformationspotential des Mobiltelefons in seiner Aufhebung der zwei Grundkonditionen der Kommunikation:

> Seen in this very broad evolutionary perspective, the significance of the mobile phone lies in empowering people to engage in communication, which is at the same time free from the constraints of physical proximity and spatial immobilities (Geser 2004: 3).

Räumliche Mobilität gilt als zentrales Charakteristikum nomadischer Gemeinschaften (Karplus & Meir 2013: 23). Auch Nomaden aus sKa khog und mDzod dge leben in sozialen Systemen mit geringer physischer Nähe und ohne oder nur mit begrenzter räumlicher Stabilität. Sie haben durch das Fehlen der beiden stabilisierenden Faktoren eigene Wege der Kommunikation entwickelt, die es ihnen erlauben, ihre Kommunikationsbedürfnisse und -fähigkeiten aufrecht zu erhalten. Viele dieser Kommunikationsformen haben bis heute ihre Gültigkeit beibehalten, auch wenn sie zum Teil durch die neuen Mobilitätstechnologien neu konfiguriert werden.

In diesem Kapitel werde ich Aspekte der Kommunikation auf dem Grasland sKa khogs und mDzod dges durch Aufzeichnungen aus meinem Feldtagebuch vorstellen und danach ausführen. Einleitend beziehe ich mich auf dieselben Episoden, die bereits im einführenden Teil von Kapitel 3.2 dargestellt wurden. Der Fokus richtet sich nun auf Technologien der Kommunikation und Kommunikationsformen, die im Kontext von verstreut wohnenden Menschen und Familien auftreten:

> 17. Februar 2006. Es sind Winterferien. Das Neujahrsfest ist vorbei. Die Busse fahren wieder. Ich besuche Freunde und Bekannte in sKa khog und mDzod dge. Studenten, die sonst an der Universität in Chengdu oder woanders studieren, sind zu Hause im Grasland anzutreffen. Gongbo hat mich eingeladen, seine Familie zu besuchen. Seit einem Tag bin ich nun am Sitz seiner Gemeinde. Er hat kein Mobiltelefon, selbst wenn er eines hätte, könnte ich ihn nicht kontaktieren, weil es in den meisten der Weidegebiete keinen Netzwerkempfang gibt. Dort aber verbringt er die meiste Zeit, um während seinen Ferien die Mutter zu unterstützen. Also besuche ich vorläufig eine Bekannte in der Siedlung. Während wir zusammen Tee trinken, bekommt sie Besuch von einem Nomaden, der aus demselben *ru skor* ist, wie Gongbo und seine Familie. Ich frage ihn, ob er Gongbos Familie kenne und als er bejaht, bitte ich ihn, eine Botschaft für Gongbo mitzunehmen und ihm auszurichten, dass ich hier sei.

> 18. Februar 2006. Der junge Mann am Tor suche mich, sagt mir die Frau des Hauses, in welchem ich gerade zu Besuch bin. Wir haben gesehen, wie jemand dort steht und ruft. Es ist Gongbo, der in der Siedlung nach der Ausländerin gefragt und schlussendlich das richtige Haus gefunden hat. Meine Gastgeber bitten ihn herein. Er fragt, ob ich Zeit hätte, ihn und seine Familie zu besuchen. Die Arrangements sind schnell gemacht und wir brechen am späten Nachmittag auf und fahren in das Winterweidegebiet seiner Familie.

19. Februar 2006. Es ist ein schöner, sonniger Tag. Die Mutter von Gongbo hat im Innenhof ihres Winterhauses den Webstuhl aufgespannt. Auch ich darf mich daran versuchen, zur Belustigung der beiden Frauen aus der Nachbarschaft, die zu Besuch gekommen sind. Das Weben ist sehr anstrengend und die Mutter Gongbos übernimmt wieder. Ich mache es mir zusammen mit den zwei Frauen auf einer Unterlage auf dem Boden bequem. Wir unterhalten uns und es werden Neuigkeiten über die Familien und die Nachbarschaft ausgetauscht. Gongbos Mutter wird informiert, dass man sich in einigen Tagen bei Chokho treffen wird, um beim Nähen des Zeltes der Familie zu helfen.

Am Abend bekommen wir Besuch von zwei jungen Männern im Alter von Gongbo. Es stellt sich heraus, dass das Motorrad, mit dem wir tags zuvor auf die Weide gefahren sind, einem der jungen Männer gehört. Er braucht es wieder. Sie werden ins Haus gebeten und Tee wird eingeschenkt. Wir unterhalten uns. Später, es ist schon dunkel geworden, kommen zwei weitere junge Männer in Gongbos Alter vorbei. Für die Hungrigen wird die Kiste mit *rtsam pa*[142] herumgereicht. Während Gongbo das Abendessen für die Familie vorbereitet, läuft das Gespräch weiter. Zwischendurch gehen Gongbo und zwei der Männer nach draussen. Man hört sie in einiger Entfernung zum Haus reden und lachen. Gongbo kommt alleine zurück. Die zwei sind weiter gezogen. Nun kommt der Cousin aus der Nachbarschaft. Wir essen, reden und diskutieren. Gongbo versucht, mich einzubeziehen und übersetzt mein fehlerhaftes Tibetisch für die andern. Die Mutter sagt mir, dass das immer so sei, wenn ihr Sohn zuhause sei. Da versammelten sich jungen Männer in ihrem Haus und redeten lange in die Nacht hinein.

20. Februar 2006. Die Mutter ist wieder am Weben. Ich leiste ihr Gesellschaft. Auch heute haben wir Besuch. Neffe und Nichte aus dem angrenzenden Haushalt sind zu Besuch. Die Nichte studiert in Lhasa und wir unterhalten uns über Lhasa und die Universität. Gongbo ist unten beim Fluss und wäscht seine Kleider. Als er etwas später auf das Haus zukommt, ruft ihm seine Mutter etwas zu und er ruft zurück. Ich verstehe nichts. Mir erscheint die Distanz zu weit. Aber Gongbo hat verstanden. Er ändert seine Richtung und holt eine Jacke, die etwas weiter entfernt am Zaun hängt und nimmt sie mit zum Haus.

Am Abend sind wir bei der Familie von Gongbos Onkel eingeladen. Wieder sitzen wir um den Herd und unterhalten uns. Ich werde zum Leben in der Schweiz befragt. Ob es da auch Nomaden gebe und wie sie lebten. Ich erzähle von den Älplern und dass unsere „Nomaden" in Häusern lebten. Sie nicken. Das sei wie bei den *rong ba* – den Talbewohnern – in 'Bar khams. Die hätten auf ihren Sommerweiden auch Häuser. Auf einmal beginnen die Hunde draussen zu bellen. Gongbo und sein Cousin gehen nach draussen. Sie rufen. Gleichzeitig sind Rufe von weiter entfernten Häusern im Hochtal zu vernehmen. Es ist, als ob der Ruf von Haus zu Haus weitergegeben wird. Dann ist aus der Ferne ein für meine Ohren eigenartiger Ruf zu vernehmen. Gongbo und der Cousin wiederholen ihn. Später, als sie hinein kommen, erklärt Gongbo, dass Wölfe in der Gegend seien und sie diese mit solchen Rufen zu vertreiben suchen.

142 Geröstetes Gerstenmehl, ein tibetisches Grundnahrungsmittel.

> 22. Februar 2006. Mein Abschied steht bevor. Der Cousin hat auf seinem Besuch am Vortag bereits sein Motorrad angeboten. Gongbo könne es benutzen, um mich zurück in die Siedlung zu fahren. Ich solle wieder kommen und dann länger bleiben. Ich solle sie im Sommer besuchen. Dann sei es schön hier. Dann blühen die Blumen. Auch die Mutter Gongbos lädt mich ein, wiederzukommen. Ich könne auch kommen, wenn Gongbo an der Schule sei. Und ob ich nicht doch noch zwei Tage länger bleiben wolle? Morgen werden sie und andere Frauen und Männer aus der Nachbarschaft einem Haushalt helfen, sein Zelt zu nähen. Da treffe man viele Leute und ich könnte viele Fragen stellen. Sie will auch meine Telefonnummer, die sie in ein Büchlein schreiben lässt, in dem auch die Telefonnummer von Gongbos Schlafraum in seiner Internatsschule steht. Sie rufe ihn jeweils an, wenn sie in der Gemeindesiedlung sei. Nach diesen Einladungen und dem Austauschen von Telefonnummern mache ich mich für die Rückfahrt bereit. Gongbo wird angehalten, vorsichtig zu fahren und mir gibt man einen Holzstock in die Hand, um allfällige Hunde abzuwehren.

Dies ist ein Ausschnitt aus meinem Feldtagebuch, der hauptsächlich Kommunikationsformen im unmittelbaren Umfeld einer Familie und eines *ru skor* darstellt. Er zeigt auch, wie über weitere Distanz kommuniziert wird. In den nächsten drei Kapiteln werde ich Ersteres vertiefen und des Weiteren Kontexte der Kommunikation beschreiben, die ohne Mobilität nicht zu bewältigen sind.

4.1.1 Kommunikation im eigenen Haushalt und in der Nachbarschaft

Das Haus oder Zelt der Nomaden ist ein Ort der sozialen Interaktion. Der Herd (*thab kha*) bildet dabei die Mitte (vgl. auch Chos bstan rgyal 2014: 50, 65; Hermanns 1949: 47–48). Dort begegnet man sich in sozial strukturierter Ordnung. Die Nomaden erledigen an diesem Ort alltägliche Arbeiten wie Milch für das Zentrifugieren erwärmen, Käsemilch aufkochen, Tee oder Essen kochen. Beim Herd trifft sich die Familie zum gemeinsamen „Tee trinken“, was sich in mDzod dge und sKa khog auf die verschiedenen Mahlzeiten des Tages bezieht. Am heimischen Feuer bespricht die Familie die täglichen Arbeiten und teilt sie zu. Probleme der Familie und nachbarschaftliche Neuigkeiten werden diskutiert. Entscheidungen über Verkauf von Tieren oder die Anschaffung neuer Geräte fällt das Familienoberhaupt nach Erwägungen, die in Gesprächen am Feuer vorgenommen und besprochen wurden. Der heimische Herd ist zudem der Ort, wo Gäste bewirtet werden. Je nach sozialem Status und empfundener Nähe oder Distanz zur Person sind die sozialen Regeln mehr oder weniger formalisiert und Sitzordnungen nach Alter und Geschlecht werden mehr oder weniger strikt eingehalten.[143] Hier, im Innern des Zelts

143 Die von Bum-Ochir Dulam beschriebenen sozialen Regeln und Sitzordnungen in einem mongolischen Ger in Qinghai lassen sich zwar nicht direkt auf das tibetische Nomadenzelt über-

oder des Hauses am Herd, findet direkte Kommunikation statt. Wie sich diese gestaltet, welche Themen dominieren und wer das Gespräch steuert, all das hängt von Alter, Geschlecht und sozialem Status der Anwesenden ab.

Nomaden verbringen einen grossen Teil ihrer Zeit ausserhalb des Zeltes und des Hauses. Sie sind beschäftigt mit den täglichen Arbeiten wie Melken, Herden auf die Weide treiben, Wasser holen usw. Es gehört zum Alltag, dass sich die einzelnen Mitglieder des Haushalts nicht am selben Ort, oft aber in Sicht- oder Rufweite aufhalten. Wenn in solchen Situationen kommuniziert werden muss, wird gerufen. Ähnlich spielt sich auch Kommunikation zwischen Nachbarn ab, die sich in Rufweite befinden. Um die Aufmerksamkeit auf sich zu ziehen, gibt es bestimmte Ruflaute. Oft werden gleichzeitig mit einem Kleidungsstück oder zumindest mit der Hand Zeichen gegeben, um mit Bewegung zusätzlich auf sich aufmerksam zu machen.

Gegenseitiges Zeichengeben und Zurufen über teilweise grosse Distanzen geschieht öffentlich. Wer in Hörweite ist, kann mitverfolgen, worüber gesprochen wird. Trotzdem hat sich in diesem Zurufen über Distanzen auch eine romantische Form der Kommunikation entwickelt, die in der poetischen Liederform der *la ye* weiterlebt (vgl. z.B. Anton-Luca 2002). Hier handelt es sich um einen Wechselgesang zwischen Mann und Frau, der auf eine Sing- und Kommunikationsform von Hirten zurückgeführt wird. Auch das Genre des Nomadenlieds (*'brog glu*) wird auf die offenen Weiten des Graslands und das Bedürfnis nach Kommunikation zurückgeführt.[144]

Nicht alle Bewohner eines *ru skor* wohnen in Sicht- und Rufweite zueinander. Zwar waren *ru skor* meist so angeordnet, dass Botschaften von Zelt zu Zelt und Haus zu Haus durch Rufen weitergegeben werden konnten, um innert kürzester Frist das *ru skor* in Alarmbereitschaft versetzen zu können. Botschaften, die auf diese Weise weitergegeben wurden, betrafen entweder alle oder es wussten alle darüber Bescheid. Ekvall hat dies in diversen wissenschaftlichen Veröffentlichungen und Erzählungen thematisiert und die Wichtigkeit dieser Kommunikationsform für den gemeinsamen Schutz gegen aussen verdeutlicht (vgl. Ekvall 1964a; 1974). In Ekvalls Arbeiten wird ebenfalls deutlich, welche zentrale Funktion das Pferd und die Mobilität, die es ermöglicht, für die Kommunikation hatten. Er betont, wie wichtig Pferde für die Pastoralwirtschaft sind, um schnell auf Eventualitäten reagieren und Botschaften schnell von Zelt zu Zelt transportieren zu können.

---

tragen. Die Ähnlichkeiten in sozialem Verhalten und in der Zuteilung von Räumen und Sitzordnungen sind aber frappant (Dulam 2006: 33–53).

144 Ann Morcom beschreibt, dass die Singtechnik des klassischen Nomadenlieds auf einem grossen Stimmvolumen beruht, das räumlich weit trägt (2007: 27).

Wenn keine Dringlichkeit besteht, kann es sein, dass der Sender einer Botschaft die Distanz zwischen sich und dem Empfänger nicht selber überwindet, sondern andere Medien der Kommunikation sucht. Häufig wird jemandem, der in die entsprechende Richtung geht, fährt bzw. reitet, eine Nachricht mitgegeben Diese Praxis hat immer noch einen hohen Stellenwert, weil Nomaden sich nicht immer in Gebieten aufhalten, in denen Mobiltelefonie möglich ist. Wenn die Distanzen zu gross sind, um verständlich zu kommunizieren oder wenn der Inhalt privater Natur ist, dann muss die Distanz reduziert werden. Während dies früher per Pferd bewerkstelligt wurde, kommt heute das Motorrad zum Einsatz.

4.1.2 Kommunikation in die Ferne

Die Übertragung von Nachrichten über grosse Distanzen, ob schriftlich oder mündlich, erforderte Mobilität. Diese wurde teilweise an andere delegiert. Beziehungsnetzwerke von Nomaden gehen über das Gebiet der eigenen Gemeinschaft (*ru skor* und *sde ba*) hinaus. Früher waren es politische, wirtschaftliche und religiöse Allianzen, die gepflegt und durch deren Netzwerke kommuniziert wurde. Diese Form der Kommunikation hat bis heute ihre Relevanz beibehalten, obschon davon auszugehen ist, dass einige der früheren Beziehungsnetzwerke und Allianzen durch die gesellschaftlichen Umbrüche der letzten sechzig Jahre zerschlagen wurden oder sich aufgelöst haben. Aber wie damals sind Nomaden seit den Reformen zunehmend darauf angewiesen, gute Geschäftsbeziehungen zu pflegen und darin sind Verwandtschafts- und Freundesnetzwerke weiterhin relevant.

Um über Distanz zu kommunizieren wurden verbale oder geschriebene Informationen entlang des Netzwerks weitergegeben. Geschriebene Nachrichten, Empfehlungsbriefe und ähnliche Kommunikationsformen wurden vorwiegend von Mitgliedern der klösterlichen Institutionen und von leitenden Personen genutzt. Sie hatten einen formalen Charakter und je nach Schreiber und Empfänger ein entsprechendes Gewicht. Verbale Nachrichtenübertragung durch einen Botschafter war wohl die gebräuchlichste Form der Fernkommunikation. Jeder Reisende konnte gebeten oder beauftragt werden, eine Botschaft an einen bestimmten Ort und eine bestimmte Person mitzunehmen. Der Botschafter wiederholte seine Nachricht dem Empfänger zweimal und fragte dann nach, ob sie verstanden worden sei. Auf gleiche Weise wurde sie ihm bereits vom Absender anvertraut (vgl. Ekvall 1961; 1964b). Zuverlässigkeit und Genauigkeit spielten eine wesentliche Rolle. Dem Reisenden als Botschafter sowie den persönlichen Freundesnetzwerken kamen folglich eine wichtige Funktion zu, nicht nur für die sichere Passage von Personen und Gütern auf Reisen durch fremdes Terrain, sondern auch zu Kommunikationszwecken.

Nebst den traditionellen Netzwerken, die vermutlich seit den Reformjahren wieder vermehrt in Erscheinung traten, und den traditionellen Kommunikationsmethoden, erleichterte seit den 1990er Jahren beschränkt auch Telefonie die Kommunikation in die Ferne. Schulbildung und der Bedarf an einheimischen Kadern hat zu einer verstärkten Diversifizierung der Gesellschaft und dadurch zur Erweiterung der persönlichen Netzwerke von Nomaden geführt. Schulabgänger aus der Graslandregion leben über den ganzen Bezirk verstreut in Gemeinden und Kreisstädten und sind oft in der Verwaltung tätig oder als Lehrkraft an Schulen angestellt, wo auch zuerst Telefoninfrastruktur installiert wurde. An Kreis- und Gemeindesitzen verfügten bereits in the 1990er Jahren einige Private und Ladengeschäfte über einen Telefonanschluss, welchen sie für Nomaden aus den Weidegebieten zugänglich machten. Nomaden, die sich am Gemeinde- oder Kreissitz aufhielten, nutzten jeweils diese Gelegenheit, um ihre Familienmitglieder, Freunde oder Bekannten in der Ferne anzurufen.

Fernkommunikation, die sich der modernen Technologie bediente, gab es folglich schon vor der Verbreitung der Mobiltelefonie. Allerdings war sie örtlich fixiert und an Orten, die ausserhalb der von Nomaden bewohnten Weidegebiete lagen. Nomaden mussten mobil sein, um sie zu erreichen und zu nutzen. Wie sich Festnetztelefonie und Mobiltelefonie entwickelten und veränderten, wird im folgenden Kapitel beschrieben.

4.2 Entwicklung der Telekommunikation in China und in Südamdo

Mit der Ankunft der chinesischen Staatsvertreter im Grasland sKa khogs und mDzod dges in den 1950er Jahren nahm eine neue Kommunikationsform ihren Anfang, die lange Zeit ausschliesslich Vertretern der Staatsadministration und dem Militär vorbehalten blieb: die Telekommunikation. Dieser Begriff, der das griechischen Wort *tele* – „fern" – beinhaltet, verweist auf eine Kommunikationsform, die Distanzen überwindet, die nicht auf die ansonsten für Kommunikation notwendige physische Nähe angewiesen ist. Der Begriff, der im Chinesischen verwendet wird – *dian xin* – bedeutet „elektronische Nachricht" und bezieht sich folglich auf das Medium der Kommunikation. Für elektronische Kommunikation benötigt man Technik und Infrastruktur. Wie sich diese in China entwickelte, werde ich in diesem Kapitel kurz erläutern[145] und deutlich machen, dass in China

145 Für eine ausführliche Geschichte der Entwicklung der Telekommunikation in China, vgl. z. B. Harwit 2004; 2008; Mueller und Tan 1997; Zou 2007.

Abbildung 14: Mobilfunk-Sendemast auf der Anhöhe einer Gemeindesiedlung in sKa khog (September 2012).

die Entwicklung und Verbreitung der Mobiltelefonie insbesondere in ländlichen Regionen einen Quantensprung in der Telekommunikation darstellte. Erst diese Form der Telefonie machte Telekommunikation grossen Bevölkerungsteilen Südamdos zugänglich.

4.2.1 Entwicklung der Telekommunikation in China

Bei der Gründung der Volksrepublik China im Jahre 1949 gab es praktisch kein funktionierendes Telekommunikationssystem in China. Die ersten Telegrafenlinien errichteten die ausländischen Kolonialmächte für ihre Zwecke. Sie kontrollierten sie auch bis zu deren Rückforderung durch die Republik China 1934. Diese baute Radio- und Telegrafensysteme aus, einige davon auch in Randregionen Amdos in den heutigen Provinzen Gansu und Qinghai (vgl. Horlemann 2015) sowie vermutlich auch in Xikang, dem heutigen Bezirk dKar mdzes (ch.: *Ganzi*) in Sichuan. Einige der früheren und während der Jahre der Republik errichteten Radio- und Telegrafensysteme wurden während des chinesisch-japanischen Krieges (1937 – 1945) und des nachfolgenden Bürgerkrieges zwischen den republikanischen Kräften (ch.: *Guomindang*) und den Kommunisten (ch.: *Gongchandang*) praktisch vollständig zerstört (Zou 2007: 107–109). Die neu gegründete Volksrepublik begann folglich fast bei null. Die Telekommunikation wurde im neuen Staat als Regierungsmonopol angelegt und diente bis 1978 hauptsächlich staatlichen und militärischen Zwecken (Mueller & Tan 1997). Obschon die Regierung anstrebte, dass bis 1960 jede Gemeinde mindestens über einen Telefonanschluss verfügt, ist fraglich, ob dies umgesetzt werden konnte. Wahrscheinlicher ist, dass in den Kreisen Telefonanschlüsse eingerichtet wurden, die in erster Linie den Regierungsadministrationen und militärischen Einheiten zur Verfügung standen (Harwit 2004: 1014–1016).

Vor dem Hintergrund der neuen Reformpolitik, die 1978 begann, wurde die Telekommunikation von rein politischen und militärischen Zwecken gelöst und als essentieller Teil der Entwicklung der gesamten Volkswirtschaft deklariert. Das öffentliche Telekommunikationsnetz wuchs schnell, ausgestattet mit der jeweils neusten Technologie (vgl. Zou 2007: 125–135). Um das Wachstum und die Innovationskraft der Telekommunikationsbranche anzukurbeln, verfügte der Staat verschiedene Umstrukturierungen. Neben dem ehemaligen Staatsmonopol der China Telecom (*Zhongguo Dianxin*) entstanden andere Unternehmen wie China Unicom (*Zhongguo Liantong*) und China Railcom (*Zhongguo Tietong)* in der Telekommunikationsbranche, wahrscheinlich als eine Reaktion auf politischen und wirtschaftlichen Druck, der sich aus dem Reformprozess ergeben hat (Mueller & Tan 1997: 45–46). 1999 teilte sich der ehemalige Staatsbetrieb der China Telecom auf und bildete ein unabhängiges Unternehmen für die Mobiltelefonie unter dem Namen China Mobile (*Zhongguo Yidong*). Die Regierung schätzte die neuen Informationstechnologien der mobilen Kommunikation und des Internets als Überfliegertechnologie ein und unterstützte notwendige strukturelle Anpassungen der Branche. Gleichzeitig forderte sie von den Unternehmen die Umsetzung staatlicher Versprechen, Telefonie allen zugänglich zu machen. Mit dem Argument der Unterversorgung auf dem Land und in abgelegenen Regionen sowie der langen Wartelisten in den Städten positionierten sich beispielsweise China Unicom und China Railcom im Markt und erhielten so die notwendigen Betriebsbewilligungen (Mueller & Tan 1997: 50–51).

Durch die Strukturentwicklungen, die der chinesische Staat durch den Reformprozess einleitete und durch die technologische Weiterentwicklung, die wegen der Wichtigkeit der Branche für Wirtschaft und Gesellschaft vom Staat gefördert wurde, konnten in China ganze Technologiegenerationen übersprungen werden. Ein sehr dynamisches, innovatives Feld entstand für die Entwicklung von Telekommunikationsinfrastruktur und –technologie, was sich gerade in der Entwicklung und dem Ausbau der Mobiltelefonie und des Internets äusserte. Der nächste grössere Entwicklungsschub war die Weiterentwicklung der 3G-Services und deren Lizenzvergabe, welche 2009 erfolgte. Das 4G-Netz befindet sich gegenwärtig im Aufbau. Es wurde im Dezember 2013 mit ersten

Lizenzvergaben lanciert und seither in einigen Städten Chinas getestet (IDC 2013).[146]

Wie in anderen wirtschaftlichen Sektoren erfolgten der Ausbau und die Entwicklung der Telefoninfrastruktur zuerst an der Ostküste und in den grossen Metropolen (Harwit 2004: 1013). Weil der chinesische Staat die Telekommunikation und Informationstechnologie als zentralen Faktor wirtschaftlicher Entwicklung betrachtet, sorgte er mit gezielten Programmen auch dafür, dass in ruralen und abgelegenen Gebieten die Telekommunikationsinfrastruktur ausgebaut wurde, selbst wenn die Investitionskosten die erwarteten Gewinne überstiegen (Harwit 2004: 1017–1018). Wie sich die Telekommunikation in der ländlichen Region des Bezirks rNga ba entwickelt hat, wird das nächste Kapitel ausführen.

4.2.2 Entwicklung der Telekommunikation in Südamdo

Die Entwicklung der Telekommunikation im Bezirk rNga ba[147] verlief erwartungsgemäss anders als in den Metropolen, in denen bereits in den 1980er Jahren das öffentliche Netzwerk ausgebaut worden war und in denen die Anzahl von Haushalten, die einen privaten Telefonanschluss beantragten, bereits in den 1990er Jahren exponentiell wuchs. Demgegenüber hatte in sKa khog und mDzod dge die Mehrzahl der Haushalte auf Gemeindeebene bis Ende der 1990er Jahre keine Möglichkeit, einen Privatanschluss zu beantragen, weil keine oder nur eine rudimentäre Telefoninfrastruktur bestand. Dieser Zustand hat sich aber innerhalb von weniger als zehn Jahren grundlegend verändert. Statt in kostenintensive Festnetz-Telefoninfrastruktur zu investieren, ging man dazu über, eine Mobilfunkinfrastruktur aufzubauen (vgl. Harwit 2004: 1028). Ich werde dies anhand ethnographischen Materials am Beispiel der Gemeinden Thang skor und rMe chu des Kreises mDzod dge aufzeigen. Die Beschreibungen betreffend rMe chu sind weniger detailliert als für Thang skor, machen aber deutlich, dass innerhalb der Region zum Teil beträchtliche Differenzen in der Versorgung und Entwicklung von Telekommunikation bestanden.

---

146 Seit 2016 werden in China Vorversionen der 5. Generation (5G) getestet, um die von Nutzern und der Regierung verlangte Datenübertragungsgeschwindigkeit zu erhöhen. Vgl. z.B. den Artikel in der *South China Morning Post* „China to get ‚10 times faster' pre-5G internet in 2016 amid premier's push for tech development", http://www.scmp.com/tech/innovation/article/1840079/china-get-10-times-faster-pre-5g-internet-2016-amid-premiers-push; (Zugriff am 31. 07. 2016).

147 Zur Entwicklung des Post- und Telefondienstes im Bezirk rNga ba vor 1980, vgl. Da'erji und Li 1991: 86–89.

Abbildung 15: Zäune, Strom- und Telefonleitungsmaste entlang der Strasse S209 (September 2012).

Sowohl die Gemeinde Thang skor (ch.: Tangke *xiang*) als auch die Gemeinde rMe chu (ch.: Maixi *xiang*) sind pastorale Gemeinden und grenzen an den in der Provinz Gansu liegenden Kreis rMa chu. Thang skor ist flächenmässig[148] ungefähr doppelt so gross wie rMe chu. Erstere wird von der Provinzstrasse S209 durchquert, welche die Kreissitze von sKa khog und mDzod dge verbindet, und ist dadurch sehr gut erschlossen. rMe chu hingegen gilt als abgelegen und schlecht erschlossen. Diese Unterschiedlichkeit zeigt sich auch in der Entwicklung des Mobilfunks.

Die Anfänge der Festnetztelefonie in Thang skor

Ein Bekannter erzählte mir, dass es im Sommer 1998 in Thang skor gerade mal ein Telefon gab. Er war nach Thang skor gereist, um einheimische Freunde zu

---

148 Thang skor hat ein Gesamtfläche von 1009 km2 (vgl. http://www.ruoergai.gov.cn/xzbmdh/xzzfhybmxzwzdh_23642/tkx/; Zugriff am 10. 07. 2016) und rMechu von 506km2 (vgl. http://www.ruoergai.gov.cn/xzbmdh/xzzfhybmxzwzdh_23642/mxx/; Zugriff am 10. 07. 2016).

besuchen. Einer von ihnen war Mitglied der Gemeindeverwaltung. Um seine Familie in Chengdu anzurufen, erkundigte mein Bekannter sich, ob es in Thang skor eine Möglichkeit zum Telefonieren gäbe. Der Mitarbeiter der Gemeindeverwaltung nahm ihn mit in das Verwaltungsgebäude. In einem der Arbeitsräume stand ein Telefon. Das Gerät war mit einer Kurbel ausgestattet und an eine Batterie angeschlossen. Gemäss seinen Beschreibungen musste es sich um eine Art Feldtelefon gehandelt haben. Bei solchen Geräten kann mit der Kurbel eine Rufspannung hergestellt werden, die es ermöglicht, mit einem anderen Gerät Kontakt aufzunehmen, von wo aus der Anruf dann weitergeleitet wird.

Dem Bericht meines Freundes zufolge gab es 1998 keine allgemein zugängliche Festnetztelefonie in Thang skor. Das änderte sich bereits im folgenden Jahr. Zu dieser Zeit, Ende der 1990er Jahre, gab es in ganz China Bestrebungen, den „digital divide" zwischen ruralen und urbanen Regionen sowie zwischen Ostküste und Inland, insbesondere dem Westen, zu verringern (Harwit 2004). Dies zog einen Infrastrukturausbau im gesamten Bezirk rNga ba nach sich. So verfügten bei meinem ersten Besuch in Thang skor im November 1999 bereits einzelne Geschäfte über einen Telefonanschluss. Im Sommer 2000 hielt ich mich einige Wochen in Thang skor auf. Meine Notizen aus dieser Zeit wie auch fotographisches Material lassen die Vermutung zu, dass geschätzte dreissig Prozent der Ladengeschäfte über ein Telefon verfügten. Diese Telefone konnte die Öffentlichkeit gegen Bezahlung benutzen. Einige der Haushalte in der Siedlung hatten ihren eigenen Telefonanschluss. Nomaden, die aus den Weidegebieten in die Siedlung kamen, nutzen öffentliche Telefone, um Anrufe zu tätigen. Es kam auch vor, dass Bekannte und Verwandte der Nomaden solche öffentlichen Nummern anriefen. Falls der Ladenbesitzer den Anrufer kannte, konnten Nachrichten hinterlassen werden, die bei der nächsten Gelegenheit, wenn der Empfänger wieder in der Siedlung war, mündlich übermittelt wurden oder durch Botensystem jemandem anvertraut wurde, der in die Richtung fuhr oder ritt, in welcher der Empfänger wohnte.

In jenem Sommer 2000 lernte ich eine junge Frau kennen, deren Familie ein Restaurant betrieb. Sie war Studentin und half während ihrer Semesterferien zu Hause aus. Ihre Familie hatte einen Festnetzanschluss. Die junge Frau trug aber auch ein Mobilgerät bei sich. Wie es sich herausstellte, handelte es sich um ein *Xiaolintong*, ein drahtloses Gerät, das über Funksignale mit dem lokalen Festnetz Telefonverbindung ermöglichte. *Xiaolintong* entwickelte sich in China parallel zur Mobiltelefonie. Es war kostengünstiger, gleichzeitig aber angewiesen auf geografische Nähe zum entsprechenden Festnetzanbieter. Meine Bekannte war nicht die einzige Mobilgerätnutzerin. Ein Nomade, der selber nicht mehr in der Weidewirtschaft tätig war, sondern Handel betrieb und oft unterwegs war, besass ein Mobilgerät. Studenten, die aus den Universitäten in den Städten nach Hause kamen, brachten ebenfalls Mobilgeräte mit, die sie aber oft in der Heimat nicht nutzen konnten. Einige Personen, die in der Verwaltung oder im Handel tätig waren, besassen sogenannte Pagers (Funkmeldeempfänger), die ihnen eine gewisse Erreichbarkeit garantierten. Für die in der Pastoralwirtschaft tätigen Nomaden waren Mobilgeräte nutzlos, weil die Nomaden in zu grosser Distanz zur Telefoninfrastruktur und ausserhalb ihrer Reichweite wohnten.

2001 wurden in den Kreisstädten von mDzod dge und sKa khog die ersten Mobilfunk-Sendetürme erstellt. In Thang skor wurde 2002 ein Sendeturm im Innenhof der Gemeindeverwaltung errichtet. Vorerst aber benutzte die Mehrzahl der Nomaden in Thang skor weiterhin Festnetztelefone. 2004 betrieben mindestens zwei Unternehmer in Thang skor Telefongeschäftsstellen mit mehreren Telefonen. Es handelte sich dabei jeweils um einen Raum mit Trennwänden. In den offenen Kabinen gab es je einen Tisch mit Telefon und Sitzgelegenheit. Nomaden nutzten ihre Besuche in Gemeinde- oder Kreissitzen, um Telefonanrufe zu tätigen. Manchmal baten sie den Geschäftbetreiber oder andere um Hilfe bei der Nummerneingabe oder beim Heraussuchen der richtigen Nummer aus handgeschriebenen Notizen oder Notizbuch mit Nummern, wenn beispielsweise ein Name dabei stand, sie aber nicht lesen konnten. Mobiltelefone waren in dieser Anfangszeit für die Mehrheit nicht erschwinglich oder aber der Nutzen erschien gering, da sie nur in den Gemeindesiedlungen gebraucht werden konnten und nur wenige oder niemand aus dem Bekanntenkreis ein Mobiltelefon besass. Dies begann sich aber relativ rasch zu ändern.

Mobiltelefonie setzt sich durch

Im Juli 1999 wurde im Bezirk rNga ba Mobilfunkstandard zugelassen und 2000 begann das Unternehmen China Mobile mit der Installation von siebzehn Funkstationen in den Kreisstädten und Kleinstädten des Bezirks.[149] Ab 2001 begann man, das Netz auch auf Gemeindeebene auszudehnen. Thang skor lag verkehrstechnisch zentral. Da die Gemeinde als Ort für Tourismusentwicklung deklariert war, wurde dort der Infrastrukturausbau schneller vorangetrieben als etwa in abgelegenen Gemeinden wie rMe chu.

2003 weilte ich einige Wochen in Thang skor und hatte mein erstes Mobiltelefon dabei. Ich war bei weitem nicht die einzige Person mit einem Mobiltelefon. Meine Freunde und Informanten[150] begutachteten mein Telefon mit viel Interesse.

---

149 http://ab.newssc.org/10086/gsjj.htm; (Zugriff am 21. 04. 2014).

150 Ich forschte damals für meine Masterdissertation zu Schulbildung und Identitätskonstruktionen.

Da es ein ausländisches Gerät war, nahmen sie an, dass es von besserer Qualität sei als die Geräte, die in China erstanden werden konnten, obschon einige ein Telefon derselben Marke besassen wie ich. In diesen Wochen der Feldforschung stellte ich fest, dass in Thang skor der Besitz und Gebrauch von Mobiltelefonen zwar noch relativ neu, aber doch recht weit verbreitet war. Insbesondere junge Menschen, sowohl Nomaden als auch solche, die in der Verwaltung und an der Primarschule tätig waren oder Studierende aus nomadischen Familien, die nur für die Winterferien in Thang skor weilten, benutzen Mobiltelefone. Ich beobachtete auch viele Mönche mit Mobiltelefonen. Männer der älteren Generation besassen insbesondere dann ein Mobiltelefon, wenn sie zum Führungsteam ihres *ru skor* gehörten. Der Einsatz der Geräte war zwar geografisch auf die Gemeindesiedlung und den näheren Umkreis beschränkt, funktionierte aber zumindest in diesem Gebiet bereits.

2004 lancierte die Regierung Chinas ein Projekt mit dem Ziel, dass jede Gemeinde mit Telekommunikationsinfrastruktur versorgt werden sollte. In dünn besiedelten und gebirgigen Gegenden erwies sich Mobilfunktelefonie als wirtschaftlich und strukturell rentabler als der Aufbau einer Festnetzinfrastruktur. Der elfte Fünfjahresplan (ch.: *shi yi wu*) der Regierung formulierte dies im Ziel, dass jedes Dorf Telefonanschluss hat und jede Gemeinde Internetzugang.[151] Dafür wurden die fünf grossen Telekommunikationsunternehmen in die Pflicht genommen.

Im Sommer 2007 machte ich einige mehrtägige Besuche bei Nomadenfamilien auf ihren Sommerweiden. Dabei stellte ich fest, dass zwar die Mobilfunkabdeckung grösser geworden war, unter anderem indem die Sendestärken der Türme aufgerüstet worden sind, dass aber mehrheitlich auf den Sommer- und Winterweiden kein Telefonnetz bestand, ausser das Weidegebiet lag auf der Ebene und in Reichweite des Sendeturms der Siedlung. Die dort wohnhaften Haushalte hatten bei genügender Nähe zum Sendeturm in der Gemeinde Sendeempfang. Mehrere Bewohner aus Thang skors bestätigten diese Beobachtung. Obgleich sich der Netzzugang auf den Weidegebieten seit seinen Anfängen noch nicht wesentlich verbessert hatte, besass nun eine beträchtliche Anzahl an Nomaden Mobiltelefone. Die Besitzer waren vorwiegend, aber nicht ausschliesslich, männlichen Geschlechts.

2011 und 2012 befragte ich Menschen aus Thang skor und aus anderen Regionen Südamdos zur Telefonnetzabdeckung und zu Telefonbesitz. Letzterer war unter den Männern eine Normalität geworden und nahm unter den Frauen

151 (Ch.) *xiang xiang neng shangwang, cun cun tong dianhua.* http://www.miit.gov.cn/n11293472/n11293877/n11302021/n13735246/index.html; (Zugriff am 05. 05. 2014).

zu. Netzwerkempfang war auf den Winterweiden zu einem beträchtlichen Teil gewährleistet und je nach Lage auch auf einigen Sommerweiden. Die Netzwerkanbieter in Thang skor waren China Mobile, China Telecom und China Unicom. Die Anzahl an Sendetürmen und Leitungsmasten der Telekommunikation hatte sich von 2007 bis 2012 augenscheinlich vervielfacht. In den Weidegebieten von Thang skor wurde Netzwerkabdeckung vorwiegend von China Telecom und teilweise von China Unicom gewährleistet. Smartphone-Nutzer bevorzugten jedoch China Mobile, dessen Netzwerk sich vornehmlich auf den Siedlungsort bzw. Strassennähe beschränkte.[152] Öffentliche Telefone waren gänzlich aus den Ladengeschäften von Thang skor verschwunden.

Telekommunikationsinfrastruktur in einer „abgelegenen Gemeinde“

Wie zeigt sich die Telekommunikationsinfrastruktur in einer Gemeinde, die nicht an einer touristisch erschlossenen Route liegt und politisch wie auch wirtschaftlich weniger stark vernetzt ist als Thang skor?

Ich durchquerte das Gemeindegebiet von rMe chu das erste Mal im Spätsommer 2001 zusammen mit Freunden auf dem Weg nach sTag tshang lha mo an der Nordgrenze des Kreis mDzod dge. Die Strasse war eher ein Feldweg und verlangte unserem Fahrer einiges an Können ab. Ich erinnere mich an weites, offenes Land. Weder Häuser noch Zelte oder weidende Yaks waren zu sehen. Wir sind mindestens an drei der insgesamt sechs Wintersiedlungen – der „administrativen Dörfer“ (*ru skor)* – von rMe chu vorbei gefahren. Bis auf eine Ansammlung von Häusern, wo wir kurz Halt gemacht und eine Bekannte des Fahrers begrüsst haben, sind sie mir nicht weiter aufgefallen oder in Erinnerung geblieben. Damals besass ich kein Mobiltelefon und nur in der Kreisstadt war ein erster Sendeturm errichtet worden. Das wusste ich damals allerdings nicht. Unser Fahrer erzählte uns, dass dies gutes Weideland sei und dass es früher dem *Ki rti* Kloster in sTag tshang lha mo gehört habe.

Bei einem weiteren Besuch 2005 erfuhr ich, dass wir damals wohl keine Nomaden und Yaks gesehen hatten, weil sie auf den Sommerweiden in den Hügeln gewesen sein müssen. Die grosse, weite Ebene von rMe chu, die sich nach dem Fluss benennt, der die Ebene durchfliesst, ist umrahmt von Hügelzügen. Einige zeigten Zeichen von Versandung. Darauf machte mich der Fahrer unseres Autos, ein Einheimischer, aufmerksam. Er hatte mich auch vor den schlechten Strassen gewarnt und dass rMe chu sehr abgelegen sei. Er besass ein Mobiltelefon

---

152 Im Gegensatz zu Thang skor, das zu mDzod dge gehört, war im südlichen sKa khog China Mobile der hauptsächliche Anbieter in Weidegebieten.

und auch ich hatte mein Gerät dabei. Wir näherten uns rMe chu aus nördlicher Richtung von sTag tshang lha mo. Nachdem wir den Pass überquert hatten, der sTag tshang lha mo vom Grasland südlich davon trennt, und der Strasse nach Westen folgten, hatten wir keinen Empfang mehr. Die Provinzstrasse S313, der wir folgten, entpuppte sich als einfache Naturbelagstrasse.

Wir besuchten die Gemeindeverwaltung auf einer kleinen Anhöhe zur Rechten der Provinzstrasse. Nebst dem Verwaltungsgebäude gab es einzelne andere Häuser. Einige waren Wohnhäuser für Kaderangestellte, die in der Verwaltung arbeiteten und in einem Gebäude war eine Veterinärklinik untergebracht. Es gab keinen Telefonempfang. Die Verwaltungsangestellten und der Gemeindeleiter besassen zwar alle ein Mobilgerät, sie berichteten aber, dass sie es nur dann benutzen konnten, wenn die Wetterverhältnisse gut waren und sie ein Signal aus der Kreisstadt rMa chu der angrenzenden Nachbarprovinz empfangen konnten. Manchmal nütze es nicht einmal, auf den Hügel hinter dem Verwaltungsgebäude zu steigen. Die Telefonverbindung der Verwaltung in die eigene Kreisstadt war unzuverlässig, weil auch die Stromversorgung unbeständig war.

Unsere Fahrt ging weiter Richtung Westen. Ich wurde an der Primarschule von rMe chu erwartet. Nachdem wir von der Provinzstrasse abgebogen waren, fuhren wir, wie mir schien, quer durch die weite Ebene. Wir folgten einem Feldweg, der bald nur noch eine ausgefahrene Fahrspur war. Links und rechts der Strasse lag abgezäuntes Weideland. An einer weiteren Abzweigung kam uns ein Nomade auf einem Motorrad entgegen. Der Fahrer unterhielt sich mit ihm. Der Nomade riet ihm, einen Umweg zu fahren, statt nach rechts zu fahren in Richtung der Gebäude, die man am Horizont erkennen konnte und die zur Schule gehörten. Die Strasse sei kaum befahrbar, weil es letzte Woche geregnet hatte. Wir nahmen dann doch den direkten Weg und blieben prompt stecken. Alle Mitfahrenden hatten Mobiltelefone, die wir aber nicht einsetzen konnten. Einige Nomaden, die auf den Motorrädern unterwegs waren und uns aus der Ferne gesehen hatten, kamen herbei, um uns zu helfen. Der Fahrer war ihnen bekannt. Wir steckten tief im Schlamm und brauchten Werkzeug. Die Schule war in Sicht-, aber ausserhalb Rufweite. Trotzdem verging kaum eine halbe Stunde, bis der Schulleiter mit Werkzeug bei uns auftauchte. Eine Nachricht hatte ihn wohl auf traditionellem Weg erreicht, indem jemand physisch die Distanz überwunden hat und zu ihm gefahren ist. Er half uns aus der Bredouille.

In rMe chu, so stellte ich fest, gab es keine zentrale Siedlung wie in Thang skor. Die Schule lag inmitten einer grossen Ebene, umgeben von Weideland und ungefähr in gleicher Entfernung zu drei administrativen Dörfern, die aus den Winterwohnhäusern der jeweiligen *ru skor* bestanden. Später suchten wir diese auf. Es bestanden weder eine Art Zentrum mit Ladengeschäften noch eine Hauptstrasse. Die Orte waren durch Feldwege und eine grosse Anzahl Fahrspuren der

Motorräder miteinander verbunden. In einer der Siedlungen erkannte ich an den geparkten Motorrädern und den leeren, aufgestapelten Flaschen im Hof ein Teehaus oder eine Bar. Ein weiteres Haus hatte einen Raum als Laden eingerichtet und verkaufte die Waren durch ein Fenster. Festnetztelefone wie in Thangskor konnte ich nirgends entdecken. Dieses Netz war nie bis nach rMe chu gezogen worden. Einige der Nomaden, die ich befragte, besassen Mobiltelefone. Aber in den Siedlungen gab es keine gesicherte Netzwerkabdeckung. Wer nahe genug an der Provinzgrenze wohnte, konnte manchmal ein Signal aus rMa chu empfangen. Wie auch anderweitig beobachtbar, besassen aber viele Haushalte ein Motorrad. Ich hatte bei der Anfahrt festgestellt, dass reger Motorradverkehr bestand zwischen rMe chu und sTag tshang lha mo, wo wir hergekommen waren. sTag tshang lha mo ist ein kleines Städtchen mit zwei bekannten Klöstern, das in den letzten Jahren für den Tourismus ausgebaut und vermarktet wurde. Für die Bewohner rMe chus ist es ein Referenzpunkt für Einkäufe[153], nebst rMa chu in Gansu. Beide sind besser erreichbar als die eigene Kreisstadt in mDzod dge.

Während meinem Besuch 2005 beobachtete ich, dass eine Lehrperson drei Telefone besass und alle in seinem Haus strategisch platzierte. Als er einen Anruf entgegen nahm, verliess er das Haus, um einen Standort mit besserer Verbindung zu suchen. Dies klappte nicht. Er erklärte später, dass der Telefonempfang sehr unzuverlässig sei. Sie seien auf das Netz aus rMa chu angewiesen und je nach Wetterlage oder aus anderen Gründen könnte nicht immer eine brauchbare Verbindung hergestellt werden. Als ich später aus Chengdu mit ihm Kontakt aufnehmen wollte, lernte ich, dass dies am besten gelang, wenn er nicht in rMe chu, sondern in sTag tshang lha mo oder in den Kreisstädten von rMa chu oder mDzod dge weilte.

2007 errichtete China Mobile auf dem Hügel bei der Gemeindeverwaltung einen Sendeturm. Dies sicherte Netzwerkabdeckung in den drei Siedlungen und der Schule. Da das Winterweidegebiet in rMe chu mehrheitlich auf einer grossen, weitläufigen Ebene liegt, kann davon ausgegangen werden, dass sich der Telefonempfang dadurch auch für die Nomaden erheblich verbesserte. 2011 durchquerte ich das Gemeindegebiet auf einer Fahrt von rMa chu nach mDzod dge. Ich stellte fest, dass zusätzlich ein Sendeturm bei den östlich gelegenen Wintersiedlungen errichtet worden war, was Empfang in den Winterweidegebieten von rMe chu mehrheitlich gesichert haben dürfte. Ob in den Sommerweiden Empfang bestand, entzieht sich meinen Kenntnissen.

153 rMe chu gehörte früher dem rKi rti Kloster in sTag tshang lha mo. Viele der Mönche dort stammen aus rMe chu Familien.

Abschliessend ist festzuhalten, dass China im internationalen Vergleich sein Netz schnell und bis in abgelegene Regionen ausgebaut hat, auch wenn das Tempo regional stark variierte. Beachtenswert scheint mir, dass Nomaden bereits zu einem Zeitpunkt Mobiltelefone kauften, als in vielen der von ihnen bewohnten Bereichen noch keine Netzwerkabdeckung bestand und sie miteinander nur dann telefonisch kommunizieren konnten, wenn sie sich ausserhalb ihrer Weidegebiete befanden.

4.3 Prozesse der Inkorporation von Mobiltelefonen in den Alltag von Nomaden

Abbildung 16: Werbung eines Mobiltelefonanbieters (China Unicom) in einer Gemeindesiedlung in sKa khog (September 2012).

Als die ersten Nomaden in sKa khog und mDzod dge begannen, Mobiltelefone zu erwerben, war ihre Nutzung räumlich auf Kreisstädte begrenzt. In Ausnahmefällen war Mobiltelefonie bereits 2002 im unmittelbaren Bereich von Gemeindeverwaltungen möglich. Sowohl in Sommer- wie in Winterweidegebieten bestand jedoch keine Netzwerkabdeckung. Welche Nützlichkeit hat ein Mobiltelefon für Nomaden, die mehrheitlich an Orten wohnhaft sind, die keinen Netzwerkzugang haben? Wie lässt sich erklären, dass Nomaden sKa khogs und mDzod dges im

Vergleich zur Bevölkerung in den Kreisstädten und anderen urbanen Zentren der Provinz nur leicht verzögert Mobiltelefone erwarben? Wie bettet sich der Gebrauch von Mobiltelefonie in den Alltag von Nomaden Südamdos ein?

Anhand der Phasen der Aneignung, Platzierung und Inkorporation werde ich nachzeichnen, welche „sozialen und kommunikativen Arrangements" (Höflich & Hartmann 2007) das Mobiltelefon im Alltag hervorgebracht hat. Das Mobiltelefon zeigt sich nämlich nicht ausschliesslich als Mittel zur Kommunikation, sondern bietet ebenso Anlass zur Interaktion und Kommunikation. Die ethnografischen Daten, die zur Verfügung stehen, um diese Prozesse sichtbar zu machen, sind nicht sehr dicht. Als die Mobiltelefonie in sKa khog und mDzod dge ihre Verbreitung fand, war ich in der Region wohnhaft. Allerdings nahm ich keine gezielten Erhebungen vor, da mein Forschungsschwerpunkt damals woanders lag. Die Erkenntnisse sind demzufolge ein Produkt von unstrukturierten teilnehmenden Beobachtungen. Sie zeigen, dass Mobiltelefonie im Prozess der Inkorporation auf verschiedene Weise Anlass zur sozialen Interaktion geben und dass durch Einbezug der Mobilität von Nomaden ein relationaler Raum konstituiert wird, der sich in verschiedenen Momenten von medienbezogenem Handeln – *Arrangements* – zeigt.

4.3.1 Aneignung des Mobiltelefons

Die Gründung von China Mobile, das 1999 als ein von China Telecom unabhängiges Unternehmen zu agieren begann, und die Eröffnung einer Niederlassung im Bezirk rNga ba zwei Jahre später lancierten Mobiltelefonie als neue, moderne Kommunikationsform im Bezirk. Sie wurde durch riesige Plakatwände auf dem Grasland und durch Wandschriftzüge beworben. Die Bilder der Plakatwände stellten einen modernen, städtischen Lebensstil dar und positionierten die Geräte als Medium, das zu einer modernen Lebensweise gehört und mit dem Verbindungen zwischen Familienmitgliedern, Freunden und Bekannten gepflegt werden können.

Obschon Mobiltelefonie auch in sKa khog und mDzod dge stark beworben wurde, konnten Mobilgeräte bis 2007 nur in beschränkter Auswahl in den Kreisstädten gekauft werden. Ähnlich wie in der Anfangszeit der Motorräder konnten sie anfänglich nur ausserhalb der Graslandregion, wenn nicht gar ausserhalb des Bezirks rNga ba gekauft werden.[154] Wie sich Werbung, steigende Zahlen von

154 In den Kreisstädten war eine beschränkte Anzahl Mobilgeräte in den China Mobile Geschäftsstellen erhältlich. Diese waren damals oft in den staatlichen Post- und Telekommunikationsstellen integriert.

Mobiltelefonnutzern oder Einfluss von Bekannten, die bereits ein Gerät besassen, auf die Entscheidung der Nomaden sKa khogs und mDzod dges zur Aneignung auswirkten, kann nachträglich nicht eruiert werden. Auch konnte ich keine Zahlen oder Statistiken finden, die ausweisen, wie sich die Nutzerzahlen in den einzelnen Kreisen und Gemeinden entwickelt haben.[155] Meine Beobachtungen und Feldnotizen lassen aber den Schluss zu, dass Nomaden sKa khogs und mDzod dges, die in der Weidewirtschaft tätig sind, ab 2002 begannen, Mobiltelefone zu kaufen und dass schon früh eine rege Nachfrage nach Mobilgeräten bestand, obschon sie nur in Siedlungsnähe funktional waren und sich ihre Nutzung in den Weidegebieten um ein oder mehrere Jahre verzögerte.

Da Mobiltelefone in sKa khog und mDzod dge nicht oder nur in beschränkter Auswahl erhältlich waren, entstand im Zusammenhang mit ihrem Erwerb ein Interaktionsfeld, das an bestimmte Personen geknüpft war, die regelmässig oder punktuell chinesische Städte aufsuchten.[156] Einige innovative und technisch versierte Personen mit genügend Sprachkenntnissen gingen in den grossen Städten selbständig auf Einkaufstour und vertrieben die Geräte dann im Bekannten- und Verwandtenkreis, wie die nachfolgenden ethnografischen Vignetten verdeutlichen.

> Juni 2005. Padma Tsherang ist in Chengdu angekommen. Er will ein neues Mobiltelefon kaufen. Sein vorheriges Modell hat er an seinen Bruder abgetreten. Wir sind also unterwegs durch diverse Mobiltelefon-Geschäfte in Chengdu. Wir schauen uns unterschiedliche Modelle an, vergleichen Farben und Preise, kaufen aber nichts. Er hat vor, den Secondhand-Markt für Mobiltelefone aufzusuchen. Um einen guten Preis aushandeln zu können, muss er wissen, welche Telefone zu welchen Preisen angeboten werden. Wenn er gut verhandelt, kann er zwei, statt nur ein Telefon kaufen und eines davon in sKa khog an einen Nomaden aus dem Verwandten- oder Bekanntenkreis weiterverkaufen. Ein Onkel hat ihn gebeten, ein Gerät für ihn mitzubringen. So oder so, Padma Tsherang hat keine Bedenken, dass er auf zwei Telefonen sitzen bleiben wird.[157]

> Oktober 2006. Der Secondhand-Markt für Mobiltelefone befindet sich im Stadtzentrum von Chengdu. Es handelt sich um einen riesigen Platz, an dem sich Stand an Stand, Tisch an Tisch drängt. Er ist umgeben von einem C-förmigen Block, auf dessen Etagen sich weitere Stände, Reparaturwerkstätten für Mobiltelefone und kleine, vollgestopfte Büros befinden. Auf den Tischen sind in Reih und Glied die Mobiltelefone aufgereiht, vorne die günstigen, in

155 Ich verweise auf das einleitende Kapitel, in dem ich die Schwierigkeiten der Feldforschung erläuterte und weshalb ich zur Entwicklung von Mobiltelefonie keine Informationen einholte.

156 In sKa khog und mDzod dge gingen Kaufaufträge vor allem an Personen, die ein Warengeschäft oder sonstigen Handel betrieben und aus diesem Grund regelmässig nach Chengdu oder Linxia reisten, um Einkäufe zu tätigen. Auch Studenten, die in Chengdu, Lanzhou oder einer anderen chinesischen Stadt die Universität besuchten, galten als potentielle Einkäufer.

157 Aus den Feldnotizen: Beobachtungsprotokoll BP10_CDU2005, Juni 2005.

> den hinteren Reihen die teureren Modelle. Die Anbieter der Telefone sind gleichzeitig auch Käufer. Zoba aus mDzod dge und in seiner Gemeinde bekannt als Mobiltelefonexperte, hat mich auf meine Bitte hin mitgenommen. Ich wollte den Secondhand-Markt kennen lernen, von dem ich weiss, dass er von Nomaden aus Südamdo aufgesucht wird, wenn sie in die Stadt kommen. Zoba hat ein Telefon bei sich, das er gerne verkaufen bzw. gegen ein besseres Modell eintauschen möchte. Er schaut sich einige der Modelle an, stellt Fragen an die Verkäufer über Zustand und Preis, erklärt mir, vorauf zu achten sei, wenn ich ein gebrauchtes Telefon kaufe. Nach einigen Runden durch den Markt kehren wir an einen der Tische zurück, an dem ich ein Modell gesehen habe, das mich interessiert. Wir testen den Ton, handeln eine dreitägige Rückgabegarantie aus und kaufen das Gerät. Mein Freund ist mit keinem der Verkäufer handelseinig geworden. Er sagt aber, dass er sicher noch ein-, zweimal kommen werde, bevor er zurück reise. Er habe drei konkrete Aufträge von Bekannten und werde wohl noch ein oder zwei zusätzliche Telefone kaufen. Dafür würden sich sicherlich Käufer finden.[158]

Solche informellen, Beziehungsnetz-basierte Bezugskanäle für Mobilgeräte führten in sKa khog und mDzod dge zu sozialen *Arrangements* – zu Momenten, in denen ein potentieller Käufer mit einem Kauf beauftragt wurde, oder in denen Käufer ihre Ware im Freundes- und Bekanntenkreis abzusetzen suchten. Der Kauf eines Telefons entsprach nicht einem unpersönlichen Tauschakt von Geld gegen Waren in einer Verkaufsstelle, sondern führte zu sozialen Begegnungen, in denen unter anderem auch über Ankauf, Verkauf, Preise und Modelle von Mobiltelefonen diskutiert wurde.

Einkäufe ausserhalb der Graslandregion gibt es weiterhin, obschon seit ca. 2008 Telefonverkaufsstätten in Städten und zum Teil Gemeinden sKa khogs und mDzod dges bestehen. Jede Kreisstadt im Bezirk rNga ba verfügt über Agenturen verschiedener Netzanbieter, die nicht nur Nummern und Abonnements vertreiben, sondern auch Geräte verkaufen. Andere Geschäfte haben sich auf den Ankauf, Verkauf und die Reparatur sowohl von gebrauchten als auch von neuen Geräten spezialisiert. Obschon nun Geräte in der Region selber erworben werden können, sind die Verkaufskanäle, durch welche Telefone in den grossen Städten besorgt werden können, nicht gänzlich versiegt. Im Gegenteil, die Zunahme der privaten Motorisierung hat dazu geführt, dass Nomaden vermehrt in die Städte fahren, um entsprechende Einkäufe zu tätigen.

---

158 Aus den Feldnotizen: Beobachtungsprotokoll BP11_CDU2006, Oktober 2006.

4.3.2 Platzierung des Mobiltelefons

Mit dem Kauf eines Mobiltelefons wird ein Prozess in Gang gesetzt, welcher dem neuen Medium im Alltag seinen Platz zuweist. Viele Beobachtungen, die ich in Gemeindesiedlungen, Kreissitzen, Restaurants, Teehäusern und auf der Strasse gemacht habe, weisen darauf hin, dass die Platzierung des Telefons vom häuslichen Bereich losgelöst war und hauptsächlich in den Räumen stattfand, die von Interaktion mit andern geprägt sind. Wie bereits Höflich und Hartmann (2007: 201) konstatiert haben, kann die Domestizierungsperspektive für Mobiltelefone nur dann eingesetzt werden, wenn die häusliche Domäne erweitert wird. Aneignung, Platzierung und Inkorporation darf nicht ausschliesslich den Prozess beschreiben, wie ein Medieninstrument nach Hause gebracht wird, sondern muss auf die situativen und relationalen Elemente des Objekts und seiner Nutzung hin untersucht werden. Insbesondere bezüglich des Mobiltelefons, das bis heute vielerorts „zu Hause" auf dem Weideland nicht eingesetzt werden kann, müssen die Brüche und Veränderungen, die seine Einführung mit sich brachten, woanders gesucht werden.

Verschiedentlich wurde darauf hingewiesen, dass die Einbettung von neuen Technologien in das soziale und kulturelle Umfeld seiner Nutzer vor dem Hintergrund bestehender, hegemonialer Geschlechterverhältnisse stattfindet (vgl. Klaus, Pater & Schmidt 1997: 803). In Südamdo wurde das Mobiltelefon in erster Linie ein persönliches Objekt und diese Person war in der Anfangszeit in aller Regel männlich. Die Platzierung des Geräts als Objekt des Mannes im Alltag der Nomaden sKa khogs und mDzod dges hat auch damit zu tun, dass er der Teil der Familie war, der regelmässig an Orte fuhr, wo Netzwerkempfang bestand. Frauen hingegen waren und sind durch ihre Rollenzuteilungen an die Weidegebiete gebunden, wo bis vor wenigen Jahren mehrheitlich keine Netzwerkabdeckung bestand. Auf diese Zusammenhänge werde ich im Teil zur Inkorporation (Kap. 4.3.3) nochmals zu sprechen kommen (vgl. auch Kap 6.2.3 zu den Geschlechterrollen in nomadischen Gemeinschaften Südamdos).

Nicht nur wurden Mobiltelefone ideell vorwiegend als Geräte der Männer platziert, sondern Verhandlungen und Gespräche über Mobilgeräte, die ich beobachtet habe, wiesen sie zudem als Objekte aus, die im sozialen Kontext dem Besitzer oder Käufer Status verleihen konnten (vgl. auch Roudanjia 2007[159]). Dies

159 Es handelt sich bei dieser Veröffentlichung um eine Arbeit eines tibetischen Studenten zur Nutzung von Mobiltelefonie. Leider ist unklar, wo die Untersuchung durchgeführt wurde und die Analysen werden stark verallgemeindernd als für ganz Amdo geltend dargestellt.

zeigte sich darin, wie die Geräte nicht nur Gesprächsthema waren, sondern auch gezielt so hingelegt oder benutzt wurden, dass sie gesehen werden konnten:

> Dezember 2003. Ich weile für Feldforschung in einer Gemeinde im Kreis mDzod dge und verbringe viel Zeit mit jungen Menschen, die studieren oder ihre Ausbildung abgeschlossen haben. Mein Forschungsassistent hat mich in eine Gruppe junger Männer eingeführt, die viel Zeit zusammen verbringt, wenn sie sich in den Ferien in der Heimat trifft. An einem der ersten Treffen stelle ich fest, dass viele ein Mobiltelefon besitzen. Mobiltelefone sind noch ein relativ junges Phänomen im westlichen China und ihr Besitz in diesem Umfeld von jungen Männern offenbar mit Status verbunden. Denn sie werden gegenseitig begutachtet und gezeigt, indem sie auf dem Tisch zu liegen kommen. Als ich ein SMS erhalte und mein schwarzes, aufklappbares Gerät der Marke Motorola hervorhole, nimmt es mir einer der jungen Männer aus der Hand und schaut es sich an. Ob das ein ausländisches Telefon sei? Es sei bestimmt ein besseres, als ein in China erworbenes Motorola. Ob ich es ihm verkaufe? Ich lache und stecke es wieder ein.[160]

> Januar 2004. An einem sonnigen Tag meines Feldaufenthalts treffe ich vor einem Restaurant einige meiner Informanten und Interviewpartner. Zwei von ihnen halten sich an den Händen. Die anderen sitzen auf der Mauer oder stehen um sie herum und kommentieren, was sich zwischen den beiden abspielt. Es stellt sich heraus, dass der eine Mann dem andern sein Mobiltelefon abkaufen will und sie über den Preis verhandeln. Dies geschieht nicht mit Worten, sondern mit Zeichen, die sie einander mit ihren Händen geben. Die Hände sind dabei in den weiten Ärmeln ihrer Jacken bzw. ihrer *tsha ru*, dem tibetischen Mantelkleid, versteckt und bleiben für die Umstehenden unsichtbar. Die Umstehenden machen Vorschläge, wie viel sie für das Gerät zu zahlen bereit wären. Manchmal lösen sich die Hände und die anderen werden über den Stand der Dinge informiert. Es wird viel gelacht. Wieder treffen sich die Hände. Es kommt zu einer Einigung und das Mobilgerät mitsamt der SIM-Karte wechselt den Besitzer. Einer von ihnen schlägt vor, dass ich nun für mein Mobiltelefon einen Preis aushandeln soll. Später zeigt er mir, wie man mit den Händen, unsichtbar für die Zuschauer, über Preise verhandelt.[161]

Auch der Tausch entspricht einem situativen Arrangement von Personen, Lokalitäten und Dingen, die Interaktion bedingen. Er wird vermutlich nur dann vollzogen, wenn der potentielle Empfänger dem Gerät einen Wert zuschreibt, der mindestens gleich gross oder höher ist, als sein eigenes, oder wenn es sich um einen Ersterwerb handelt. Ähnlich wie bei einem Kauf wird das Gerät begutachtet und evaluiert. Nicht immer ist die Funktionalität allein ausschlaggebend. Unabhängig davon scheint allein der Besitz eines Gerät Status zu verleihen:

> Juni 2006. Wangdu hat an einem Pferderennen der jungen Männer seines *ru skor* ein Schaf gewonnen. Dieses hat er aber an Ort und Stelle umgetauscht gegen ein kleines, aufklapp-

---

160 Aus den Feldnotizen: Beobachtungsprotokoll BP08_aB2003, Dezember 2003.
161 Aus den Feldnotizen: Beobachtungsprotokoll BP09_aB2004, Januar 2004.

> bares Telefon, das ihm ein anderer junger Mann angeboten hat. Letzterer hat sich in der Zwischenzeit ein neueres Modell zugelegt und versicherte, dass das Telefongerät noch funktionstüchtig sei, ausser dass die Batterie ersetzt werden müsste. Wangdu konnte dies allerdings nicht überprüfen, weil das Telefon weder über eine SIM-Karte, noch das Weidegebiet, in dem seine Familie sich bewegte, über Netzwerkabdeckung verfügte. Trotzdem, er war nun stolzer Besitzer eines Telefons und spielte für alle sichtbar damit herum.[162]

Aussagen anderer Nomaden aus sKa khog und mDzod dge verdeutlichten, dass die beschriebene Episode keine Ausnahme war, sondern dass Geräte damals „hin und her gehandelt“ wurden. Das heisst, die Geräte wurden im sozialen Umfeld vorgeführt, miteinander verglichen und ihnen wurde ein Wert zugeschrieben, mit dem gehandelt werden konnte und der zudem Status generieren konnte. Ein Informant berichtete, dass einige Mobiltelefone benutzten, um Wohlstand zu demonstrieren. Die Wahl eines Modells, das in den jeweiligen sozialen Kreisen auf Akzeptanz stiess oder symbolisches Kapital generierte, war deshalb ein wesentlicher Faktor. Er stimulierte das Bedürfnis, das eigene Gerät vorzuführen oder ein als ungenügend empfundenes Gerät gegen ein besseres einzutauschen. Mit zunehmender Dichte an Mobilgeräten und ihrer Entwicklung zu einem Alltagsgegenstand ist dieser Aspekt etwas in den Hintergrund gerückt worden. Er zeigt sich aber bis heute in verschiedenen Situationen. In einer Personengruppe, in welcher die technische Aufrüstung und der Besitz des jeweils neusten Modells wichtig ist, ist die Sichtbarmachung des eigenen Geräts weiterhin beobachtbar. Sie führt zur Entstehung von Kommunikationsräumen, die im Hinblick auf Konversion – auf räumliche und soziale Veränderungen, die sich daraus ergeben – in Kapitel 7 vertieft wird.

4.3.3 Inkorporation des Mobiltelefons

Die Inkorporation des Mobiltelefons in Alltagsgewohnheiten hat, wie bereits erwähnt, einen *gender*–Aspekt, da Mobiltelefone die Mobilität der Nutzer voraussetzten. Aufgrund der beschränkten Netzwerkabdeckung in den Weidegebieten verlangte die Inkorporation von Mobiltelefonen in den pastoralen Alltag, dass sich seine Nutzer bewegten. Diese mussten sich nach Orten richten, an denen ein gesichertes Netzwerk existierte, etwa in Siedlungen und Städten der Gemeinden und Kreise. Es ist deshalb naheliegend, dass die Inkorporation der Mobiltelefone in erster Linie über die Männer eines nomadischen Haushalts verlief, da sie in diese Richtung mobil waren. Viele Angaben meiner Informanten decken sich

162 Aus den Feldnotizen: Gesprächsprotokoll GP06_aB2006_m16, Juni 2006.

Abbildung 17: Kunden vor einem China Mobile Geschäft (Juli 2011).

insofern, als dass in einer Familie oft das männliche Oberhaupt der Familie oder aber Universitätsstudenten die ersten Besitzer von Mobiltelefonen waren. Eine 20-jährige Studentin berichtete im Interview:

> Mein Vater war der erste, der ein Telefon kaufte. [...] Auf der Winterweide [die in Reichweite der Gemeindesiedlung liegt] gab es Netzwerkabdeckung, auf der Sommerweide wahrschein lich nicht. Heutzutage ist China Telecom weit verbreitet in den Weidegebieten. Damals aber gab es nur China Mobile, aber nicht in den Weidegebieten. Heutzutage gibt es dort das Netz der China Telecom.[163]

In einem ähnlichen Gespräch mit einer Studentin aus einer nomadischen Familie, wurde die Anschaffung und Besitz des Telefons folgendermassen geschildert:

> Ich war die erste, die ein Telefon besass. Als ich ins Gymnasium in 'Bar khams eintrat, kaufte mir mein Onkel ein neues Telefon. Es war ein kleines, handliches Gerät. Aber das wurde mir gestohlen. Danach, als mein Übertritt an die Universität bevorstand, kauften mir Vater und Mutter ein neues. Darauf folgend kaufte mein Vater auch eines für sich selber. [...] Im

163 Aus Interview A05IW_aB2012_f20, Oktober 2012.

> Sommer nutzten meine Eltern das Telefon manchmal. Im Winter wird es nicht viel genutzt, weil es dort keinen Empfang gibt [...] Im Sommerweidegebiet gibt es Empfang, aber es werden nicht viele Anrufe getätigt. Wenn meine Eltern auf der Sommerweide sind, sind auch ich und meine Schwester dort, deshalb muss nicht viel telefoniert werden. [...] In unserem Fall wird das Telefon fast nur benutzt, um uns [mich und meine Schwester] oder die Grosseltern anzurufen, sich nach dem Ergehen zu erkundigen. Einige andere benutzen das Telefon oft. Verglichen zu ihnen sind die Ausgaben meines Vaters für das Telefon niedrig. Wenn er sich in der Siedlung befindet, braucht er es, um heraus zu finden, wo sich Freunde und Bekannte aufhalten. Sonst braucht er das Telefon kaum. Leiter des *ru skor* oder der Gemeinde oder solche, die Handel treiben, brauchen das Telefon viel öfters. Die brauchen das Telefon, um geschäftliche Dinge zu besprechen.[164]

Und eine weitere junge Frau erzählte:

> In unserer Familie war der Vater der erste, der ein Telefon kaufte. Ich war damals in der achten oder neunten Klasse, das war also ungefähr vor sechs Jahren. Als mein Vater sein Telefon kaufte, konnten wir es im Weidegebiet (*phyugs las*) nicht benutzen. Es gab kein Netz. Nun, mein Vater, Männer in unserer Gemeinschaft, benutzen sie, um sich gegenseitig zu kontaktieren, wenn sie sich an Orten mit Netzwerkabdeckung befinden.[165]

Die Angaben der jungen Frauen decken sich grossmehrheitlich mit allen weiteren Informationen, die ich hierzu in sKa khog und mDzod dge erhoben habe. Die Aneignung und Inkorporation der Mobiltelefone verlief in aller Regel über Personen, die in einer Weise mobil waren, dass sie sich regelmässig an Orten mit Netzwerkabdeckung aufhielten oder diese aufsuchten. Die verhältnismässig kleinere Mobilität von Frauen ist jedoch nicht der einzige Aspekt, den diese im Vergleich zu Männern zu *late adopters* der neuen mobilen Technologie machte. Vielmehr kamen in meinen Befragungen auch immer wieder andere vorherrschende *gender*-Vorstellungen und entsprechendes Rollenverhalten zum Ausdruck. Das Mobiltelefon erfuhr eine ideelle Platzierung als ein Kommunikationsinstrument, das den Frauen nicht zugemutet werden kann oder darf. Es wurde beispielsweise als ein Kommunikationsgerät beschrieben, das gewisse technische Fähigkeiten erfordert, die den Frauen nicht ohne weiteres zuerkannt wurden. Zusätzlich wurde es als Instrument gesehen, das neue Kommunikationsräume erschliesst und Freiheiten ermöglicht, die sich durch Ehemann oder durch das soziale Umfeld nur beschränkt kontrollieren lassen, weshalb den Frauen unbeschränkter Zugang verwehrt wurde.

Wenngleich in der Zwischenzeit viele Frauen Telefone besitzen und benutzen, sind die Aussagen und der Umgang mit Mobiltelefonie in Bezug auf sie

164 Aus Interview A03IW_aB2012_f23, Oktober 2012.

165 Aus Interview B03IW_aB2012 _f19, geführt von Forschungsassistierenden, Dezember 2012.

widersprüchlich geblieben. Beispielsweise meinte eine junge Frau aus mDzod dge erst, dass auch Frauen ein Telefon haben, bis sie im Gespräch etwas innehielt:

> Wir alle haben Telefone, die Frauen eingeschlossen. Die Eltern haben Telefone, der Bruder hat ein Telefon, seine Frau.... Seine Frau, meine Schwägerin, hat kein Telefon. Alle haben ein Telefon, ausser der Frau meines Bruders. Ich weiss nicht, weshalb.[166]

Die Sprecherin ist Studentin und verfügt als Frau, die nicht in der Pastoralwirtschaft tätig ist, über ein eigenes Gerät. Jedoch die Frau ihres Bruders, die aufgrund der grösseren Mobilität ihres Mannes, oft alleine in der *phyugs las* ist, verfügt über kein Gerät, obschon oder gerade weil Netzwerkabdeckung gewährleistet ist. Ein 23-jähriger junger Mann aus nomadischer Familie, der eine Schulbildung erhalten hat, und dessen Bruder die Pastoralwirtschaft der Familie führt, erklärt Telefonbesitz von Nomaden folgendermassen:

> Viele der richtigen Nomadenfrauen [*'brog mo tag tag*] haben keine eigenen Telefongeräte. Es gibt zwar in unserer Region schon Frauen mit ihren eigenen Mobiltelefonen. Aber richtige Nomadenfrauen besitzen keine. Zum Beispiel die Frau meines Bruders hat keines. Nomadenfrauen wissen nicht, wie ein Telefon zu bedienen ist. Ausserdem haben ja ihre Männer eines, so dass die Frauen kein Telefon benötigten.[167]

Ein 54-jähriger Mann, der sein ganzes Leben in der Pastoralwirtschaft tätig gewesen ist, erklärt:

> Meine Frau weiss nicht, wie man Telefone benutzt. Sie kann nicht lesen und schreiben. Ich kann das zwar auch nicht, aber mein Sohn hat mir gezeigt, wie man ein Telefon benutzt und nun weiss ich wie.[168]

Erst eine junge Frau, deren drei verheirateten Schwestern alle in einem Nomadenhaushalt leben und arbeiten, macht deutlich, was oft ungesagt blieb, wenn Männer wie selbstverständlich davon ausgingen, dass „richtige" Nomadenfrauen kein Telefon benötigten. Sie erzählte:

> Die meisten Ehefrauen von Nomaden haben keine Telefone. Frauen, die Telefone haben – das wird kritisiert. Andere reden dann schlecht über sie. Männer rufen sie an und erzählen ihnen unmögliche Dinge, sehr unangenehme Dinge. Und dann sind es immer die Frauen, die verantwortlich gemacht werden, die dadurch beschämt werden. Deshalb haben viele von ihnen keine Telefone.[169]

---

166 Aus Interview A05IW_aB2012_f20, Oktober 2012.

167 Aus Interview A11IW_aA2012_m23, September 2012.

168 Aus Interview C03IW_B2012_m54, geführt von Forschungsassistierenden, Dezember 2012.

169 Aus Interview A02IW_aB2012_f25, August 2012.

Die Vermutung, dass Ehemänner dadurch, dass sie ihren Frauen kein persönliches Gerät zugestehen, das soziale Verhalten ihrer Frau kontrollieren und ihre eigene gesellschaftliche Rolle als Oberhaupt der Frau und Familie wahrnehmen, scheint nicht abwegig (vgl. auch Kap. 6.2.3). Die Aussagen zeigen ein komplexes Feld von *gender*-Zuschreibungen, die den Frauen im Vergleich zu Männern weniger technische und sprachliche Fähigkeiten zugestehen und andeuten, dass Frauen mit Mobilgeräten nicht verantwortungsvoll umgehen würden. Was das bedeutet, und wie sehr solche Vorstellungen den Frauen den Zugang zur Mobiltelefonie verwehren, bedürfte einer vertieften Studie. Einige Nomadenfrauen besitzen sehr wohl Mobiltelefone und sogar Smartphones, die als schwieriger zu bedienen gelten und zusätzliche Kommunikationsmöglichkeiten bieten (vgl. Kap. 7.3). Vor allem ältere Ehefrauen und Mütter von Kindern im Sekundarschulalter,[170] aber auch junge Ehefrauen aus wohlhabenden Familien besitzen Telefone. Ob eine Frau ein Mobiltelefon besitzt oder nicht, ist möglicherweise ein Hinweis darauf, ob oder zu welchem Grad sie Anteil an der Mobilität hat, die Anschluss an die zentralen Siedlungsorte gibt. Das Feld der Mobiltelefonie verändert sich rasend schnell und eine Nachfolgeuntersuchung, die sich der Nutzung und Inkorporation von Mobiltelefonie in den Alltag von Nomadenfrauen annimmt, würde möglicherweise bereits zu anderen Resultaten führen, als meine Erhebungen von 2011 und 2012 andeuten.

Soziale und kommunikative *Arrangements* im Zusammenhang mit der Inkorporation von Mobiltelefonen in den Alltag, die ich beobachtet habe, sind also mehrheitlich männlich dominierte Räume. Das will nun nicht heissen, dass es ähnliche *Arrangements* wie ich sie untenstehend beschreibe, nicht auch für Frauen gäbe, aber sie finden anderswo – meist in den häuslichen Sphären von Familien – statt und sind deshalb schwieriger zu beobachten.

Ein situatives und relationales Arrangement von Interaktion hängt mit dem Betrieb von Telefonen zusammen. Mobiltelefone brauchen kein Benzin wie Motorräder, doch sie brauchen eine Nummer mit einem entsprechenden Guthaben, damit man telefonieren kann. Eine Gesprächsnotiz und ein Beobachtungsprotokoll aus dem Jahr 2005 zeigen, wie dabei Arrangements von sozialen Interaktionen entstanden:

> Juli 2005. Ich bin schon seit einer Woche in Südamdo unterwegs und habe viel telefoniert. Mein Telefonkredit, so meldet mir eine automatisierte Anzeige, nähert sich der Nullposition. Was tun? Ich erkundige mich bei einem Bekannten, der ein Mobiltelefon besitzt und frage

---

170 Sekundarschulen finden sich in sKa khog und mDzod dge in der Regel in den Kreisstädten oder einer der Kleinstädte (*zhen*) der Kreise, also in der Regel in einiger Distanz zu den von Nomaden bewohnten Gebieten.

ihn, was Nomaden hier tun, wenn sie kein Guthaben mehr hätten und wo er seine Telefonkarten beziehe. Er kaufe in der siebzig Kilometer entfernten Kreisstadt ein, oder in Chengdu, wenn er dort sei. Er habe aber auch einen Verwandten, Kunchog Gyab, der jeweils eine grosse Anzahl Telefonkarten einkauft, um diese dann lokal weiter zu verkaufen. Er sei Geschäftsmann. Es stellt sich heraus, dass mir Kunchog Gyab bekannt ist. Ich begebe mich zu seinem Haus und frage nach einer Telefonkarte. Er will wissen, welchen Betrag ich wünsche und verkauft mir die entsprechende Anzahl Karten. Ich zahle nicht mehr als ich in Chengdu zahlen würde. Das sei generell der Fall, werde ich aufgeklärt. Auf meine Frage, ob er denn keinen Gewinn erzielen wolle, zuckt er die Schultern.[171]

November 2005. Ich bin einige Monate später wieder vor Ort. Wieder muss ich eine Telefonkarte kaufen. Ich gehe wieder zu Kunchog Gyab. Er und seine Frau bitten mich auf eine Schale Tee herein. Während der halben Stunde, in der wir zusammen Tee trinken, kommen drei bis vier Männer vorbei, um Telefonkarten zu kaufen. Sie fahren mit ihren Motorrädern bis zur Türe des Hauses. Einige hupen nur oder rufen. Andere steigen ab und kommen rein. Mit einem Käufer geht Kunchog Gyab kurz hinaus. Es scheint, dass sie etwas Geschäftliches oder Persönliches zu besprechen haben. Ein anderer Kunde, der vorbei kommt, kauft nicht nur eine Telefonkarte, sondern erkundigt sich auch, zu welchem Preis Yakwolle gehandelt wird.[172]

Die Erlebnisse und Beobachtungen beschreiben einen Service, der durch die Einführung von Mobiltelefonie entstand. Er war lokal in einer Person und deren Zuhause verankert. Für einige Bewohner dieser Gemeinde wurden das Haus des Geschäftsmannes und er selber zu einem Anlaufpunkt und Ort der Interaktion. Kunchog Gyab, der den Service leistete, war lokal gut vernetzt. Er handelte mit Produkten aus der Pastoralwirtschaft. Dadurch, dass er diesen Telefonkarten-Service anbot, konnten Kontakte gepflegt werden, die sich möglicherweise auch auf seine Handelstätigkeiten auswirkten. Man kann dies als Investition in das persönliche Netzwerk betrachten. Weil Nomaden ihn aufsuchten, um Telefonkarten zu kaufen, entstand in seinem Umfeld einerseits ein Kommunikationsraum zwischen ihm und den Kunden, andererseits auch unter den Kunden selber, die sich bei seinem Haus trafen. Dabei wurden nicht nur Telefonkarten gehandelt, sondern auch Informationen ausgetauscht.

Mit dem Ausbau der Mobilfunkinfrastruktur und dem Wettbewerb unter verschiedenen Anbietern hat sich dieser Service an vielen Orten erübrigt. In abgelegenen Gemeinden erfolgt das Aufladen von Krediten vermutlich teilweise immer noch über Karten, die durch lokale Händler vertrieben werden. Teils wurden bis auf Gemeindeebene Agenturen eingerichtet, die Telefone, SIM-Karten und Guthaben verkaufen. Ausserdem sind Nomaden grundsätzlich „mobiler" gewor-

171 Aus den Feldnotizen: Beobachtungsprotokoll BP14_aB2005, Juli 2005.
172 Aus den Feldnotizen: Beobachtungsprotokoll BP15_aB2005, November 2005.

den und öfters in Kreisstädten anzutreffen als früher. So wurde dieser personengebundene Kommunikationsraum teilweise durch mechanisierte Formen abgelöst.

Kommunikationsräume entstanden auch um Personen, die sich mit Mobilgeräten gut auskannten. Sie waren Anlaufstellen bei Problemen mit dem Mobilgerät und folglich auch ein Ort der Konvergenz verschiedener Personen und Interessen, wie die folgenden Episoden zeigen:

> Juni 2006. An einem sonnigen Nachmittag sitze ich mit zwei Bekannten am Tisch in einem Restaurant-cum-Teehaus. Wir haben eine Kanne Milchtee bestellt und sitzen nun herum, schauen dem Treiben auf der Strasse zu, unterhalten uns. Ein Mann unserer Gruppe, Zoba, hat sich als Mobiltelefonspezialist einen Namen gemacht. So überrascht nicht, dass wiederholt jemand mit seinem Mobiltelefon vorbei kommt und Zobas Hilfe beansprucht. Ein junger Mann, der kürzlich von ihm ein gebrauchtes Mobiltelefon gekauft hat, hat ein Problem. Wie viele Nomaden seiner Altersgruppe hat er nicht genügend chinesisch gelernt, um durch die Einstellungen seines Mobiltelefons navigieren zu können. Er kennt einige der Grundeinstellungen, weiss wie man einen Anruf tätigt, entgegennimmt und ihn beendet. Er weiss, wie man ein Foto macht, kann sich aber nicht erinnern, wo es gespeichert wird. Mein Bekannter hat ihm einen chinesischen Popsong als Klingelton hochgeladen, ein Hintergrundbild nach seinen Wünschen installiert und ihm die Basisfunktionen erklärt. Nun aber will er lieber, wie die meisten andern seines Bekanntenkreises, ein tibetisches Lied als Klingelton. Mein Bekannter muss helfen. Er klickt sich rasch durch das Menü des Telefons und konfiguriert die Einstellungen so, dass der Besucher an unserem Tisch zufrieden ist. Dieser steckt sein Telefon ein und zieht weiter.[173]

> Dezember 2007. Ein Wiedersehen mit einem alten Freund, der kürzlich eine Anstellung als Englisch-Lehrer an der tibetischen Mittelschule angetreten hat. Früher habe ich ihm Englischunterricht gegeben, und er erzählt mir voller Stolz von seiner Stelle. Wir sind in einem Restaurant und haben bereits bestellt, als eine Gruppe von drei Männern – Nomaden – herein kommt. Sie kennen meinen Freund und sie begrüssen sich. „Ah, khyo yong nas. sDemo." [Ah, du bist hier. Wie geht es Dir?]. Danach ein Blick zu mir und mein Freund erklärt, dass ich seine Englischlehrerin und eine alte Bekannte sei. Später, als sie sich an einem Nachbartisch niedergelassen haben, kommt einer von ihnen zu uns an den Tisch und bittet meinen Freund um Hilfe. Er drückt ihm sein Telefon in die Hand und erklärt sein Problem. Erst navigiert mein Freund durch das Menü und ändert eine der Einstellungen. Danach ruft er den Customer Service von China Mobile an und stellt eine Frage, die ich nicht verstehe. Er hört zu, stellt eine andere Frage, bedankt sich und legt auf. Dann erklärt er seinem Bekannten, dass „dies" mit seinem Telefon und dem Zahlungsmodell, das er gewählt habe, nicht möglich sei. Er müsse sein Telefon aufrüsten, wenn er das wolle. „Ya, ya. Go tha. Da bzang tha!" [Okay, ich habe verstanden. Danke]. Mit diesen Worten setzt er sich wieder zu den andern.[174]

173 Aus den Feldnotizen: Beobachtungsprotokoll BP16_aB2006, Juni 2006.
174 Aus den Feldnotizen: Beobachtungsprotokoll BP17_A2007, Dezember 2006.

Die Anwendung der Mobiltelefonfunktionen verlangte den Nutzern ganz neue Fähigkeiten ab und die Bereitschaft, diese zu lernen. Die Basisfunktionen des Telefonierens waren zwar der Mehrheit von Nomaden bereits bekannt. Aber ein Mobilgerät wird anders bedient und hat zusätzliche Funktionen zum Festnetztelefon, die erst erlernt werden mussten. Wie nimmt man ab, wenn es keinen Hörer gibt? Wie beendet man einen Anruf? Wo sind die Nummern abrufbar, die man früher gewählt hat oder von denen man angerufen wurde? Wie macht man ein Foto und wo befindet es sich danach? Solche und ähnliche technische und praktische Fähigkeiten im Umgang mit dem Mobiltelefon sind nicht unmittelbar einsehbar. Für Nomaden, die oft weder lesen noch schreiben können oder über mangelnde Chinesisch-Kenntnisse verfügen, erschliessen sich die kleinen Geräte nicht automatisch. Sie haben im Alltag kaum Umgang mit Mikrotechnologie. Dieser muss geübt werden und setzt die Bereitschaft voraus, sich mit etwas Neuem und Unbekanntem auseinanderzusetzen. Die normalen Telefonfunktionen waren schnell erlernt. Man stellte die notwendigen Fragen beim Einkauf und liess sich zusätzliche Funktionen von Freunden oder Familienangehörigen erklären. Doch bei gewissen Funktionen stiess man an Grenzen und war auf weiterführende Hilfe angewiesen. Diese kam in der Form von versierten Nutzern. Einzelne erwarben sich einen Ruf als Mobiltelefonexperten. Mein Bekannter war ein solcher Experte. Wann immer er sich im öffentlichen Raum aufhielt, wurde er um Hilfe gebeten. Ich habe ihm zugesehen, wie er Telefone auseinandergeschraubt, gereinigt und wieder zusammengesetzt hat. Ich habe beobachtet, wie Nomaden ihn suchten, weil sie ein Problem hatten, oder sich an eines erinnerten, wenn sie ihn auf der Strasse antrafen und ihn darauf ansprachen. Andere, wie der junge Mann im zweiten Fall, waren schlicht Mitglieder von nomadischen Gemeinschaften, hatten eine schulische Ausbildung und konnten chinesisch lesen und schreiben. Von ihnen nahm man an, dass sie sich mit modernen Gerätschaften auskannten. Auch ich wurde manchmal von bekannten und unbekannten Nomaden gebeten, ihnen bei einem Problem mit dem Mobiltelefon zu helfen.

Das Mobiltelefon und seine technischen Ansprüche führten situative Arrangements herbei, die zum Teil an bestimmte Personen gebunden waren. In ihrem Umfeld konnten Kommunikationsräume entstehen, die sich durch das Mobiltelefon als Anlass der Interaktion konstituierten. Sie beinhalten auch einen Aspekt von Wissenstransfer. Oreglia (2012) diskutierte ähnliche Vorgänge in Bezug auf die Einführung von Computern und Internet im ruralen Raum von China. Sie verdeutlicht, dass sich diese von Vorgängen im städtischen Raum unterscheiden, und dass die Art der Nutzung der neuen Technologie die Gemeinschaft, die Familie und Freundesnetzwerke in den Blickpunkt rückt. In der Gemeinschaft und durch gemeinschaftliches, kommunikatives Handeln, werden die neue Technologie und die nötigen Fertigkeiten eingeführt, was auch in sKa khog und mDzod dge bezüglich des Mobiltelefons beobachtbar ist.

Nebst den bisher beschriebenen situativen Arrangements, die sich um das Gerät und dessen Nutzung konstituierten, erlaubt Mobiltelefonie die Entstehung von Kommunikationsformen, welche die geografische Nähe der Gesprächsparteien obsolet macht. Inwiefern physische Mobilität von Nomaden dennoch notwendig war, wird in Kapitel 7.1. dargestellt. Hier möchte ich abschliessend beschreiben, wie die Inkorporation von Mobiltelefonie soziale Interaktion reduzieren kann. Denn mit der seit den Anfängen flächenmässig zunehmenden Netzwerkabdeckung scheint ein verringerter Bedarf nach Mobilität zu entstehen. Dies kann zu einem Rückgang von direkten sozialen Kontakten führen wie Aussagen von Informanten verdeutlichten. Die 20-jährige Tochter von Dondrub (vgl. Kap. 3.3.1) erklärte den Nutzen von Telefonen für Nomaden folgendermassen:

> Vater bespricht oft wichtige Dinge mit andern. Auf der Sommerweide gibt es mit China Telecom Empfang. Wenn es ein Problem gibt, etwas mit der Familie, dann können Nomaden, auch wenn sie auf der Weide sind, das Telefon benutzen, um andere um Hilfe zu bitten oder mit ihnen ihre Probleme zu besprechen. Das können sie nun in den Weidegebieten tun, vorausgesetzt China Telecom hat das Netz ausgebaut. Früher, als man noch keine Telefone hatte, da gingen diejenigen, die nahe wohnten, zu Fuss über die Weide, um Hilfe zu holen oder Nachrichten zu überbringen. Wenn man weit entfernt wohnte, musste man das Pferd nehmen und zu denjenigen reiten, mit denen man sprechen wollte, oder um Hilfe zu rufen. Diejenigen, die nahe bei einander wohnen, rufen auch über die Weiden. Heutzutage benutzen sie natürlich das Telefon![175]

Lhamo Tsho, eine 30-jährige Nomadin (vgl. Kap. 3.3.4) erklärte:

> Telefone sind sehr nützlich für uns Nomaden. Als ich jünger war, wenn man krank wurde oder wenn es wieder besser ging, konnte man das niemandem mitteilen. Man konnte sich nicht so leicht treffen. Nun kann man jemanden anrufen. Man muss nicht persönlich zum anderen gehen. Deshalb ist das Telefon nützlich. Als ich jünger war, da musste ich jeweils ein Reit-Yak satteln, um irgendwo hin zu gehen und manchmal traf man dann niemanden an. Nun kann man einfach anrufen.[176]

Ein 40-jähriger Nomade sah die Vorteile der Mobilkommunikation folgendermassen:

> Wenn wir auf der Weide (*phyugs las*) sind, auf der Sommerweide, dann können wir uns gegenseitig anrufen. Wenn wir etwas zu besprechen haben, können wir anrufen. Wenn wir

175 Aus Interview A05IW_aB2012_f20, Oktober 2012.

176 Aus Interview B01IW_aB2012_f33, geführt von Forschungsassistierenden, Dezember 2012.

> durch grosse Distanzen getrennt sind voneinander und uns etwas beunruhigt, dann können wir anrufen. Früher, als wir noch keine Telefone hatten auf der Weide oder sie dort nicht benutzen konnten, dann mussten wir unsere Motorräder besteigen und hinfahren.[177]

Und eine 19-jährige Studentin, Tochter einer Nomadenfamilie, antwortete auf die Frage, wie früher kommuniziert wurde:

> Im Weidegebiet rief man über die Weide, wenn man etwas zu kommunizieren hatte. Wir haben einander zugerufen. Oder wenn jemand vorbei kam, gaben wir ihm eine Nachricht für jemanden mit. Nun haben wir alle Telefone und wir rufen uns gegenseitig an.[178]

Diese Aussagen zum Nutzen von Telefonen in den Weidegebieten verdeutlicht, dass Distanzen zwischen Nachbarn und Verwandten oft beträchtlich und Nomaden oft alleine und isoliert waren. Direkte Kommunikation konnte früher nur durch Mobilität herbeigeführt werden. Dies hatte jedoch auch das Potential von erweiterter sozialer Interaktion, die vermutlich nebst den direkten Gesprächspartnern und Empfänger einer Information mehrere Personen – auch Frauen als Gastgeberinnen – involvierte. Man ritt zum Nachbarn, übermittelte eine Nachricht, trank Tee und tauschte weitere Neuigkeiten aus.

Eine 24-jährige junge Frau, deren Bruder die Pastoralwirtschaft der Familie betreibt, meinte, dass direkte soziale Kontakte durch den Gebrauch des Mobiltelefons eindeutig abnehmen:

> Früher, bevor wir Telefone besassen, gaben wir denen eine Nachricht mit, die unterwegs bei uns vorbeikamen. Nun rufen wir einfach an. Wahrscheinlich trifft es zu, dass Nomaden sich gegenseitig weniger oft aufsuchen als früher. Wenn sie etwas besprechen müssen, können sie dies per Anruf erledigen. Das ist praktisch. Es besteht keine Notwendigkeit, die Person persönlich aufzusuchen, was zur Folge hat, dass man weniger persönlichen Kontakt hat. Diese Situation besteht.[179]

Die Nutzung des Mobiltelefons im Kontext der Weidewirtschaft reduziert die Notwendigkeit, Nachbarn oder Bekannte eines näheren oder weiteren Umfelds aufzusuchen. Statt die Distanz physisch zu überwinden, ruft man an. Ob sich dadurch tatsächlich der direkte, physisch ko-präsente, soziale Kontakt auf den Weiden und zwischen Nachbarn verringert und welche Auswirkungen dies gegebenenfalls auf die Kohäsion von Nachbarschaftsgruppen hat, bedarf weiterer

---

177 Aus Interview B04IW_aB2012_m40, geführt von Forschungsassistierenden, Dezember 2012.
178 Aus Interview B03IW_aB2012_m30, geführt von Forschungsassistierenden, Dezember 2012.
179 Aus Interview A10IWb_cB2012_f24, November 2012.

Untersuchungen. Zumindest das bisher erhobene Material deutet darauf hin, dass aufgrund der Möglichkeiten der Mobiltelefonie auf gewisse gegenseitige Besuche verzichtet wird. Gleichzeitig ermöglicht das Mobiltelefon, schneller auf Situationen, die Nachbarschaftshilfe erfordern, zu reagieren und soziale Isolation aufzubrechen.

5 Infrastruktur und Inkorporation mobiler Technologien – ein Rückblick und Ausblick

Infrastruktur hat politische, soziale und wirtschaftliche Auswirkungen. Dass Infrastruktur – sowohl Strasseninfrastruktur als auch Mobilfunk – wünschenswerte Effekte für die lokale Wirtschaft und die Bevölkerung hat, wird oftmals beinahe stillschweigend vorausgesetzt (vgl. Colombijn 2002). Deshalb investieren Staaten und Entwicklungsorganisationen wie z.B. die Asian Development Bank grosse Beträge in den Ausbau von Infrastruktur. Infrastruktur gilt als zentral für die wirtschaftliche Entwicklung einer Region und es wird vorausgesetzt, dass auch die Bevölkerung den Bau von Strassen (vgl. ADB 2009) und Telekommunikation begrüsst (vgl. z.B. Röller & Waverman 2001). Der staatlich vorangetriebene Bau von Infrastruktur in sKa khog und mDzod dge erfolgte insbesondere in den letzten zwei Jahrzehnten unter dieser Prämisse. Der Staat bzw. vom Staat beauftrage Unternehmen bauten Strassen und Mobilfunktürme. Dadurch verbesserte sich die Erschliessung abgelegener Regionen und erleichterte ihre Einbindung in den nationalen Markt und den Staat. Die Ortschaften entlang des Infrastrukturnetzes und insbesondere an dessen Knotenpunkten wurden dadurch in ein Netzwerk eingebunden, das Flüsse von Waren, Personen und Informationen erleichtert und gleichzeitig strukturiert und kanalisiert.

Nun stellt sich die Frage, was für Waren, Personen und Informationen auf den Strassen und Funkwellen unterwegs sind und wer die Infrastruktur wie nutzt. Die Beantwortung dieser Frage kann Infrastruktur auf ihre sozialen Auswirkungen im lokalen Kontext problematisieren. Kapitel 3 und 4 verdeutlichten eine Wechselwirkung zwischen Infrastruktur, Aneignung und Inkorporation von Motorfahrzeugen und Mobilgeräten in den Alltag von Nomaden Südamdos.

Kapitel 3 fokussierte auf Verbindungen und Verknüpfungen von Orten und Personen. Es stellte dar, wie im Grasland sKa khogs und mDzod dges eine Strasseninfrastruktur entstand, wie Nomaden aber schon vor dem Strassenbau mobil und sowohl untereinander als auch mit Personen und Orten in und ausserhalb ihres unmittelbaren Lebensbereichs verflochten waren. Strassenbau begünstigte anfänglich die Mobilität von Nomaden nicht. Im Gegenteil, die Integration des von ihnen bewohnten Territoriums in den zentral organisierten Staat in den 1950er und 1960er Jahren immobilisierte seine Bewohner und schränkte ihren Bewegungsraum ein. Erst die Auflösung der Volkskommunen und die Reformphase der 1980er Jahre erweiterten die persönliche Bewegungsfreiheit ihrer Mitglieder wieder.

Kapitel 3 verdeutlichte ausserdem, dass ein Territorium, das vormals mehrheitlich frei von geplanter und gebauter Infrastruktur war, nun von einem Stras-

DOI 10.1515/9783110502008-006

sennetz überzogen ist, das administrative Ortschaften miteinander verbindet, weil staatliche Akteure Zugang, Kontrolle und wirtschaftliche Entwicklung zu sichern und zu fördern beabsichtigten. In den Zwischenräumen zwischen den Strassen wohnten und wohnen Menschen, die in den letzten fünfzehn Jahren begonnen haben, Motorfahrzeuge anzuschaffen. Die Integration von Motorfahrzeugen in den Alltag von Nomaden verkürzte Distanzen zwischen Weidegebieten, Strasseninfrastruktur und zentralen Orten zeitlich und führte zur zunehmenden Verflechtung mit der Infrastruktur.

Strassen sind nun aber nicht einfach neutrale Materialität. Auch haben nicht alle Mitglieder der nomadischen Gemeinschaften gleichen Zugang zu motorisierter Mobilität. Es zeigen sich Brüche im sozialen und im geografischen Raum. Strassen beschleunigen Mobilität, insbesondere motorisierte Mobilität. Strassen bremsen aber Mobilität auch aus. Sie bilden Hindernisse in einem Territorium, das durch mobile Herdenhaltung genutzt wird und in dem sich die Wasserquelle oder das bessere Gras manchmal auf der falschen Strassenseite befindet. Zäune, Feldwege und staatliche Strassen kanalisieren die Bewegungsrouten der Nomaden teilweise. Ihre Bewegungslinien verdichten sich entlang von Infrastruktur. Die Inkorporation von Motorfahrzeugen in die alltäglichen Praktiken führt folglich zu Verschiebungen und Brüchen in der Ausgestaltung des pastoralen Alltags.

Auch die Inkorporation von Mobiltelefonen in den Alltag verursacht Veränderungen. Telefone sind nicht nur Kommunikationsinstrumente, sie geben auch Anlass zur Kommunikation und Interaktion. Ich habe diese Vorgänge mit dem Vokabular von Höflich und Hartmann als *„Momente medienbezogener sozialer und kommunikativer Arrangements“* (Höflich & Hartmann 2007: 211. Kursiv im Original, L.I.) beschrieben.[180] Mobilkommunikationspraktiken führen zu situativen Elementen der Mediennutzung, die in ihren relationalen und räumlichen Aspekten das Potential von Eruptionen und Brüchen, also von *Konversion*, in sich tragen, oder von *Grenzverschiebungen*, um wiederum das Vokabular von Höflich

180 Ich nutze mit meinem Begriffsverständnis ein Vokabular, das in der Kommunikationswissenschaft möglicherweise seine eigene Bedeutung hat und erweitere es ausgehend von den Ausführung Höflich und Hartmanns (2007). Die beiden Autoren sehen *Arrangements*, die aus der Mediennutzung entstehen, als Anlass, Prozesse der Aneignung und Inkorporation von neuen Medien aus dem häuslichen Kontext zu lösen. Sie argumentieren, dass „der Domestizierungsansatz für ein besseres Verständnis mobiler Kommunikation nur dann hilfreich sein kann, wenn er nicht primär als die Eingliederung in den Haushalt verstanden wird“ (Höflich & Hartmann 2007: 213). Ihr Argument gründet auf einem Verständnis des Haushalts bzw. der Familie als einer Einheit, die an einem Ort, innerhalb der Wände des eigenen Heims, zu verorten ist. Im Kontext der Nomaden Südamdos lässt sich Haushalt nicht auf eine „Domäne des Häuslichen“ begrenzen.

und Hartmann zu verwenden. Die Erkenntnisse aus Kapitel 4 lassen sich unter diesen Begriffen zusammenfassen:

Arrangements

Im Kapitel 4 wurde *Arrangement* als Beschreibung von Situationen im Zusammenhang mit der Nutzung von Mobiltelefonie verwendet. *Arrangements* entstehen situativ aus der Interaktion von Personen untereinander und mit dem Mobilgerät. Der nomadische Haushalt ist mobil und befindet sich zu verschiedenen Zeiten an verschiedenen Orten. *Arrangements* sind folglich nicht räumliche Anordnungen, sondern Anordnungen von sozialen und situativen Gegebenheiten. Sie sind Verflechtungen von Menschen, die im Zusammenhang mit der Nutzung von Mobiltelefonie entstehen. Das ethnografische Material hat gezeigt, dass solche Verflechtungen in allen Phasen der Inkorporation stattfinden. Sie sind situativ, wenn beispielsweise ein Tausch eines Mobilgeräts erfolgt oder das Telefonguthaben aufgeladen wird. In der jeweiligen Situation verflechten sich Interaktion von Menschen mit anderen Menschen, mit Technologie und mit Infrastruktur.

Grenzverschiebungen

Arrangements, so hat das Material weiter gezeigt, entstehen zu verschiedenen Zeiten an verschiedenen Orten. Es sind kommunikative Anlässe, die sich im Alltag der Nutzer von Mobiltelefonie ergeben. Die „Momente medienbezogener sozialer und kommunikativer Arrangements" beinhalten das Potential für „Eruptionen" (Höflich & Hartmann 2007: 213), welches Höflich und Hartmann im Zusammenhang einer Grenzverschiebung zwischen privaten und öffentlichen Sphären diskutieren. Sie stellen fest, dass sich das Telefon vom häuslichen und privaten Nutzungskontext gelöst hat und es folglich im öffentlichen Raum zu Kollisionen kommt zwischen Regeln der privaten Kommunikation und der öffentlichen Kommunikationsordnung (Höflich & Hartmann 2007: 215).[181] Eine solche Art Grenzverschiebung lässt sich im Kontext der Nomaden sKa khogs und mDzod dges nicht ausmachen, da Privatheit und Öffentlichkeit kulturspezifisch sind und sich in der Forschungsregion anders konstituieren. Ausserdem wurden Telefone dort zuerst im ausser-häuslichen Raum der Siedlungen genutzt. Erst mit Zunahme der Netzabdeckung wurde die Nutzung auch innerhalb des häuslichen Bereichs

181 Sie beziehen sich auf die von Goffmann (1971; 1974) thematisierten Nähe-Distanz Arrangements, die auch Simmel (1995) und Sennett (1990) in ihren Studien zu Verhalten im urbanen Raum untersucht haben.

des Hauses oder Zeltes in der *phyugs las* möglich. Dennoch meine ich, dass die Praktiken der Mobilkommunikation auch in den Gemeinschaften sKa khogs und mDzod dges zu Grenzverschiebungen führen. Diese sind vorwiegend dadurch gegeben, dass Mobilkommunikation Mobilität nicht ermöglicht, sondern erfordert. Weil sie abhängig von Infrastruktur ist, also von Sendetürmen und ihren Reichweiten, führt Mobilkommunikation zur Neukalibirierung des kontextuellen Rahmens von Kommunikation und Interaktion. Und diese hat durchaus eine räumliche Komponente.

Wie lassen sich diese räumlichen Aspekte der Inkorporation von mobilen Technologien in den Alltag der Nomaden sKa khogs und mDzod dges fassen? – Motorfahrzeuge und Mobiltelefone im Alltag der Nomaden Südamdos stehen mit Mobilität in Beziehung. Durch deren Inkorporation in den Alltag wird die Mobilität von Familienmitgliedern, die in der Pastoralwirtschaft tätig sind, neu konfiguriert. Während Mobiltelefonie abhängig ist von Infrastruktur, ist dies nicht unbedingt der Fall in Bezug auf die Nutzung motorisierter Fahrzeuge. Die Inkorporation motorisierter Fortbewegung zeigte sich dennoch verflochten mit Prozessen, die zum Ausbau von Strassen und Wegen führten. Dadurch sind Nomaden sKa khogs und mDzod dges, die motorisierte Fahrzeuge und Mobiltelefone besitzen und die staatliche Infrastruktur benutzen, in ein Geflecht von Bedeutungen und Repräsentationen eingebunden, die eine „politics of mobility" (Cresswell 2010)[182] konstituieren. Eine Betrachtung solcher Konfigurationen unter dem Blickwinkel einer *politics of mobility* lassen zwei unterschiedliche Analyseebenen zu. Einerseits wirken „Strategien" auf die Mobilität der Nomaden Südamdos ein; andererseits können ihre Mobilitätspraktiken als „Taktiken" analysiert werden, um de Certeaus (1988) Vokabular zu verwenden. Diese beiden Sichten bzw. Analyseebenen können gerade in den Alltagspraktiken der Nutzung von mobilen Technologien auf interessante Weise zusammen gebracht werden.

„Strategien" der Macht sind repräsentiert in der Infrastruktur in sKa khog und mDzod dge. „Strategien" haben diesbezüglich ihren Ausgangspunkt in Staatsbildung, Wirtschaftsentwicklung und Urbanisierung, indem Infrastruktur ein vom chinesischen Staat orchestriertes Mittel darstellt, das sKa khog und mDzod

182 „Politics" versteht Cresswell (2010: 21) als „social relations that involve the production and distribution of power." *Politics of mobility* bestehen folglich aus der Art wie Mobilität soziale Beziehungen produziert und gleichzeitig durch sie verursacht wird. Mobilität konzeptualisiert Cresswell als eine Verflechtung von physischer Bewegung, Repräsentation und Praktiken (2010: 19). Analytisch lässt sich in ihrer Verflechtung das Politische von Mobilität ausmachen. Wer hat Zugang zu Mobilität? Wer bewegt sich am häufigsten, schnellsten, oder weitesten? Welche Bedeutung wird der Mobilität zugeschrieben, wie konstituiert sich Mobilität diskursiv? Welche Alltagspraktiken und Routinen der Mobilität bestehen?

dge zivilisieren, entwickeln, kontrollieren und indem die staatliche Vision der Moderne verwirklicht werden soll (Yeh 2013c). Strassen und Mobilfunktürme sind folglich Strukturen, die Bewegung „confine, channel and contain“ (Ingold 2011: 103). Infrastruktur ordnet den von Nomaden bewohnten Raum und ihre Bewegungen in diesem Raum. Dass Nomaden sKa khogs und mDzod dges selber Strassen bauen und ihre Mobilität auf das Strassennetz ausrichten, scheint sie in ein System der „politics of mobility“ einzubinden, das ihre Mobilität „domestiziert“ – sie zähmt und in geordnete Bahnen lenkt.

Demgegenüber steht eine Sicht der „Taktiken“. Die Aneignung und Inkorporation von mobilen Technologien in den Alltag erlaubt den Nomaden in sKa khog und mDzod dge, die staatlich errichtete Infrastruktur zu nutzen. Diese zweite Sicht fragt, was eigentlich in den vom Staat geschaffenen Räumen geschieht, wie die Menschen sich diese zu eigen machen und wie sie sich darin bewegen. Die private Motorisierung der letzten fünfzehn bis zwanzig Jahren stellt insofern ein Bruch dar, als dass sie den Bewohnern des südlichen Amdos eine Mobilitätstechnologie zur Verfügung stellte, die ihnen erlaubt, Infrastruktur eigenständig zu nutzen. Die staatliche, hegemoniale Infrastruktur wird dadurch umgedeutet. Die Absichten des Staates, abgelegene Regionen zugänglich zu machen, sie in das Regierungssystem und den Markt zu integrieren, bestehen zwar weiterhin. Die Praktiken des Alltags der Nomaden aber, die aus der Aneignung und Inkorporation – der „Domestizierung“ – von mobilen Technologien entstanden, integrieren Strassen und Telekommunikationsinfrastruktur in ihre Lebenswelt. Sie führen zu einer Mobilität, deren *politics* im Kontext der lokalen Gemeinschaften und deren sozialen Beziehungen zu situieren sind. Motorräder, Autos und Mobiltelefone sind Technologien, mit denen physische Mobilität oder mobile Kommunikation erwirkt wird. Sie sind die Instrumente, durch welche die staatliche Infrastruktur für die Bewohner des Graslands bedeutsam wird. Die mobilen Technologien von motorisierten Fahrzeugen und Mobiltelefonen werden durch die Praktiken der Mobilität zu Schnittflächen zwischen staatlicher hegemonialer Infrastruktur und Handlungen der Akteure. Strukturen werden dadurch „ceaselessly eroded by the tactical manoeuvring of inhabitants whose ‚wandering lines‘ [...] or ‚efficacious meanderings‘ [...] undercut the strategic designs of society's master-builders, causing them gradually to wear out and disintegrate.“ (Ingold 2011: 103), was unter anderem der nächste Teil *Konversion* weiter verdeutlichen wird.

Ingolds (2011) Ausführungen zu zwei grundsätzlich verschiedenen Verständnisweisen von Bewegung (vgl. auch Kap. 1.3.2) nehmen de Certeaus Gedanken zur Subversion von staatlicher Infrastruktur („Strategien“) durch die Bewegungen ihrer Nutzer („Taktiken“) auf. Ingold geht von zwei fundamental unterschiedlichen Epistemien aus: *transport* als laterale Bewegung über einen Flächenraum und *wayfaring* als eine Bewegungslinie entlang von Wegen des Reisens (Ingold 2011: 149). Strassen scheinen eine Mobilität hervorzubringen, die sich als *transport* versteht, während die Lebensweise der Nomaden eher mit Mobilität als *wayfaring* beschrieben werden kann. *Transport* ist ein Verbinden von Punkten in einem Netzwerk:

> The various destinations to be linked in a system of transport are conceived to be laid out upon an isotropic surface, each at a location specified by global coordinates. The lines connecting these destinations comprise a network that is spread across the surface, and ‚pinned down' at each of its nodes (Ingold 2011: 151).

Das Strassennetzwerk, dessen Entstehung in Kapitel 3 beschrieben wurde, bildet ein solches *transport*-Netzwerk. Allerdings zeigte sich in der Verflechtung der Mobilität von Nomaden sKa khogs und mDzod dges mit der Infrastruktur durch Inkorporation mobiler Technologien, dass geplante und gebaute Strassen sowie Mobilfunktürme in die Praktiken des *wayfaring* eingebettet wurden:

> To the wayfarer however, the world is not presented as a surface to be traversed. In his movements he threads his way *through* this world rather than routing *across* it from point to point. [...] What they form, [...] is not a network of point-to-point connections, but a tangled mesh of interwoven and complex knotted strands (Ingold 2011: 151)

Das ethnographische Material zu Aneignung und Inkorporation von mobilen Technologien hat gezeigt, dass es im Geflecht der sozialen Beziehungen Unterschiede gibt, wem sie wann und in welcher Form zur Verfügung stehen. Auch zeigte sich, dass mobile Technologien Anlass zur Interaktion bieten. In der Interaktion von Menschen mit anderen Menschen, mit mobilen Technologien und mit Infrastruktur zeigen sich Praktiken des *wayfaring*. In ihnen besteht das Potential, dass sich soziale Beziehungen und die ihnen inhärenten sozialen Ungleichheiten verändern. Nomaden mDzod dges und sKa khogs „domestizieren" mobile Technologien und integrieren sie in ihren Alltag. Gleichzeitig wird ihre Mobilität durch Infrastruktur „domesitiziert". In den Praktiken, die aus der „Domestizierung" mobiler Technologien und auch aus der „Domestizierung" durch die Infrastruktur entstehen, lassen sich transformative Prozesse ausmachen. Diese werden im nächsten Teil *Konversion* untersucht.

Teil III: **Konversion**

Proceeding along a path, every inhabitant lays a trail. Where inhabitants meet, trails are entwined, as the life of each becomes bound up with the other. Every entwining is a knot, and the more that lifelines are entwined, the greater is the density of the knot.

Tim Ingold

6 Praktiken der mobilen Lebensführung

Strassenbau, Motorisierung und Mobiltelefonie haben den Lebensraum der Nomaden sKa khogs und mDzod dges verändert. Infrastruktur verbindet Orte und schafft ein Netzwerk, das Raum fragmentiert und in zentrale und periphere Gebiete aufteilt. Nomaden des südlichen Amdos, so lässt sich etwas plakativ sagen, leben in den Zwischenräumen des Netzwerks – an den Orten, die der Peripherie zugeteilt sind. Dort gehen sie ihren Tätigkeiten der pastoralen Wirtschaft nach und nutzen die Ressourcen der Weidegebiete, indem sie eine mobile Form der Herdenhaltung praktizieren. Sie nutzen aber auch die Infrastruktur. Motorfahrzeuge und Mobiltelefone, die Einzug in den Alltag der Nomaden gehalten haben, ermöglichen Zugänge zum staatlichen Strassen- und Telekommunikationssystem und zu den Orten, die dieses miteinander verbindet. Aneignung und Inkorporation von mobilen Technologien generieren eine Schnittfläche zwischen staatlicher hegemonialer Infrastruktur und den Praktiken des Alltags der Nomaden Südamdos. An der Schnittfläche zeigt sich, dass der pastorale Lebensraum des Weidegebiets zu einem Referenzpunkt unter anderen geworden ist. Es entsteht eine Mehrschichtigkeit von Mobilität, und in der Mehrschichtigkeit der Mobilität ist *Konversion* von nomadischem Raum auszumachen.

Anknüpfend an die Familienprofile in Kapitel 3 und anhand zusätzlichem ethnographischem Materials stelle ich Praktiken der Mobilität in der Verflechtung der „peripheren" Zwischenräume der *phyugs las* und den Knotenpunkten der Strasseninfrastruktur dar. In diesem Kapitel untersuche ich, inwiefern Praktiken der Mobilität, die sich aus der Inkorporation von Motorfahrzeugen in den praktischen Alltag ergeben, räumliche Fragmentierung einerseits verstärken und andererseits aufheben.

6.1 Mobilitätspraktiken im Kontext der *phyugs las*

Im ersten Teil dieser Arbeit habe ich das Lebensumfeld der Nomaden sKa khogs und mDzod dges beschrieben, ihre Arbeiten – *'brog las* – und den Ort ihres Arbeitens – die *phyugs las*. Ich habe *phyugs las* als ephemeren Ort bezeichnet, der sich in den Praktiken der Menschen, die in der pastoralen Wirtschaft tätig sind, konstituiert und für dessen Entstehung Mobilität zentral ist. Nun verfügen Nomaden dieser Region durch die Motorisierung über eine Technologie der Mobilität, die sie auf verschiedene Weise im Alltag einsetzen. Im Folgenden greife ich spezifisch die pastorale Mobilität des Migrationszyklus auf. Ich frage, wie sich diese Mobilität konstituiert und welche Rolle Mobilitätstechnologien in Bezug auf

DOI 10.1515/9783110502008-007

Abbildung 18: Umzug auf die Sommerweide in mDzod dge (Juli 2011).

phyug las als Ort und als Praxis haben, was sie verändert bzw. welche Kontinuitäten sich ausmachen lassen.

6.1.1 Migrationsrouten und -zyklen

Der nomadische Pastoralismus im südlichen Amdo hat sich im Zuge der Umgestaltung der Gesellschaft durch staatliche Interventionen seit den 1950er Jahren geändert, was in den vorgängigen historiographischen Kapiteln dargestellt wurde. Es ist deshalb nützlich, die Bodenbesitzstruktur, wie sie früher bestanden hat, nochmals in Erinnerung zu rufen. Ekvall (1956: 46) beschreibt sie für die Zeit vor 1950 folgendermassen:

> The tribe[183] as a whole has primary land right over the entire range of the Grogs [high altitude pasturage]. Within this overall right encampment land rights and family land rights are valid over a portion of the territory: the region of the winter encampments. But approximately three fourths of the range, that portion over which the encampments move from the first week in May until the middle of November, belongs clearly and definitely to the tribe as a whole. No encampment has any special right to any part of it, but utilization of this tribal range is by consultation and agreement with the tribe as to the time and order of moving, and the relative locations of the encampments. Each encampment, while on this range, naturally exploits the grazing immediately around it, but it has no special right to

183 „Tribe" entspricht in etwa der sozialen Einheit, die ich in der vorliegenden Arbeit als *sde ba* beschrieben habe und „encampment" entspricht dem *ru skor*.

> that grazing, nor to that location, for the relative position of encampments may be changed from year to year.

Diese Zuteilung von Land, die einer Familie oder einem Lager (einer Gruppe von Familien ähnlich einem *ru skor*) ein Anrecht auf ein Winterweidegebiet gibt, wird nun rechtlich durch einen Pachtvertrag mit fünfzigjähriger Laufzeit gesichert. Was früher Gewohnheitsrecht war, basiert seit den 1990er Jahren auf Landnutzungsrechten des Staates, wie sie im Graslandrecht von 1986 und 2002 stipuliert sind (Bauer & Nyima 2010: 30). Die Neuerung im Vergleich zu den Verhältnissen vor der Integration in den Staat besteht darin, dass die Winterparzellen nicht mehr nur knapp einen Viertel der gesamten Weidegebiete ausmachen, sondern dass sie vergrössert wurden und bis zu drei Viertel der Weidefläche einer Familie betragen.[184] Die Veränderung der Landnutzungsrechte und die Verschiebung der Grössenverhältnisse zwischen quasi-privatisierten Winterweiden und mehrheitlich gemeinsam genutzten Sommerweiden haben Auswirkungen auf Migrationsrouten und -zyklen. Der von Wu (1997: 152–168) beschriebene „two-season" Migrationszyklus besteht grundsätzlich weiterhin. Doch aufgrund der veränderten Nutzungsrechte und der Einzäunung von Weiden haben sich die Migrationsrouten geändert. Nomaden Südamdos beschreiben sie folgendermassen:

> Im Laufe eines Jahres gehen wir zuerst von der Winterweide auf die Sommerweide. Dann gehen wir zurück auf die Frühlingsweide. Das ist auch im abgezäunten Weidegebiet des Winterstandplatzes. Dann gehen wir nochmals auf die Sommerweide. Und dann zurück auf die Winterweide. Das ergibt vier Umzüge (40-jähriger Nomade).[185]

> Wir ziehen zweimal um (20-jährige Tochter einer Nomadenfamilie, Studentin).[186]

> Wir ziehen zweimal um. Wenn es Zeit ist, gehen wir auf die Sommerweide. Unsere Leiter (*'go ba*) diskutieren dies und entscheiden, ab wann man gehen kann. Aber wann wir wirklich gehen, das entscheidet jede Familie für sich (Tochter einer Nomadenfamilie, Studentin).[187]

> Wir ziehen nur zweimal um, vom Winter- auf die Sommerweide und zurück. Am 1. Mai wechseln wir auf die Sommerweide und ungefähr Mitte Oktober kommen wir zurück. Die

184 Die Grösse der Winterparzellen und auch die Migrationszyklen variieren von Gemeinde zu Gemeinde und manchmal von *ru skor* zu *ru skor*. In einigen Gemeinden wurden sowohl Winter- als auch Sommerweideparzellen an Haushalte verpachtet und dadurch private Nutzungsrechte durchgängig durchgesetzt.

185 Aus Interview B04IW_aB2012_m40, geführt von Forschungsassistierenden, Dezember 2012.

186 Aus Interview B02IW_aB2012_f20, geführt von Forschungsassistierenden, Dezember 2012.

187 Aus Interview B03IW_aB2012_f19, geführt von Forschungsassistierenden, Dezember 2012.

Sommerweide gehört allen, sie ist nicht aufgeteilt (ca. 40-jähriger Nomade, der als Fahrer ein Zusatzeinkommen verdient;).[188]

Die Winterweiden wurden auf die Familien aufgeteilt und dann haben wir sie eingezäunt. Im Sommer wird uns ein Standplatz zugeteilt. Das ist jedes Jahr ein anderer Ort. Wir gehen dort für einen Monat hin und danach kehren wir zurück. In der Vergangenheit, bevor das Land aufgeteilt war, hatten wir eine Frühlingsweide und eine Herbstweide. Die gibt es nun nicht mehr. Wir sind fast die ganze Zeit auf der Winterweide. Wir gehen im Sommer auf die Sommerweide, bleiben dort einen Monat und ein paar Tage und dann kehren wir zurück auf die Winterweide (Tochter einer Nomadenfamilie, Studentin, 23 Jahre).[189]

Wir haben keine Frühlingsweide. Wir haben nur eine Sommerweide und eine Winterweide. Nun ja, die Frühlingsweide ist Teil der Winterweide. Dann im Sommer und Herbst sind wir auf der Sommerweide. Wir ziehen nur zweimal um, einmal auf die Sommerweide und einmal zurück auf die Winterweide. [...] Die Winterweiden wurden aufgeteilt und eingezäunt. Die Sommerweiden sind nicht aufgeteilt. Dort werden Lose gezogen, um die Weidegebiete zuzuteilen. Im Sommerweidegebiet hat es sehr viel Land. Einige Weiden liegen in der Nähe und einige sind weit entfernt. Mit dem Los wird entschieden, wer auf diejenigen Weideplätze ziehen, die entfernt liegen und wer auf einer der näher gelegenen Weiden sein Zelt aufschlagen kann. Man zieht jedes Jahr auf die Sommerweide, aber der Standort ist nicht jedes Jahr derselbe (Tochter einer Nomadenfamilie, Lehrerin).[190]

Von der Sommerweide aus bewegen wir uns etwas höher auf die Herbstweide. Danach gehen wir zurück auf die Winterweide und dort bleiben wir. Wenn es dort nicht mehr genügend Gras gibt, dann müssen wir *zog song* [Für eine Zeit auf die Sommerweide oder auf eine zugemietete Weide ziehen] (Tochter einer Nomadenfamilie, angehende Lehrerin).[191]

Es gibt nur einen Umzug. Wir ziehen auf die *phyugs las* und dort bleiben wir für den Sommer. Früher gingen wir dorthin und dann sind wir von dort aus an andere Orte gezogen. Aber heutzutage tun wir dies nicht mehr. Wir gehen zur *phyugs las* und dort bleiben wir die ganze Zeit (Tochter einer Nomadenfamilie, Studentin).[192]

Wir ziehen vier, fünf Mal um. Wir ziehen von der Sommerweide auf die Winterweide und von der Winterweide auf die Sommerweide. Dann, auf der Sommerweide, bevor wir zurück auf die Herbstweide [im Winterweidegebiet] gehen, wechseln wir einige Male den Lagerplatz (Tochter einer Nomadenfamilie, Studentin).[193]

---

188 Aus den Feldnotizen: Gesprächsprotokoll GP107_aA2012_m40; Oktober 2012.
189 Aus Interview A03IW_aB2012_f23, Oktober 2012.
190 Aus Interview A02IW_aB2012_f25, August 2012.
191 Aus Interview A06IW_aA2012_f22, Oktobber 2012.
192 Aus Interview A05IW_aB2012_f20. Oktober 2012.
193 Aus Interview A04IW_aB2012_f23, Oktober 2012.

Jährliche Bewegungen sind nicht für alle dieselben. Generell lässt sich aber ein Trend feststellen: Seit die Nutzungsrechte an Winterweideland einzelnen Familieneinheiten zugewiesen worden sind, haben sich Bewegungsrichtungen der Pastoralmobilität verfestigt. Es gibt vielerorts nur noch zwei Migrationsrouten: Diejenige vom Winterstandort zur Sommerweide und zurück. Auch üblich ist, dass die Familie oder ein Teil der Familie im Mai oder Juni für einige Wochen auf die Sommerweide zieht und danach noch einmal für bis zu einem Monat auf die Winterweide zurückkehrt, um der Vegetation der Sommerweide Zeit zu geben, sich zu regenerieren. Dieser Umzug auf die gemeinschaftlich genutzte Sommerweide wird von den Leitern der *ru skor* oder der *sde ba* für die Gemeinschaft geregelt. Man legt sozusagen die Dauer der Nutzung der Sommerweide mit genauen Daten fest und ordnet den Umzug der Familien auf die Sommerweiden. Die Aufenthaltsdauer in den gemeinschaftlich genutzten Sommerweidegebieten hat sich an vielen Orten um ein bis drei Monate verkürzt.

Anders verhält es sich mit den Winterweiden. Sie sind den Familieneinheiten zugeteilt, eingezäunt, und vielerorts so gross angelegt, dass sie auch als Frühlings- und Herbstweiden genutzt werden. Die Art der Nutzung und der Weidewechsel innerhalb dieser „Winterweiden" regelt die Familie, welche das Nutzungsrecht besitzt. Auf diesem Weidegebiet befindet sich das Wohnhaus der Familie, das durch seine Bauart und die Verwendung von modernen Baumaterialien eine Festigkeit erhalten hat, die der Siedlungsform von Nomaden Permanenz verleiht.[194] Ebenso befinden sich dort die für die Winterfütterung speziell angelegten bzw. reservierten Felder. Die Winterweide entwickelte sich folglich zum Hauptstandplatz, wo sich die Familie den grössten Teil des Jahres aufhält.[195]

Wo ist nun die *phyugs las?* – Sie ist dort, wo die Herdenarbeit erledigt wird. Grundsätzlich ist sie nicht geografisch lokalisiert, sondern entsteht in den Praktiken der mobilen Herdenhaltung. Da sich diese Mobilität reduziert hat, verfestigt sich auch die *phyugs las.* Sie entsteht zunehmend an immer den gleichen zwei oder drei Standplätzen und verliert dadurch ihren ephemeren Charakter. Die pastorale Mobilität gleicht der transhumanten[196] Form der Herdenhaltung, die von einem festen, landrechtlich zugeteilten Wohn- und Wirtschaftsstandort aus-

194 Diese bauliche Permanenz ist indes nicht überall gegeben. Gemäss persönlicher Beobachtung leben in einigen Gemeindegebieten Bewohner des Graslands bis heute in aus Astgeflechten, Gras und Lehm gebauten Hütten, die sie jeden Herbst wieder instand stellen müssen.

195 Auch hier zeigen sich Unterschiede. Aufgrund der Einzäunung verfügen Familien mit grossen Herden über weniger Flexibilität bei der Nahrungssicherung und müssen Weideland zumieten. Dies führt insbesondere bei Besitzern grösserer Herden zu zusätzlichen Migrationen (vgl. Yeh & Gaerrang 2011).

196 Vgl. Fussnote n. 6

geht. Sie ist gemäss Jones (2005) von nomadischem Pastoralismus zu unterscheiden. Transhumanz charakterisiert sich durch einen festen Winterstandplatz, dem Betreiben von Feldwirtschaft als hauptsächliche Tätigkeit nebst Tierhaltung und saisonaler Migration, bei der oft nur ein Teil der Familie, in der Regel im Sommer, auf höher gelegene Weiden zieht. In Abgrenzung dazu beschreibt Jones nomadischen Pastoralismus als charakterisiert durch Mobilität ganzer Gemeinschaften, durch Absenz von festen Wohnhäusern und durch Absenz von Feldwirtschaft.[197] Tendenzen zur Transhumanz ergaben sich im Kontext von sKa khog und mDzod dge folglich mit der Umsetzung des Programms „Umfassendes Set des dreifachen Aufbaus", das den Bau von Winterhäusern und das Anlegen von Feldern für Winterfütterung stipulierte und dadurch einen geografisch festen Ankerpunkt schuf (vgl. Kap. 2.3.3). Der Winterstandplatz bzw. die Winterweide ist Ausgangs- und Endpunkt der Migrationsrouten. Letztere haben sich wie beschrieben verfestigt und es entwickelte sich eine Pendelbewegung zwischen Winter- und Sommerweide. Die mit der Wirtschaftsform der Herdenhaltung in Zusammenhang stehenden Mobilität von Nomaden gleicht sich demzufolge der Transhumanz an. Dadurch verfestigt sich die Fluidität von *phyugs las*. Diese entsteht nun zunehmend an geografisch fixierten Orten.

6.1.2 Funktion von Motorfahrzeugen für die Migrationsmobilität

Heutzutage benutzen Nomaden in sKa khog und mDzod dge Lastwagen und Traktoren, um den Umzug von der Winter- auf die Sommerweide und zurück vorzunehmen. Sie mieten Fahrzeuge, die auf dem unwegsamen Gelände des Graslands eingesetzt werden können. Inzwischen besitzt fast ausnahmslos jeder nomadische Haushalt mindestens ein Motorrad. Mit einem Motorrad lässt sich jedoch kein Umzug durchführen. Nomaden nehmen deshalb weiterhin die Dienste von Besitzern von Lastwagen oder Traktoren in Anspruch. Die Motorisierung privater Haushalte führte jedoch dazu, dass diese Dienste nicht mehr im gleichen Mass wie früher beansprucht werden. Für Materialtransporte grösseren Ausmas-

197 Gruschke unternimmt eine ähnliche Unterteilung in Kategorien der Transhumanz, Halbnomade und Vollnomade (2013: 109). Seine Kategorisierung von Transhumanz und Vollnomaden entspricht der Begriffsabgrenzung von Jones, indem er – gleich wie Ekvall (1980a: 429–437) – Transhumanz für diejenige Bevölkerungsgruppe zur Anwendung bringt, die in den Übergangszonen von Ackerbaugebieten zu den Hochweiden zu finden sind (*sa ma 'brog*). Ihr Grundpfeiler des Wirtschaftens ist der Ackerbau, nebst diesem sie auch ihre Herden auf Hochweiden (*'brog sa*) sömmern. Gruschke verdeutlicht, dass die Grenze zwischen bäuerlicher und nomadischer Lebensweise in Tibet nicht immer klar gezogen werden kann (2013: 104–106).

ses und für den Umzug stehen einigen pastoralen Haushalten in jüngerer Zeit eigene Pickups oder Kleinladewagen zur Verfügung. Diese werden, wo das Terrain es zulässt, für Tätigkeiten der Migration und des pastoralen Wirtschaftens eingesetzt. Nomadenfamilien, die ein Motorrad besitzen, nutzen dies, um Material zwischen den saisonalen Weiden zu transportieren. Allerdings ist der Einsatz beider Arten von Fahrzeugen von der Beschaffenheit und Befahrbarkeit des Terrains abhängig, wie verschiedene Aussagen von Nomaden sKa khogs und mDzod dges verdeutlichen:

> Wenn wir die Herden hüten, dann benutzen wir das Pferd. [...] Um die Herden zu hüten, dazu ist das Motorrad nicht einsetzbar, nicht auf der Sommerweide. Einige Haushalte können das Motorrad vielleicht so einsetzen. Aber bei uns besteht die Sommerweide aus Moorland. Es hat Grasbüschel (*na*) und Wasser. Da kann man mit dem Motorrad nicht fahren. Mit dem Pferd geht das gut. Aber das Motorrad ist vor allem nützlich, um damit hin und her zu fahren, wenn man beispielsweise in die Gemeinde fahren muss und Esswaren oder andere Dinge einkaufen will, dann ist es sehr nützlich. Um damit in die Gemeinde oder in die Kreisstadt zu fahren, dazu ist es nützlich. Für das Hüten der Herden im Sommerweidegebiet sind sie nicht nützlich (Tochter einer Nomadenfamilie, Studentin).[198]

> Für den Umzug von Sommerweide zu Sommerweide werden teilweise immer noch Yaks beladen. Oder zum Beispiel diesen Sommer, da hat es sehr viel geregnet, sodass Fahrzeuge nicht durch kamen. In solchen Fällen werden wie früher Yaks benutzt. Normalerweise, wenn es keinen Regen hat, wenn die Wege trocken sind, dann benutzen Nomaden Traktoren oder Kleinlaster, um den Sommerumzug durchzuführen. Es sind nur einige wenige, die dazu Yaks beladen. Auch mit dem Motorrad kann viel transportiert werden. Mit dem Motorrad wird das so gemacht: Man lädt viel Material auf das Motorrad, zurrt es fest und transportiert es auf diese Weise (27-jährige Tochter einer Nomadenfamilie).[199]

> Heutzutage benutzen wir meistens einen Traktor [für den Umzug], wenn es befahrbare Strassen gibt. Wenn es keine Strassen gibt, wenn das Gelände Sumpfgebiet ist, benutzen wir Yaks und Pferde (Tochter einer Nomadenfamilie, Studentin).[200]

> Für den Umzug auf die Sommerweide mieten wir in der Regel einen Traktor (Tochter einer Nomadenfamilie, Studentin).[201]

> Motorräder sind nützlich, das ist so. Früher, als ich jung war, ritten wir Pferde. Zum Beispiel um in die Kreisstadt und zum Kloster oder an andere Orte zu gehen, dazu ritten wir unsere Pferde. Heutzutage benutzen wir das Motorrad. Das braucht zwar Benzin, was ein Nachteil ist. Wir benutzen das Motorrad, um in die Kreisstadt bzw. das Kloster zu fahren oder um

198 Aus Interview A03IW_aB2012_f23, Oktober 2012.
199 Aus Interview A01IWb_aB2012_f27, August 2012.
200 Aus Interview A04IW_aB2012_f23, Oktober 2012.
201 Aus Interview A05IW_aB2012_f20, Oktober 2012.

> Dinge hin und her zu transportieren. Dazu ist es sehr nützlich und für solche Dinge nutzen wir es (54-jähriger Nomade).[202]

> In der Vergangenheit, wenn wir den Umzug vornahmen, haben wir alles auf Yaks geladen. Heutzutage wird das kaum mehr gemacht. Man hat Traktoren, Laster, solche Dinge. Das ist sehr praktisch (Tochter einer Nomadenfamilie, Lehrerin).[203]

> Für den Transport brauchen wir das Motorfahrzeug. Wir haben keine Helfer, folglich laden wir, was wir können auf das Motorrad und ziehen so um. Für die Dinge, die wir nicht selber transportieren können, mieten wir einen Laster oder einen Traktor und bezahlen etwas, damit sie uns diese Dinge transportieren (40-jähriger Nomade).[204]

> Wenn wir den Umzug vornehmen, beladen wir die Yaks. In unserem Gebiet hat es keine motorisiert befahrbaren Strassen. So beladen alle von uns die Yaks. Lastwagen können nicht eingesetzt werden, weil es keine Strassen zwischen Winter- und Sommerweide gibt, die für Lastwagen passierbar wären (Tochter einer Nomadenfamilie, angehende Lehrerin).[205]

Eigene Motorfahrzeuge, sowohl Motorräder als auch Pickups und Kleinlaster werden für Materialtransporte genutzt, für die früher ein Fahrzeug gemietet oder das Pferd oder Yak eingesetzt wurde. Private Motorisierung kann folglich die Migration zwischen Sommer- und Winterweide vereinfachen. Sie bestimmt aber nicht die Veränderung der Pastoralmobilität hin zu Transhumanz. Hingegen lässt sich nicht ausschliessen, dass die längere Aufenthaltsdauer am Winterstandort und die Verfestigung von Migrationsrouten dem Bau von Verbindungswegen in Winter- und Sommerweidegebiete Vorschub geleistet haben. Die Permanenz des Winterstandorts und die lange Aufenthaltsdauer dort haben möglicherweise dazu beigetragen, dass das Bedürfnis nach Anbindung an das Strassennetz zunahm.[206]

6.2 Neue Mobilitätspraktiken

Die massgeblichste Veränderung, welche die Motorisierung in sKa khog und mDzod dge mit sich brachte, ist die vereinfachte Verbindung zu Orten, die ausser-

202 Aus Interview C03IW_B2012_m54, geführt von Forschungsassistierenden, Dezember 2012.
203 Aus Interview A02IW_aB2012_f25, August 2012.
204 Aus Interview B04IW _aB2012_m40, geführt von Forschungsassistierenden, Oktober 2012.
205 Aus Interview A06IW_aA2012_f22, Oktober 2012.
206 Dies wurde in verschiedene Regionen, wo Pastoralwirtschaft betrieben wird, beobachtet. Hayes (2010: 329, 334) geht ebenfalls davon aus, dass Nomaden in mDzod dge vermehrt in Strassennähe weiden und dass dies zu Übernutzung führt. Meine Daten lassen keinen solchen Schluss zu.

Abbildung 19: Strassenverkehr und geparkte Fahrzeuge in einer Gemeindesiedlung in mDzod dge (August 2012).

halb der *phyugs las* liegen, zu Orten, die keinen direkten Bezug zu Praktiken der Herdenhaltung haben. Die Vereinfachung besteht darin, dass Distanzen in kürzerer Zeit zurückgelegt werden können und sich die körperliche Anstrengung reduziert. Das bedeutet, dass sich der Bewegungsradius derjenigen Nomaden, die über ein Motorfahrzeug verfügen, vergrössert hat.[207] Strassen bzw. Motorisierung tragen zu einer Bewegungsrichtung bei, die von der *phyugs las* eine Verbindung zu den Orten herstellt, die an den Knotenpunkten der Strasseninfrastruktur liegen – den Siedlungen. Nebst Transhumanz, welche sich als Pendelmobilität zwischen Sommer- und Winterweide äussert, hat sich eine weitere Pendelbewegung zwischen Weidegebieten und Gemeindesiedlungen oder Kreisstädten herausgebildet. Obschon es Mobilität nach aussen schon immer gegeben hat, hat diese nun eine Qualität, die sich als Resultat aus der Inkorporation von mobilen Technologien verstehen lässt. Sie verbindet zu Orten, die effektiv ausserhalb der *phyugs las* liegen, wie im Folgenden ausgeführt wird.

207 Ob und wie dies das Bezugsnetz von Nomaden Südamdos verändert, wurde für diese Arbeit nicht untersucht. In seiner Dissertation zu Tradition und Moderne in Amdo macht Wu Qi auf Veränderungen des sozialen Beziehungsnetzes durch motorisierte Fortbewegung aufmerksam (vgl. Qi 2012: 123).

6.2.1 Veränderungen der Alltagsmobilität von Tashi und seiner Familie[208]

Dieses Kapitel enthält ein Fallbeispiel einer Familie und beschreibt ihre Mobilität in Bezug auf die Siedlung sowie die Veränderung dieser Mobilität im Laufe der Jahre. Ich beginne mit Hintergrundinformationen zur Familie, welche dem Interview mit der Schwester von Tashi entstammen, welches ich im August 2012 geführt habe. Die Familie kenne ich seit dem Jahr 2002.

> Zur Familie gehören sieben, nein sechs Personen. Zwei der älteren Schwestern haben in andere Nomadenfamilien geheiratet und zählen nicht mehr mit. Auch ich und B. sind verheiratet und haben je ein Kind. Wir werden also nicht mitgezählt. Übrig bleibt die Mutter als älteste Generation der Familie. Der Vater starb, als ich noch in der Primarschule war. Da hat mein Bruder zusammen mit seiner Frau die Herdenwirtschaft übernommen. Die Mutter konnte aus gesundheitlichen Gründen nicht mehr mitarbeiten. Sie ging deshalb zurück in ihre Heimatgemeinde, wo sie in der Nähe des Klosters eine Weile ein Zimmer bewohnte. [...] Der Bruder und seine Frau haben drei Kinder. Der älteste Sohn hat die Schule kürzlich abgeschlossen und lebt nun zu Hause. Die Tochter besucht die Mittelschule in der Kreisstadt und der jüngste Sohn wohnt bei der Grossmutter, also bei meiner Mutter, und besucht das letzte Jahr in der Primarschule der Gemeinde. Sie besitzen ungefähr fünfzig Yak, drei Pferde und ein Motorrad.

Das war der Stand im Herbst 2012. Als Tashi aufwuchs, besass jedoch niemand in seiner Gemeinde ein Motorfahrzeug. Seine Familie erhielt anfangs der 1980er Jahre einen Teil der vormals vom Produktionsteam kollektiv bewirtschafteten Herde. Als Angehörige ihres *ru skor* wurde ihr, wie auch den anderen Familien, alle drei bis vier Jahre ein Weidegebiet entsprechend der Grösse ihrer Herde zugeteilt. Die pastorale, mobile Herdenwirtschaft bildete ihre Lebensgrundlage, und innerhalb derer gestaltete sich ihre Mobilität:

> Früher gab es keine Lastwagen. Wenn wir von der Winterweide auf die Sommerweide umzogen, ritten wir. Beim Umzug wurde alles Material auf die Yaks geladen, das Zelt und alles. Nomaden hatten keine Lastwagen. Sie hatten nur Yaks und Pferde. Mit ihnen trieben sie die Herden und alles dorthin.

Die Familie bewirtschaftet ihre Herden auf dem Weidegebiet ihres *ru skor*, das gut zwei Reitstunden von der Siedlung entfernt ist. Die Gemeinde, wo sich die Verwaltung, eine Primarschule, Lager- und Versammlungsräume und einige Ge-

208 Die Zitate in diesem Fallbeispiel stammen alle aus zwei Leitfadeninterviews, die ich mit der Schwester von Tashi geführt habe (A01IWa_aB2012_f27; A01IWb_aB2012_f27). Thematische Ausschnitte bezüglich Fortbewegung und Fortbewegungsmittel wurden in eine chronologische Ordnung gebracht. Der Kontext der Familie und der Gemeinde, die sie bewohnen, wurde aus meinen Feldnotizen aus zehn Jahren ethnografischem Arbeiten destilliert.

schäfte befanden, wurde aufgesucht, wenn eine Notwendigkeit dazu bestand. Man sattelte ein oder mehrere Pferde, tat sich zum Teil mit Nachbarn zusammen und ritt in die Gemeindesiedlung, um sich dort mit dem Notwendigen zu versorgen; die Gerste rösten und mahlen zu lassen; eine öffentliche Veranstaltung oder das Kloster aufzusuchen; Material in dem Gebäude, das dem *ru skor* gehörte, einzulagern usw. Je nach Anlass wurden diese Ritte als Familie unternommen oder von der Mutter in Begleitung von anderen Frauen und gegebenenfalls von Kindern, mehrheitlich aber vom Mann. Mit welcher Häufigkeit dies geschah, konnte ich nicht eruieren:

> Damals gab es nur Pferdepfade. In den Weidegebieten der Nomaden gab es keine Strassen, weder in die Sommer- noch in die Winterweidegebiete. Nicht mal die Winterweide hatte eine Strasse. Heute gibt es eine. Als ich klein war, gab es keine. So ist das. [...] Als ich zur Schule ging, wurde ich mit dem Pferd abgeholt. Mein Vater kam mich abholen und ich ritt hinten auf dem Pferd mit.

Ab Mitte der 1990er Jahre besuchten Tashis jüngere Schwestern die Schule. Die Gemeinde betrieb zu dem Zeitpunkt eine zentrale Primarschule in der Gemeindesiedlung. Die Schule wurde als Internat geführt. Die Mädchen wurden erst von ihrem Vater und später von Tashi mit dem Pferd zur Schule gebracht und nach einigen Wochen wieder abgeholt. Die Schulzeiten waren auf das pastorale Wirtschaften ausgerichtet. Es gab Blockunterricht mit mehrtägigen Unterbrüchen, damit die Kinder nach Hause geholt werden konnten. Diese Ritte ins Gemeindezentrum, um Schulkinder nach Hause zu holen, wurden mit anderen Geschäften wie dem Einkaufen von Grundnahrungsmitteln verbunden.

2001 war Tashi bereits seit einigen Jahren der Verantwortliche in der Herdenwirtschaft. Die wohlhabenderen Nomaden der Gemeinde hatten damit begonnen, Motorräder zu kaufen und verkürzten damit die Strecken zwischen Weidegebiet und Gemeindesiedlung zeitlich. Mit der wachsenden Anzahl an Haushalten, die ein motorisiertes Fahrzeug besassen, ritten immer weniger Nomaden mit dem Pferd in die Siedlung. Stattdessen nahmen sie die Dienste der motorisierten Personen in Anspruch. Tashi holte seine Schwestern nicht mehr selber ab, wenn sie von der Schule nach Hause kamen, sondern arrangierte, dass ein Bekannter oder Verwandter sie mit dem Wagen oder auf dem Rücksitz ihres Motorrads ins Weidegebiet mitnahm.

> Damals, als wir uns kennenlernten, da war ich von der Kreisstadt gekommen. Die Schulferien hatten begonnen. Als die Schulferien begannen, sind wir ... ich und andere Schüler mit dem Bus von der Kreisstadt in die Gemeinde gekommen. Dort wartete ich auf meinen Onkel, der dieses Fahrzeug, einen Kleinlastwagen, besass. Als wir uns kennenlernten, da wartete ich auf den Onkel.

Um die Gemeindesiedlung aufzusuchen, ritt Tashi nicht mehr oder nur noch selten, sondern suchte sich eine Mitfahrgelegenheit, meist auf dem Rücksitz des Motorrads eines Freundes oder Bekannten. Die Reisezeit von Weideplatz in die Siedlung verkürzte sich dadurch vom Winterstandplatz aus von einer Stunde auf zwanzig Minuten und von der Sommerweide aus von zwei Stunden auf ungefähr vierzig Minuten. Wenn die Familie auf der Sommerweide war, ging er allerdings selten in die Gemeinde, da die Entfernung wesentlich grösser und der Sommer arbeitsintensiv war.

2003 erwarb Tashi selber ein Motorrad. Zu diesem Zeitpunkt verfügte eine Mehrheit der Haushalte der gesamten Gemeinde über ein Motorrad. Nur sehr wenige Leute, vorwiegend die ältere Generation, nutzten Pferde, um die Gemeindesiedlung aufzusuchen. Auch hatte sich die Siedlung entwickelt. Es gab mehr Einkaufsmöglichkeiten, mehr Restaurants und mit der Teilnahme am Markt – unter anderem durch den Besitz des Motorrads, das auf Benzin angewiesen war – bestanden mehr Gründe für eine Fahrt in die Gemeindesiedlung. Der Kauf des Motorrads wurde jedoch damit erklärt, dass nun auch die Kinder von Tashi eingeschult waren, die Mutter in der Siedlung wohnte und deshalb das Bedürfnis nach Mobilität zwischen Weidegebiet und Siedlung wuchs.

> Mein Bruder kaufte ein Motorrad, da war ich im Gymnasium, also das war 2000... irgendwann in der ersten Hälfte dieses Jahrzehnts. Wir kauften es, weil es praktisch ist. Alle hatten ein Motorrad. Es gab zwar noch keine Strassen [ins Weidegebiet], aber man konnte Motorräder trotzdem benutzen. Das Motorrad braucht keine guten Strassen. Man kann es trotzdem fahren. Deshalb haben wir es gekauft. Wir kauften es hauptsächlich, um damit [zwischen Weide und Siedlung] hin und her zu fahren, das wurde praktischer. Genau, meine Mutter wohnte nun in der Siedlung mit den Kindern meines Bruders und mit dem Pferd brauchte man sehr viel Zeit. So haben wir gedacht, dass es gut wäre, ein Motorrad zu kaufen. Und dann haben wir eines gekauft.

Tashi kaufte sein erstes Motorrad von einem Bekannten. Es war ein Modell der im Grasland des südlichen Amdos üblichen Wuyang Honda. Das Motorrad und dessen Betrieb kosteten zwar Geld, aber es erleichterte die Überwindung der Distanz zwischen Weideplatz und Gemeindesiedlung. Gleichzeitig mit der Einschulung der Kinder zog die Mutter von Tashi in die Siedlung. So konnten die Kinder bei ihr wohnen. Sie sorgte für die Kinder und diese gingen ihr im Haushalt zur Hand. Tashi pendelte nun durchschnittlich ein- bis zweimal pro Woche zwischen Weideplatz und Gemeindesiedlung. Er konnte die Strecke in weniger Zeit und mit weniger körperlichem Aufwand zurücklegen als früher mit dem Pferd. Auch war er nicht mehr auf die Dienste von Freunden und Nachbarn angewiesen, die ihn jeweils auf ihren Motorrädern in die Siedlung mitgenommen hatten. Tashi traf sich mit anderen Männern in der Siedlung, kümmerte sich um den Einkauf für den Haushalt und versorgte seine Mutter und Kinder mit Produkten aus der Pastoralwirtschaft. An Wochenenden holte er seine Kinder von der Schule ab und nahm sie mit nach Hause auf die Weide und brachte sie am nächsten oder übernächsten Tag wieder zurück.

2012 schloss der älteste von Tashis Söhnen seine obligatorische Schulzeit ab und kehrte auf die *phyugs las* zurück, um in der Weidewirtschaft mitzuarbeiten. Die Tochter besuchte eine Internatsschule in ca. 100 km Entfernung und kam nur in den Schulferien nach Hause. Ob sie die Ferien mehrheitlich bei der Grossmutter in der Siedlung oder bei den Eltern auf dem Weideland verbrachte, entzieht sich meiner Kenntnis. Der jüngste Sohn war im letzten Jahr der Primarschule und wohnte noch bei der Grossmutter. Dies reduzierte eigentlich die Notwendigkeit, die Gemeinde aufzusuchen. Trotzdem besuchte Tashi die Siedlung eher häufiger als noch vor ein paar Jahren. Wenn die Arbeit es zuliess, fuhr er mehrere Male pro Woche in die Gemeinde. Öfters als früher begleitete ihn nun auch seine Frau.

6.2.2 Pendeln als Alltagsmobilität

Die Veränderungen der Mobilitätspraktiken von Tashis Familie zeigen, dass sich der Raum, der von den Familienmitgliedern bewohnt wird, seit einiger Zeit nicht mehr auf das Weidegebiet beschränkt. Der Besitz eines motorisierten Fahrzeuges und die Verbindungswege und Strassen erleichterten Mobilität und machten die Gemeindesiedlung zugänglich, selbst wenn man bis zu fünfzig Kilometer entfernt davon wohnte. Diese Mobilität, die sich zwischen Weidegebiet und Siedlung, zwischen *pyhugs las* und Gemeindezentrum etablierte, gleicht einer Mobilitätspraktik des „Pendelns“. Sie zeigt sich nicht nur im Fall von Tashi und seiner Familie, sondern auch in den vorgängig vorgestellten Familienprofilen in Kapitel 3.3. Dondrubs Tochter erklärte, dass das Motorrad benutzt werde, um damit in die Gemeinde zu fahren und dass ihr Bruder, wie auch andere Männer ihres *ru skor*, oft in der Siedlung anzutreffen seien und regelmässig hin und her pendelten (vgl. Kap. 3.3.1). Dronma Gyab (vgl. Kap. 3.3.2) kaufte sein Motorrad ausschliesslich, um die Verbindung zwischen *pyhugs las* und Siedlung zu erleichtern. Im Weidegebiet selber war seine Nutzung sehr beschränkt. Thubten (vgl. Kap. 3.3.3) gab als Grund für den Kauf eines Motorrads die Fahrt in die Gemeindesiedlung an. Dies sind keine Einzelfälle. Nebst den hier vorgestellten Fallbeispielen habe ich während fast zehn Jahren unzählige Gespräche geführt und das Motorrad wurde in praktisch allen Gesprächen als Mittel positioniert, um eine schnelle, komfortable Verbindung zur Gemeinde oder Kreisstadt herzustellen (vgl. auch Iselin 2011a).

Es fragt sich nun, weshalb die Erreichbarkeit der Gemeinde diese Relevanz erhalten hat und was sie bewirkt. Weshalb hat sich Pendeln als Alltagsmobilität etabliert und für wen? Die Prozesse sind vielschichtig und stehen im Zusammenhang mit einer Bedeutungszunahme von Siedlungsorten. Diese Bedeutungszunahme von zentralen Orten [209] für Nomaden lässt sich auf ein Zusammenspiel verschiedener Faktoren zurückführen. Drei wesentliche Punkte führe ich untenstehend auf.

Erstens, hat sich die Herdenwirtschaft der Nomaden in sKa khog und mDzod dge dahingehend verändert, dass sie sich in der Post-Mao Ära zunehmend an marktwirtschaftliche Prinzipien ausrichten musste. Nomaden sind dadurch Teilnehmende an einem globalen Markt der Waren- und Geldflüsse. Um Zugang zu Waren und Dienstleistungen wie beispielsweise Schulbildung oder Gesundheitsversorgung zu erlangen, benötigen sie das Tauschmittel Geld. Dies erhalten sie dadurch, dass sie ihre Produkte auf dem Markt absetzen. Aber es ist nicht in erster Linie der Verkauf ihrer Produkte auf dem Markt, der sie in Beziehung setzt zu den zentralen Orten. Nomaden sind Abnehmende von Waren und Produkten, die woanders hergestellt und an Gemeinde- oder Kreissitzen verkauft werden. Einige dieser Produkte ziehen Nachfolgekosten nach sich. Ein typisches Beispiel ist das Motorrad, das Benzin und Unterhalt benötigt. Auch andere für die Herdenwirtschaft nützliche Objekte, wie die handbetriebene oder neuerdings die elektrische Milchzentrifuge, die Solarpanels, Generatoren, Segeltuchzelte usw. machen Nomaden Südamdos zu Konsumentinnen und Konsumenten und dadurch zu Teilnehmenden am globalen Markt. Solche Produkte, welche die Arbeit in der Herdenwirtschaft erleichtern, sind Materialien, die eine Interaktion mit dem Markt notwendig machen. Während Handel von pastoralen Produkten auf dem Weideland selber stattfindet (vgl. Manderscheid et al. 2004), konsumieren Nomaden hauptsächlich an Gemeinde- und Kreissitzen. Sie fragen Güter nach, die dort angeboten werden, was zu einer Verstärkung der Verflechtung mit jenen Orten führt. Die Materialität der Güter bindet die Mitglieder der pastoralen Wirtschaft verstärkt an den Markt.[210]

209 Der Begriff „zentrale Orte" ist hier ein beschreibender. Er grenzt sich ab von der Theorie der zentralen Orte (vgl. Christaller 1933; Lösch 1940), welche Zentralität als hierarchisch organisierte, räumliche Ordnung versteht, die sich aus der Funktion eines Ortes als Versorger der Umgebung mit Gütern und Dienstleistungen ergibt. Die Theorie der zentralen Orte gilt in der Geografie, wo sie entstanden und angewandt wurde, als nicht mehr zeitgemäss und wurde in den 1990er Jahren durch andere Theorien, z.B. die geografischen Netzwerkanalyse, abgelöst (vgl. Nakoinz 2011). Bezüglich Netzwerktheorie, vgl. Fussnote n. 14. Die Theorie der zentralen Orte ist in der vorliegenden Arbeit auch deshalb nicht zielführend, weil sie Räume vorwiegend aufgrund wirtschaftsgeografischer Faktoren in zentral und peripher einteilt und weil dies eine „Zentrums-Perspektive" privilegiert, welche diese Arbeit kritisch zu hinterfragen sucht (vgl. auch Znoj & Psota 1995: 143). Nakoinz (2011) verfolgt einen interessanten Ansatz, indem er Zentralität durch die Dichte des Geflechts von Interaktionen zwischen Akteuren definiert. Sein Ansatz kommt dem Verständnis von zentralem Ort in der vorliegenden Arbeit nahe.

Zweitens, hat Schulbildung im letzten Jahrzehnt neue Relevanz erhalten. Durch den schnellen Wandel der Gesellschaft scheint sich die Einsicht durchgesetzt zu haben, dass Schulbildung eine sinnvolle Zukunftsinvestition ist (vgl. Bangsbo 2008; Iselin 2010). Mehr Eltern denn je sind bereit, zumindest einem Familienmitglied eine Schulbildung bis zur Berufsreife [211] zu ermöglichen. Ausserdem hat der Bezirk rNga ba 2004 ein Programm realisiert, das die seit 1986 staatlich vorgegebene, obligatorische Schulzeit von mindestens sechs Schuljahren umsetzt. Ergänzt wurde es seither mit Massnahmen, die den Unterricht bis zum Abschluss von neun obligatorischen Schuljahren subventionieren.[212] Schuleintrittszahlen haben sich seit 2004 erhöht. Dies hatte zur Folge, dass eine zunehmende Anzahl Eltern regelmässig an den Wochenenden ihre Kinder an der Schule besuchten oder für das Wochenende nach Hause holten. Einige Nomaden aus sKa khog und mDzod dge gaben an, dass dies der Grund für die Anschaffung eines Motorrads war. Es führte auch dazu, dass die ansässige Bevölkerung wuchs, indem oft die älteste Generation einer Familie in der Gemeindesiedlung eine Wohnung mietete oder ein Haus baute, um die Kinder selber zu betreuen, statt sie in den Räumen der Schule unterzubringen. Beides, sowohl der Schulbesuch der Kinder als auch die Ansiedelung eines Teils der Familie in der Gemeinde, führte zu verstärkten Verflechtungen zwischen den in den Weidegebieten lebenden Nomaden und den zentralen Orten von Gemeinde oder Kreisen.

Drittens, führte der Siedlungsbau für Nomaden, der seit 2008 den Bau fester Residenzen für Nomaden in allen Gemeinden sKa khogs und mDzod dges vor-

---

210 Der Wechsel zu Segeltuchzelten ist ein Beispiel, wie Materialität an den Markt bindet. Die klassischen schwarzen Zelte können in Eigenproduktion aus Yak-Haar hergestellt werden, das in der pastoralen Wirtschaft reichlich vorhanden ist (vgl. Manderscheid 2000). Die weissen Segeltuchzelte, die von der Regierung in Umlauf gebracht wurden, müssen gemäss lokalen Informanten alle zwei bis vier Jahre ersetzt werden.

211 Das Schulbildungssystem in China hat eine akademische Ausrichtung (vgl. Bass 1998). Das heisst, dass normalerweise ein Erreichen der Tertiärstufe (Universität) angestrebt wird. In tibetischen Familien besteht normalerweise die Erwartung, dass Universitätsabgänger eine Stelle im staatlichen Verwaltungsapparat annehmen, die als stabil und deren Sozialleistungen als gesichert gelten (vgl. Costello 2002).

212 In der Provinz Sichuan wird zudem eine Schulpolitik verfolgt, die kostenfreie Bildung für Angehörige einer ethnischen Minderheit bis und mit der Sekundarstufe II, also insgesamt 12 Schuljahren, garantieren soll. Das Programm wird seit 2009 im Bezirk rNga ba umgesetzt (vgl. http://www.abazhou.gov.cn/ztjs/qunzzsx/zangqumfjy/201209/t20120905_493842.html; Zugriff am 12. 07. 2016).

sieht, an den Gemeindesitzen zu einem weiteren Bevölkerungszuwachs.[213] Für einige Nomaden schaffte dies genügend Anreize, die Herdenwirtschaft zugunsten anderer Tätigkeiten aufzugeben. Die in Qinghai anfänglich forciert umgesetzte Politik des „Rückzug aus dem Weideland" beruht in den Gemeinden sKa khogs und mDzod dges mehrheitlich auf Freiwilligkeit und wird bisher eher durch ein Anreizsystem verfolgt. In einigen Gemeinden hat der Bau von Siedlungen für Nomaden dazu geführt, dass zumindest ein Teil der Familie dorthin umzogen ist. Nicht immer war es nur die ältere Generation. Es gab aufgrund der zunehmenden Pendelmobilität von Nomaden durchaus Anreize, in einer Siedlung ein Teehaus, Restaurant oder Warengeschäft einzurichten.

All diese Aspekte verstärken Pendelmobilität. Jedoch machte gerade das Fallbeispiel von Tashis Familie deutlich, dass bereits ein „Pull-Faktor"[214] der Siedlung bestand, bevor die allgemeine Schulpflicht 2004 umgesetzt wurde und bevor ab 2004 und verstärkt ab 2008 Siedlungen für Nomaden in Gemeindenähe gebaut wurden. Die Motorisierung selbst scheint Pendelmobilität hervorzubringen. Die Mobilität von Tashi und seiner Familie hat sich vor der Motorisierung mehrheitlich im Weidegebiet abgespielt. Die Familie zog mit ihren Herden im normalen Weidewechselzyklus von der Winterweide zur Sommerweide. Im Laufe der Tage konstituiert sich die Mobilität in den täglichen Tätigkeiten der *phyugs las*. Mitglieder der Familie waren und sind Teil einer Gemeinschaft, die Nachbarschaftshilfe leistet und innerhalb deren sich das soziale Beziehungsnetz formiert. Mobilität innerhalb des Territoriums des *ru skor* war für Kommunikation und Interaktion notwendig. Die Verbindung zur Gemeindesiedlung und Kreisstadt war wichtig, wenn staatliche Dienste, die dort lokalisiert sind, in Anspruch genommen werden mussten. Man ging jedoch nur aus konkretem Anlass und nicht sehr oft hin, da dies immerhin einen anstrengenden Ritt von zwei oder mehr Stunden bedeutete. Diejenigen, welche die Siedlung aufsuchten, erledigten ihre Besorgungen und ritten wieder zurück. Es gab kaum Orte, an denen sich Besucher aufhalten konnten. Nebst den Verwaltungseinheiten gab es einige Geschäfte, viel-

---

213 Der Siedlungsbau in Sichuan wurde 2008 mit einer geplanten Investition von 18 Mia. CNY (ca. 3 Mia. CHF) beschlossen und ab 2009 umgesetzt (vgl. CTO 2009). Er orientierte sich an einem Prinzip der „three proximities", was bedeutet, dass Siedlungen entweder in der Nähe einer Kreisstadt, einer Gemeinde oder einer guten Verbindungsstrasse zu errichten sind. Bis 2012 sollten 500.000 Nomaden angesiedelt sein.

214 Das Push-Pull-Modell wurde von der Migrationsforschung angewandt, um Bevölkerungsbewegungen zu analysieren. Obschon es in der Zwischenzeit als veraltet gilt (vgl. z.B. Pries 2010), werden die Begriffe weiterhin verwandt, um zu erfassen, was Menschen veranlasst, einen Ort zu verlassen (push-factor) oder an einen bestimmten Ort zu migrieren (pull-factor).

leicht ein oder zwei Restaurants, und manchmal ein oder zwei Billardtische, um die sich vor allem die jungen Männer sammelten.

Das Motorrad hat die Verbindung zur Siedlung nun vereinfacht. Tashi, als Besitzer und Fahrer des Motorrads, pendelt regelmässig zwischen *phyugs las* und Siedlung, wie das viele Männer tun (siehe auch nächstes Kapitel 6.2.3). Er hat das Motorrad angeschafft, um an dieser Mobilität teilnehmen zu können. Nur noch alte Männer und einige wenige Frauen benutzten das Pferd, um damit in die Siedlung zu reiten. Vor dem Kauf des Motorrads war Tashi auf Freunde und Bekannte angewiesen, die er um eine Mitfahrgelegenheit bitten musste, wenn er in die Siedlung wollte. Der Schuleintritt seiner Kinder bot deshalb einen willkommenen Anlass, ein Motorrad zu erstehen. Die Häufigkeit, mit der Tashi die Siedlung aufsuchte, verstärkte sich vermutlich mit dem Besitz des Motorrads, obschon dies finanzielle Konsequenzen nach sich zog, die sicherlich im Kontext des Haushalts ausgehandelt werden mussten. Dass die Mutter und die Kinder in der Siedlung wohnten und mit Produkten aus der Pastoralwirtschaft versorgt werden mussten, begründete die Pendelmobilität und die Ausgaben, die sie hervorrief.

Die Vereinfachung der Verbindung durch Motorisierung und verbesserte Strassen haben die Häufigkeit des Pendelns erhöht. Wenn Bewohner des Graslands sKa khogs und mDzod dges eine Alltagsmobilität entwickeln, die das Pendeln zwischen *phyugs las* und Siedlungsort beinhaltet, dann deshalb, weil sie mit Prozessen, die in der Siedlung sichtbar werden, interagieren und mit ihnen verflochten sind. Es stellt sich nun die Frage, wer denn eigentlich an dieser Alltagsmobilität des Pendelns teilnimmt.

6.2.3 Mobilität und Immobilität: Wer pendelt?

Wer sich in einer Siedlung in der Graslandregion des Bezirks rNga ba aufhält, kann täglich beobachten, wie sich im Verlauf des Tages eine Ortschaft mit Nomaden, Männern und Frauen, füllt, die auf ihren Motorrädern in den Ort fahren und im Laufe des Nachmittags und des Abends wieder wegfahren. Wer Nomaden in den Weidegebieten besucht, kann einen beachtlichen Verkehrsfluss Richtung Gemeinde oder Kreisstadt und zurück beobachten. Nun wissen wir aber bereits, dass mehrheitlich Männer Motorräder und Autos fahren, und dass Frauen ihre Mobilität über die Schlüsselposition des Mannes verhandeln müssen (vgl. Kap 3.4.3). Das heisst, die Alltagsmobilität des Pendelns steht nicht allen gleichermassen zur Verfügung. Die Annahme, dass Männer selbstbestimmt über motorisierte Mobilität verfügen und Frauen davon ausgeschlossen sind, wäre allerdings eine Vereinfachung komplexer sozialer Vorgänge und Aushandlungen.

Abbildung 20: Junge Motorradfahrer am „Cruisen" in einer Gemeinde in mDzod dge (Juli 2011).

Mobilität ist in einen sozialen und kulturellen Kontext eingebettet. Die Motorisierung, die zur Zunahme der Mobilität von primär männlichen Nomaden in sKa khog und mDzod dge geführt hat, grenzt Frauen aus bzw. macht sie von Männern abhängig. Es stellt sich deshalb die Frage, inwiefern die neuen Mobilitätspraktiken auch *gender*-Praktiken sind. Die empirischen Daten zeigen, dass die Beantwortung dieser Frage differenziert vorgenommen werden muss, dass die „Mobilisierung" der Männer und die „Immobilisierung" der Frauen durch Strassen und motorisierte Mobilität im jeweiligen sozialen Kontext situiert sein will. Die folgenden Gesprächsausschnitte aus Aufzeichnungen in meinen Feldnotizen zeigen eine Chronologie der Motorisierung einer alleinstehenden Frau:

> November 2005. Ich treffe Dawa Dronma in der Gemeindesiedlung, als ich mich in einem Warenladen aufhalte und mich mit dem Besitzer über die rasante Zunahme von Motorrädern unterhalte. Er erzählt mir, wie es früher war, dass die Nomaden viel seltener hierher kamen, da es viel mehr Zeit und Kraftaufwand bedeutete, als sie reiten mussten. Da seien jeweils zwei, drei Pferde dort draussen vor seinem Geschäft an einer Stange angebunden gewesen. Eine Frau, Kundin im Geschäft, hört uns interessiert zu. Später treffe ich sie draussen am Strassenrand, setze mich zu ihr und wir kommen ins Gespräch. Sie warte auf ihren Bruder, mit dem sie um die Mittagszeit in die Siedlung gefahren sei. Sie erzählt mir, sie sei

geschieden und habe einen fünfzehnjährigen Sohn, der noch nicht Motorrad fahren könne. Manchmal, wenn sie einkaufen muss, nimmt ihr Bruder oder ein Bekannter sie mit. Die Männer fahren häufig in die Gemeinde. Das ist so, seit sie Motorräder haben. Früher, als sie verheiratet war, kam sie manchmal mit ihrem Mann hierher. Oft war sie aber in der *phyugs las* beschäftigt. Nun ist sie darauf angewiesen das andere sie mitnehmen. Noch früher, als niemand oder nur wenige Motorräder besassen, sei man mit dem Pferd hierher geritten, wie das der Mann im Laden vorhin erzählt habe. Sie habe sich manchmal mit andern Frauen zusammengeschlossen und sie seien gemeinsam hierhergekommen. Nun gehen aber alle mit ihren Männern. Alleine könne sie nicht von der *phyugs las* hierher reiten.[215]

Juli 2007. Dawa Dronma hat mich auf der Strasse angehalten. Zuerst habe ich sie nicht erkannt. Nun sitzen wir zusammen in einem Restaurant und essen Nudeln. Sie hat Zeit. Sie ist mit ihrem Sohn hier, der sie auf dem Motorrad hergefahren hat, und der will noch nicht zurück fahren. Es ist noch zu früh. Auf Nachfrage erzählt sie, dass sie das Motorrad vor einem Jahr gekauft hat. Ihr Sohn ist nun physisch gross genug, um es zu fahren. Ist es denn sein Fahrzeug? Sie hat es gekauft. Es gehört ihnen. Sie hat es letztes Jahr einem Bekannten für 5500 Yuan abgekauft. Auch das Benzin kostet Geld. Wenn kein Geld da ist, können sie es auch nicht benutzen. Der Sohn wolle natürlich öfters damit in die Siedlung fahren. Manchmal kaufe er auch selber einige „*Yike*" – 1.5l Petflaschen Benzin. Manchmal haben sie Streitereien, weil er immer das Motorrad nehmen wolle, egal wohin er gehe. So sei das mit den jungen Männern. Aber es sei schon so, das Motorrad mache die Verbindung zur Gemeinde viel praktischer.[216]

September 2012. Zu Besuch in einer der Neubausiedlungen für Nomaden. Eine Bekannte, Dawa Dronma, hat mich gesehen, als ich auf der Strasse vorbei ging und hat mich eingeladen. Sie wohnt jetzt hier. Ihr Sohn ist erwachsen und verheiratet. Er schaut nun mit seiner Frau zu der Herde. Ja, manchmal komme er in die Gemeindesiedlung, erzählt Dawa Dronma. Manchmal besuche er sie und bringe Milch und Käse mit. Manchmal nimmt er auch seine Frau mit. Aber jetzt, wo sie auf der Sommerweide sind, ist dafür keine Zeit. Ihre Schwiegertochter ist in der *phyugs las* beschäftigt. Der Sohn, wie alle jungen Männer, sei oft hier. Es ist so, die Frauen sind heutzutage alleine in den Weidegebieten. Die Männer sind unterwegs, verbringen ihre Zeit in den Gemeindesiedlungen, wo auch die andern Männer ihrer Gemeinschaft seien. Aber er hat eine gute Frau (*mna' ma*), die hart arbeitet. Kinder hätten sie noch keine. Die Distanz zur *phyugs las*? Ungefähr dreiviertel Stunden mit dem Motorrad. Früher, als sie ritten, brauchten sie einen ganzen Tag. Fast drei Stunden zum hin reiten und drei Stunden zurück. Das ging für die Frauen nur, wenn sie auf der Winterweide waren und nicht melken mussten.[217]

Mobilität von Männern und von Frauen sind miteinander verflochten und verändern sich für ein und dieselbe Person entsprechend ihrer Lebensphase. Die soziale Rolle und der Status einer Frau definieren sich nicht allein über die

---

215 Aus den Feldnotizen: Gesprächsprotokoll GP08_aB2005_f40, November 2005.

216 Aus den Feldnotizen: Gesprächsprotokoll GP09_aB2007_f42, Juli 2007.

217 Aus den Feldnotizen: Gesprächsprotokoll GP10_aB2012_f47, September 2012.

Kategorie *gender*. Sie werden von verschiedensten Faktoren bestimmt. Wie alt ist sie; ist sie verheiratet; zu welcher sozialen Schicht gehört sie; hat sie Kinder, Söhne? – Fragen, die ihren Stand und ihren Einfluss im familiären Kontext und in der Gemeinschaft, zu der sie gehört, beeinflussen. Ihre Mobilität oder Immobilität wird auch dadurch bestimmt.

Dawa Dronma ist eine geschiedene Frau, die 2012 in der Siedlung lebte und dort die tägliche Mobilität ohne technologische Hilfsmittel bewältigte. Der Gang von der neuen Nomadensiedlung in das Siedlungszentrum mit den Geschäften ist zu Fuss in fünfzehn bis zwanzig Minuten zu bewältigen. Wenn sie grössere Strecken zurücklegen, beispielsweise in die Kreisstadt fahren muss, kann sie gegen Geld einen Fahrdienst in Anspruch nehmen, oder sie kann ihren Sohn bitten, sie hinzufahren. Wie aber gestaltete sich ihre Mobilität, als sie noch in der Weidewirtschaft tätig war? Sie durchlief verschiedene Phasen.

Als sie verheiratet war und zum Haushalt der Familie ihres Mannes gehörte, war sie durch die Tätigkeiten der *phyugs las* gebunden. Während sie ihrem Mann eine grössere Mobilität zuschreibt, scheint die Arbeitsteilung insbesondere im Sommer ihre Mobilität eingeschränkt zu haben. Wenn die Zeit es erlaubte oder Bedarf bestand, konnte sie sich vor der Motorisierung mit anderen Frauen organisieren und in die Siedlung reiten. Später sicherte sie ihre Mobilität über ihren Mann, der sie jeweils auf dem Motorrad mitnahm. Diese musste ausgehandelt werden. Ihre Aussagen machen deutlich, dass Männer grundsätzlich öfters in der Siedlung anzutreffen waren als Frauen.

Ihre Mobilität reduzierte sich drastisch, als die Scheidung vollzogen wurde. Ihr stand nun kein Fahrzeug mehr zur Verfügung, auf das sie über den Ehemann Anspruch erheben konnte. Da praktisch alle in ihrem Umfeld motorisiert waren, schien auch der Ritt mit dem Pferd keine oder nur eine limitierte Option zu sein. Mitfahrgelegenheiten mussten aktiv gesucht und ausgehandelt werden, was für eine Frau ohne männlichen Schutz in einer patriarchisch strukturierten Gemeinschaft gewisse Schwierigkeiten mit sich bringen konnte. Sie hatte faktisch eine eingeschränkte Verfügungsgewalt über ihre Mobilität ausserhalb des unmittelbaren Umfelds der *phyugs las*. Sie holte sich diese zurück, als ihr Sohn alt genug war, um Motorrad zu fahren und sie sich den Kauf eines Motorrads finanziell leisten konnte. Die Situation hatte sich dadurch dahingehend gewandelt, dass die Aushandlungen über Gebrauch des Motorrads familienintern geregelt werden konnten, und dass sie als Oberhaupt der Familie und Mutter des Sohnes die stärkere Verhandlungsposition hatte.

Mit der Übergabe der Verantwortung der Herdenwirtschaft an den Sohn und dessen junge Frau hat sie den Anspruch auf das Motorrad des Sohnes nicht gänzlich verloren. Wahrscheinlich führt er, wenn er in der Siedlung ist, auch Aufträge der Mutter aus, tätigt Einkäufe für sie, fährt sie in das Gemeindezentrum oder übernimmt bei Bedarf sonstige „Taxidienste". Allerdings befindet sich nun die Schwiegertochter in einer Position der Abhängigkeit, wie Dawa Dronma sie früher in Bezug auf ihren Ehemann gehabt hat. Die Empirie legt den Schluss nahe, dass junge Ehefrauen durch ihre soziale Rolle die schwächste Verhandlungsposition mitbringen, und dass ihre Immobilisierung im neuen Haushalt den sozialen Erwartungen und der Rolle der *mna' ma*, der jungen Braut, entspricht. Ihre Position als eingeheiratete Frau in einer neuen Familie ist, zumindest bis sie ein erstes Kind zur Welt gebracht hat, prekär (Ekvall 1980a: 432; Thargyal 2007: 130). Einerseits muss sie sich als fähige Nomadin beweisen, die die täglichen Aufgaben und deren Last bewältigen kann. Dies bindet sie stark an die Weide, wo ihre Präsenz erforderlich ist, um die ihr zugeschriebenen Tätigkeiten auszuüben und sich als Frau des Zeltes zu etablieren. Andererseits wird ihre Mobilität von der neuen Familie kontrolliert, insbesondere von ihrem Mann.[218] Auch Männer müssen *gender*-Erwartungen erfüllen, wie ich weiter unten noch ausführen werde.

Um die in der motorisierten Mobilität inhärenten sozialen Ungleichheiten zu verstehen, müssen die alltäglichen, nach sozialen Rollen geordneten Praktiken der Nomaden Südamdos auf ihre *gender*-Zuschreibungen untersucht werden. Viele der Alltagstätigkeiten, wie das Melken der Yakkühe; die Verarbeitung der Milch zu Butter, Käse und Joghurt; das Sammeln und Trocknen des Yakdungs, welcher als Brennstoff verwendet wird, sind Aufgaben der Frauen und erfordert vor allem in den arbeitsintensiven Sommermonaten die Präsenz der Frauen. Ebenso sind das Sammeln des Yakdungs, das Wasserholen sowie weitere alltägliche Tätigkeiten Aufgaben der Frauen. Diese „Alltäglichkeit" im wahrsten Sinn des Wortes verortet die Frauen viel stärker am eigentlichen Ort des pastoralen Wirtschaftens als Männer:

> Frauen stehen früh morgens auf, zwischen vier oder fünf Uhr, um zu melken. Wenn sie fertig gemolken haben, müssen sie den Yakdung aufsammeln, ihn zum Trocknen ausbreiten. Danach nehmen sie den Morgentee zu sich. Danach müssen sie die Butter herstellen. Wenn sie mit der Butter fertig sind, müssen sie die Buttermilch aufkochen, damit Käse entsteht. Der Käse muss dann zum Trocknen ausgebreitet werden. Danach, wenn die Frau mit dieser Arbeit fertig ist, macht sie das Mittagsmahl. Danach, wenn sie alleine ist, muss sie am späten Nachmittag die Herde eintreiben. Dann müssen die Tiere für die Nacht angebunden werden. Danach muss sie Abendessen kochen. Wenn sie alleine ist und niemand da ist, um zu helfen, muss sie auch Wasser holen. Einige Frauen sind alleine und müssen alles alleine schaffen. Männer stehen morgens auf und treiben diejenigen Tiere auf die Weiden, die nicht

218 Der Frau wird auch eine wilde, ungezähmte Seite zugestanden, die durch soziale Konventionen in den Beziehungen zwischen Mann und Frau kontrolliert und eingedämmt werden muss. Diese Rolle fällt u. a. dem Ehemann zu (vgl. auch Gyatso & Havnevik 2005; Makley 2003; Willis 1995).

> gemolken werden. Danach, wenn die Herden auf den Weiden sind, hat der Mann nichts mehr zu tun. Er kann sich vergnügen, Tee trinken. Es gibt Männer, die haben verschiedene Geschäfte zu erledigen und haben damit viel zu tun. Ihre Hauptaufgabe ist das Versorgen der Tiere (Tochter einer Nomadenfamilie, Studentin).[219]

> Die tägliche Arbeit von uns Nomaden ist immer noch dieselbe. Einige Arbeiten sind leichter geworden. Zum Beispiel haben wir nun maschinell betriebene Milchzentrifugen. Vorher mussten wir diese von Hand drehen. Nun erledigt die Maschine die Arbeit für uns. Das ist praktisch. Ein Auto oder ein Motorrad zu besitzen ist ebenfalls praktisch. Aber es ändert nichts an unserer Arbeit. Die täglichen Arbeiten bleiben dieselben, sie haben sich nicht verändert. Auch wenn einiges einfacher geworden ist, die Arbeiten müssen immer noch erledigt werden (Tochter einer Nomadenfamilie, Verwaltungsangestellte).[220]

> Nun, einige stehen wirklich früh auf, um zwei Uhr früh, beispielsweise, um die Kühe zu melken. Andere, zum Beispiel in meiner Familie, wenn man nicht so viele Kühe hat, wir stehen um vier Uhr auf, um die Kühe zu melken. Wenn wir mit dem Melken fertig sind, ist es vielleicht neun Uhr. Danach, bis letztes Jahr, mussten wir die Milch zu Butter verarbeiten. Danach musste Käse hergestellt und die Butter gewaschen und geknetet werden. Dieses Jahr haben wir die Milch verkauft, das ist praktisch. Ob das gut ist, weiss ich nicht. Am Nachmittag, wenn man die Milch selber verarbeitet, stellt man Käse her. Wenn man die Milch verkauft, gibt es keine Arbeit. Dann kann man Tee trinken (Tochter einer Nomadenfamilie, Studentin).[221]

Obschon sich vieles in der Pastoralwirtschaft verändert hat, sind die täglichen Arbeiten, welche die extensive Herdenhaltung erfordert, mehrheitlich gleich geblieben. Die Aussagen von Männern zu den täglichen Arbeiten in der Pastoralwirtschaft waren im Kontrast zu denen von Frauen weniger ausführlich. In der Regel blieben sie im Generellen und erwähnten die Milchwirtschaft und das Versorgen der Herden (*zog gso skyong*)[222] als Tätigkeiten der Frauen und Männer. In Bezug auf Veränderungen, die stattgefunden haben, sprachen sie selten über die alltäglichen Arbeiten, sondern eher über die Zunahme an materiellen Dingen.

Die Unterschiede in den Antworten zwischen Männern und Frauen entsprechen ihrer Rollenteilung. Sie reproduzieren die *gender*-Zuschreibungen von Aufgaben und Verantwortungsfeldern. Nun ist es so, dass ein Teil der männlichen Aufgaben, der als *zog gso* oder *zog skyong* – das Versorgen der Herden – beschrieben wird, auch von Frauen im Rahmen ihrer täglichen Arbeiten erledigt wird. Frauen sind gute Reiterinnen und den Männern ebenbürtig, wenn es darum geht, eine Yakherde zu kontrollieren, zu lenken und zusammenzuhalten. Die Verant-

---

219 Aus Interview AW04_aB2012_f23, Oktober 2012.

220 Aus Interview A01IWb_aB2012_f27, August 2012.

221 Aus Interview A07IW_aA2012_f22, Oktober 2012.

222 Vgl. Fussnote n. 25.

wortung der Männer scheint sich auf einer Ebene zu manifestieren, auf welcher Entscheidungen bezüglich Ressourcenstrategie und Handel getroffen werden. Ihre Mobilität ist folglich, analog zu den Frauen, an ihre soziale Rolle gebunden. Als Entscheidungsträger hat der Mann eine Rolle, die soziale, ökonomische und politische Interaktion im Kontext der Pastoralwirtschaft und der Gemeinschaft bedingt. Männliche Mobilität ist deshalb nach aussen gerichtet (vgl. z.B.Ekvall 1980a: 432–433). Männer vertreten die Rechte und Pflichten ihrer Familien und handeln mit den Waren aus der Pastoralwirtschaft. Das heisst, dass sie aufgrund ihrer Rolle Orte wie Gemeindesiedlung und Kreisstädte aufsuchen müssen, wo sich die Regierungsverwaltung, die Banken, der Markt und auch die Verwaltung ihres *ru skor* befinden. Dorthin werden sie in der Regel gerufen, wenn es Fragen zu besprechen gibt, die das *ru skor* oder *sde ba* betreffen.

Motorisierung und die Zunahme der Pendelmobilität haben zweifellos zu einer verstärkten Abwesenheit von Männern von der *phyugs las* geführt. Das hat zur Folge, dass Frauen einige der üblicherweise männlichen Aufgaben der Herdenversorgung übernehmen müssen, wie eine 27-jährige Frau aus einer Nomadenfamilie berichtet:

> Diese Tage haben alle hier Motorräder oder Autos. [...] Für die Arbeit haben Motorräder und Autos keinen Vorteil. Sie sind aber sehr nützlich für die Verbindung. Wenn man [zwischen *phyugs las* und Siedlungsorten] hin und her fährt, dann vergeudet man keine Zeit. Aber abgesehen davon, für die Arbeit der Frauen, bringen sie keinen wirklichen Vorteil. Sie sind gut, um damit in die Siedlung zu fahren. Die Männer heutzutage wollen nicht zu Hause bleiben. [...] Und die Frauen sind alleine in der *phyugs las*.[223]

Die Motorisierung immobilisiert Frauen, weil sie die Abwesenheit der Männer von der *phyugs las* verstärkt. Weil Motorisierung eine neue Alltagsmobilität des Pendelns hervorgebracht hat und weil diese vorwiegend männlich besetzt ist, sind Frauen teilweise von der Mobilität ausgeschlossen. Durch die Abwesenheit der Männer müssen zusätzliche Aufgaben, die normalerweise in den Bereich der Männer fallen, von Frauen übernommen werden, meint ein über 70-jähriger Nomade:

> Du weisst ja wie das ist, die Arbeit der *phyugs las*. Du hast ja auch mitgeholfen. Für die Frauen ist es sehr anstrengende Arbeit. Ja doch, die Herden müssen überwacht werden. Wenn Männer nicht in der *phyugs las* bleiben und in die Siedlung fahren und dort Tee trinken, dann müssen die Frauen ihre Aufgaben übernehmen. Dann müssen die Frauen alles tun. Einige gehen nicht mal abends nach Hause, sondern bleiben in der Siedlung. Das

223 Aus Interview A01IWb_aB2012_f27, August 2012.

> hat natürlich alles einen Zusammenhang mit Motorrädern und Telefonen. Das ist so. Es ist halt praktisch, mit einem Motorrad in die Siedlung zu fahren.[224]

Andere sagen jedoch, dass es schlicht nichts zu tun gäbe für die Männer, so zum Beispiel ein junger, ca. 21-jähriger Nomade:

> Ich bin von der *phyugs las* gekommen. Ja, ich komme oft hierher. Viele Männer tun das. In der *phyugs las* gibt es für uns junge Männer nichts zu tun. So kommen wir hierher, treffen uns hier.[225]

Die Abwesenheit der Männer bzw. ihre Mobilität ist folglich, genauso wie die Mobilität der Frau und deren Aushandlung durch das männlich besetzte Motorrad oder Auto, in einem sozialen Kontext situiert und weist Differenzen auf. Die Bewegungen von Frauen und Männern sind verschieden, und während die Unterschiede in den Mobilitätsmustern im Kontext der Weidewirtschaft durch die Aufgabenteilung relativ klar sind, ist die neue Mobilität vielschichtig und komplex. Aufgrund des veränderten Umfelds der pastoralen Wirtschaft durch Einzäunen der Weiden fallen einige der Aufgaben weg, die traditionell den Männern, insbesondere den jungen Männern, zugeteilt waren. Dadurch entsteht ein Vakuum für junge Männer, das durch eine neue Form der Mobilität teilweise kompensiert wird. Dies resultiert in der Abwesenheit der Männer von der *phyugs las*, was ihre Frauen, die ihre Motorräder oder Autos „mitbenutzen", immobilisiert.

Die Gemeindesiedlung oder auch die Kreisstadt als Ort, an dem sich andere Leute treffen lassen, scheint eine starke Anziehungskraft auf junge Männer zu haben. Es kann argumentiert werden, dass sich junge Männer ihrer Verantwortung in der *phyugs las* entziehen und ihre Frauen die Pastoralwirtschaft folglich alleine betreiben müssen. Auf der praktischen Ebene des Alltags lässt sich das durchaus feststellen und wurde insbesondere in früheren Jahren teilweise kritisch vermerkt. Eine Frau, die in einer Gemeindesiedlung ein Warengeschäft betreibt und früher selber in der Pastoralwirtschaft tätig war, erzählte im Sommer 2005 folgendes:

> Mein jüngerer Bruder zum Beispiel, er ging nie zur Schule, aber zu Hause arbeitet er auch nicht mit. Stattdessen tut er nichts; er verbringt seine Zeit in der Siedlung. [...] Viele junge Männer unseres *sde ba* sind so. Sie wollen nicht mehr die Arbeit von Nomaden tun. Sie wollen in der Siedlung sein und ihre Motorräder fahren. Junge Männer sehen nicht ein, weshalb sie als Nomaden arbeiten sollten. Das ist nicht mehr attraktiv.[226]

---

224 Aus den Feldnotizen: Gesprächsprotokoll GP11_aB2012_m75; September 2012.
225 Aus den Feldnotizen: Gesprächsprotokoll GP12_aB2012_m21; August 2012.
226 Aus den Feldnotizen: Gesprächsprotokoll GP13_aB2005_f38; November 2005.

Ein über siebzigjähriger Mann, der vor seiner Pensionierung eine Verwaltungsstelle innehatte, während seine Frau in der Pastoralwirtschaft tätig war, äusserte sich im selben Sommer auch sehr kritisch:

> Nomaden brauchen keine Motorräder. Wenn sie welche haben, dann deshalb, weil sie in die Siedlung kommen wollen. Sie wollen hier ihre Zeit mit Nichtstun verbringen, Fernsehen, Tee trinken und ähnliches. Ein richtiger Nomade benötigt kein Motorrad. Nur diejenigen, die sich herumtreiben (*'khyams*), brauchen Motorräder.[227]

Die letzte Aussage bringt zum Ausdruck, dass die Mobilität, welche das Motorrad gewährt, von Mitgliedern der nomadischen Gemeinschaft nicht nur positiv gewertet wurde. Die Tendenz junger Männer, mit den Motorrädern in die Siedlung zu fahren und von der *phyugs las* abwesend zu sein, rief 2005 teilweise starke Kritik hervor. Aussagen von 2012 unterscheiden sich dadurch, dass sie eher einen Zustand beschreiben, als dass dieser kritisiert wird. Folgendes sagte ein fünfundzwanzigjähriger Mann, dessen Bruder die Pastoralwirtschaft der Familie führt:

> Die Weiden sind eingezäunt und es gibt folglich nichts zu tun. Also geht man in die Stadt, um dort Zeit zu verbringen. Ja, das sind die Männer, die das tun. Die Frauen sind zu Hause. Jemand muss ja doch in der Nähe der Tiere sein. Im Winter gibt es nichts zu tun, da sind die Männer weg. Im Sommer muss man die Herde versorgen (*zog skyong*), Yakdung sammeln, Milch zur Sammelstelle bringen und ähnliches. Im Sommer sind die Männer auf der Weide, aber im Winter gibt es nichts zu tun.[228]

Und noch einmal der ältere Nomade, der in der Zwischenzeit die Verantwortung für die Herde der nachfolgenden Generation übergeben hat. Er kam auf der vorhergehenden Seite schon einmal zu Wort:

> Nein, mein Sohn kommt nicht jeden Tag von der *phyugs las*. Er kommt gleich unseren Enkel von der Schule abholen [für das Wochenende]. Morgen wird er ihn zurück bringen. Er kommt zwei, dreimal die Woche. Dann bringt er uns Milch mit [...]. So ist das. Einige kommen dauernd hierher. Andere kommen, weil sie hier etwas zu tun haben. Es gibt solche, die sind viel hier, es gibt andere, die sind in der *phyugs las* und arbeiten dort mit und kommen nur ab und zu hierher.[229]

Der achtundsechzigjährige erzählte dies beschreibend. Der Ton, wie ich ihn in der Situation interpretiert hatte, war nicht wertend, sondern beschrieb, wie unterschiedlich Mobilitätspraktiken sein konnten. Seine Aussagen bezüglich den Män-

---

227 Aus den Feldnotizen: Gesprächsprotokoll GP14_aB2005_m70; November 2011.
228 Aus Interview A14IW_dA2012_m25, Oktober 2012.
229 Aus den Feldnotizen: Gesprächsprotokoll GP11_aB2012_m75; September 2012.

nern, die oft ihre Zeit in der Siedlung verbringen, beschrieben auch nicht explizit junge Männer.

Die Verschiebung zu weniger wertenden und stärker beschreibenden Aussagen könnte zufällig sein. Vielleicht zeigt sie aber auch ein Wandel der Meinungen gegenüber dem Verhalten junger Männer. Die Männer, die 2005 jung waren, sind nun vermutlich mehrheitlich verheiratet und Verantwortungsträger in ihren Familien. Das Verhalten junger Männer kann vielleicht, nach über zehn Jahren Motorisierung und im Licht eines längeren Zeithorizonts, als eine Phase im Erwachsenwerden betrachtet werden. Meines Wissens liegen bisher keine Studien vor, die Rituale und Phasen des Erwachsenwerdens im Kontext tibetischer, nomadischer Gemeinschaften untersucht haben. Das empirische Material, gerade auch jenes der Forschungsperiode von 2005 und 2006 (vgl. Iselin 2011a), lässt jedoch vermuten, dass das Motorrad für junge Männer ein Instrument wurde, ihre Unabhängigkeit von der Familie zu demonstrieren und ihre Maskulinität zu beweisen oder zur Schau zu stellen.[230]

Ein Aspekt dieses Erwachsenwerdens drückt sich darin aus, dass junge Männer demonstrieren, dass sie den Rollenerwartungen gerecht werden können. Dieses Erfüllen der Rollenerwartung des Mannes zeigt sich auch gerade in der Mobilität des Mannes versus der Immobilität der Frau. Im obigen Beispiel von Dawa Dronma und ihrem Sohn bin ich bereits auf die Rolle der jungen Frau in der neuen Familie zu sprechen gekommen. Dem steht die Rolle des jungen Ehemanns gegenüber. Junge, verheiratete Männer müssen sich als verantwortungsvolle Vorsteher ihrer Frauen und Familien beweisen. Dies tun sie, indem sie sich dem Markt zuwenden, Handelstransaktionen durchführen und gleichzeitig auch den sozialen Austausch mit andern Männern in einem Kontext der Öffentlichkeit pflegen, wie er sich heutzutage vorwiegend in den Siedlungen konstituiert. Ein einundzwanzigjähriger Nomade erklärte seine Situation folgendermassen:

> Ich komme oft hierher. In der *phyugs las* gibt es nur Arbeit für die Frauen. Also kommen wir jungen Männer eigentlich jeden Tag hierher. Wir treffen uns in Teehäusern, unterhalten uns, vertreiben uns die Zeit. Ich habe die Schule abgebrochen. Ich war jung und dumm und ich habe mich dann herumgetrieben. Ich war in Chengdu, bis mich meine Mutter nach Hause

230 Darauf deuten Verhaltensweisen im Zusammenhang mit dem Motorrad auf den Strassen der Siedlung hin. Wenn junge Nomaden dort Motorradkunststücke vorführen, mit gedrücktem Horn und überhöhter Geschwindigkeit durch die belebte Hauptstrasse fahren, oder langsam die Strasse auf und ab fahren, um gesehen zu werden, kann das Motorrad und sein Umgang damit Maskulinität ausdrücken. Als die Automobilkultur in den Vereinigten Staaten sich in den 1950er Jahren entwickelte, wurde ähnliches Verhalten beobachtet und untersucht. Es hat mit dem Wort „Cruisen“ Eingang gefunden in Beschreibungen sozialer Phänomene im Zusammenhang mit motorisierten Fahrzeugen (vgl. Miller 2001; Seiler 2009).

> rief. Zuerst überlegte ich mir, wieder an die Schule zu gehen, aber meine Mutter sagte mir, ich solle erwachsen werden, heiraten und Nomade werden. Also habe ich geheiratet. Wir haben ungefähr sechzig Tiere. Das ist nicht schlecht. Aber wir haben nicht genügend Land. Wenn wir Männer uns hier treffen, reden wir über diese Dinge. Morgen komme ich wieder her. Unsere *'go ba* [Leiter] haben ein Treffen einberufen. Ich komme eigentlich fast jeden Tag.[231]

Die motorisierte Mobilität dieses jungen Mannes, den ich noch als Schüler kannte, wie auch des Sohnes von Dawa Dronma kontrastiert mit der Immobilität ihrer Frauen, zeichnet sie aber auch als Verantwortungsträger des Haushalts aus. Die motorisierte Mobilität wird genutzt, um die männliche Rolle einzunehmen, indem am sozialen Umfeld teilgenommen und in gesellschaftlichen und politischen Fragen mitgeredet wird. Die „Immobilisierung" der Frau gibt den Männern zusätzlich Status als Oberhaupt der Familie. Junge Ehemänner machten durch ihre Aussagen und ihr Verhalten klar, dass Frauen häufig alleine auf den Weiden wären und dort den täglichen Tätigkeiten nachgingen, und dass dies den vorherrschenden Vorstellungen über Rolle und Aufgabe von Mann und Frau entspräche.

6.3 Mobilität zwischen *phyugs las* und zentralen Siedlungsorten

Strassen und Motorisierung erleichtern Nomaden in sKa khog und mDzod dge den Zugang zu zentralen Siedlungsorten. Mit der zunehmenden Häufigkeit, mit der dies getan wird, erhalten diese Orte eine Relevanz für Nomaden, die sie in dem Masse früher kaum hatten. In den zentralen Siedlungsorten und der Art, wie Nomaden mit ihnen interagieren, zeigen sich Auswirkungen der Inkorporation von mobilen Technologien in die Alltagspraktiken der Nomaden des südlichen Amdos. Nachdem ich im letzten Kapitel diese Mobilitätspraktik im Kontext der sozialen Strukturen und *gender*-Zuschreibungen analysiert habe, werde ich in diesem Kapitel den Blickwinkel ändern. Statt die Vorgänge von den Akteuren ausgehend zu begreifen, positioniere ich mich in den Orten, welche Nomaden durch ihre Pendelmobilität aufsuchen und beobachte, was sich dort ereignet.

---

231 Aus den Feldnotizen: Gesprächsprotokoll GP15_aB2012_m21; August 2012.

6.3.1 Wachsende Ortschaften durch die Alltagsmobilität von Nomaden

Ich beginne mit ethnographischen Beschreibungen aus meinen Feldnotizen von je einem Tag im Jahr 2006 und im Jahr 2012 in der Gemeindesiedlung von Thang skor in mDzod dge:

> Mai 2006. Die Geräusche in Thang skor sind heutzutage unterlegt mit konstantem Motorenlärm. Am Morgen ist es oft ruhig und die Ortschaft scheint ausgestorben. Dann, im Laufe des Vormittags, nimmt der Motorenlärm zu und bricht bis in die Abendstunden nicht mehr ab. Zusammen mit der Musik aus Lautsprechern und den Geräuschen verursacht durch Menschen, die sich auf den Strassen aufhalten, ergibt sich eine Geräuschkulisse, die erst wieder abklingt, wenn die Nomaden, die tagsüber den Gemeindesitz aufgesucht haben, diesen wieder verlassen haben. Die Motorengeräusche sind also nicht einfach vom Durchgangsverkehr verursacht, sondern in erster Linie durch die grosse Anzahl an motorradfahrenden Nomaden, die in die Siedlung kommen. Einige fahren in das Siedlungszentrum, parken vor einem Teehaus oder einem Restaurant, und dort steht dann ihr Fahrzeug für eine Weile, bis ihr Besitzer den Aufenthaltsort wechselt. Für jede Bewegung wird das Motorrad genommen, obschon die zwei Hauptstrassen zusammen kaum zwei Kilometer ausmachen. Männer gehen nicht zu Fuss, oder selten. Das Motorrad ist ihr Fortbewegungsmittel. Junge Männer, fahren auf den einzigen zwei Strassen von Thang skor auf und ab – sie „cruisen". Die Strassen sind tagsüber nicht nur von der alltäglichen Geschäftigkeit eines Orts mit knapp tausend Einwohner belebt, sondern auch, weil sich die Siedlung mit Nomaden füllt, die von den Weidegebieten für den Tag hierher kommen. Um den Rhythmus des Ortes etwas zu erfassen, habe ich an mehreren Tagen eine „Verkehrserhebung" vorgenommen.
>
> Am 25. Mai 2006 präsentierte sich die Situation folgendermassen:
>
> 9 Uhr: Die Ortschaft ist ruhig, die Strassen fast leer. Einige Bewohner sind unterwegs, um Brot zu kaufen, ihren Abfall zu entsorgen, den Wischmob am Strassenrand auszuwaschen. Nur Restaurants, die Frühstück anbieten, und eine Bäckerei, die Fladenbrote und gedämpfte Brote (ch.: *man tou*) herstellt, sind bereits offen. Einige der Ladenbesitzer machen Anstalten zu öffnen, sind damit beschäftigt, sauber zu machen. An den zwei Hauptstrassen, die ich von meinem Standpunkt aus überblicke, sind sechs Motorräder geparkt. Vier oder fünf Motorräder sind auf der Strasse unterwegs, zwei davon mit sehr hoher Geschwindigkeit. Ich kann nicht feststellen, ob sie von ausserhalb gekommen sind, ob die Fahrer in der Siedlung wohnen oder ob sie hier übernachtet haben und nun zurück in die Weidegebiete fahren.
>
> 11 Uhr: Der Ort hat sich belebt. Menschen sind zu Fuss auf der Strasse unterwegs, um ihren Beschäftigungen nachzugehen. Einige sind Bewohner der Ortschaft. Andere sind Nomaden, zum Beispiel Frauen, die Einkäufe erledigen, an ihrer Kleidung und ihrem Gang von den Bewohnern der Siedlung unterscheidbar. An der Kreuzung stehen zwei Fahrzeuge und ihre Fahrer warten auf Passagiere. Sie bedienen die Route in die Kreisstadt, fahren aber auch sonstige Ziele an, wenn der Preis stimmt. Es sind mehr als fünfundzwanzig Motorräder geparkt, etwa sechs davon stehen vor einer Reparaturwerkstatt. Der Verkehr von Motorrädern auf der Strasse hat zugenommen.

14 Uhr: Ich zähle über neunzig geparkte Motorräder, die meisten sind vor Teehäusern geparkt. Zusätzlich ist eine gute Anzahl Motorräder am „Cruisen". Ihre Lenker fahren die Strassen auf und ab, schauen sich um, halten am Strassenrand an oder auch mitten auf der Strasse, um mit jemandem zu reden, fahren weiter. Das Tempo ist der belebten Strasse angepasst, denn auch ein Polizeiwagen ist am patrouillieren. Eine ältere Frau führt ein Pferd durch die Strasse. Ein älterer Mann reitet etwas später auf einem Pferd durch den Ort.

19 Uhr: Nach einem heftigen Platzregen zeigt sich die Sonne wieder. Immer noch sind bis zu siebzig Motorräder geparkt. Der Verkehr auf der Strasse ist etwas abgeflaut. Motorradfahrer, die jetzt unterwegs sind, verlassen mehrheitlich die Siedlung. Einige sind doppelbesetzt mit Mann und Frau, letztere auf dem Rücksitz mit einem vollen Rucksack und manchmal noch Waren auf dem Schoss. Immer noch sind junge Männer am „Cruisen". Ein alter Mann reitet auf einem Pferd aus der Siedlung.

21 Uhr: Es ist nun dunkel. Und ruhig. Keine Musik mehr, die meisten Geschäfte sind geschlossen. Aus einigen dringt noch Licht. Auch einige Teehäuser und Restaurants haben noch Kundschaft. Die meisten Motorradfahrer aber haben die Ortschaft verlassen oder ihr Motorrad an einem sicheren Ort untergebracht. Ich zähle nur noch vier geparkte Motorräder und drei, die auf der Strasse unterwegs sind, vielleicht auf dem Weg nach Hause ins Weidegebiet.[232]

Beobachtungen, die ich im selben Ort ein paar Jahre später vorgenommen habe, zeichnen ein teilweise anderes Bild in Bezug auf die Fahrzeuge, die das Strassenbild prägen. Der Tagesrhythmus scheint aber ähnlich geblieben zu sein:

August 2012. Thang skor ist, seit ich es kenne, kontinuierlich für den Tourismus entwickelt worden. 2004 wurde zu diesem Zweck die ganze Häuserfront entlang der Hauptstrasse abgerissen und in einheitlichem Stil wiederaufgebaut. Als ich vor einem Jahr hier war, bauten Wanderarbeiter gerade hölzerne Vordächer an die Häuser an der Hauptgeschäftsstrasse. In meinen Augen sieht Thang skor nun aus wie ein zweites Songpan[233]. Aber den Einheimischen scheint es zu gefallen. Unverkennbar wird der Ort in den Sommermonaten von zwei Arten Besuchern belebt, einerseits vom konstanten Strom an mehrheitlich chinesischen Touristen, unterwegs zum Fluss. Einige verpflegen sich im Ort und übernachten hier, bevor sie am nächsten Tag weiter fahren. Andererseits sind da die Nomaden aus den Weidegebieten der Gemeinde, die die Siedlung besuchen. Auch die fest ansässige Bevölkerung hat zugenommen. Die Schulbevölkerung ist ja schon im Jahr 2005 auf über tausend

232 Aus den Feldnotizen: Beobachtungsprotokoll BP18_aB2006, Mai 2006.

233 Songpan (Zung chu) liegt an der Tourismusroute zu den Nationalpärken Jiuzhaigou (gZi rtsa sde dgu) und Huanglong (gSer mtsho). Der Ort wurde seit Mitte der 1980er Jahre kontinuierlich für den Tourismus entwickelt. 2003 wurde das Stadtbild neu und einheitlich gestaltet (vgl. auch Schrempf & Hayes 2009).

angestiegen (von vormals weniger als vierhundert)[234]. 2009 und 2010 haben nun aber auch alle sechs administrativen „Dörfer" Nomadensiedlungen gebaut. Sie liegen in einem Umkreis von fünf Kilometern zum Ortskern, fast wie Aussenquartiere.

Während der letzten drei Tage habe ich das Geschehen auf den Strassen beobachtet. Es gestaltet sich sehr unterschiedlich, ist nebst tageszeit- auch wetterabhängig. Es ist der Reisemonat August und der Tourismusverkehr – Reisecars, Autos mit nicht-lokalen Nummern – ist nahezu konstant in Richtung Fluss unterwegs. Am Samstag war es sehr regnerisch. Motorradverkehr, der fast ausnahmslos den Einheimischen zugerechnet werden kann, war im Vergleich zum Autoverkehr klein. Nicht alle Autos aber gehören den Touristen, wie mir noch am selben Tag eine Bekannte bestätigt. Sie macht mich auf die geparkten Autos aufmerksam und sagt, das sei noch gar nichts im Vergleich zu den Autos, die im Winter, wenn Nomaden Zeit hätten, hier geparkt seien. Dann sei beidseitig der Strasse von Ortseingang bis –ausgang alles voll. Ich hatte bereits vor einiger Zeit bemerkt, dass Nomaden vermehrt Autos besitzen, dass zum Beispiel Väter ihre Kinder mit dem Auto von der Schule fürs Wochenende abholen.

Am nächsten Tag, einem Sonntag, präsentiert sich der Verkehr um etwa dieselbe Zeit am frühen Nachmittag anders. Es sind mehr Motorräder auf der Strasse unterwegs als Autos, und auch wesentlich mehr Motorräder vor Teehäusern und Restaurants geparkt als tags zuvor. Ich frage mich, ob es daran liegt, dass Sonntag ist und Väter ihre Kinder zur Schule bringen, oder daran, dass man, wenn man ein Motorrad besitzt, bei schlechtem Wetter eher zu Hause auf der Weide bleibt und es deshalb am Vortag wesentlich weniger Motorradverkehr gehabt hat.

Die Beobachtungen vom dritten Tag, einem Montag, bestätigen den Eindruck, dass Thang skor weiterhin über einen städtisch anmutenden Rhythmus verfügt. Am Morgen ist der Ort ruhig, fast ausgestorben, füllt sich tagsüber aber mit Besuchern. An diesen Tagen im August sind es sowohl Nomaden aus den Weidegebieten, Bewohner der umliegenden Nomadensiedlungen und Touristen. Zusammen mit der ortsansässigen Bevölkerung führt dies zu sehr vollen Teehäusern, Restaurants und belebten Strassen. Der Verkehr auf der Strasse ist konstant. Entlang der breiten Gehwege gehen die ansässige Bevölkerung und Nomaden aus den Weidegebieten ihren Beschäftigungen nach und Touristen flanieren. Am Abend leert sich der Ort. Er wirkt allerdings weniger ausgestorben als vor ein paar Jahren. Die Geschäfte und Restaurants, die auf Touristen ausgerichtet sind, bleiben bis nach zehn Uhr nachts offen und Touristen ziehen in kleinen Gruppen durch die Ortschaft. Wie sich wohl Thang skor im Winter präsentiert? Dann gehört der Ort sicher fast ausschliesslich der lokal ansässigen Bevölkerung und den Nomaden aus den umliegenden Weidegebieten.[235]

---

234 Zu den Veränderungen der Schulbildung und dem Ausbau der Schule habe ich 2004 meine Masterthese mit dem Titel *Smart nomads? Modern education and the construction of Drokwa identity on the Tibetan Plateau* verfasst und in einer weiteren Forschungsarbeit (Iselin 2010) die Veränderungen seither untersucht.

235 Aus den Feldnotizen: Beobachtungsprotokoll BP19_aA2012, August 2012.

Thang skor ist nur bedingt vergleichbar mit anderen Gemeinden im Kreis mDzod dge. Sie wird seit über einem Jahrzehnt für den Tourismus entwickelt, was zu einigen physischen Veränderungen geführt hat. Seit 2005 hat die Gemeinde den administrativen Status einer Kleinstadt.[236] Thang skor wird durch eine stetig wachsende Zahl an Touristen belebt. Sie tragen aber vorwiegend im Sommer zum Anwachsen der Bevölkerung bei. Der Fluss an Besuchern aus dem umliegenden Weideland hingegen reisst das ganze Jahr nicht ab und nimmt in den Wintermonaten sogar zu. Letzteres betrifft nicht nur Thang skor, sondern ist auch in anderen Gemeinden und in den Kreisstädten mDzod dges und sKa khogs beobachtbar.

Das Anwachsen der Bevölkerung tagsüber durch Nomaden aus den Weidegebieten wird durch die Pendelmobilität der Nomaden hervorgerufen. Als Konsumenten in Teehäusern und Restaurants der Gemeinde schaffen sie Nachfrage und tragen zum Ausbau von Dienstleistungen und zur Beschleunigung von Geldflüssen bei. Dadurch, dass Einzelne ihre Bewegungsrichtungen entlang von Strassen und in Richtung der Knotenpunkte koordinieren, entstehen dort Orte, an denen Bekannte und Unbekannte sich begegnen, wie das im städtischen Kontext normal ist. Dazu wird im folgenden Kapitel Sieben noch mehr zu sagen sein. Hier gilt es zu verdeutlichen, wie Motorfahrzeuge und Strassen Verflechtungen der Nomaden mit Siedlungsorten begünstigen und was für Auswirkungen dies auf die Orte selber hat.

6.3.2 Verflechtungen von Nomaden mit Siedlungsorten

Die Verflechtungen von Nomaden mit zentralen Siedlungsorten zeigen sich in einer grossen Vielfältigkeit und Mehrschichtigkeit. Ich habe im vorherigen Kapitel auf die drei Aspekte Marktwirtschaft, Schulbildung und Siedlungsbau aufmerksam gemacht. Sie sind Komponenten eines Metanarrativs staatlicher Akteure bezüglich Entwicklung und Modernisierung. Sie geben objektive Begründungen, weshalb in der Pastoralwirtschaft tätige Nomaden Siedlungsorte aufsuchen. Der verbesserte Marktzugang für pastorale Produkte durch Strassen hat augenscheinlich zu einer Zunahme an Wohlstand geführt, der sich in nomadischen Gemeinschaften sKa khogs und mDzod dges unter anderem in der Anschaffung von motorisierten Fahrzeugen äussert. Eine entwicklungspolitische Begründung al-

---

236 *Zhen* (ch.) bezeichnet eine Kleinstadt. Dieser Status wird dem Hauptort eines Kreises automatisch zugeteilt. Eine Bevölkerungszahl von 2000 oder mehr oder besondere Umstände wie regionale entwicklungspolitische Relevanz können zur Verleihung des *zhen*-Status führen (vgl. Ma & Cui 1987: 377).

lein reicht jedoch nicht für das Verständnis der mobilen Praktiken der lokalen Bevölkerung. Strassen und Motorisierung haben zwar eine neue Form der Mobilität begünstigt, die sich an Marktentwicklungen festmachen lässt. Allerdings darf der Blick auf das soziale Geflecht, in dem sich Mitglieder einer Gemeinschaft bewegen, nicht aus den Augen verloren werden. Dieses zeigt sich in jedem der drei erwähnten Aspekten. Einige der Verflechtungen, die durch Pendelmobilität ermöglicht oder aufrechterhalten werden, möchte ich in etwas mehr Detail aufzeigen:

Motorräder und Marktwirtschaft

Die Aneignung von Motorrädern brachte die Notwendigkeit mit sich, am Markt teilzunehmen. Motorräder benötigen Treibstoff, damit sie fahren können, und sie brauchen Unterhalt und Reparatur. Beides führte zu Verflechtungen von Motorradbesitzern mit Dienstleistungserbringenden, die mehrheitlich in Gemeindesiedlungen und Kreisstädten zu finden waren. Diese bestanden anfänglich aus lokalen Initiativen, die auf Bedürfnisse von Motorradbesitzern antworteten. In der Anfangszeit der Motorisierung gab es nur an grösseren Knotenpunkten wie den Kreisstädten Tankstellen, die ursprünglich staatlich waren, nun aber von grossen, teilstaatlichen Konzernen geführt werden.[237] Einige Nomaden, die nicht mehr oder nur teilweise in der Pastoralwirtschaft tätig waren und in der Gemeindesiedlung über ein Haus verfügten, kauften, als der Bedarf an Benzin stieg, in grösseren Städten Lastwagenladungen voll Treibstoff, abgefüllt in grossen Fässern. Dies wurde dann lokal in 1.5l Petflaschen umgefüllt und an Nomaden weiter verkauft. Solche „informellen Tankstellen“ fanden sich in Innenhöfen oder Hinterhöfen von privaten Häusern. Die Käufer und Verkäufer kannten sich in der Regel, und als Käufer half man schon mal mit, einen Schlauch anzusaugen, um die Petflaschen zu füllen. Ähnlich wie bereits bezüglich des informellen Telefonkartenkaufs gezeigt wurde (vgl. Kap. 4.3.3) entstanden Orte der Kommunikation und Interaktion, an denen Informationen ausgetauscht und weitergereicht werden konnten. Diese „informellen Tankstellen“ sind aus Sicherheitsgründen in der Zwischenzeit verboten, aber auch an den grossen Tankstellen von PetroChina oder SinoPec bedienen oft junge Frauen oder Männer aus den jeweiligen Gemein-

237 Die aus dem 1955 gegründeten Ministerium der Ölindustrie hervorgegangene China National Petroleum Corporation (CNPC) ist hauptsächlicher Anbieter von Treibstoff in Südamdo. Zur Geschichte der Ölindustrie in China, siehe http://classic.cnpc.com.cn/en/aboutcnpc/companyprofile/history/; (Zugriff am 09. 08. 2014). Die zweite grosse Ölgesellschaft Chinas nennt sich Sinopec und ist aus der staatlichen Ölraffinerie China Petrochemical Corporation hervorgegangen.

den die Tanksäulen. Und dort treffen sich Fahrer aus der Umgebung beim Tanken. Der Gewinn geht nun zwar an einen Konzern, aber lokale Verflechtungen bestehen weiter.

Der verbesserte Zugang zu Siedlungsorten für Nomaden hat auch andere wirtschaftliche Initiativen nach sich gezogen. Beispielsweise war zu beobachten, dass junge, in der Pastoralwirtschaft tätige Paare in den Siedlungen ein zweites Standbein eröffneten, indem sie für die Wintermonate einen Raum mieten und dort ein Warengeschäft einrichten. Oder Nomaden, die die Verantwortung für die Herdenwirtschaft der jüngeren Generation übergeben hatten, eröffneten ein Ladengeschäft oder ein Teehaus. Diese Einrichtungen wurden jeweils bevorzugt von Nomaden aus ihrem *ru skor* besucht. So blieb der Fluss von Informationen zwischen Weidegebieten und Siedlungsorten bestehen und diejenigen Mitglieder der Gemeinschaft, die sich in der Gemeinde oder Kreisstadt ansiedeln, bilden gleichzeitig einen Kontaktpunkt für Besucher aus dem Grasland. Diversifizierungen der Einkommensgenerierung dieser Art erfolgten mehrheitlich in wohlhabenderen Familien oder in solchen, die bereit waren, ihre Tiere und ihr Land zu verkaufen oder zu verpachten, um einer anderen Tätigkeit nachzugehen.

Motorräder und Schulpflicht

Eine auf Siedlungen ausgerichtete Alltagsmobilität bestand bereits, bevor das Schulobligatorium im Jahr 2004 im Bezirk rNga ba durchgesetzt wurde. Obschon der Schuleintritt der Kinder regelmässig als Begründung für die Anschaffung des Motorrads angegeben wurde, zeigte mein ethnographisches Material, das zwischen 2003 und 2008 in mDzod dge erhoben wurde (vgl. Iselin 2010; Iselin 2011b) zum Teil andere Zusammenhänge. Es wurde deutlich, dass von Blockunterricht zu normalen Wochenzeiten übergegangen wurde.[238] Das war möglich, weil die Eltern mehrheitlich motorisiert waren, regelmässig in die Gemeinden fuhren und folglich die Kinder für die Wochenenden von der Schule abholen konnten. Schulen funktionierten weiterhin als Internat und Kinder von Nomadenfamilien, die nicht an der Pendelmobilität teilnahmen, konnten an Wochenenden weiterhin an den Schulen bleiben. Ihre Anzahl war jedoch abnehmend und die Anzahl Eltern und Grosseltern, die am Schultor auf ihren Nachwuchs wartete, nahm zu.

---

238 Schulen in Nomadengebieten wurden und werden vielerorts als Internatsschulen geführt. An einigen Orten nahm man in den 1990er Jahre auf die Migrationsdistanzen von Nomaden Rücksicht, indem Blockzeiten von drei Wochen Unterricht angeboten wurden, unterbrochen von einer Woche bis zehn Tage Ferien, damit es sich für Eltern lohnte, ihre Kinder an der Schule abzuholen und nach Hause auf die *phyugs las* mitzunehmen (persönliche Informationen eines Schulleiters aus der Feldforschung, 2003).

Wie bei rhizomatischen Verflechtungen und Verwachsungen nicht immer offenkundig ist, was der Anfang bzw. die Wurzel und was ein Auswuchs ist, so waren auch in den Verflechtungen, die an den Siedlungsorten beobachtbar waren, nicht immer eine kausale Kette oder eine logische Folge feststellbar. Was sich erkennen liess, ist die steigende Anzahl Nomaden der älteren Generation, die sich in der Siedlung niedergelassen hatte und dort ihre schulpflichtigen Enkelkinder betreute, während die Eltern die Pastoralwirtschaft betrieben. Diese Tendenz war schon vor dem Siedlungsbau, der seit 2008 von staatlicher Seite verstärkt wurde, beobachtbar, hat seither aber zugenommen. Weil nun Kinder und ihre Grosseltern in der Siedlung wohnten, verstärkte das die Verflechtung zwischen Nomaden in der *phyugs las* und in den Siedlungsorten. Wiederum lässt sich nicht mit Bestimmtheit sagen, dass dies zu einer Zunahme der Pendelmobilität geführt hat. Schulpflicht der Kinder und Familienmitglieder, die in der Siedlung wohnen, verstärkten jedoch die Bewegungsrichtung dorthin. Dies war nur deshalb in dem Masse möglich, weil Nomaden über motorisierte Fahrzeuge verfügten.

Motorräder, Autos und Ansiedlung

Verflechtungen mit den Siedlungsorten zeigen sich in Freundschafts- und Verwandtschaftsbeziehungen der Nomaden. Wir haben bereits gesehen, dass sich in den Siedlungen Nomaden niederliessen, um wirtschaftliches Potential zur Einkommensgenerierung zu nutzen und dass daraus Verflechtungen mit den Nomaden in der *phyugs las* entstanden. Der Zuzug von Nomaden in Wohnsiedlungen hat weiter zugenommen, weil Grosseltern vermehrt die schulpflichtigen Enkelkinder betreuen und dazu einen Raum oder ein Haus gebaut oder gemietet haben. Dieser Zuzug wiederum wurde weiter verstärkt, weil die Regierung seit 2008 Millionen von Yuan investiert hat, um in der Nähe von bestehenden Gemeinden oder Kreisstädten oder in der Nähe einer Strasse Siedlungen für Nomaden zu bauen. „Stabile Behausung für Nomaden" nennt sich dieses Programm. Diese Häuser sind bis anhin meist von der älteren Generation bewohnt oder auch an andere vermietet oder verkauft worden. Einige Nomadenfamilien aber entschlossen sich, ihre Herden zu verkaufen oder zu verpachten und in die neuen Nomadensiedlungen zu ziehen. Die Mehrzahl dieser Neuzuzüger verfügt über ein Motorfahrzeug. Gerade unter Besitzern von Häusern in den neuen Siedlungen schien ein Trend zu bestehen, in ein Auto zu investieren. Ob sich daraus eine Pendelmobilität in die andere Richtung ergeben könnte, wird sich zeigen.

In diesen Vorgängen zeigte sich aber nicht nur ein Beziehungsgeflecht, sondern auch eine Stärkung von Urbanisierungsprozessen. Die Ansiedlung von Teilen nomadischer Familien in zentralen Siedlungsorten nahm zu und liess Orte physisch wachsen. Gleichzeitig stärkte dies die Ausrichtung der Mobilität von Nomaden auf diese Siedlungsorte. Dass diese Mobilität ein solches Ausmass annehmen und die Verflechtungen in der beschriebenen Dichte entstehen konnten, hängt mit der Mobilitätstechnologie zusammen. Motorfahrzeuge und verbesserte Strassenverhältnisse schufen erst die Bedingungen dafür, dass Nomaden von der *phyugs las* aus mit verkraftbarem Aufwand Siedlungsorte erreichen und mit Personen und Vorgängen dort interagieren konnten. Ein älterer Mann beantwortete in einem Interview die Frage, weshalb er ein Motorrad erwarb, damit, dass damals alle eins kauften. Deshalb habe auch er eines gekauft. Ähnlich wäre es kaum falsch zu sagen, dass Nomaden regelmässig an zentrale Siedlungsorte pendeln, weil dies „alle" tun. Es hat sich eine Praktik ergeben, an der man teilnimmt, weil man in soziale Geflechte seiner Gemeinschaft eingebunden ist.

6.3.3 Wachsende Ortschaften durch Urbanisierungsbestrebungen des Staates

Abbildung 21: Hauptgeschäftsstrasse in Khyung mchu, dem Kreissitz von sKa khog (Juli 2011).

Verflechtungen zwischen der nomadischen Bevölkerung und der Gemeindesiedlung spielen auch in Bezug auf die Kreisstadt eine Rolle. Vorallem dort findet zusätzlich ein staatlich gesteuerter Prozess der Urbanisierung statt. Dies wiederum hat Rückwirkungen auf die Verflechtungen von Nomaden mit den zentralen

Orten. Wenn sich ein Ort entwickelt, entstehen Möglichkeiten der Einkommensgenerierung für Nomaden aus der Umgebung, wie beispielsweise in Khyung mchu, der Kreisstadt von sKa khog:

> Februar 2000. Besuch in Khyung mchu nach dem chinesischen Neujahrsfest. Ein Hotel ist geöffnet. Das Städtchen ist sonst ziemlich ruhig und wirkt ausgestorben. Die Verwaltung hat die Arbeit noch nicht aufgenommen und viele Chinesen, die in Khyung mchu Restaurants oder Warenläden betreiben, in der Verwaltung tätig sind und für den Winter Khyung mchu verlassen haben, sind noch nicht zurück. Auf Besuchen bei Freunden aus pastoralen Familien lernen wir den westlichen Teil des Städtchens kennen, die Geschäfte in der Nähe der Kreuzung mit dem Busbahnhof und entlang der Hauptgeschäftsstrasse. Diese Geschäfte werden mehrheitlich von Tibetern oder Hui[239] betrieben und sind auf die Bedürfnisse der Nomaden ausgerichtet. In einigen werden Zelte, Stangen, Seile, Eimer, Stiefel, Sättel und ähnliches mehr verkauft. Andere verkaufen Stoffe und Innenfutter für die tibetischen Mantelkleider. Bei der Kreuzung entlang der Provinzstrasse gibt es einige chinesische und tibetische Restaurants. Etwas weiter entlang dieser Hauptverkehrsachse finden sich Reparaturwerkstätten für Lastwagen und andere Motorfahrzeuge. Von der Kreuzung beim Busbahnhof führt ein ungepflasterter Weg westlich aus der Ortschaft. Dort finden sich einige einstöckige Backsteinhäuser, die erst kürzlich errichtet wurden. Eines davon gehört den Eltern einer Bekannten. Sie sind vor wenigen Monaten aus dem Block ihrer Arbeitseinheit (ch.: *danwei*), in ein eigenes Haus umgezogen. Das älteste Kind von Verwandten aus dem Weidegebiet besucht neu die Primarschule in Khyung mchu. Die Grosseltern übernehmen Betreuungsaufgaben. Nebenbei betreiben sie einen „Pferde-Parkplatz" für Nomaden, die an den Kreissitz kommen. Sie wissen, dass Nomaden, wenn sie in die Stadt kommen, einen Platz brauchen, wo ihre Reitpferde mit Wasser und Gras oder Heu versorgt und beaufsichtigt werden, während Nomaden ihren Geschäften in der Kreisstadt nachgehen. Meist vertraut man sein Pferd einem Verwandten oder zumindest jemandem aus dem gleichen *sde ba* an, der in der Kreisstadt wohnhaft ist.
>
> Juli 2000. Auf einem weiteren Besuch einige Wochen später werden meine Begleiterin und ich bei derselben Familie ins neueröffnete Momo-Restaurant[240] eingeladen. Ein Raum ihres Hauses ist umgestaltet worden und enthält nun vier Tische mit Stühlen und einen Ofen. Ihre Kundschaft besteht mehrheitlich aus Nomaden aus ihrem *sde ba*, die die Kreisstadt besuchen. Die Momos schmecken vorzüglich. Zwei Tage später helfen wir mit, ein Restaurantschild auch mit einem englischen Namen zu beschriften, obschon die Wahrscheinlichkeit, dass ausländische Touristen ihren Weg dorthin finden, gering ist. Chinesische und englische Schriftzüge würden jedoch den Eindruck von Moderne, von Urbanität erwecken, erläutert meine Bekannte.[241]

Mit ihrem Pferdeparkplatz und Restaurant schuf das ältere Ehepaar eine Anlaufstelle für Nomaden, um sich nach einem langen Ritt auszuruhen und Neuigkeiten

---

239 Hui sind eine der sechsundfünfzig ethnischen Gruppierungen Chinas gemäss staatlicher Klassifizierung. Sie sind vorwiegend in den Provinzen Qinghai, Gansu und Ningxia ansässig.

240 Momos sind Teigtaschen, normalerweise mit Fleisch gefüllt.

241 Aus den Feldnotizen von Februar und Juni 2000 (FN_200002.04 & FN_200007.08).

auszutauschen. Sie initiierten damit auch für sich selbst ein soziales Beziehungsnetz. Dieses verbindet sie mit ihrer Heimatgemeinde, die fast neunzig Kilometer von Khyung mchu entfernt liegt, und mit den dort ansässigen Verwandten und Bekannten. Ihre wirtschaftlichen Initiativen waren einerseits auf Bedürfnisse von Nomaden ausgerichtet und boten andererseits tibetischen Bewohnern von Khyung mchu traditionelle tibetische Gerichte an.

Eine Verflechtung von Nomaden mit Khyung mchu erfolgte auch dadurch, dass die Milchfabrik in Khyung mchu 2003 ein Joint Venture mit einer amerikanischen Firma einging (vgl. Bethe 2003) und die Produktion verbesserte. Ein Bio-Milchpulver hoher Qualität wurde für die Kundschaft an der finanzkräftigen Ostküste Chinas entwickelt. Die Nomaden von sKa khog betraf dies insofern, als dass ihre Milch eine begehrte Ware wurde und die Milchfabrik und die Regierung darauf drängten, dass sie ihre Milch nicht mehr zu Butter verarbeiten, sondern an die Milchfabrik verkaufen.[242]

Marktwirtschaftliche Verflechtungen ergaben sich nebst dem Verkauf von Produkten aus der Pastoralwirtschaft an verarbeitende Fabriken auch durch den wachsenden Tourismussektor. Nomaden errichteten entlang der Provinzstrasse (ch.) *qi ma dian* – Pferdereitstationen – oder (ch.) *nong jia le* – „Rurale Picknick-Plätze“. Einige Nomaden arbeiteten als Fahrer und boten Fahrdienste für Touristen an; andere stellten Yoghurt für den Verkauf an die Kreisstadtbevölkerung und an durchreisende Touristen her.

Parallel zur Zunahme der Bedeutung des Ortes für die Nomaden des Kreises und deren Verflechtungen mit den wirtschaftlichen Möglichkeiten, die in Khyung mchu entstanden, entwickelte sich die Stadt auf eine Weise, die nicht auf die Verflechtungen mit der nomadischen Bevölkerung zurückzuführen ist. Vielmehr zeigt die Entwicklung Urbanisierung als staatlich gesteuerten Prozess, der in China insgesamt zu beobachtet ist. In Khyung mchu äussert sich dieser Prozess auch in Zahlen. Khyung mchu umfasst vier administrative Dörfer, welche fast ausschliesslich von pastoralwirtschaftlich tätigen Familien bewohnt werden sowie die eigentliche Stadt mit Verwaltungssitz des Kreises sKa khog und der Stadt Khyung mchu. Im Jahr 2000 betrug die Bevölkerung des Städtchens knapp 6’000 Einwohner.[243]

242 Manderscheids Erhebungen in Bra chen ‘brog thang (ch.: Waqie Muchang) ergaben, dass in Gemeinden von sKa khog verbindliche Abgabequoten für Milch bestanden (1999: 181). Dies war jedoch nicht für ganz sKa khog der Fall. Gemäss lokalen Informationen werden ungefähr achtzig Prozent der Milch an die Milchfabrik verkauft.

243 Schätzung eines in der Regierung tätigen Bewohners von sKa Khog, Feldnotiz 1999 (FN_1999.07). Vgl. auch http://www.xzqh.org/html/show/sc/21785.html; (Zugriff am 05.04.2014).

Bis 2012 hatte sich diese auf gerundete 11.900 erhöht.[244] Dieses Anwachsen der Bevölkerung in Khyung mchu deckt sich mit einer intensiven Bauphase, die bis heute andauert.

1999 gruppierte sich die Stadt entlang einer Hauptgeschäftsstrasse. Zwei Strassen bildeten quer dazu das östliche und westliche Ende des Städtchens. An der Querstrasse am östlichen Ende befanden sich Regierungsgebäude, Polizeistation, die chinesische Primar- und Mittelschule, das Spital, die Post, der Rundfunk und andere Verwaltungseinheiten. Wie andernorts in China war die Stadtstruktur nach Arbeits- und Verwaltungseinheiten (ch.: *danwei*) organisiert. Man lebte und arbeitete mehrheitlich im selben Gebäudekomplex. Im östlichen Teil des Städtchens fand sich folglich vorwiegend die in der Verwaltung tätige Bevölkerung.

Die westliche Querstrasse ist die Provinzstrasse S209, die sKa khog mit Chengdu und mit dem nördlichen mDzod dge verbindet. Diese Strasse war nur innerhalb des Stadtbereichs geteert. An der Kreuzung mit der Hauptgeschäftsstrasse befand sich der Verkehrsknotenpunkt des Kreises mit dem Busbahnhof, und in der Nähe der Kreuzung lag die Milchfabrik. Im Umkreis des Busbahnhofs für den öffentlichen Langstreckenverkehr fanden sich Kleinbusse und Kleinlaster, die den Transport in die umliegenden Gemeinden sicherstellten. Dies war folglich Ankunftsort der Nomaden aus der näheren oder weiteren Umgebung. Viele der tibetischen Restaurants und Geschäfte, die sich an den Bedürfnissen der Nomaden orientieren, waren und sind bis heute eher in diesem westlichen Stadtteil zu finden. Han Chinesen, Hui und Tibeter, die Geschäfte betrieben, sowie Nomadenfamilien, die sich in der Kreisstadt niedergelassen hatten, wohnen eher entlang der Hauptgeschäftsstrasse und im westlichen Teil von Khyung mchu.

Eine Ortschaft von knapp sechstausend Einwohnern hat sich in zehn Jahren zu einem Ort entwickelt, dessen Bevölkerungszahl sich praktisch verdoppelt hat und der sich gezielt einen urbanen Anstrich zu verleihen sucht. Khyung mchu verstand sich als Zentrale für die wirtschaftliche Entwicklung der pastoralen Produktion, des Tourismus, der Industrie und des Verkehrs des Kreises (vgl. Gaerrang 2011: 36). Im Zentrum und am höchsten Punkt des Bezirks rNga ba gelegen, strebte der Ort an, sich fortschrittlich und modern zu präsentieren. Dies erfolgte unter anderem durch die Förderung des industriellen Sektors und des Tourismus. Die Milchpulverfabrik in Khyung mchu expandierte 2003 und baute eine neue Milchverarbeitungshalle ausserhalb der Siedlung auf. Ebenso entstand eine Verarbeitungsstätte für tibetische Medizin mit dazugehörigem Labor. Zur Tourismusförderung wurden Attraktionspunkte geschaffen, wie beispielsweise das Hongyu-

244 Persönliche Informationen eines Bewohners von sKa khog.

an Yak-Festival, das 1999 lanciert und 2005 regional breit abgestützt wurde. Auch wurde ein in der Nähe vom Kreissitz und an der Hauptverkehrsstrasse gelegener Ort auf dem Grasland als szenischer Aussichtspunkt inszeniert und ausgebaut. Als Stadt im Herzen des Graslands des Bezirks rNga ba gelang es dem Kreis sKa khog, Khyung mchu als sein Zentrum auf dem Tourismusmarkt gezielt zu positionieren. So finden einige der hunderten von Reisebussen, die täglich den im Bezirk rNga ba liegenden Nationalpark Jiuzhaigou besuchen, auch den Weg durch die „Grosse Graslandebene" (ch.: *da cao yuan*) nach Khyung mchu. Die Zunahme des Tourismussektors führte zum Bau neuer Hotels und Restaurants. Parallel zu diesen Entwicklungen wurde Khyung mchu äusserlich ein urbaner Anstrich verliehen. Dies geschah durch die Installation von Strassenleuchten, die Dekoration von Hausfassaden, das Schaffen von zentralen Plätzen mit Skulpturen, der Begradigung des Flusses und der Schaffung einer Flanierzone mit nächtlicher Beleuchtung.

Solche baulichen und wirtschaftsfördernden Anstrengungen wurden auch in anderen Kleinstädten (*zhen*) Chinas beobachtet und als „small town urbanisation" (Carillo 2011; Han 2010) oder „tourism-driven urbanisation" (Qian, Feng & Zhu 2012) beschrieben. Diese Art der Urbanisierung folgt einer vielfältigen und mehrschichtigen Dynamik, die sich von der klassischen Sicht auf Urbanisierung unterscheidet, welche davon ausgeht, dass Urbanisierung ein Resultat von Wirtschaftsentwicklung in der Stadt ist, die zu Migration vom Land in die Stadt führt (vgl. Ong 2014: 2). Vielmehr lässt sich in Kleinstädten im ruralen Raum feststellen, dass in erster Linie staatliche Akteure, aber auch privatwirtschaftliche Interessen, Urbanisierungsprozesse herbeiführen. Die Motivationen und Ziele von gesteuerter Urbanisierung sind unterschiedlich. Lokale Regierungen können städtebauliche Entwicklungen vorantreiben, um Steuereinnahmen zu generieren (Ong 2014: 16). Raumplanerische Massnahmen und Infrastrukturbauten können benutzt werden, um dem Ort einen urbanen Anstrich zu verleihen und um damit mangelnde wirtschaftliche Innovation oder Entwicklungsmöglichkeiten zu kompensieren (vgl. Han 2010: 785–786). Ein Ausbau der Infrastruktur für den Tourismus kann ebenso zu Urbanisierung führen (vgl. Qian, Feng & Zhu 2012). Staatliche Akteure der lokalen Regierungen sowohl in sKa khog als auch in mDzod dge steuerten Bauvorhaben und trugen massgeblich zu den physischen Veränderungen ihrer Kreisstädte bei. Akteure der lokalen Regierungen, die bei Ende ihrer Amtszeit Resultate ihrer Tätigkeitsperiode ausweisen mussten, investierten in städtebauliche Massnahmen und den Bau von Wohnquartieren, um sichtbare und messbare Resultate vorweisen zu können.

Während einige der hier beschriebenen Prozesse typisch für Kleinstädte und Kreissitze (ch.: *xian zhen*) sind, veränderten sich im letzten Jahrzehnt auch die Siedlungen auf Gemeindeebene. Einerseits führten Urbanisierungsbestrebungen einzelner Gemeinden zu ihrer administrativen „Beförderung“ zu Kleinstädten, das heisst ihr Status als Gemeinde (ch.: *xiang*) wurde in den einer Kleinstadt (ch.: *zhen*) umgewandelt, was ihnen Anspruch auf gewisse Fördergelder für Urbanisierung und Wirtschaftsentwicklung gibt (vgl. Friedmann 2005; Yeh & Henderson 2008). Andererseits wurden einige Gemeindesiedlungen in erster Linie durch den Bau von Siedlungen für die nomadische Bevölkerung, aber auch durch bauliche Projekte angetrieben durch die Tourismusförderung, baulich vergrössert, z.B. durch Hotels und Restaurants.[245] Dadurch, dass mehr und mehr Personen aus dem umliegenden Grasland aber auch aus weiter entfernten Orten in den Wirtschaftszweigen der Tourismusindustrie ein Einkommen suchten und vermehrt Nomadenfamilien oder Teile davon in den neuen Siedlungen wohnhaft wurden, wuchs die lokale Bevölkerung. Daraus ergaben sich am Ort selber neue Bedürfnisse, die zu einer wachsenden städtischen Infrastruktur beitrugen. Orte, die früher im von nomadischen Gemeinschaften bewohnten Grasland sKa khogs und mDzod dges eine vorwiegend verwaltungstechnische Rolle wahrnahmen, haben sich zu Orten entwickelt, deren Grösse, Infrastruktur und Bevölkerungsdichte zu Phänomenen der Verstädterung geführt haben, die eine städtische Bevölkerung mit der ihr eigenen Dynamik hervorbringen.

6.4 Pendeln und *Konversion* von sozialem Raum

Nomaden sKa khogs und mDzod dges wohnen in „Zwischenräumen“. Es sind die Zwischenräume einer Landschaft, die durch Strassen fragmentiert worden ist. Die Fragmentierung erfolgte auf zweierlei Weisen. Einerseits zergliedern Strassen Graslandgebiete. Abzäunungen und Wasserablaufgräben entlang der staatlichen Strassen machen sie zu veritablen Hindernissen für Herdenbewegungen. Andererseits fragmentieren Strassen Gebiete, weil sie Ortschaften verbinden und dadurch Zentren schaffen. Fragmentierung erfolgt durch die räumliche Zuteilung von Regionen zu Zentrum oder Peripherie.

In diesem Kontext bewegen sich die Nomaden des Graslands sKa khogs und mDzod dges heute hauptsächlich mit motorisierten Fahrzeugen. In der Pastoralwirtschaft der *phyugs las* wird das Motorfahrzeug für Materialtransporte und, wo es das Terrain erlaubt, für die jährliche Migration eingesetzt. Die Migrationsrouten sind weniger flexibel und es gibt Grund zur Annahme, dass sie sich weiter

245 Dazu zählen Bra chen und rMe ba dgon in sKa khog, Thang skor in mDzod dge, sTag tshang lha mo in Gansu an der Nordgrenze zu mDzod dge sowie die Kreisstädte von sKa khog und mDzod dge.

verfestigen, weil Nomaden in den Sommerweidegebieten Standplätze bevorzugen, die in Strassennähe liegen oder motorisiert erreichbar sind.

Insbesondere die vom Staat gebauten Strassen beeinflussen und kanalisieren Richtungen. Dies äussert sich in einer Praktik der Mobilität, die ich als Pendeln beschrieben habe. Der Besitz motorisierter Fahrzeuge macht Orte an den Knotenpunkten der Strasseninfrastruktur erreichbarer. Hier zeigt sich eine Verflechtung der pastoralen Bevölkerung mit der Entwicklung dieser Orte. Die Orte sind demographisch und physisch gewachsen. Gründe dafür sind Anreize und Politiken von Akteuren ausserhalb der Pastoralwirtschaft; sie sind aber auch deshalb gewachsen, weil Nomaden diese Orte aufsuchen und an Prozessen, die dort auszumachen sind, teilnehmen. Die Nomaden in sKa khogs und mDzod dges, so scheint es, tragen zu Urbanisierung und damit zu Fragmentierung in Zentrum und Peripherie bei.

Dies ist die eine Lesart der Vorgänge. Eine derartige Interpretation würde jedoch den Verflechtungen zwischen der in der Pastoralwirtschaft tätigen Bevölkerung und den Siedlungsorten nicht genügend Beachtung schenken. Gerade die Verflechtungen platzieren Motorfahrzeuge als Schnittfläche oder Angelpunkt, welche Einteilungen in Zentrum und Peripherie aufheben. Um dies zu erläutern, möchte ich hier eine kurze Episode anführen, die für mich zu einem Schlüsselerlebnis geworden ist. Es ist eine Szene im Haushalt der Mutter von Tashi, dem wir in Kapitel 6.2.1 begegnet sind. Als ich sie erlebte, löste sie zuerst gar nichts aus, weil sie so normal war. Es war des Besuchs eines Nomaden und seiner Frau bei der Mutter in der Siedlung, also nichts Ungewöhnliches, sondern etwas, das sich täglich in Südamdo beobachten lässt. Erst später, als ich meine Notizen und Beobachtungen durchsah und sich mir in der Regelmässigkeit und der Häufung von Begebenheiten langsam Muster in Bezug auf die Mobilität zwischen Weidegebieten und Siedlungsorten zu erschliessen begannen, positionierte sich diese kleine Begebenheit als Auslöser der Frage „Könnte es sein, dass sich hier, in dieser alltäglichen Situation, etwas Wesentliches zeigt?“ Beim weiteren Nachdenken und nach weiteren Wochen der Feldforschung verdichtet sich dieses Ereignis zu einem Erkenntnismoment, wie die Mobilität zwischen *phyugs las* und Siedlungsorten zu lesen sein könnte. Hier ist die leicht redigierte Episode aus meinen Feldnotizen:

> Im frühen Herbst 2012 besuchte ich eine Bekannte, nennen wir sie Padma Tsho, Mutter von zwei Freundinnen, die vor einigen Jahren die Herdenwirtschaft dem Sohn übergeben hat und nun in der ungefähr vierzig Kilometer entfernten Siedlung wohnt. Sie hat sich in einem der Quartiere für Nomaden, das 2004 errichtet worden war, niedergelassen. Padma Tsho ist eine ältere, verwitwete Frau, die aus gesundheitlichen Gründen schon länger nicht mehr aktiv in der pastoralen Wirtschaft mitarbeitete. Sie hat fünf Kinder. Ihre zwei ältesten Töchter haben in andere pastorale Familien geheiratet. Ihre zwei jüngeren Töchter haben

> eine schulische Ausbildung erhalten. Beide sind in der Zwischenzeit verheiratet und haben eine bezahlte Arbeitsstelle ausserhalb des pastoralen Kontexts. Tashi, ihr einziger Sohn, hat vor einigen Jahren die Verantwortung für die Familie und die Herden übernommen. Das war vor ungefähr fünfzehn Jahren, kurz nachdem sein Vater, der Mann von Padma Tsho, verstorben war und nachdem Tashi geheiratet hatte.
>
> An jenem Herbsttag sass ich im Haus von Padma Tsho. Wir tranken Tee und unterhielten uns. Um die Mittagszeit kam der jüngste Sohn von Tashi, ihr Enkel, von der Schule nach Hause. Solange er die örtliche Primarschule besuchte, wohnte er bei der Grossmutter, wie bis kürzlich auch die zwei anderen seiner Geschwister. Er begann, sich um seine täglichen kleinen Arbeiten zu kümmern wie Wasserholen, Brennstoff auffüllen und ähnliches. Eine Weile später fuhr Tashi auf seinem Motorrad in den Hof des Hauses. Auf dem Rücksitz befand sich seine Frau. Auf ihrem Schoss hielt sie einen ihrer tibetischen Herdenschutzhunde. Die Frau setzte den Hund ab, stieg vom Motorrad und begab sich ins Haus. Während Tashi noch mit dem Hund beschäftigt war und ihn im Hof festband, ging seine Frau in die Vorratskammer, besprach sich kurz mit der Schwiegermutter und begann, das Mittagessen zu kochen. Während sie Fleisch und Zwiebeln zuschnitt, gab sie ihrem Sohn Anweisungen, unterhielt sich mit der Schwiegermutter und bereitete ihrem Mann eine Tasse Tee zu, als er auch ins Haus kam und sich hinsetzte (FN_201209).

Was geschieht hier? Was lässt sich beobachten? Weshalb ist diese Szene signifikant? – Tashi und seine Frau kommen von der Sommerweide. Vermutlich hat die Frau vorher die Kühe gemolken, den Yakdung auf dem Grasland so aufbereitet, dass er je nach Wetter in ein, zwei Tagen als Brennstoff zur Verfügung steht, die Milch zentrifugiert und Butter und Käse hergestellt. Die Milchleistung der Kühe wird anfangs September bereits abgenommen haben, aber die Arbeit der *phyugs las* ist weiterhin zeit- und arbeitsintensiv. Die morgendlichen Arbeiten erledigt, fahren Mann und Frau in die vierzig Kilometer entfernte Siedlung und die Frau kocht dort das Mittagessen für die Familie. – Hier hat eine Ortsverschiebung stattgefunden, aber der Alltag scheint normal weiterzufliessen. Die Routine und Selbstverständlichkeit, mit der die Frau von Tashi sich um das Mittagessen kümmert, löst Grenzen zwischen *phyugs las* und Siedlung auf. Obschon es nicht ungewöhnlich ist, dass eine Tochter oder Schwiegertochter für die Mutter oder Schwiegermutter Arbeiten übernimmt und sich im häuslichen Alltag integriert, war die Dynamik im beobachteten Ereignis eine andere. Hier kam eine Frau nach Hause in ihre Küche und kümmerte sich um die Bedürfnisse ihrer Familie. Diese Frau kocht allerdings normalerweise an einem anderen Herd. Die alltäglichen Tätigkeiten und Routinen von zwei geografisch getrennten Haushalten sind durch die Mobilitätspraktiken von Tashi und seiner Frau ineinander verwoben. Dies erscheint signifikant. Wenn Tashi und seine Frau die *phyugs las* für einige Stunden hinter sich lassen, machen sie nicht einfach einen Besuch in der Gemeindesiedlung, sondern sie vereinnahmen den Raum der Siedlung und insbesondere des Haushalts der Mutter in einer Art, welche die Unterscheidung zwischen hier und dort in sich zusammenfallen lässt. Der Haushalt der Mutter in der Siedlung wird in die Sphäre ihrer Bewegungen integriert.

Orte, die geografisch voneinander entfernt sind, werden zu einer integrierten „Sphäre der Bewegung". Die Mobilitätspraktik des Pendelns als Alltagshandlung hat demzufolge eine integrative Funktion. Pendeln konnte alltäglich werden, weil motorisierte Fahrzeuge und auch bessere Strassen zur Verfügung standen. Die mobile Technologie vornehmlich des Motorrads, aber auch des Pickups oder eines anderen Personenwagens bilden die Schnittstelle oder den Angelpunkt, an dem die Fragmentierung von Raum aufgehoben wird. Sie ermöglicht es Nomaden in sKa khog und mDzod dge, Siedlungsorte in ihre täglichen Mobilitätspraktiken zu integrieren. Damit erweitern sie ihren sozialräumlichen Kontext des Alltäglichen. In diesem erweiterten Raum spielen auch Mobiltelefone eine nicht unwesentliche Rolle, wie Kapitel 7 zeigen wird.

7 Praktiken der mobilen Kommunikation

Gleich wie Kapitel 6 an die Ausführungen von Kapitel 3 zur Entwicklung des Strassenbaus und der Inkorporation von motorisierten Fahrzeugen in den Alltag der Nomaden sKa khogs und mDzod dges anknüpfte, um zu zeigen, welche „Konversionen" sich aus den Mobilitätspraktiken ergeben, knüpft dieses Kapitel an Prozesse der Inkorporation von Mobiltelefonen in den Alltag an, die in Kapitel 4 diskutiert wurden. Die Ausführungen dieses Kapitels nehmen sich der Wechselwirkung zwischen Telekommunikationsinfrastruktur, ihrer Reichweite und Mobilitätspraktiken der Nomaden an und setzen sie in Beziehung mit der im letzten Kapitel diskutierten Alltagsmobilität des Pendelns.

Ich beginne, wie bereits in Kapitel 6 in der *phyugs las*, um Praktiken der Kommunikation am Ort der Pastoralwirtschaft zu verankern. Es wird sich jedoch sehr schnell zeigen, dass aufgrund der fehlenden flächendeckenden Netzwerkabdeckung zur Zeit seiner Einführung das Mobiltelefon zu einem Gerät wurde, dessen Wirkung und Nutzung hauptsächlich in Gemeindesiedlungen und Kreisstädten zum Tragen kam.

Der grösste Teil des Kapitels widmet sich folglich Praktiken der mobilen Kommunikation im Kontext der Siedlungsorte. Dort setze ich an, um zu einem Verständnis zu gelangen, wie die Technologie des Mobiltelefons soziale Räume hervorbringt, sie umgestaltet und Verschiebungen im sozialen Gefüge nomadischer Gemeinschaften bewirkt.

7.1 Netzwerkräume und mobile Praktiken der *phyugs las*

Fahrzeuge und Strassen funktionieren als Schnittflächen von Mobilitätspraktiken. Sie ermöglichten den Nomaden, die Siedlungsorte sKa khogs und mDzod dges in ihre täglichen Mobilitätspraktiken zu integrieren. Diese Siedlungsorte waren in Bezug auf die Nutzung des Mobiltelefons lange die einzigen Lokalitäten, in denen Empfang gewährleistet war. Netzwerkräume – Orte, an denen Funkempfang bestand – befanden sich anfänglich vorwiegend in Kreisstädten, Gemeindesiedlungen und der näheren Umgebung. Dort sollte sich die Inkorporation der Mobiltelefonie in die Alltagspraktiken von Nomaden am stärksten äussern. Die *phyugs las* vieler Bewohner sKa khogs und mDzod dges befand sich abseits von Siedlungsorten und in Gebieten ohne Netzwerkabdeckung. Die Nutzung der Mobiltelefone erforderte folglich Mobilität.

DOI 10.1515/9783110502008-008

7.1.1 Telefonie und Mobilität

Das innovative Element der Festnetztelefonie der früheren Jahre bestand darin, dass sie Kommunikation von der Bedingung der räumlichen Nähe der Kommunizierenden löste. Mobiltelefonie löste die Kommunikation zusätzlich von der Ortsgebundenheit (vgl. Geser 2004). Beide Aspekte kommen den sozialen Gegebenheiten von in der Pastoralwirtschaft tätigen Nomaden in Südamdo entgegen. Sie leben oft in grossen Distanzen zueinander. Kommunikation zwischen Einzelnen, zwischen Familieneinheiten und zwischen Bewohnern verschiedener *ru skor* oder *sde ba* setzt die Überwindung von Distanz voraus. In neuerer Zeit leben Familienmitglieder und Freunde oft in Städten von einigen hundert Kilometern Entfernung. Während Telefonie grundsätzlich Kommunikationsverbindung zwischen entfernt lebenden Personen herstellt, erlaubt Mobiltelefonie zusätzlich, dass ihre Nutzer sich frei bewegen und jederzeit und überall miteinander in Verbindung treten können – zumindest theoretisch. Dazu ist das Mobiltelefon konzipiert. Es scheint das optimale Kommunikationsgerät für die in der mobilen Pastoralwirtschaft tätigen Nomaden zu sein. Durch ihr Ressourcenmanagement des Weidewechsels sind sie mobil, und durch ihre alltäglichen Tätigkeiten halten sie sich mehrheitlich „ausser Haus" auf.

Nomaden in sKa khogs und mDzod dge begannen tatsächlich früh damit, Mobiltelefone zu kaufen, wie Kapitel 4 gezeigt hat. Zeitgleich mit dem Aufbau der ersten Sendetürme in Kreisstädten und in Gemeinden auf dem Grasland erwarben einige Nomaden Mobiltelefone; seither wuchs die Anzahl von Mobiltelefonbesitzern stetig. Die Geräte sind klein und handlich. Wer unterwegs ist, um Herden auf die Weiden zu treiben, ein verlorengegangenes Tier zu suchen, einen Nachbarn zu besuchen oder sonstigen Tätigkeiten in der Weidewirtschaft nachgeht, kann sein Telefongerät im Gegensatz zu einem Festnetzgerät mittragen. Dies macht allerdings nur dann Sinn, wenn man sich in einer Zone mit Netzwerkabdeckung befindet oder man damit rechnen kann, eine solche zu erreichen. Dies war und ist für Nomaden im weitläufigen Graslandgebiet von sKa khog und mDzod dge nicht überall gegeben.

Die Grenzen und Lücken des Mobilfunknetzes waren in den ersten Jahren der Mobiltelefonie beträchtlich. In der Tat erscheint der Gebrauch des Mobiltelefons auf dem von den Nomaden bewohnten Weideland geradezu als Nebenschauplatz. Die Mehrzahl der Nomaden aus dem südlichen Amdo erwarb ihr erstes Mobiltelefon zu einem Zeitpunkt, als der Ort pastoralen Wirtschaftens mehrheitlich ausserhalb des Netzwerkraums mit garantiertem Empfang lag. Viele kauften es, obschon sie, ähnlich wie bei der Nutzung der Festnetztelefonie, in die Siedlung fahren mussten, um telefonieren zu können. Was bewog Nomaden in sKa khog und mDzod dge dazu, in ein Mobiltelefon zu investieren, obschon dieses zumindest in den ersten fünf Jahren der Mobiltelefonie in den Weidegebieten nicht, oder nur nach Überwindung beträchtlicher Distanzen, genutzt werden konnte? Weshalb kauften sie Mobiltelefone bereits zu einem Zeitpunkt, als ihre Nutzung auf einige bestimmte Zonen beschränkt war und kaum vorauszusehen war, wie sich das Mobilfunknetz auf dem Grasland entwickeln würde?

Es gibt zwei mögliche Erklärungsansätze für dieses Phänomen, die sich nicht widersprechen, sondern eher ergänzen. Beim ersten Erklärungsansatz geht es um die Faszination eines Geräts, das dem urmenschlichen Bedürfnis nach Kommunikation entgegenkommt. Katz und Aakhus (2002) erklären dies mit einer Theorie des *apparatgeist*, einem von ihnen geprägten Neologismus, der das universale Bedürfnis nach Kommunikation mit der Technologie des Mobiltelefons in Beziehung setzt und untersucht, wie sich eine „Sozio-Logik" ergibt, durch die das Mobiltelefon Eingang in die Gesellschaft findet (Katz & Aakhus 2002: 315). *Apparatgeist* konzipiert Kommunikation als dem Menschen eigen und als integralen Bestandteil von Gesellschaft, der sich in einem Bedürfnis nach fortgesetztem Kontakt („perpetual contact") äussert (Katz & Aakhus 2002: 307–309). Deshalb lassen sich Prozesse der Mobiltelefonaneignung und die Gründe, welche dazu führen, nicht auf ein funktionales Verständnis reduzieren. Aneignung von Mobiltelefonen kommt nicht oder nicht ausschliesslich in einem rationalen Entscheid zum Ausdruck. Katz und Aakhus (2002: 315–316) betonen die Wichtigkeit des Symbolischen, das sich darin äussert, dass bei der Evaluation und der Auswahl eines Produkts nicht nur funktionale Aspekte eine Rolle spielen, sondern Aspekte von sozialen Rollen, von Status und Wertzuteilungen. Dass solche Aspekte in der Inkorporation von Mobiltelefonien in den Alltag von Nomaden Südamdos durchaus eine Rolle spielten, habe ich in Kapitel 4.3 ausgeführt.

Der zweite Erklärungsstrang knüpft an die vorgängig diskutierte Alltagsmobilität des Pendelns an. Sie trägt in einem wesentlichen Mass dazu bei, dass Mobiltelefone für Nomaden einen Nutzen hatten, als die Weidegebiete in sKa khog und mDzod dge über keine Netzwerkabdeckung verfügten und Besitzer ihre Geräte dort nicht gebrauchen konnten. Der massgebliche Punkt schien nicht die von Katz und Aakhus definierte Permanenz der Kommunikation oder deren Potential zu sein, sondern das Potential einer persönlichen Verbindung, die von Gerät zu Gerät und von Person zu Person hergestellt werden konnte. Als die Mobiltelefonie auf dem Grasland ihren Anfang nahm, hatten Mobilitätspraktiken, die mit Siedlungsorten verbanden, bereits eingesetzt und Nomaden richteten sich vermehrt nach den Marktplätzen und Treffpunkten aus, welche in den Gemeindesiedlungen und Kreisstädten lokalisiert waren. Diese Orte, sichtbar als Knotenpunkte im Strassensystem, wurden auch zu Knotenpunkten bezüglich der Mobiltelefonie. An ihnen befanden sich die ersten Mobilfunk-Sendetürme. Wenn Nomaden sKa khogs und mDzod dges diese Ortschaften aufsuchten, um mit ihrem sozialen Beziehungsnetz in Verbindung zu treten, konnten sie Mobiltelefone nutzen, um einen personalisierten Kontakt zu Bewohnern oder Besuchern der Siedlung, zu Familienmitgliedern, Freunden, Bekannten oder Personen des geschäftlichen Netzwerks herzustellen.

Die Beobachtung einer personalisierten Verbindung scheint auf den ersten Blick trivial. Sie wird aber bedeutungsvoll im Kontext der Praktiken der Pendelmobilität. Das Telefon als persönliches Gerät, das persönliche Erreichbarkeit ermöglicht, wurde zu einem Instrument, mit dem Nomaden sKa khogs und mDzod dges das soziale Netz, dem sie angehören, navigieren. Welche Praktiken sich daraus ergaben, wird in den folgenden Kapiteln dargestellt. Im nächsten Teil soll aber vorerst darauf eingegangen werden, wie die Nutzung des Telefons räumliches Verhalten im Kontext der Weidegebiete geprägt hat, bevor ich mich auf neu entstandene und entstehende Kommunikationsräume konzentriere.

7.1.2 Netzwerk, Mobilität und Positionierung

Mobiltelefonie wird durch ein technisch ausgeklügeltes System ermöglicht, das der Infrastruktur bedarf. Mobilfunkstationen, meistens Maste oder Türme, die Funksignale empfangen oder weiterleiten, bilden mit ihrer Reichweite Zellen. Sie sind wabenartig miteinander vernetzt. Um einen flächendeckenden Empfang zu sichern, müssen die Mobilfunkstationen in der Dichte so nahe beieinander stehen, dass die durch die Reichweiten gebildeten Zellen nebeneinander zu liegen kommen.[246] Dies ist in topographisch hügeligem und bergigem Gelände kaum sicherzustellen. In Städten kann der Empfang durch bautechnische Gegebenheiten gestört werden und in abgelegenen, ländlichen und dünnbesiedelten Gebieten ist eine vollständige Netzwerkabdeckung oft aus ökonomischen Überlegungen nicht zu gewährleisten.

Die Netzwerkabdeckung im weitläufigen und dünnbesiedelten südlichen Amdo ist lückenhaft. Die Lücken sind entweder durch fehlende Sendestationen oder topographische Hindernisse gegeben. Sie waren auf dem Grasland des tibetischen Plateaus bis 2006 erheblich und auch im Jahr 2012 erst teilweise geschlossen. Die Lücken sind Teil einer Netzwerklandschaft, die mit dem blossen Auge unsichtbar bleibt, aber mit einem Mobiltelefon räumlich abgetastet werden kann. Diese Netzwerklandschaft veränderte und verändert sich seit ihrer Entstehung fortlaufend. Als mit dem Bau einer Mobilfunkinfrastruktur begonnen

246 Für eine einfach zugängliche Erklärung der Mobilfunktelefonie, vgl. http://www.izmf.de/de/content/wie-funktioniert-mobilfunk; (Zugriff am 13. 11. 2013).

wurde, gab es auf dem Grasland einzelne, isolierte Funkzellen, die meistens mit der geografischen Lage einer grösseren Ortschaft korrespondierten. Die Zwischenräume zwischen den einzelnen Zellen waren gross und wurden seit 2001 bis heute durch den Bau weiterer Sendetürme kontinuierlich verkleinert. Letztere sind die einzigen sichtbaren Zeichen einer ansonsten nicht sichtbaren Netzwerklandschaft.

Mobilität der Nutzer von Mobiltelefonen und ihre Ortskenntnisse sind zentrale Faktoren, die es den Nomaden erlauben, mit den Funkreichweiten zu interagieren. Trotz ihrer relativen Unsichtbarkeit kennen Besitzer von Mobiltelefonen die Netzwerklandschaft zumindest innerhalb ihres alltäglichen Bewegungsraums. Sie interagieren mit dem Netzwerk durch ihre Mobiltelefone. Diese Interaktion gestaltet sich unterschiedlich, je nachdem, ob der Nutzer des Mobilfunks sich vorwiegend ausserhalb, an der Grenze oder innerhalb der Netzwerklandschaft aufhält.

Ausserhalb der Netzwerkabdeckung

Wer sich ausserhalb der Reichweite von Telefonfunktürmen befindet, muss sich bewegen, um sein Telefon benutzen zu können. Bewegung allein genügt jedoch nicht. Eine Kenntnis der Position von Sendetürmen, ihrer Reichweite und insbesondere der Topographie zwischen Sendeturm und eigenem Standplatz ist notwendig, um sich so zu positionieren, dass die Nutzung von Mobiltelefonen möglich wird, wie ich persönlich erfahren habe:

> Juni 2006. Seit vier Tagen bin ich zu Besuch bei Dronma. Die meisten Familien ihres *ru skor* sind für drei bis vier Wochen auf die Sommerweide gezogen. Da Dronma nicht sehr viele Tiere hat, ist sie mit den *'bri*, den Yakkühen, und deren Kälbern und Rindern auf der Winterweide geblieben. Ich begleite sie in ihrem Alltag und gehe ihr zur Hand, wo ich kann und sie es mir erlaubt. Manchmal, während sie einer ihrer Arbeiten nachgeht, mache ich mir Notizen über das Erlebte und Beobachtete. Dronma weiss, dass dies meine „Arbeit" ist. Sie weiss auch, dass ich ein Mobiltelefon habe. An ihrem Winterstandplatz hat es jedoch keine Funkverbindung und ich müsste einen Anruf tätigen. Ich erwähne ihr gegenüber, dass ich deshalb nicht mehr viele Tage bleiben kann. Dronma schlägt vor, dass wir zusammen auf den Hügel hinter ihrem Haus steigen. Sie sagt, dass andere Nomaden ihres *ru skor* dies manchmal tun, wenn sie telefonieren wollen oder müssen. Man könne dort ein Signal vom Telefonturm der Kreisstadt ungefähr dreissig Kilometer nordöstlich gelegen empfangen. So machen wir uns nach dem allmorgendlichen Melken und Milchverarbeiten auf den Weg. Ich nehme mein Mobiltelefon mit und sie einen Behälter, damit wir unterwegs gleich auch noch einige der Pilze, die zu dieser Jahreszeit auf dem Grasland wachsen, sammeln können. Der Aufstieg auf den grünen Hügel ist anstrengend. Die Pausen unterwegs, um wilden Knoblauch auszugraben, sind willkommen. Oben angekommen, schauen wir zurück. Wir haben einen wunderbaren Ausblick. Unter uns liegt das langgestreckte, offene Tal mit den Winterweiden von Dronma und anderen ihres *ru skor*. Dronmas Haus ist von unserer Position aus

> nicht sichtbar. Mein Blick folgt stattdessen dem gut ausgebauten Weg, der in der Nähe des Hauses durch ihr Weidegebiet und über den nächsten Bergzug in das Sommerweidegebiet führt. Zäune grenzen die Parzellen der Winterweiden voneinander ab. Der Blick vom Hügel in die andere Richtung ist zum Teil durch weitere Hügelzüge blockiert. Nordöstlich erstreckt sich das offene, flache Moorgebiet, das sich bis zum Horizont in Richtung der Amtskreisstadt zieht. Am nördlichen Rand davon vermuten wir die zweispurige, geteerte Provinzstrasse, die Hauptverkehrsader der Kreise mDzod dge und sKa khog. Sie ist mit blossem Auge nicht auszumachen. Trotz der nun relativ offenen Weite, die sich bis in die Nähe der Amtskreisstadt zieht, zeigt mein Mobiltelefon keinen Empfang an. Ein Telefonmast ist im Dunst des warmen Sommertags nicht auszumachen und auch eine Standortverschiebung unsererseits auf die Anhöhe des benachbarten Hügels bringt keinen Erfolg. Unverrichteter Dinge, aber immerhin mit einem Korb voll wilden Knoblauchs und einiger Pilze, kehren wir nach Hause zurück.[247]

Dieser Versuch, ein Signal zu empfangen, führte ins Leere. Meine Begleiterin war zwar vertraut mit der Topographie, jedoch nicht mit der Position des Sendeturms und seiner Reichweite. Auch räumliche Verschiebungen unsererseits führten nicht zum gewünschten Resultat. Es blieb unklar, ob das Fehlen des Empfangssignals darauf zurückzuführen war, dass wir uns falsch positioniert hatten, ausserhalb der Reichweite des Netzes befanden, es an einer technischen oder wetterbedingten Störung lag, oder ob es an der Empfangsstärke bzw. -schwäche der Antenne meines Mobilgeräts lag[248].

Um eine Netzwerklandschaft zu kennen, benötigt man Vertrautheit mit dem Gelände. Dies schliesst nebst dem unmittelbaren Weidegebiet auch die weitere Umgebung und deren topographische Gegebenheiten mit ein. Das heisst, man muss ungefähr wissen, wo die Sendetürme stehen und welche topografischen Hindernisse sich allenfalls zwischen Mobiltelefonnutzer und Sendeturm befinden. Gleichzeitig ist der Besitz eines Mobiltelefons notwendig, um die Terrainkenntnisse nutzbar zu machen. Durch wiederholtes Aufsuchen gewisser Orte und dem Testen von alternativen Positionierungen mit dem Telefon als Empfangsgerät werden Erfahrungen gewonnen. Letztere fehlten Dronma und mir. Mit mehr Zeit, mehr Ausdauer und wiederholten Besuchen auf dem Hügel hätten auch wir herausgefunden, an welchem Ort wir stehen müssen, um gegebenenfalls ein Empfangssignal zu erhalten. Nomaden, welche ausserhalb einer Funkzelle oder an deren Grenzen leben, verfügen in der Regel über detaillierte Kenntnisse der Netzwerklandschaft. Sie erwerben sie sich durch Mobilität und mit Hilfe des Telefongeräts. Wie man sich solche Kenntnisse erwerben kann, wurde auf einer

---

247 Aus den Feldnotizen FN_200605-08, Juni 2006.

248 Die Empfangsstärke der eingebauten Antenne eines Mobiltelefons ist ein Kriterium, auf das ein versierter Einkäufer aus dem Grasland achtet, wie mir von einem Bewohner erklärt wurde, als ich mir ein neues Gerät anschaffen musste.

Fahrt im Weideland Südamdos deutlich, die ich in meiner damaligen Funktion als Programme Officer einer NGO durchführte.

> April 2006. Zu dritt sind wir, ein Leiter eines *ru skor* aus einer Gemeinde Südamdos, ein Konsulent einer NGO und ich, Mitarbeitende der NGO, unterwegs in einem Four-Wheel-Drive. Wir besuchen verschiedene Familien von Nomaden auf ihren Weideplätzen. Während zweier Tage fahren wir mit dem Auto kreuz und quer durch das Grasland. Alle von uns haben ein Mobiltelefon dabei. Einen grossen Teil der Zeit sind wir in Gebieten ohne Netzwerk unterwegs. Aber immer mal wieder gibt das Telefon unseres Begleiters ein elektronisches Signal von sich. Je nachdem, ob der Ton abfallend oder aufsteigend ist, haben wir eine Funkzelle verlassen oder betreten. Wenn wir in ein Gebiet mit Netzwerkabdeckung eintreten, wird dies auch dadurch hörbar, dass SMS oder ein Signal für einen verpassten Anruf an diverse der Mobiltelefone im Auto eingehen. Je nach Nachricht oder Anrufer nehmen wir diese Gelegenheiten war, um Anrufe zu tätigen.[249]

Durch Mobilität interagieren Nomaden in mDzod dge und sKa khog mit der Netzwerklandschaft, deren Grenzen Mobiltelefonnutzer durch Bewegungen im Raum kennenlernen. Je grösser der Bewegungsradius und die Auswahl der Routen, desto detaillierter sind die Kenntnisse der Netzwerklandschaft. Durch ihre Arbeit und ihr Beziehungsnetzwerk gibt es vermutlich individuell bevorzugte Bewegungsrouten. Es sind die Gebiete, die durch ihre Alltagspraxis und ihr Beziehungsnetz ihren sozialen Raum bilden, in denen sie oft mit erstaunlicher Genauigkeit wissen, wo Empfang möglich ist und wo nicht und sich danach ausrichten. Dies kommt insbesondere in Mobilitätspraktiken zum Ausdruck, die in den Grenzbereichen der Netzwerkabdeckung entstanden sind.

Bewegungen in den Grenzbereichen der Netzwerkabdeckung

Die Position des Sendeturms ist fix. Ebenso sind die topographischen Gegebenheiten relativ unveränderbar. Um mit der Netzwerklandschaft zu interagieren und eine Verbindung zu ermöglichen, ist deshalb die Positionierung des Empfangsgeräts zentral und damit die Mobilität seines Trägers. Nebst der Positionierung der Geräte durch Mobilität der Nutzer ist auch eine zweite Form der Positionierung beobachtbar. Wenn Nomaden in Grenzbereichen der Netzwerkabdeckung wohnen, werden sie ihr Gerät zu Hause so platzieren, dass Empfang möglich ist. Dies erschloss sich aus Beobachtungen, wo das Mobilgerät hingelegt wird, wenn Telefonbesitzer sich im Haus auf der Winterweide oder im Zelt auf der Sommerweide aufhalten. Befindet man sich an einem Ort ohne Netzwerkabdeckung, wird das Telefon so platziert, dass man es schnell wiederfindet. In Grenzbereichen des

249 Aus den Feldnotizen FN_200603-04; April 2006.

Netzwerkraums lässt sich ein etwas anderes Verhalten beobachten. Danzin, ein damals dreissigjähriges Mitglied einer Nomadenfamilie, hat sich im Laufe der Zeit durch Bewegung entlang der Grenze des Netzwerkbereichs in der *phyugs las* Kenntnisse geschaffen, die es ihm ermöglichen, zumindest in Verbindung mit dem Netzwerk zu bleiben:

> Januar 2004. Danzin ist im Winterhaus und sein Mobiltelefon hat er in einer Ecke des Hauses platziert, in der die Signalanzeige seines Telefons einen Strich (Empfangsbalken) anzeigt, also minimalen Empfang. Dies genügt nicht, um einen Anruf entgegenzunehmen. Sobald er das Telefon von seinem Platz entfernt, verschwindet die Signalanzeige gänzlich. Die Platzierung ermöglicht ihm aber, zu erkennen, ob ihn jemand anruft. Er kann auf dem Display erkennen, von wem der Anruf stammt. Ab und zu gibt das Telefon ein elektronisches Signal von sich. Dies zeigt an, dass der Funkkontakt zum Sendeturm ganz abgebrochen oder wieder hergestellt ist. Als das Telefon klingelt, begibt er sich zu seinem Gerät, überprüft das Display, nimmt das Telefon und geht damit nach draussen. Er positioniert sich einige Meter vom Haus entfernt an einem Ort, wo unter normalen Umständen eine Verbindung etabliert werden kann, wenn sich beispielsweise das Gegenüber nicht auch in einer signalschwachen Lokalität befindet. Nach seiner Rückkehr ins Haus legt Danzin das Mobilgerät wieder an den Platz in der Nähe des Fensters, um andere eingehende Anrufe oder Textnachrichten empfangen zu können.[250]

Es ist davon auszugehen, dass Danzin verschiedene Positionierungen sowohl des Telefons im Haus als auch seiner selbst ausserhalb des Hauses ausgetestet hat. An einem anderen Tag und an einem anderen Ort war ich zu Besuch bei einer Familie auf der Sommerweide. Als ich einen Anruf erhielt, wurde ich vom Familienoberhaupt angewiesen, wo ich mich hinstellen sollte, als er bemerkte, dass ich Schwierigkeiten hatte, ein Telefongespräch mit meinem Anrufer zu führen. Bewegung und Positionierung werden bewusst genutzt, um Verbindung zu schaffen und Kommunikation zu ermöglichen. Einmal war ich Mitfahrerin auf dem Rücksitz eines Motorrads. Der Fahrer brachte mich zum Haus einer Verwandten im Weidegebiet:

> Einige Kilometer ausserhalb der Gemeindesiedlung hält mein Fahrer sein Motorrad an, entschuldigt sich bei mir und sagt, er habe noch etwas zu erledigen. Er nimmt sein Mobiltelefon hervor und tätigt einen Telefonanruf. Das Gespräch dauert etwas. Mir erscheint der Ort, den er sich für das Gespräch ausgesucht hat, erst arbiträr, bis mir klar wird, dass wir vor einem Pass sind. Wir nutzen den Netzwerkraum, der nach Überquerung des Passes blockiert sein wird.[251]

---

250 Aus den Feldnotizen: Beobachtungsprotokoll BP21_aB2004, Januar 2004.

251 Aus den Feldnotizen FN_200605-08, Juni 2006.

In der gelebten Praxis der Nomaden mDzod dges und sKa khogs, in ihren Bewegungen und bewusst gewählten Positionierungen, die in verschiedenen Kontexten beobachtbar sind, zeigte sich, wie Besitzer von Mobiltelefonen Wege finden, um mit dem Gerät kommunizieren zu können. Wie sehr sich Routen verändert und sich im Kontext der Weidegebiete neue Bewegungsmuster entwickelt haben, konnte für diese Arbeit nicht eruiert werden. Dass die Netzwerklandschaft höchst fluid ist, weil sie dauernd ausgebaut wird und seit 2005 auch verschiedene Anbieter miteinander konkurrieren, könnte eine Darstellung dieser Landschaft im besten Fall eine Momentaufnahme sein.

Bis 2012 war die Netzwerkabdeckung auch in den Weidegebieten sehr viel dichter geworden. Die Abstände zwischen den Funkzellen verkleinerten sich oder lösten sich gebietsweise ganz auf. Die Grenzen des Netzwerks werden in gewissen Regionen nicht mehr durch lückenhafte Abdeckung, sondern ausschliesslich durch topographische Gegebenheiten gebildet. Dies hat Auswirkungen auf den Umgang mit Mobiltelefonie und auf diesbezügliches räumliches Verhalten. Wenn Nomaden in einem Gebiet wohnen, das innerhalb der Netzwerklandschaft liegt und über eine gesicherte Abdeckung verfügt, werden Kenntnisse der Grenzen des Netzwerks irrelevant. Nichtsdestotrotz, die Technologie, deren Charakteristikum und Stärke darin gesehen wird, dass sie Kommunikation ortsunabhängig macht und ihren Nutzern erlaubt, jederzeit mobil zu sein und doch kommunizieren zu können, macht im Kontext des Graslands Mobilität für eine beträchtliche Anzahl Nomaden zu einer Erfordernis. Die Kommunikation per Telefon ist für sie nur beschränkt ortsunabhängig. Es bedarf *ihrer* Mobilität, um Orte aufzusuchen, an denen Kommunikation per Mobiltelefon möglich ist.

7.2 Mobilität, Infrastruktur und Mobilkommunikation

Siedlungsorte konstituieren den Hauptschauplatz der Mobiltelefonnutzung, da die Mehrzahl der Nomaden ihr erstes Mobiltelefon zu einem Zeitpunkt kaufte, als der Ort pastoralen Wirtschaftens mehrheitlich ausserhalb der Netzwerkabdeckung lag. Was passiert nun, wenn ein Mann mit dem Motorrad oder Auto von der *phyugs las* an den zentralen Siedlungsort kommt? Was tut er, wo hält er sich auf, wie bewegt er sich, mit wem finden welche Arten Interaktionen statt und welche Rolle spielt das Mobiltelefon dabei? Wo halten sich Frauen auf und wie unterscheidet sich ihr Verhalten in der Siedlung von dem der Männer? Ich habe zwei hauptsächliche Beobachtungsfelder in der Siedlung definiert: Die Hauptgeschäftsstrasse und Teehäuser.

Die Strasse der Siedlung ist ein offener Raum, in dem sich Menschen aufhalten und zu Fuss, mit dem Motorrad oder Auto und selten auch mit dem Pferd

Abbildung 22: Innenraum eines Teehauses in mDzod dge (September 2012).

unterwegs sind. In den Strassen habe ich auf den Verkehr geachtet. Wer bewegt sich mit welchen Fahrzeugen fort; wie unterscheidet sich der Verkehr im Ablauf des Tages; wer ist zu Fuss unterwegs; wer parkt wo, wie lange; wie interagiert der motorisierte Verkehr mit Fussverkehr? Einige der Ergebnisse der Beobachtung des Verkehrs, seiner Zunahme und Abnahme, der Bewegungsrichtungen von Motorrädern oder Autos, die mit hoher Wahrscheinlichkeit von Nomaden gefahren werden, finden sich in Kapitel 6. Im vorliegenden Kapitel wird gefragt, wie Nomaden miteinander und mit andern Personen in der Siedlung interagieren und wo sie sich aufhalten.

Das führt zum zweiten Beobachtungsfeld – dem Teehaus. Das Teehaus ist nur einer unter einer Vielzahl an möglichen Aufenthaltsorten für Nomaden, die in die Siedlungen sKa khogs und mDzod dges kommen. Für Frauen und Männer gibt es unterschiedliche Aufenthaltsorte, doch es zeigte sich, dass für Männer, die – wie wir wissen – am häufigsten in den Siedlungen anzutreffen sind, Teehäuser beliebte Aufenthaltsräume bieten. Auch zu den Vorgängen in Teehäusern und teilweise in Restaurants und Warengeschäften habe ich viele Stunden Beobachtungsprotokolle erstellt. Die Ergebnisse der Beobachtungen werden in zwei Unterkapiteln unter den Stichwörtern „Parochialisierung“ und „Mobile Immobilität“ dargestellt und erläutert. Unter den Stichworten „Porosität“ und „Kommunikationsraum“ werden die beobachteten Prozesse in Bezug auf *gender* und der Konversion von sozialem Raum im folgendem Kapitel 7.3 vertieft.

Ethnographische Beschreibungen von Vorgängen auf Strassen und in Teehäusern mDzod dges und sKa khogs blieben Momentaufnahmen, denn die Situationen und Vorgänge in diesen belebten Räumen veränderten sich fortlaufend, was Beobachtung zu einer Herausforderung machte (vgl. Frers 2007). Die Schwierigkeit bestand zusätzlich darin, dass ich nicht überall gleichzeitig sein konnte und nicht allem gleichermassen Beachtung zu schenken vermochte. Wenn der Blick auf die Bewegung von Verkehr fokussiert war, wurde es schwierig, auf Interaktionen zwischen einzelnen Personen oder Personengruppen zu achten. Gegebenheiten am Rande des Blickfelds verloren dann an Schärfe. Die Erkenntnisse sind demzufolge bestenfalls partiell.

7.2.1 „Parochialisierung"

Die Siedlungsorte sind für Nomaden Südamdos relevante Fixpunkte, an denen sich ihre Mobilität und die Infrastrukturen von Strassen, Telefontürmen und Siedlungen miteinander verflechten. Die Verflechtungen lassen sich visualisieren, indem die Bewegungen der Nomaden und Personen in den Siedlungen als Linien gedacht werden (vgl. Ingold 2007: 72–103; 2011: 149). Sobald Nomaden das Motorrad oder Auto in Bewegung setzen und die *pyhugs las* verlassen, beginnt sich eine einzelne Bewegungslinie zu formieren, die früher oder später auf den von den Nomaden gebauten Wegen oder der Infrastruktur der staatlichen Strassen auf Bewegungslinien von anderen trifft, die in gleicher Richtung unterwegs sind, teils zeitgleich, teils zeitversetzt. An den Siedlungsorten lassen sich, je nach Tageszeit, viele zeitgleiche Bewegungslinien ausmachen. Diejenigen der Nomaden laufen zusammen und kreuzen sich mit Bewegungslinien von anderen Nomaden, von der in der Siedlung wohnhaften Bevölkerung oder von Reisenden und Besuchern. In den Siedlungsorten, an einigen Stellen mehr als an anderen, sind verschiedene Menschen und Menschengruppen unterwegs und interagieren miteinander. Durch die grössere Anzahl an Personen, die sich im gleichen Zeitraum im selben Bereich aufhalten, ergibt sich eine hohe Anzahl an „Bewegungslinien", die sich kreuzen und verflechten, einige gewollt zwischen Bekannten, andere sind zufällig. Es entsteht ein Geflecht an Bewegungslinien verschiedener Akteuren, die in verschieden Bekanntheitsgraden zueinander stehen.

Die Dynamik an Siedlungsorten, hervorgerufen oder verstärkt durch die Mobilitätspraktik des Pendelns von Nomaden, wurde in Kapitel 6 bereits dargestellt. Im Folgenden bilde ich Ausschnitte aus einem weiteren Tag in der Siedlung ab, um sie anschliessend auf das Geflecht der Interaktion zu untersuchen. Dieses Beobachtungsprotokoll stammt aus einer Gemeindesiedlung in mDzod dge, aufgenommen an einem Tag im Oktober 2012:

08:30 Uhr, Sonntag, ein sonniger, klarer und kalter Morgen. Es ist ruhig an der Hauptkreuzung der Gemeinde. Viele Geschäfte sind noch geschlossen. Am Strassenrand sind nur wenige Autos geparkt, z.B. ein Lastwagen, der schon am Tag zuvor dastand. Mitten auf der Kreuzung parkt ein Auto und zwei Männer, vermutlich Nomaden, stehen herum, warten und hoffen zusammen mit dem Fahrer, dass weitere Passagiere für die Fahrt in die Kreisstadt dazu kommen. Ein weiterer Personenwagen mit Chauffeur steht am Strassenrand. Auch er wartet auf Kundschaft. Es hat kaum Passanten auf der Strasse. Ein junges Mädchen kauft Brot ein. Danach steigt sie in ein Auto, das am Strassenrand auf sie gewartet hat. Der Fahrer, ein Mann – vermutlich der Vater – fährt nun die Strasse hoch und hält bei einem der wenigen geöffneten Geschäfte an. Das Mädchen steigt aus und geht in den Laden. Danach steigt sie wieder ein und das Auto fährt weg.[252]

Das Geschehen am Tagesanfang zeigt einen ruhigen Ort, in dem einzelne Personen unterwegs sind. Interaktionen finden statt, beispielsweise zwischen Backpersonal und Käuferinnen und Käufern oder zwischen Fahrern und Passagieren. Wenn ich als Betrachtende die Bewegungen der Einzelnen und ihre Interaktionen als Linien denke, sind es nur wenige und sie kreuzen sich deshalb nicht oder nicht gleichzeitig. Interaktion findet gezielt zwischen Einzelnen statt, die ihre Bewegungen entsprechend ausrichten. Nomaden aus dem Weideland sind noch nicht im Ort unterwegs.

Anders sah es aus, als ich einige Stunden später, mitten im Tagesgeschehen beobachtete:

13 Uhr mittags. Zwei Autos stehen am Strassenrand gleich bei der Kreuzung. Tibetische Hirtenhunde, die für den Handel angekauft oder an Nomaden verkauft werden, sind bei den Autos angebunden, die Händler stehen daneben, unterhalten sich mit Interessierten. Letztere scheinen Bewohner der Siedlung zu sein, aber auch Nomaden verlangsamen oder halten an, um sich mit den Händlern zu unterhalten. Die übrigen Passanten lassen sich nicht stören, obschon die auf das Bewachen abgerichteten Hunde Respekt verlangen. Sie gehen ruhig an ihnen vorbei. Weitere Autos stehen geparkt entlang der Strasse. Einige gehören Vätern, die ihre Kinder nach dem Wochenende zurück zur Schule gebracht haben. Motorradfahrer sind unterwegs auf der Strasse. Einige sind am „Cruisen". Andere haben Frau und Kind auf dem Rücksitz, parken, gehen zusammen in ein Restaurant oder trennen sich, um einzukaufen. Man sieht auch, wie ein Mann seine Frau absteigen lässt und dann weiter fährt, während die Frau zu Fuss weitergeht. Einmal staut sich der Verkehr, weil ein Autofahrer mitten auf der Strasse anhält, um mit einem Motorradfahrer einen Schwatz zu halten. Die Autos hintenan warten einen Moment, und überholen dann. Kinder sind in Gruppen unterwegs. Einige gehen in die Geschäfte und kaufen Schleckzeug, eine Gruppe von Teenagern in ein Nudelrestaurant. In ein, zwei Stunden müssen sie in der Schule antreten. Frauen gehen von Geschäft zu Geschäft, erledigen Einkäufe, unterhalten sich unterwegs mit Bekannten. Gruppen von Männern stehen bei der Kreuzung herum, treffen sich vor Teehäusern, lösen sich auf und gehen weiter. Andere halten bei einer der Motorradwerkstätten

252 Aus den Feldnotizen: Beobachtungsprotokoll BP22_aB2012, Oktober 2012.

> und ziehen eine Schraube nach, oder besprechen ein Problem mit dem Mechaniker. Der Verkehr auf der Strasse wird zusätzlich belebt, als eine Yakherde durch die Strasse getrieben wird. Nomaden ziehen von ihren Herbstweiden zurück an den Winterstandplatz. Einige müssen dabei den Fluss queren und treiben deshalb die Herde durch die Siedlung, um zur Brücke zu gelangen. Auto- und Motorradfahrer lassen die Herden vorbei ziehen und fahren danach weiter. Die Bevölkerung auf der Strasse schaut zu, oder hilft mit, damit sich die Tiere nicht in einen Hofeingang oder Nebenstrasse verirren. Nach dem Durchzug der Herde übernimmt wieder das Summen der Motoren als Grundgeräusch der Ortschaft.[253]

Dies ist eine Momentaufnahme an der Hauptkreuzung einer Gemeinde. Ich habe ungefähr fünfzehn Minuten beobachtet und mich dann zurückgezogen, um das Beobachtete in Notizen festzuhalten. In einer kurzen Zeitspanne gab es in einem relativ überblickbaren Raum sehr viel Bewegung und Bewegungslinien von einzelnen, die sich nur kreuzten oder aneinander vorbei führten. Es fand aber auch eine Vielzahl von Interaktionen statt. Durch die Häufung an einem Ort entstand ein schwer entwirrbares oder schwer beschreibbares Geflecht. Zufällige Interaktionen zwischen Unbekannten waren zu beobachten – die Hundehändler, die sich mit Passanten unterhielten. Andere bewegten sich, um auf Bekannte zu treffen; Motorradfahrer hielten an, wenn sie jemanden sahen, den sie kannten; andere parkten bei einem Teehaus oder Restaurant, wo Bekannte standen, oder sie sie innerhalb des Teehauses vermuteten; einige telefonierten und setzten sich danach in eine bestimmte Richtung in Bewegung. Der Verkehrsfluss durch die Strasse bestand nur teilweise aus Durchgangsverkehr. Mehrheitlich waren es Motorradfahrer oder Autofahrer, die meist vor einem Lokal anhielten, das sie dann aufsuchten. Frauen, Kinder und Jugendliche waren zu Fuss unterwegs. Sie bewegten sich in Gruppen oder einzeln. Ihre Bewegungen unterbrachen sie, wenn sie auf Personen trafen, die sie kannten oder Geschäfte aufsuchten, um Einkäufe zu tätigen.

Das Geflecht an Menschen, die sich bewegen und begegnen oder Begegnung vermeiden, veränderte sich ständig. Auch für jemanden, der ruhig dasteht und beobachtet, ist es unmöglich, alle Bewegungslinien und Interaktionen geordnet festzuhalten und wiederzugeben. Durch die Dichte an Personen und Fahrzeugen entstand ein Bewegungs- und Interaktionsraum, der nicht überblickbar war. Aber irgendwo in diesem Geflecht an Bewegung und Menschen konnten Bewohner wie auch Besucher der Gemeindesiedlung Personen vermuten, die sie kennen.

Kreuzungen in Siedlungsorten sind interessant, weil sie Durchgangsorte sind für Menschen, die zueinander in verschiedenen Bekanntheitsgraden stehen. In einer Grossstadt müssten Passanten vermutlich lange an einer belebten Kreuzung

253 Aus den Feldnotizen: Beobachtungsprotokoll BP22_aB2012, Oktober 2012.

stehen, bis eine Begegnung mit einer bekannten Person stattfinden könnte. In einer von Nomaden frequentierten Kreisstadt, und insbesondere in einer Gemeindesiedlung, können Kreuzungen bewusst als Begegnungszone genutzt werden:

> Auf der Strasse herrscht reger Betrieb. An der Ecke zur Kreuzung, gleich gegenüber dem Teehaus, bemerke ich einen älteren Mann, den ich kenne. Er steht da, vertieft in ein Gespräch mit einem anderen Mann. Nach einer Weile geht jener weiter, mein Bekannter bleibt aber weiterhin an der Kreuzung stehen. Etwas später sehe ich ihn im Gespräch mit zwei älteren Frauen, die ihn auf ihrem Weg gekreuzt haben. Dann winkt er jemandem zu, der vorbei geht. Auch dieser gesellt sich zur Gruppe. Die Frauen gehen weiter in ein Geschäft an der Ecke. Dort sehe ich sie im Gespräch mit der Besitzerin. Mein Bekannter bleibt noch eine ganze Weile bei der Kreuzung stehen.[254]

Dass man sich bewusst an der Kreuzung positioniert, habe ich wenig beobachtet, eher war es so, dass man mit Begegnung rechnen konnte, wenn man diesen Weg einschlug, was sicherlich gezielt genutzt wurde[255]. Normalerweise aber scheinen Nomaden, die in die Siedlung kommen, einen anderen Ort, nämlich ein Teehaus, anzusteuern – sofern es sich um Männer handelt. Passanten müssen nicht sichtbar an einer Kreuzung stehen, um Bekannte zu treffen. Auch wenn Nomaden sich in Gemeindesiedlung oder Kreisstadt innerhalb von vier Wänden befinden, bleiben sie auffindbar, was in erster Linie dem Mobiltelefon zu verdanken ist, wie ich verschiedentlich beobachtete:

> Juli 2011. Es ist circa elf Uhr morgens. Die Strasse der Gemeinde füllt sich zunehmend mit Nomaden, die aus dem Weideland in die Ortschaft gefahren sind. Einige der Männer kommen mit ihren Frauen, die auf dem Rücksitz mitfahren. Männliche Besucher ohne Begleitung sind aber in der Mehrzahl. Zu ihnen gehört an diesem September Morgen auch Karsang. Er besitzt ein Mobiltelefon, wohnt aber in einer Gegend ohne Netzwerkabdeckung. Ein Nachbar, der am Vortag bei ihrer *phyugs las* vorbei kam, informierte ihn, dass am nächsten Tag ein Treffen stattfinde und er in die Siedlung kommen solle. Nach seiner Ankunft begibt sich Karsang zuerst ins Teehaus, in dem sich üblicherweise die Männer seines *ru skor* und seiner Altersgruppe treffen. Aber er ist früh und das Teehaus nur spärlich bevölkert. Auch ich bin Besucherin im Teehaus, dessen Besitzerehepaar ich gut kenne und arbeite an meinen Notizen. Karsang und ich kennen uns. Wir unterhalten uns kurz und auf

---

254 Aus den Feldnotizen: Beobachtungsprotokoll BP23_aB2012, Oktober 2012.

255 In tibetischen Regionen in Qinghai und Gansu, die nicht über dieselbe Teehauskultur verfügen wie tibetische Regionen in Sichuan, wurde mir erzählt, dass sich Nomaden, die in die Siedlungen fahren, an Kreuzungen und Hauptplätzen treffen. Ich habe dies beispielsweise in der Kreisstadt von rMa chu in der Provinz Gansu im Sommer 2011 beobachtet. Ganze Gruppen von Nomaden, sowohl Männer als auch Frauen, hielten sich an einem Platz in unmittelbarer Nähe der Hauptkreuzung auf. Umgeben von geparkten Motorrädern unterhielten sie sich oder spielten Karten.

> mein Fragen – denn diese Dinge interessieren mich – erzählt er mir, weshalb er heute in die Siedlung gekommen ist. Dann setzt er sich an den Tisch beim Fenster. Er tätigt ein, zwei Anrufe, fragt, wo sich die Person am anderen Ende der Verbindung befinde, gibt seinen eigenen Aufenthaltsort an. Zum Fenster hinaus sieht er einen Bekannten auf dem Motorrad langsam vorbei fahren. Er öffnet das Fenster, um ihm zuzurufen. Jener reagiert aber nicht. Er bestellt Tee. Nach einer Weile macht er einen Telefonanruf. Es ertönt die automatisierte Nachricht, dass kein Empfang möglich ist. Bei einem weiteren Anruf seinerseits teilt ihm der Empfänger des Anrufs mit, dass er noch beschäftigt sei und später komme. Schliesslich erhält Karsang einen Anruf, hört zu, sagt etwas im Sinn von „Ich komme gleich", zahlt und verlässt das Teehaus.[256]

Das Verhalten von Karsang nach seiner Ankunft im Gemeindezentrum war in keiner Weise ungewöhnlich. Durch seine Anwesenheit in der Stadt bzw. der Gemeinde wurde er für andere telefonisch erreichbar. Auch er konnte sein Telefon benutzen, um Verbindungen zu anderen herzustellen. Durch wenige Telefonanrufe machte er ausfindig, wer ebenfalls vor Ort war und wann er oder sie wo anzutreffen war. Telefonisch wurden Position und mögliche Bewegungsrichtung von Personen aus dem Bekanntenkreis eruiert und allfällige Begegnungen koordiniert.

Dieser Vorgang hat Alltagscharakter. Mein Beobachten des Kommens und Gehens in den Siedlungsstrassen und in Teehäusern liess vermuten, dass Nomaden ihre Telefone vor allem dazu einsetzen, um durch den von ihnen frequentierten Ort zu navigieren. Diese Orte hatten sich in den letzten Jahren vergrössert und mehr Menschen hielten sich im gleichen Zeitraum dort auf. Dadurch, dass sich die Bevölkerungsdichte vergrössert hat und sich nicht alle gleichermassen kennen, ergibt sich ein Raum, der für Einzelne schwer überblickbar wird. Der Charakter einer dörflichen Gemeinschaft, in der sich die meisten kennen, geht zumindest teilweise verloren. Die Praktiken der Mobiltelefonnutzung führen nun zu Verknüpfungen, die einen potentiell unüberschaubaren Raum entlang eines sozialen Beziehungsnetzes navigierbar machen. Dieser Vorgang lässt sich als „Parochialisierung" beschreiben.

Humphreys (2010) beschreibt Parochialisierung als Prozess, der innerhalb eines öffentlichen Raums Vertrautheit schafft. Sie bezieht sich dabei auf die von Lofland (1998) identifizierten drei Typen von sozialen Territorien (social territories) der modernen Stadt: das Private, das Parochiale und das Öffentliche. Das Parochiale charakterisiert Lofland als *„a sense of commonality among acquaintances and neighbors who are involved in interpersonal networks"* (Lofland 1998: 10, kursiv im Original). Humphreys (2010) nutzt nun diese Definition eines sozialen

256 Aus den Feldnotizen: Beobachtungsprotokoll BP24_cB2011_m55, Juli 2011.

Territoriums, um zu zeigen, wie der Gebrauch der Mobiltelefonapplikation ‚Dodgeball'[257] ihren Nutzern ermöglichte, in einer Grossstadt wie New York Freunde zu lokalisieren und Treffen zu ermöglichen oder zu vermeiden. Durch Vernetzung mit und Lokalisierung von Personen aus dem Bekanntenkreis entsteht ein vertrautes, sprich parochiales, soziales Territorium innerhalb des unpersönlichen Raums der Grossstadt. Den Begriff „Parochialisierung" verwendet Humphreys, um den Prozess zu beschreiben, bei dem durch den Einsatz mobiler Technologien einzelne Menschen in einer Stadt – durch Bevölkerungsdichte und Infrastruktur unüberblickbar – den Raum der Stadt bzw. des Quartiers entlang ihres Beziehungsnetzes überblickbar machen.

In sKa khog und mDzod dge lässt sich Ähnliches beobachten. Wenn Nomaden in die Siedlungsorte kommen, wird ihr Mobiltelefon funktionsfähig und sie nutzen es, um ihre Ankunft zu kommunizieren und ausfindig zu machen, wo sich Bekannte ihres Beziehungsnetzes aufhalten. Denn viele Mitglieder dieses „interpersonal network" sind ebenfalls Nomaden, teilweise Mitglieder desselben *ru skor*, mobil und nur sporadisch am Siedlungsort anzutreffen. Das Mobiltelefon wird eingesetzt, um Kommunikationslinien herzustellen, die dann wiederum in Mobilität münden können. Wenn eine Verbindung hergestellt und die Position eines Bekannten eruiert wird, ermöglicht dies, dass sich einer der beiden an den Aufenthaltsort des andern begeben kann oder zumindest weiss, wo sich dieser aufhält und mit wem.[258] Durch solche Vorgänge wird ein unpersönlicher Raum personalisiert und ein Gefühl der Gemeinschaftlichkeit und Vertrautheit zwischen den Menschen und Gruppen von Menschen, die miteinander in Beziehung treten, geschaffen (Humphreys 2010: 768).

7.2.2 Mobile Immobilität

Der Prozess der Parochialisierung in Gemeindesiedlungen und Kreisstädten sKa khogs und mDzod dges erlaubt es externen Besuchern, Freunde und Bekannte zu lokalisieren und sich mit ihnen zu treffen. Dabei entstehen bevorzugte Treffpunkte für verschiedene soziale Gruppen. Dorthin begeben sich Männer in aller Regel im Laufe des Tages, wenn sie in die Siedlung kommen. Während ihrem Aufent-

---

257 „Dodgeball" ist ein Vorläufer späterer Telefonapplikationen wie „WhatsApp". Nutzer machten ihren Standort für andere Mitglieder sichtbar, indem sie sich in den Service einloggten. Der Service wurde im Jahr 2005 eingestellt.

258 Bei einem Anruf, wird in der Regel gefragt *„khyod gang na yod?"* – „Wo bist du?" Üblich sind Anschlussfragen wie „Wer ist bei dir?", „Bist du alleine?" oder „Was tust du gerade?".

halt im Teehaus verankert bzw. immobilisiert sich ihre Bewegung, wenigstens für eine Weile.

Tee wurde in der Geschichte Asiens früh zum wichtigen Rohstoff bzw. Getränk. Er ist seit vielen Jahrhunderten das Alltagsgetränk der Tibeter und wahrscheinlich ähnlich wichtig wie *rtsam pa*[259],das Grundnahrungsmittel der Tibeter (vgl. Booz 2009). Tee wird in tibetischen Haushalten frühmorgens aufgesetzt und steht tagsüber griff- und trinkbereit zur Verfügung. Einem Gast eines tibetischen Hauses oder Zelts wird als Erstes eine Schale Tee serviert[260]. Tee ist geradezu der Inbegriff tibetischer Gastfreundschaft und Sozialität. Ekvall (1968) schrieb, dass Gastfreundschaft ein definierender Faktor der sozialen Interaktionen in pastoralen Gemeinschaften gewesen sei und unverzichtbar in einem Gebiet, in dem Essen, Trinken und Unterkunft nicht gegen Bezahlung erhältlich waren und wo „[t]here are few, if any, occasions or places where persons may meet to exchange news" (1968: 73). Tee war und ist ein wichtiger Bestandteil sozialer Interaktion, und wo gemeinsam Tee getrunken wird, entstehen soziale Räume. Tee wird getrunken, wenn Nomaden zusammen kommen, sei es im Zuhause eines Nachbars, beim Bewachen der Herden auf abgelegenen Weiden oder neuerdings, seit es diese Orte gibt, in Teehäusern und Restaurants in Gemeindesiedlungen und Städten des Graslands. Die Art Teehäuser, die in diesem Kapitel näher untersucht werden, sind nun aber ein relativ neues Phänomen in der Graslandregion Sichuans.

Durch die wirtschaftlichen Entwicklungen seit den 1980er Jahren haben sich in den Gemeinden und Kreisstädten sKa khogs und mDzod dges kommerzielle Nutzungsräume entwickelt, zu denen Verpflegungsstätten wie Restaurants, Bars und Teehäuser zu zählen sind. Bis zur Jahrtausendwende gab es in den kleineren Ortschaften fast nur Restaurants, in denen auch Tee und andere Getränke konsumiert werden konnten, oder Bars. Die Zahl an wettergeschützten Orten, an denen man sich nach einem Ritt oder einer Fahrt in die Siedlung aufhalten konnte, war klein und überschaubar:

> Dezember 2003 am frühen Nachmittag. Ich treffe mich mit Bekannten, jungen Männern, denen ich in Chengdu Englisch unterrichtet habe. Ich bin zu Besuch auf dem Grasland und wir wollen zusammen „Tee trinken", eine zutiefst soziale Angelegenheit in Sichuan und auch bei den Tibetern, die ich kenne. Die Frage stellt sich, wo wir hingehen sollen. Wir

---

259 Shakya (1993) hat diskutiert, wie *rtsam pa* „as the most basic element which united the Tibetan-speaking world" genutzt wurde, um einen Identifikator für die tibetische Bevölkerung im Widerstand gegen China zu schaffen, der Dialekte, religiöse oder regionale Zugehörigkeit und Geschlecht transzendierte.

260 Im südlichen Amdo steht der Begriff „Tee" auch für die diversen Mahlzeiten des Tages, z.B. *zar cha* (Früh-Tee) für Frühstück, *nyi ma'i khung cha* (Mittagszeit-Tee) für das Mittagessen oder *nub cha* (Abend-Tee) für das Abendessen.

> suchen ein Restaurant auf, das einen separaten Raum mit einem Ofen hat. Leider ist dieser Raum schon von einer Gruppe älterer Nomaden besetzt. Im offenen Raum des Restaurants hätte es noch Platz an einem Tisch. Aber dieser Platz passt meinen Begleitern nicht. Wir gehen also wieder. Als wir auf der Strasse sind, beklagen sie sich, dass man sich hier nirgends treffen könne. Es gäbe keine Orte, an denen man ungestört reden könne.[261]

Dieses Gespräch ist mir lebhaft in Erinnerung, weil sich die Situation nur ein Jahr später anders präsentierte. Ab dem Jahr 2000 entstanden in sKa khog, mDzod dge und an anderen Orten des Bezirks rNga ba neue Lokalitäten, in denen vorwiegend, aber nicht ausschliesslich, Tee der chinesischen Variante angeboten wurde und die den in Sichuan verbreiteten Teehäusern (Wang 2008) und der damit zusammenhängenden Teehauskultur nachempfunden waren.[262] Zum Beispiel in der Gemeinde Thang skor hat sich das Teehaus im Sichuan-Stil schnell als beliebter Treffpunkt entwickelt.

Das „erste" Teehaus in Thang skor

2004 wurde die Gemeinde Thang skor im Zuge der Entwicklung für den Tourismus umgestaltet.[263] Die Häuser entlang der Hauptgeschäftsstrasse wurden abgerissen und in einheitlichem Stil wiederaufgebaut. So entstand Raum für Tourismusinfrastruktur wie Restaurants, Hotels und Souvenirläden. Im Herbst jenes Jahres waren viele dieser neuen Gebäude mehrheitlich leere Hüllen, von denen höchstens das Erdgeschoss benutzt wurde, um darin zu wohnen. Andere Gemeindebewohner hatten ihre Geschäfte, die dem Abbruch weichen mussten, in den neuen Gebäuden wieder eingerichtet.

Eines der neuen Gebäude, ein vormals einstöckiges Backsteingebäude, wurde nun dreigeschossig. Auf der obersten Etage richtete der Besitzer ein Teehaus ein. Das Mobiliar und die Innendekoration, in Chengdu gekauft, entsprachen dem Einrichtungsstil, der in den Teehäusern der Stadt vorherrschend war: Sitzgruppen aus Rattan, in deren Mitte je ein kleiner Glastisch stand; Pflanzen aus Plastik und

---

261 Aus den Feldnotizen: Beobachtungsprotokoll BP25_aB2003, Dezember 2003.

262 Die Entwicklung und der Erfolg dieser Teehäuser im Sichuan-Stil lassen sich auf die grössere Mobilität von Personen aus pastoralen Gebieten zurückführen. Nicht nur lässt sich Material, das für die Einrichtung eines solchen Teehauses notwendig ist, aus der Stadt ins Hochland transportieren, auch hat die Zahl von Nomaden zugenommen, welche diese Art Teehäuser auf ihren Besuchen chinesischer Städte des Sichuan-Beckens, vornehmlich Chengdu, kennengelernt haben. Ein Unternehmer, der ein solches Teehaus einrichtete, konnte vermutlich auf einen Wiedererkennungseffekt zählen.

263 http://en.ruoergaitrip.com/huanghejiuqu/jingqujieshao/zhuyaojingdian/20130905161116812.html; (Zugriff am 02. 12. 2013).

andere dekorative Elemente schufen räumliche Unterteilungen. Bei der Türe wurde eine Theke eingerichtet. An der Wand hinter der Theke befand sich ein Regal, auf dem grosse Glasbehälter mit den verschiedenen Teesorten ausgestellt waren. Zusätzlich gab es eine Auslage anderer, alkoholischer und nicht-alkoholischer, Getränke. An der Wand wurde ein grosser Fernsehapparat installiert, auf dem Musikvideos der neusten tibetischen Popmusik gespielt oder manchmal auch einfach das Fernsehprogramm übertragen wurde. Zusätzlich zu diesem grossen Raum gab es drei Séparées mit jeweils einer Polstergruppe. Die Wand zur Strasse hin verfügte über grosse Fenster, die beklebt waren mit dem chinesischen und tibetischen Zeichen für Tee, deren Farbe in Sichuan grün zu sein hat. Das attraktivste Element überhaupt war die Klimaanlage, die nur in der kalten Periode als Heizkörper verwendet wurde, sofern die Stromzulieferung nicht unterbrochen war. Klimaanlagen waren auch in den separaten Räumen installiert.

Diese Art von Teehaus im Sichuan-Stil entwickelte sich schnell zu einem beliebten Treffpunkt.[264] Es folgte in den nächsten Monaten die Eröffnung mehrerer anderer, ähnlicher Teehäuser. Die Gründe für die Beliebtheit dieser Art Treffpunkt sind nach zehn Jahren nicht zu rekonstruieren. Die Vermutung liegt nahe, dass der Komfort eines warmen Raumes mit Sitzgelegenheiten und minimalem Konsumzwang eine Hauptattraktion war. Andere Elemente, wie Vorstellungen einer empfundenen Modernität, eines Gefühls des Savoir-vivre, das man in den grossen Städten Sichuans beobachtet und erlebt hatte, mögen auch eine Rolle gespielt haben. 2006, knapp zwei Jahre nach der Eröffnung des ersten Teehauses, zählte Thang skor mindestens acht solcher Teehäuser.[265]

Teehäuser beantworteten ein Bedürfnis nach Orten, wo „persons may meet to exchange news" (Ekvall 1968: 73). Sie wurden zu Ankerpunkten in den Bewegun-

---

264 In sKa khog und mDzod dge entstanden Sichuan-Teehäuser zuerst in den Kreisstädten. Dort ist ihre Entwicklung und ihr Publikum zum Teil ein anderes als in einer Gemeinde. In den Kreisstädten wurden Teehäuser von Geschäftsleuten eröffnet, die nicht zwingend oder gar nicht aus dem pastoralen Umfeld stammen. Sie werden vornehmlich von Menschen, die in der Verwaltung tätig sind, oder von sonstigen Staatsangestellten aufgesucht. In den Teehäusern der Kreisstädte zeigt sich eine soziale Stratifizierung zwischen Bewohnern, die in der Pastoralwirtschaft tätig sind und solchen, die einer Tätigkeit in der Verwaltung nachgehen. Gleichzeitig zeigt sich in den von Nomaden aufgesuchten Teehäusern, dass soziale und verwandtschaftliche Beziehungen in der Wahl von Teehäusern eine Rolle spielen. Nomaden suchen in der Kreisstadt bevorzugt Teehäuser auf, die von Personen geführt werden, die aus ihrer Gemeinde stammen. Auch in Gemeinden lässt sich beobachten, dass die Wahl eines Teehauses dadurch beeinflusst ist, von wem es geführt wird. Zusätzlich bildeten sich unter den verschiedenen Altersgruppen und sozialen Gruppen Präferenzen heraus.

265 Ohne eine Erhebung vorgenommen zu haben, kann ich für das Jahr 2011 aus der Erinnerung zwölf Teehäuser aufzählen.

gen von Nomaden, die Siedlungen aufsuchen. „Früher gingen Männer nicht so oft in die Siedlung. Es gab ja auch keine Teehäuser, keine Orte, an denen man sich aufhalten konnte“[266], erzählte eine junge Frau aus einer Nomadenfamilie. Nun gibt es Orte, an denen man sich aufhalten und Neuigkeiten austauschen kann, und Nomaden besitzen die Mobilitätstechnologie, welche diese Orte zeitlich in die Nähe der *phyug las* rückt. An ihnen ankert sich eine Vielzahl der Bewegungen der Männer, die zu Siedlungsorten pendeln. Auch die Häuser von Verwandten und Familienmitgliedern sind solche Ankerpunkte. Das Teehaus aber konstituiert sich als Mikrokosmos von sozialen Verflechtungen und Verflechtungen von Bewegungen. Es wurde zum Ort „mobiler Immobilität“.

Der Begriff „mobile Immobilität“ ist von mir geschaffen und lehnt sich an den von Cara Wallis (2013) benutzten Begriff der „immobilen Mobilität“. In ihrem Buch *Technomobility in China* benutzt sie diesen Begriff, um Praktiken junger Fabrikarbeiterinnen zu untersuchen, die an ihren Arbeitsplätzen immobilisiert sind und denen das Mobiltelefon die Möglichkeit bietet, die Immobilisierung mit dem Mobiltelefon zu durchbrechen (2013: 3–5). Diese Verbindung von Mobilität und Immobilität ist für die meisten Nomaden in mDzod dge und sKa khog eine umgekehrte. Sie sind mobil, ja müssen manchmal aufgrund der Netzwerklandschaft mobil sein, um ihre Mobiltelefone nutzen zu können. Sie, deren Räume und Orte durch Bewegung konstituiert sind, müssen sich an Orte begeben, die fix sind, in dem Sinn, dass Telefontürme und deren Reichweiten ein unbewegliches Territorium bilden. Ebenso sind Gemeindesiedlung und Kreisstädte immobil. Dort ankert ihre Mobilität. Dort immobilisiert sie sich und sie tut dies in besonderem Ausmass in Teehäusern.

Mobile Immobilität ergibt sich aus der Verflechtung von Teehaus (oder anderen fixen Lokalitäten) und Vorgängen der Parochialisierung. Das Telefon wird eingesetzt, um Verbindungen zu Bekannten herzustellen, wenn man in der Siedlung ist. Man ortet so ihre Positionen und sucht gegebenenfalls denselben Ort auf. Im Teehaus laufen Bewegungsrichtungen zusammen und auseinander, nicht nur, weil jeder für sich dort Zeit verbringt, sondern weil man dort die eigene Mobilität verankert und von dort aus Interaktionen koordiniert. Dieses Zusammenspiel von Verankerung von Mobilität und von Praktiken der Mobilkommunikation macht den sozialen Raum eines Teehauses fluid. Beobachtungen des Verhaltens von Nomaden, wenn sie in der Siedlung ankommen und wie sie sich im Laufe des Tages in der Siedlung bewegen, verdeutlichen, dass Teehäuser als Orte funktionieren, die dem Kommen und Gehen von Besuchern Stabilität verleihen.

---

266 Aus Interview A05IW_aB2012_f20, Oktober 2012.

> September 2012. Besuch in einem Teehaus. Die fünf Tische zum Fenster sind alle besetzt. An der ersten Tischgruppe sitzen zwei Männer, Alter über fünfzig. Sie haben beide ein Glas mit Grüntee vor sich auf dem Tisch, lassen ihre Gebetsketten durch die Finger gleiten. An den zwei nächsten Tischen sitzen je drei Männer und spielen tibetisches Schach. An einem weiteren Tisch sitzen vier junge Männer von unter dreissig Jahren. Alle haben Teegläser vor sich. In einem der Séparées hält sich eine Gruppe junger Männer auf. Dass zumindest ein Teil der Besucher Nomaden von der *phyugs las* sind, lässt sich an den Motorrädern erkennen, die vor dem Teehaus geparkt sind. [...] Ein Schachspiel ist zu Ende gekommen. Einer der Männer nimmt einen Anruf auf seinem Mobiltelefon entgegen. Danach steckt er es in ein Stoffetui und verstaut es im Innenraum seines Mantelkleids. Er erhebt sich und verlässt das Teehaus. Aus dem Fenster lässt sich beobachten, wie er draussen sein Motorrad besteigt und wegfährt, noch nicht für die lange Fahrt zur *phyug las* gekleidet. Weitere Teehaus-Besucher gehen, andere kommen. Zwei Männer setzten sich zu den älteren Männern mit den Gebetsketten. Ein weiterer setzt sich zu den zwei Männern, die vorher Schach gespielt haben. Sie legen die Steine neu aus und beginnen ein Spiel. Zwei Mönche treten ein und setzen sich an einen freien Tisch. Einer von ihnen ist am Telefonieren. Er benutzt ein iPhone. [...] Die Gruppe junger Männer hat sich aufgelöst. Einer von ihnen telefoniert, während er das Teehaus verlässt. Ein weiterer hat sich zum Tisch der Schachspieler begeben. Etwas später steht er auf und begibt sich in das leerstehende Séparée und zieht die Türe zu. Nach einer Weile schaut einer der Männer, die bei ihm am Tisch gesessen sind, Richtung dieser Türe. Er steht auf, schleicht zur Türe, horcht. Die Frau, die im Teehaus bedient, gesellt sich zu ihm und zusammen stossen sie die Türe auf. Dort sieht man den jungen Mann auf einem Sofa hingestreckt am Telefonieren. Sie lachen. Die Frau zieht die Türe wieder zu und sie lassen den jungen Mann in Ruhe, der eine Weile später, etwas verlegen, sich wieder zu seiner Gruppe gesellt. [...] Gegenüber, auf der anderen Seite der Strasse befindet sich ein weiteres Teehaus. Auch dort sieht man Menschen kommen und gehen. Jenes wird eher von jüngeren Leuten aufgesucht. Eine grosse Anzahl Motorräder ist vor dem Teehaus geparkt. Ein junger Mann mit einem Mobiltelefon am Ohr fährt langsam die Strasse entlang. Er beendet sein Gespräch, fährt zum gegenüberliegenden Teehaus, steigt ab und geht hinein.[267]

Wenn Nomaden in Teehäusern sKa khogs oder mDzod dges telefonieren, sich danach erheben und das Teehaus verlassen, dann lässt sich daraus nicht zwingend ableiten, dass sie nun ein anderes Teehaus aufsuchen, um sich mit der Person zu treffen, die am anderen Ende der Telefonleitung war. Es lässt sich auch nicht mit Bestimmtheit sagen, dass ein Zusammenhang besteht, wenn man einen jungen Mann telefonieren sieht, versteht, dass er im Gespräch seinen Aufenthaltsort angibt und kurz darauf ein anderer Nomade ins Teehaus tritt und sich zu ihm setzt. Für einzelne beobachtete Fälle konnte ich das nicht mit Sicherheit eruieren. Meine Interpretation des Beobachteten stützt sich nicht auf einzelne konkrete Beobachtungen wie die oben beschriebene, sondern auf viele ähnliche Begebenheiten, die ein Muster erkennen liessen. Dieses zeigte sich mir auch deshalb, weil

267 Aus den Feldnotizen: Beobachtungsprotokoll BP26_aB2012, September 2012.

ich nicht nur unbeteiligte Beobachterin war, sondern immer wieder selber Teil einer Tischgruppe in einem Teehaus in Südamdo gewesen war. Ich habe selber das Telefon benutzt, um Personen zu lokalisieren, um dann auf sie zu warten oder mich selber dorthin zu begeben, wo sie sich gerade befanden.

Teehäuser sind demnach Lokalitäten, an denen Nomaden in sKa khog und mDzod dge ihre Mobilität festmachen, wenn sie Siedlungsorte aufsuchen. Das Mobiltelefon wird eingesetzt, um den Ort und die verschiedenen Teehäuser anhand der Kontakte, die hergestellt werden können, zu navigieren. Im Teehaus und in den Vorgängen um das Teehaus manifestiert sich „mobile Immobilität", denn das Teehaus selber ist physisch und geografisch verankert und wird zu einer Achse, um die Praktiken der sozialen Interaktion fliessen. Die Mobilität der einen Beteiligten und Immobilität der andern unterstützen die Herbeiführung von sozialer Interaktion und folglich von sozialen Räumen.

7.3 Immobile und virtuelle Kommunikationsräume

Abbildung 23: Eine Angestellte in einem Teehaus beschäftigt sich mit ihrem Mobilgerät (September 2012).

In den Siedlungsorten, die durch die Pendelmobilität von Nomaden sKa khogs und mDzod dges Teil ihres Bewegungsraums geworden sind, entstanden bevorzugte Aufenthaltsorte. Sie sind Ankerpunkte ihrer Pendelmobilität. In ihnen entsteht durch das Kommen und Gehen von Menschen, durch ihre Interaktionen und Kommunikationen, durch ein Zusammenspiel von Praktiken der motorisierten Mobilität und der Mobilkommunikation ein sozialer Raum, der sich als Geflecht der Bewegungslinien vieler einzelner Personen konzeptualisieren lässt. Das Teehaus entspricht einem Mikrokosmos eines solchen Geflechts. Es ist ein überschaubarer Raum, in dem sich soziale Prozesse im Zusammenhang mit der Nutzung von Mobiltelefonen beobachten lassen. Diese Prozesse werde ich im Verlauf dieses Kapitels vertiefen und dadurch in Bezug auf *gender*-Zuschreibungen Brüche sichtbar machen.

7.3.1 „Porosität" – Brüche in *gender*-Räumen

Teehäuser konstituieren sich vornehmlich als männliche Räume. Sie sind Treffpunkte für Männer, die von der *phyugs las* in die Siedlungen kommen und verankern deren Mobilität. Frauen, die sich in der Gemeindesiedlung oder Kreisstadt aufhalten, suchen andere Orte auf als Männer, weshalb sich auch ihre Bewegungsrichtungen von denen der Männer unterscheiden. Ihre Ankerpunkte sind nicht Teehäuser, sondern sie bewegen sich anhand ihrer Aufgaben und anhand konkreter Bezugspersonen durch die Siedlung. Das Mobiltelefon spielt hierbei eine untergeordnete Rolle. In der Siedlung sind Frauen in der Regel zu Fuss unterwegs, um einzukaufen, sich in einem Restaurant zu verpflegen oder Bekannte oder Verwandte in ihrem Zuhause in der Siedlung aufzusuchen. Teehäuser liegen meist nur dann auf ihren Bewegungsrouten, wenn sie die Betreiberin oder eine der Bediensteten kennen und diese treffen wollen.[268] Dann sitzen sie im Teehaus oft dort, wo das Wasser für den Tee gekocht wird und signalisieren mit ihrer Körperhaltung, dass sie nicht normale Gäste im Teehaus sind. Teehäuser sind aber in Bezug auf räumliche *gender*-Zuschreibungen durchlässig geworden, da Mobiltelefonie Ko-Präsenz ermöglicht ohne physische Präsenz zu erfordern. Dies gewährt Frauen Zugang.

Der Aktions- und Interaktionsraum der Besucher von Teehäusern wird durch die Wände der Gaststätten begrenzt. Der Aufenthalt im Teehaus „immobilisiert" bzw. verankert die Mobilität der meist männlichen Nomaden. Diese Verankerung

268 Davon ausgenommen sind Frauen, die nicht mehr oder nicht mehr ausschliesslich in der pastoralen Wirtschaft tätig sind. Frauen, die eine Schulbildung erhalten haben und bspw. einer Tätigkeit in der Verwaltung nachgehen, sind in Teehäusern anzutreffen, meistens zusammen mit einer Gruppe von Frauen oder mit Arbeitskolleginnen und –kollegen.

kann jederzeit gelöst werden. Ein Telefonanruf kann bewirken, dass sich ein Teehausbesucher bewegt und woanders hingeht. So wie die Immobilisierung durch Praktiken der Mobiltelefonie aufgehoben werden kann, können letztere gleichzeigt die räumliche Begrenzung des Teehauses durchbrechen oder aufheben, ohne dass man sich bewegt. Mobile Kommunikation und mobile Immobilität im Teehaus interagieren und lassen eine räumliche Durchlässigkeit entstehen. Durch Mobilkommunikation werden diese männlich besetzten Räume auch für Frauen durchlässig:

> Juni 2006. Tsherang (m, 23, Nomade) verbrachte den Tag in der Gemeindesiedlung. Er kam fast täglich, wenn er auf der Weide nicht gebraucht wurde. Er kam oft ohne einen bestimmten Grund, einzig um sich mit seinen Freunden zu treffen, die ebenfalls täglich in die Siedlung fuhren. [...] Als Tsherang am Morgen ankam, begab er sich in ein Teehaus, von dem er annehmen konnte, dass andere junge Männer seines Freundeskreises dort anzutreffen seien. Als er sein Motorrad vor dem Teehaus neben vier weiteren Motorrädern parkte, fuhr ein Freund vorbei, hielt an und schloss sich Tsherang an. Zusammen gingen sie ins Teehaus, sicherten sich einen Tisch beim Fenster mit Blick auf die Strasse und bestellten Tee. Beim Beobachten des Kommens und Gehens auf der Strasse sahen sie einen gemeinsamen Freund und riefen ihn per Telefon an. Sie sahen ihm zu, wie er verlangsamte, das Mobiltelefon hervornahm, antwortete und sich nach Durchgabe ihrer Position in ihre Richtung wandte. Sie winkten ihm durch das Fenster zu und kurze Zeit später schloss er sich ihrer Gruppe beim Tisch an.
>
> In den nächsten paar Stunden veränderte sich die Gruppe fortlaufend. Jeder hatte sein Mobiltelefon in Griffnähe. Einige lagen auf dem Tisch. Immer mal wieder wurde einer der Gruppe angerufen oder tätigte einen Anruf. In den Telefongesprächen wurden oft Lokalisierungsinformationen ausgetauscht. Einmal im Laufe des Nachmittags erhielt ein Mann aus der Tischgruppe einen Anruf. Er erhob sich und schuf physisch eine Distanz zwischen sich und der Gruppe. Sein Verhalten und die Art, wie er den Anruf beantwortete, war ein Indiz für die andern, dass die anrufende Person eine Frau war. Sie neckten ihn deshalb lautstark. Dieser liess sich aber nicht aus der Ruhe bringen und führte an einem Nebentisch, einigermassen ausser Hörweite, das Gespräch weiter.[269]

Im Teehaus trifft sich eine Gruppe junger Männer zu verschiedenen Zeiten und in verschiedenen Konstellationen. Durch Mobilkommunikation mit Menschen, die sich woanders befinden, entsteht zudem eine zeitlich begrenzte Ko-Präsenz zwischen zwei Personen, welche räumliche Trennung zwischen innen und aussen aufhebt. Der soziale Raum des Teehauses wird porös. Besucher können Gespräche führen mit Personen, die im nächsten Raum, im Teehaus auf der anderen Strassenseite, irgendwo in der Siedlung oder vielleicht hunderte von Kilometern entfernt sind. Nur das Telekommunikationsnetz setzt Begrenzungen. In obiger

269 Aus den Feldnotizen: Beobachtungsprotokoll BP27_2006, Juni 2006.

Beobachtung ist jedoch nicht die Entfernung zwischen den Gesprächspartner interessant, sondern dass es sich bei einer der Anrufenden um eine Frau handelt. Dadurch, dass der Mann mit der Frau in telefonische Interaktion tritt, wird der männliche Raum durchlässig.

Frauen können telefonisch in das Geflecht der sozialen Interaktion im Teehaus eintreten und – beschränkt zwar – daran teilnehmen. Je nach Beziehung der involvierten Personen wird sich die Interaktion verschieden abspielen. Im obigen Fall erhob sich der junge Mann vom Tisch, noch bevor er das Telefongespräch entgegen nahm. Sein Aufstehen und das Schaffen von physischer Distanz zum Tisch seiner Freunde war ein Indikator für die anderen, dass es sich um eine Frau, aber nicht seine Ehefrau, handelte. Während seine Freunde mit Rufen und Necken versuchten, ihn in Verlegenheit zu bringen, sonderte er sich ab und bewegte sich an eine freie Tischgruppe in einiger Entfernung zu seinen Kameraden. Er setzte sich mit dem Rücken zu ihnen, bevor er sich auf das Gespräch mit der Anruferin einliess. Eine ähnliche Distanzierung zeigte sich in einer früheren Beobachtung, als ein junger Mann sich in einen separierten Raum zurückzog, um mit einer Frau zu telefonieren (vgl. Kap. 7.2.2).

Nicht in jedem Fall führt ein Anruf einer Frau oder ein Telefongespräch mit einer Frau zu physischer Distanzierung von den anderen Anwesenden, um sich ausser Hörweite zu begeben. Der Kontext und die Beziehung zur Person, mit der man telefoniert, bestimmen das Verhalten:

> Einige Männer, Durchschnittsalter fünfzig, sitzen in einem Teehaus und spielen Karten. Sie sind schon eine ganze Weile anwesend. Das sieht man an den abgelegten Kleidern und den aufgequollenen Teekräutern in den Gläsern, die von der Bedienung fortlaufend mit heissem Wasser aufgefüllt werden. Einer aus dieser Gruppe hat sein Telefon auf dem Tisch liegen. Als ein tibetisches Lied ertönt, der bevorzugte Klingelton in pastoralen Gegenden, ist es allerdings das Telefon seines Gegenübers, das klingelt. Er durchsucht den Innenraum seines Mantelkleids und zieht schliesslich das Telefon hervor und nimmt den Anruf, nach einem kurzen Blick auf das Display, entgegen. Der Anruf ist kurz. Er hört zu, bestätigt, dass er verstanden hat.[270]

Das Gespräch und die Äusserungen gaben keine Hinweise darauf, wer der oder die Anrufende war und worum es sich handelte. Allerdings war die Stimme recht laut und als Stimme einer Frau erkennbar. Obwohl sich der Mann mit einer Frau unterhielt, entfernte er sich nicht vom Tisch, sondern führte das Gespräch, während er im Kreis der anderen verblieb. Dass die Anruferin eine Frau war, veranlasste weder den Angerufenen noch die andern am Tisch zu Bemerkungen oder zu Verhalten, wie es im vorherigen Beispiel beobachtet werden konnte.

270 Aus den Feldnotizen: Beobachtungsprotokoll BP28_aB2012, September 2012.

Dieses unterschiedliche Verhalten erklärt sich mit den sozialen Normen, die das Verhalten zwischen Mann und Frau in nomadischen Gemeinschaften sKa khogs und mDzod dges bestimmen und regeln. Diese sind durch das Telefon nur teilweise aufgehoben. Empfänger von Telefonanrufen von Frauen reagieren unterschiedlich aufgrund verschieden gearteter Beziehung zwischen den Gesprächspartnern. Ein Gespräch zwischen Ehepartnern oder mit Mutter und Schwester unterliegt anderen sozialen Konventionen, als wenn es sich um die Geliebte handelt. In beiden Fällen aber gibt das Telefon Frauen Zugang zu männlich besetzten Räumen. Es erlaubt der Frau, den Mann direkt zu kontaktieren, ohne soziale Konventionen zu verletzten. Darin zeigt sich etwas grundsätzlich Neues. Frauen, die über eigene Mobiltelefone verfügen, erhalten ein Instrument in die Hand, welches ihnen erlaubt, Verbindungen herzustellen zu Frauen und Männern, die sich physisch an einem anderen Ort befinden. Dadurch relativieren sich soziale Ungleichheiten zwischen Mann und Frau, die durch *gender*-Zuschreibungen und entsprechendes *gender*-Verhalten hervorgerufen werden.

Die Frauen unter den Nomaden sKa khogs und mDzod dges gehören zu den Personen, die spät zu Besitzern von Mobiltelefonen wurden. Wir haben gesehen, dass dies teilweise damit erklärbar ist, dass lange Zeit auf den Weidegebieten keine Netzwerkabdeckung bestand, dass aber auch die in sozialen Normen verankerten *gender* Zuschreibungen einen Einfluss darauf haben können, ob eine Frau ein Mobiltelefon besitzt oder nicht (vgl. Kap. 4.3.3). Bei den Männern besteht die Erwartung, dass sie ein Mobiltelefon besitzen und es kann von einem Effekt ausgegangen werden, den Ling (2012) als „Taken for Grantedness" beschreibt[271]. Dies trifft in Bezug auf Frauen bis anhin nur bedingt zu, obschon zwölf Jahre nach der ersten Verbreitung von Mobiltelefonen eine wachsende Anzahl der in der Weidewirtschaft tätigen Frauen ein eigenes Gerät besitzt. Durch die Nutzung von Mobiltelefonen erhalten nun Frauen eine bisher nicht dagewesene Art von Zugang zu Männern und männlich besetzten Räumen.

In Kapitel 6.2.3 diskutierte ich die Immobilisierung der Frau in der *phyugs las* verursacht durch die Nutzung von Motorrädern durch Männer und deren häufige

---

271 Ling (2012) beschreibt, wie sich soziales Verhalten in westlichen Gesellschaften aufgrund der Tatsache verändert hat, dass Mobiltelefonbesitz ubiquitär ist. Er vergleicht das Mobiltelefon mit der Einführung und Verbreitung des Autos und mechanischer Zeitmessung, die, wie er argumentiert, soziale Interaktion in westlichen Gesellschaften strukturiert: „*Social mediation technologies are legitimated artifacts and systems governed by group-based reciprocal expectations that enable, but also set conditions for, the maintenace of our social sphere*" (Ling 2013: 7, Kursiv im Original, L.I.). Er hat seine soziologischen Untersuchungen in westlichen Kontexten durchgeführt. Aber auch in sKa khog und mDzod dge zeigen sich sowohl das motorisierte Fahrzeug wie auch das Mobiltelefon als „social mediation technologies".

Abwesenheit aus dem Umfeld der Frauen. Verheiratete Männer halten sich an anderen Orten auf als Frauen und ihre Bewegungen und Abwesenheiten im Laufe des Tages werden selten mit Ehefrauen besprochen. Als Verantwortungsträger für die Familie und Pastoralwirtschaft interagieren sie mit den Männern der Gemeinschaft in sozialen und politischen Fragen. Davon sind Frauen mehrheitlich ausgeschlossen, oft durch räumliche Distanz. Aber auch wenn Männer sich in Anwesenheit von Frauen besprechen, wird von Letzteren Zurückhaltung erwartet. Sie sind auch dann sozial von gewissen Kommunikationssituationen, die sich auch als Kommunikationsräume beschreiben lassen, ausgeschlossen. Gleichermassen unterliegen Interaktionen zwischen Männern und Frauen, die weder verheiratet noch verwandt sind, sozialer Kontrolle, die vornehmlich auf die Frau und ihr Verhalten Männern gegenüber gerichtet zu sein scheint.

Das Telefon erlaubt Frauen nun mit Männern zu interagieren, ohne dass dies von andern unmittelbar gesehen, kommentiert oder sanktioniert werden kann, weil keine physische Ko-Präsenz notwendig ist. Telefonkommunikation erlaubt Frauen, einen persönlichen Kontakt zu einem Mann herzustellen, unabhängig davon, wo er oder sie sich befinden. Das heisst nun nicht, dass Frauen an männlichen Kommunikationsräumen direkt beteiligt werden. Aber diese können sich nicht mehr gleichermassen getrennt von den Frauen konstituieren. Sie sind porös geworden, dadurch dass Männer für Frauen telefonisch erreichbar sind.

7.3.2 Virtuelle Kommunikationsräume

Im September 2012, dem zweiten Monat meiner Feldforschung, traf ich einen Freund, den ich seit einigen Jahren nicht mehr gesehen hatte. Er galt in seiner Gemeinde als Mobiltelefonexperte und half regelmässig denjenigen, die Probleme mit ihren Telefonen hatten. Zoba ist versierter Nutzer der neuen Informationstechnologien und sehr daran interessiert, immer auf dem neusten Stand zu sein. Er verschaffte mir Zugang zu Beobachtungen von Mobiltelefonpraktiken in den Graslandgebieten sKa khogs und mDzod dges, die mir bisher entgangen waren. Bisher war mir nicht aufgefallen, dass es auch Nomaden gab, die Smartphones, u. a. iPhones, besassen. Diejenigen, die ich während meinem ersten Monat der Feldforschung beobachtet und befragt hatte, besassen mehrheitlich Modelle der zweiten Generation[272], die nebst Telefonfunktionen auch als Medieninstrument für Fotografie und Musik genutzt werden konnten, die aber nicht für die Über-

272 Für eine Erklärung zu Telefonen der verschiedenen Generationen, siehe http://www.startmobile.net/mobilfunk-generationen/; (Zugriff am 30. 07. 2014).

tragung grösserer Datenmengen geeignet waren. In den Geschäften in Kreisstädten Südamdos wurde mir mehrmals auf meine Fragen mitgeteilt, dass einfachere Modelle, die man für drei- bis siebenhundert Yuan erwerben konnte, von Nomaden am häufigsten gekauft werden. Smartphones fänden zwar auch Abnehmer, aber eher unter den Bevölkerungsteilen, die nicht in der Pastoralwirtschaft tätig seien. Ein Nachmittag im September 2012 in einem von jungen und älteren Nomaden und Mönchen bevölkerten Teehaus einer Gemeinde war bezüglich der Nutzung von Mobilgeräten der dritten Generation ein Augenöffner:

> Anfangs September 2012. An unserem Tisch sassen anfänglich Zoba und ein weiterer junger Tibeter. Beide hatten ein iPhone. Zoba erzählte von den Funktionen, über die das Telefon verfügte. Dass man damit auch tibetisch schreiben könne. Und ausserdem sei es praktisch, um damit Voicemails (Sprachnachrichten) zu versenden. Ich frage nach, worum es sich dabei handle. Er erklärte, dass es eine App gäbe, die sich *weixin* nenne. Damit könne man kurze Nachrichten aufnehmen und sie dann wie ein SMS verschicken. Während wir auf den Tee warteten, sah ich ihm zu, wie er das Menü seines Telefons bediente, dann das Telefon auf der flachen Hand so ausrichtete, dass das Mikrofon in Mundnähe gebracht wurde, um danach etwas hinein zu sprechen. Kurz danach ertönte ein elektronisches Signal, das den Erhalt einer Nachricht signalisierte. Er hörte sie ab und liess sie mich danach auch abhören. Anschliessend führte er weitere Funktionen vor und fragte mich, wann ich mein Mobiltelefon aufrüsten wolle.
>
> Unser Gespräch wurde unterbrochen. Ein junger Nomade kam an unseren Tisch. Er hatte ein Smartphone der Marke Samsung Galaxy mit Platz für zwei Sim-Karten. Aber der Wechsel zwischen den Sim-Karten funktionierte nicht. Er bat Zoba um Hilfe. Dieser nahm das Telefon an sich und navigierte durch das Menu. Nachdem er das Telefon konfiguriert hatte, nahm er eine Voicemail auf und sandte sie an seine eigene Nummer. Das funktionierte. Ich liess mich aufklären, dass viele Nomaden – vorwiegend solche, die oft in die Siedlung kommen – zwei Sim-Karten besitzen. In den Weidegebieten ist die Abdeckung vorwiegend durch China Telecom gewährleistet. Einige der Funktionen der Smartphones wurden aber nur durch das Übertragungssystem von China Mobile unterstützt. Also hat man zwei Telefone, oder eines, das mit zwei verschiedenen Sim-Karten benutzt werden kann. Der junge Nomade begann nun, sein funktionierendes Smartphone einzusetzen. Er scrollte durch sein Menü, nahm Sprachnachrichten auf und sandte sie weiter. Er hörte Voicemails ab und reagierte auf sie. Der Inhalt entsprach mehrheitlich dem üblichen „Wo bist Du“, „Ich bin in dem und dem Teehaus“, „Was tust du gerade“. Meistens handelte es sich um kurze Sätze, die zweimal wiederholt wurden.
>
> Eine Weile später stiess ein weiterer junger Mann zu uns. Er wurde von einem anderen Nomaden am Arm gestützt und ich dachte erst, dass er eine Beinverletzung hätte. Es stellte sich jedoch heraus, dass er sehbehindert war. Nichtsdestotrotz zeigte er sich versiert im Umgang mit seinem iPhone. Er begann voicemails aufzunehmen und zu versenden. Fasziniert schaute ich ihm zu, wie er das Gerät nahe an sein Ohr brachte und dann mit dem Daumen durch das Menü scrollte. Manchmal bat er Zoba um Hilfe, wenn er etwas auf dem Telefon eingab. Mit akustischen Signalen unterstützte das Telefon sein Navigieren durch das

> Menü. Ein weiterer junger Nomade kam mit seinem Smartphone und brauchte Hilfe. Als auch sein Telefon funktionstüchtig war, beschäftigen sich alle vier Männer an unserem Tisch mit ihren Telefonen. Das geschah zwar individuell über ihre Geräte, aber es war auch eine sehr gemeinschaftliche Tätigkeit. Man kommentierte Nachrichten, die man erhielt, liess sie auch die andern hören, lachte zusammen. Ähnliche Vorgänge beobachtete ich auch an weiteren Tischgruppen junger Männer. Jeder war mit seinem Telefon beschäftigt, aber dies schloss die andern am Tisch nicht aus. Man kommunizierte gemeinsam über einzelne Telefone mit anderen Gruppen und Personen, die sich anderswo, möglicherweise in einem anderen Teehaus aufhielten.[273]

Das war meine Einführung in die Welt der Smartphones und von *weixin* (sprich: Wei-Schin), bzw. in die Welt einer Gruppe von Menschen, die sich ihrer bedienen. Mein Bekannter wurde ein „Übersetzer" von Praktiken, die sich in und um die Nutzung von Smartphones und der neuen Funktionen, welche Telefone der dritten Generation ermöglichen, entstanden.

2009 wurde das 3G-Netz in China lanciert. Dies ermöglicht vereinfachten Internetzugang über das Mobiltelefon und schnellere Datenübertragung. Die Verkaufszahlen für Smartphones stiegen rasant an, vermutlich schneller, als das 3G-Netz ausgebaut werden konnte. Die Nutzung von Smartphones über das 3G-Netz lässt zusätzliche Funktionen zu, die auf den klassischen Mobiltelefonen nur beschränkt oder gar nicht vorhanden sind. Während weltweit die Einführung des 3G-Netzes ein wesentlicher Faktor für den schnell wachsenden Marktanteil von Smartphones war[274], hatte dies für Nomaden nur beschränkt Relevanz. 3G ermöglichte zwar durch seine grössere Geschwindigkeit und Datenmenge einen schnellen Zugang zum Internet. Letzteres wurde jedoch von Nomaden Südamdos kaum genutzt, da eine beträchtliche Anzahl die chinesische Schriftsprache nicht oder ungenügend beherrschte. Einige haben nie eine Schule besucht und können auch die tibetische Schriftsprache nicht oder nur ungenügend lesen und schreiben.[275] Andere Dienste, die auf Smartphones funktional sind und nicht zwingend ein 3G-Netz verlangen, werden hingegen rege genutzt. *Weixin* hat in ganz China[276] und auch in Südamdo neue Kommunikationsformen hervorgebracht.

---

273 Aus den Feldnotizen: Beobachtungsprotokoll BP29_aB2012, September 2012.

274 In China betrug der Anteil an Smartphonebesitzern Ende 2012 dreiundsiebzig Prozent (http://www.techinasia.com/idc-2012-q4-china-smartphone-sales-213-million/; Zugriff am 10.10. 2014).

275 2012 verfügte nur das iPhone über tibetische Sprachfunktionen.

276 Drei Jahre nach seiner Einführung hat *weixin* 300 Millionen Nutzer und ist dabei, seinen Dienst auch in Übersee zu lancieren (http://nyti.ms/1aEHfs4; Zugriff am 31.01.2014). *Weixin* wurde von Tencent entwickelt und 2011 auf den Markt gebracht. Die Applikation ist auf Smartphones vorinstalliert oder kann ohne grossen Aufwand sowohl für iPhones als auch Mobilgeräte,

Der Name der Applikation *weixin* bedeutet „kleine Nachricht". Es handelt sich um eine Nachrichten-Applikation, welche nebst Textnachrichten auch das Versenden von Audionachrichten ermöglicht. Zusätzlich sind Videotelefonie, das Teilen und Versenden von Fotos und Videos, das Teilen von Lokalisierungsinformationen (GPS) und Kontaktinformationen sowie Social Networking und das Bilden von Chatgruppen möglich. Diese Applikation wurde auch von Nomaden mit Smartphones rege genutzt, wie Zoba mir erklärte. Unser Gespräch fand in einem Teehaus statt, das von Männern aufgesucht wurde, die oft in der Siedlung anzutreffen waren. Einige von ihnen zählten zu einer Gruppe junger Männer[277], die einen Lebensstil pflegen, der ihr Lebenszentrum von der *phyugs las* in die Siedlung verschoben hat, während ihre Eltern oder ihre Frauen weiter in der Pastoralwirtschaft tätig sind. Für sie erfüllten Smartphones eine Funktion, die über das Telefon als Kommunikationsinstrument hinausreicht[278]. Sie betrachteten sich als Teilnehmende der modernen Konsumgesellschaft, die in China und bis in seine ländlichen Regionen seit den Reformen der 1980er Jahre entstanden ist. Zoba erklärte es folgendermassen:

> Viele Nomaden haben Smartphones oder wollen eines kaufen. Natürlich können nicht alle die Funktionen gleichermassen nutzen. Ich habe zum Beispiel einen Onkel, der hat sich ein iPhone gekauft. Aber er nutzt es nur zum Telefonieren und vielleicht noch zum Fotografieren. Er kennt die Funktionen eines iPhones nicht, benutzt keine Apps. Auch Frauen besitzen iPhones. Es gibt viele. Obschon, da ist man der Meinung, dass es eine Geldverschwendung sei, weil viele sie gar nicht bedienen können, sie einfach zum Telefonieren nutzen, wie mein Onkel. Ja, es ist schon so, diejenigen, die Smartphones haben, das sind Nomaden, die oft hierher kommen, die ihre Zeit in der Siedlung verbringen. Nomaden, denen das hier alles nicht so wichtig ist, die besitzen keine Smartphones.[279]

---

die android, Windows 8 oder andere Systeme verwenden, herunter geladen werden. Für den internationalen Markt wurde sie im April 2012 unter dem Namen WeChat lanciert.

277 Smartphones verursachen beträchtliche Kosten. Die Nutzung von Funktionen, welche den Besitz eines Smartphones voraussetzt, ist deshalb nur denen zugänglich, die über die notwendigen Mittel verfügen, sich ein entsprechendes Gerät anzuschaffen und schliesst andere aus. Die Verbreitung der Smartphones wird vermutlich zunehmen und es werden neue Mobiltelefonmodelle auf den Markt kommen, die billiger sind und ähnliche Funktionen wie ein Smartphone zulassen. Deshalb lohnt es sich, Praktiken, die sich im Zusammenhang mit der Nutzung von *weixin* herausgebildet haben, in den Fokus zu nehmen: das Versenden und Empfangen von Sprachnachrichten (voicemails) und die Bildung von Chatgruppen. Diese Praktiken sind auch bezüglich der vorher diskutierten Durchlässigkeit von Räumen für Interaktionen zwischen Männern und Frauen interessant.

278 Siehe auch Kapitel 4.3.4 zur Funktion des Mobilgeräts als Statusträger. Dieser Aspekt konnte aufgrund ungenügender Datenlage nicht vertieft ausgeführt werden.

279 Aus den Feldnotizen: Gesprächsprotokoll GP17_aB2012_m38, September 2012.

Weixin ersetzte teilweise Kommunikation, die vorher per Telefonanruf erledigt wurde. Es hat eine eigene, spezifische Kommunikationsform hervor gebracht, die an Funkgespräche erinnert:

> Oktober 2012. Ein junger Mann sitzt in einem Restaurant. Vorläufig ist er alleine an einem Tisch. Er hat Nudeln bestellt und wartet auf das Essen. Etwas gelangweilt navigiert er durch das Menü seines Smartphones. Wahrscheinlich wartet er auf jemanden. Dann bringt er das Mikrofon des Mobiltelefons nahe an seinen Mund, aber nicht so, als ob er telefonieren wollte, sondern das Telefon liegt auf der flachen Hand, das untere Ende des Telefons, wo sich das Mikrofon befindet, ist auf den Mund ausgerichtet. Er spricht ins Mikrofon und sagt: „*Khyod gang na yod, khyod gang na yod. Nga Tshe ring gi za khang na yod.*" (Wo bist du, wo bist du. Ich bin im Restaurant von Tsherang). Eine Weile vergeht. Dann schaut er auf das Display, nimmt das Telefon drückt etwas darauf herum und hält das Gerät an sein Ohr, als ob er telefonieren würde. Er hört aber nur zu. Vielleicht war die Antwort etwas in der Art, wie es oft im öffentlichen Raum gehört werden kann: „*Nga* gai-shang[280] *na yod.* Gai-shang *na yod. Da yong ni.*" (Ich bin unterwegs auf der Strasse, unterwegs auf der Strasse. Ich komme gleich.).[281]

Solche und ähnliche Konversationen oder Versatzstücke von Konversationen liessen sich im öffentlichen Raum immer wieder beobachten. Passanten in den Strassen oder Teehausbesucher wurden zu Zuhörern, ohne es zu wollen oder anzustreben. Mit dem Versand einer Sprachnachricht mit *weixin* spricht der Sender zwar ein Gegenüber an, aber interagiert nicht unmittelbar mit ihm. Die Kommunikation dehnt sich zeitlich dadurch, dass sie aufgenommen, gesendet und verzögert beantwortet wird. Der Empfänger muss nicht unmittelbar auf die Person und ihre Nachricht reagieren, wie das bei einem Telefonanruf der Fall wäre. Wenn zwei Personen miteinander telefonieren, findet der kommunikative Austausch zeitgleich statt. Kommunikation durch Sprachnachrichten löst sich von der Bedingung der Gleichzeitigkeit. Dies wiederum birgt Vorteile, in einer Region, wo sich Nutzer oftmals an Orten ohne Netzwerkabdeckung aufhalten. *Weixin* erfreute sich aber kaum aus diesem Grund seiner Beliebtheit. Vielmehr schien es eine Ausdrucksform einer bestimmten Nutzergruppe unter den Nomaden sKa khogs und mDzod dges geworden zu sein, die sich vorwiegend an den zentralen Siedlungsorten aufhält. Unter ihnen lassen sich interessante Praktiken beobachten:

> September 2012. Das Teehaus ist gedrängt voll. Jeder Tisch ist mit einer Gruppe von Nomaden oder Bewohnern der Gemeindesiedlung besetzt. Die zwei separaten Räume sind

280 „Gai-shang" ist ein Lehnwort aus dem chinesischen Sichuan-Dialekt, das Eingang in die Alltagssprache von Tibetern in Sichuan gefunden hat.

281 Aus den Feldnotizen: Beobachtungsprotokoll BP30_A2012, Oktober 2012.

> schon längst belegt, und neue Kunden setzen sich entweder an einen Tisch von Bekannten oder verlassen das Lokal und suchen sich einen anderen Ort zum Verweilen. Das Personal läuft geschäftig hin und her, um Tassen und Thermos-Krüge mit kochendem Wasser aufzufüllen. Manchmal kommt ein Kellner oder eine Kellnerin aus einem benachbarten Restaurant mit einem Tablett voller dampfender Nudeln oder gebratenem Reis herein, trägt es an einen Tisch, serviert und kassiert gleich ein. An einem Tisch am einen Ende des Raums ist eine Gruppe junger Männer zu beobachten, die zusammengerückt sind und ein Smartphone die Runde machen lassen. Einer legt nun, nachdem er den Lautsprecher eingeschaltet hat, das Smartphone auf den Tisch. Alle beugen sich vor und hören aufmerksam hin. Ich höre jemanden singen. Allgemeines Lachen und Kommentare ertönen aus der Runde. Einer der Gruppe, wahrscheinlich der Besitzer, nimmt nun das Telefon an sich, bringt das Mikrofon nahe an seinen Mund und spricht etwas hinein. Nun sehe ich an einem weiteren Tisch am andern Ende des Raumes, wie eine Gruppe junger Männer sich über ein Telefon beugt, aufmerksam zuhört und dann in Lachen ausbricht.[282]

Mir war zuerst nicht klar, dass ein Zusammenhang bestand zwischen den beiden Männergruppen an den verschiedenen Tischen. Der Besitzer des Teehauses erklärte mir dann, dass ein Singwettbewerb im Gang war. Einige Männer, die oft Zeit in der Siedlung verbrachten, hatten über *weixin* eine Chatgruppe gebildet. Wenn nun ein Mitglied der Gruppe ein Lied aufnahm und an die Gruppe sandte, wurde dieses anschliessend von einzelnen kommentiert und beurteilt. Zur Zeit der Beobachtung hielten sich zumindest einige der Gruppenmitglieder im gleichen Raum auf. Das war aber eher zufällig. Später, in einem Restaurant, beobachtete ich einen weiteren Smartphonebesitzer, der ein Lied abhörte und danach einen Kommentar als Sprachnachricht versandte. Die Gruppe kann zeitlich versetzt mit Menschen und Gruppen, die sich an verschiedenen Orten aufhalten, interagieren.

Mein Bekannter, Zoba, erklärte mir später diese Funktion der Gruppenbildung, und dass er sie vielen Männern, die man in den Teehäusern seiner Gemeinde sieht, beigebracht hat:

> Oktober 2012. Nicht alle können iPhones und andere Smartphones wirklich gut nutzen. Ich habe schon vielen die Funktionen erklärt und ihnen geholfen, zum Beipsiel mit *weixin*. iPhones sind sehr intuitiv angelegt. Selbst Kinder können das schnell und auch Nomaden, die nie zur Schule gegangen sind, kommen klar mit der Bedienung. *Weixin*, das ist wirklich nützlich. Man kann damit auf verschiedene Art kommunizieren. Man kann zum Beispiel Gruppen bilden und sich zu verschiedenen Themen unterhalten. Zurzeit ist zum Beispiel HIV/Aids ein Thema. Ich wurde von einigen Frauen eingeladen, an ihrer Gruppe teilzunehmen – über *weixin* natürlich –, um sie über Aids zu informieren. Viele wissen nicht richtig Bescheid. Letzten Monat wurde jemand in Qinghai infiziert. Das war der Auslöser. Aber es gibt auch andere Gruppen, die einfach so entstehen, weil es diese Funktion gibt und

---

282 Aus den Feldnotizen: Beobachtungsprotokoll BP29_aB2012, September 2012.

> es Spass macht, auf diese Weise zu kommunizieren. Wir verbringen so die Zeit in den Teehäusern, also einige von uns, die iPhones haben.[283]

Weixin bietet folglich eine ortsunabhängige Begegnungs- und der Kommunikationsplattform, einen virtuellen Kommunikationsraum. Diesem wohnt ein Potential inne, das schon in den Praktiken normaler Mobiltelefone Ausdruck fand. Analog zu allgemeiner Telefonkommunikation setzt *weixin* keine physische Ko-Präsenz voraus. Menschen, die sich an verschiedenen Orten befinden, können sich in einer Chatgruppe treffen. Ortsunabhängige Kommunikation ist nicht mehr nur zwischen Einzelnen möglich, sondern zwischen Gruppen von Menschen. Es entsteht ein Kommunikationsraum, der virtuell bleibt. Der physische Raum, in dem sich die Menschen aufhalten, die miteinander in Interaktion und Kommunikation treten, ist irrelevant. Dadurch entsteht zumindest die Möglichkeit, dass Menschen, die in physischen ko-präsenten Settings kaum miteinander interagieren würden, dies in einem virtuellen Raum tun können. Der Kommunikationsraum, der durch *weixin* realisiert wird, ist halböffentlich, indem man nur durch Einladung daran teilnehmen kann. Das heisst, dass seine Bildung weiterhin sozialen Konventionen unterliegen kann. Es besteht jedoch durchaus die Möglichkeit, dass sich geschlechtlich gemischte Gruppen bilden und dies zu einer weiteren Porosität der bisher vor allem männlich definierten Teehäuser führt.

Zur Zeit der Feldforschung war es nicht möglich, vertieft zu untersuchen, wie Gruppen entstehen, wer sie zu welchem Zweck initiiert und wie sie sich nach Geschlecht, Alter, sozialer Gruppe unterscheiden. Wie sowohl dieses Kapitel als auch Kapitel 4 gezeigt haben, ist das Feld der Mobiltelefonie sehr dynamisch. Es ist davon auszugehen, dass sich der Umgang mit mobiler Technologie seit 2012 weiterentwickelt und neue Phänomene hervor gebracht hat. Es bedarf weiterer Forschung, um zu verstehen, wie virtuelle Kommunikationsräume entstehen und welche Auswirkungen sie auf sozial normierte *gender*-Räume haben. Physische Räume der Interaktion sind durchlässig und werden ergänzt durch virtuelle Räume, in denen auch Interaktion stattfindet und soziale Beziehungen gelebt werden.[284] Virtuelle Kommunikationsräume tragen das Potential in sich, die

---

283 Aus den Feldnotizen: Gesprächsprotokoll GP09_aB2012_m36, Oktober 2012.

284 Die Nutzung von Funktionen des Smartphones ist unter anderem deshalb ein interessantes und relevantes Feld, weil die Ausbreitung des World Wide Web in der Gemeinschaft der Nomaden sKa khogs und mDzod dges praktisch keine Spuren hinterlassen hat. Nun aber können Nomaden einige der zentralen Eigenschaften des Internets (Vernetzung, Wissensaustausch) durch das Mobiltelefon nutzen und ihre Nutzung ist nicht abhängig davon, ob man lesen oder schreiben kann. Informationen fliessen durch das persönliche Netzwerk, das durch die Vernetzungstechnologie unter anderem von *weixin* das Potential hat, sich zu vervielfachen.

Porosität von *gender*-Räumen zu verstärken und zu Brüchen in der Ausgestaltung von *gender*-Beziehungen zu führen.

7.4 Mobilkommunikation und *Konversion* von sozialem Raum

Mobile Kommunikationstechnologien sollen Mobilität und gleichzeitige Erreichbarkeit ermöglichen. Dazu wurden sie entwickelt und darin steckte ihr innovatives Potential. An vielen Orten dieser Welt, insbesondere in den sogenannten entwickelten Ländern und in urbanen Zentren ist Mobiltelefonie kaum mehr wegzudenken. Auch in sKa khog und mDzod dge hat sich Mobiltelefonie rasch verbreitet und ist das Mobiltelefon zu einem Alltagsgegenstand geworden. Der Unterschied zu den in Westeuropa geläufigen Praktiken besteht darin, dass die Nutzung des Mobiltelefons Mobilität nicht *ermöglichte*, sondern sie *erforderte*. Die *phyugs las* war für eine beträchtliche Anzahl an Nomaden an Orten zu finden, wo keine Mobilfunkabdeckung bestand. Praktiken der mobilen Kommunikation überschnitten sich folglich mit Praktiken der Mobilität und trugen dazu bei, dass soziale Räume der Interaktion und Kommunikation verstärkt an den zentralen Orten der Gemeinde- oder Kreissitze entstanden.

Gemeinde- und Kreissitze können als Orte der verdichteten Interaktion begriffen werden. Wenn Interaktionen zwischen verschiedenen Menschen und Menschengruppen zeitlich und räumlich koinzidieren, entsteht eine Konzentration von Interaktion. Ihre Interaktionen zeigen sich als eine Verflechtung von Bewegungslinien. Wenn solche Verflechtungen von Bewegungslinien diachronisch und wiederholt an denselben Orten entstehen, ergibt sich eine Dichte der Verflechtung, die man als Interaktionsknoten bezeichnen kann. Solche Interaktionsknoten entstanden in sKa khog und mDzod dge vermehrt in Siedlungen. Die Vorgänge, die sich im Geflecht von Interaktion und Bewegung ergaben, trugen zu einem Potential verschiedenartiger und unvorhersehbarer Interaktionen bei. Es entstanden *Arrangements* (vgl. Kap. 5), die sich aus Mobilität und Stillstand, aus Infrastruktur und Durchlässigkeit derselben ergaben.

In der verdichteten Infrastruktur zentraler Siedlungsorte kommt die Mobilität von Nomaden zum Stillstand oder wird ausgebremst. In der Immobilisierung der Mobilität in Teehäusern und anderen fixen Lokalitäten der Siedlung zeigt sich das Mobiltelefon als ein Instrument, mit dem das Geflecht navigiert und Bewegungen gesteuert und koordiniert werden. Der verdichtete Raum der Interaktion wird dadurch „parochialisiert". Er wird navigierbar. Gleichzeitig führt der gebaute Raum der Siedlung zu Einteilungen zwischen einem Innen und Aussen.

In der Gegensätzlichkeit von Immobilität und Mobilität, von Innen und Aussen, von Dichte und Parochialisierung zeigen sich rhizomatische Verwachsungen und Verflechtungen. *Arrangements* - Anordnungen von sozialen und situativen Gegebenheiten – verhalten sich wie Auswüchse und Verwachsungen eines Rhizoms, die Deleuze und Guattari (1987: 21) mit den Worten beschreiben, dass das „rhizome pertains to a map that must be produced, constructed, a map that is always detachable, connectable, reversable, modifiable, and has multiple entranceways and exits and has its own lines of flight“. *Arrangements* entstehen aus der Verflechtung von Infrastruktur, Technologie und alltäglichen Praktiken der Mobilität. Infrastruktur und mobile Technologien spielen dabei in ihrer Materialität eine vermittelnde Rolle in den dynamischen und komplexen Interaktionen und in den sozialen Räumen der Bewohner sKa khogs und mDzod dges.

In einer rhizomatischen Denkweise sind die *Arrangements*, die sich im Geflecht von Interaktionsknoten ergeben, weder Verbindungen in einem geordneten Netzwerk noch soziale Strukturierungen. Sie entstehen im alltäglichen Handeln und Interagieren von Menschen mit Menschen, Dingen und Räumlichkeiten. Bereits Kapitel 4 hat gezeigt, dass Mobilkommunikationspraktiken in ihren relationalen und räumlichen Aspekten ein eruptives oder eben ein rhizomatisches Potential inne wohnt. In den Verwachsungen von Interaktionen in den zentralen Siedlungsorten zeigt sich das Eruptive. Mobilkommunikation führt zu Neukalibrierung des kontextuellen Rahmens von Kommunikation und Interaktion. Physische und virtuelle Kommunikationsräume führen zu *Grenzverschiebungen*, sprich *Konversionen*

In seinen Untersuchungen von Mobilität in urbanen Räumen teilt Jensen (2009; 2013) Infrastruktur in *armatures* und *enclaves* ein. Diese Einteilung kann helfen, die Vorgänge, die zur Entstehung von Kommunikationsräumen führen, zu konzeptualisieren. Armaturen sind gemäss Jensen's Definition „infrastructure channels and transit spaces“ und Enklaven sind „fixed and bounded sites“ (2009: 139). Während Enklaven ein begrenztes Territorium definieren, sind sie auch dadurch charakterisiert, dass sie zu Friktionen mit Mobilität führen können. Das heisst, Enklaven zentrieren und verlangsamen Bewegungsströme (flows). Die Kategorie der Enklave entspricht folglich einer begrenzten und begrenzenden physischen Entität, zum Beispiel einer Ortschaft, einem Quartier oder auch einem einzelnen Gebäude. Sie unterscheiden sich „in their relative openness towards their context. They are found from hermetically sealed off sites to permeable places criss-crossed by the flows of armatures“ (Jensen 2009: 140).

Armaturen sind, gemäss Jensens Ausführungen, Strassen, Plätze, Strassenkreuzungen und die unsichtbaren Verbindungen des Mobilfunks. Sie kanalisieren Bewegung. Das Strassennetzwerk und das Funknetz der Mobilkommunikation sind Armaturen, die Bewegungen und Flüsse von Menschen und Informationen kanalisieren. Enklaven hingegen sind Infrastrukturen, die zu Friktionen mit Mobilität führen, sie bremsen oder immobilisieren. Enklaven sind Infrastrukturbauten, die in sich geschlossen sind. Im südlichen Amdo von sKa khog und mDzod dge lassen sich einerseits die Siedlungen und andererseits die Gebäude in Siedlungen, insbesondere die Teehäuser, als Enklaven verstehen. Jensen schlägt nun vor, was die vorliegende Arbeit zum Ziel hatte, nämlich zu untersuchen, wie in und zwischen der Infrastruktur von Enklave und Armatur die Bewohner ihren Alltagspraktiken nachgehen, wie Bewegung, Interaktion und die Umgebung, in der diese stattfinden, miteinander verflochten sind (vgl. Jensen 2009: 141). Er zeigt, dass durch den Einbezug der Alltagspraktiken der Bewohner und Nutzer von Infrastruktur, das Innen und Aussen von Infrastruktur, nämlich das Innen und Aussen der durch Infrastruktur gebildeten Räume, durchbrochen wird. Es entsteht eine „lived armature", die sich mit den vorgängig beschriebenen *Arrangements* gleichsetzen lässt. Die „lived armature" wird zu einem bedeutungsvollen Raum der Interaktion zwischen dem Sozialen und dem Materiellen (Jensen 2009: 147).

Das letzte Kapitel hat verdeutlicht, dass Teehäuser Enklaven sind, an denen sich die Mobilität von Nomaden immobilisiert. Allerdings hat sich in den Praktiken gezeigt, dass es eine *mobile* Immobilität ist, die jederzeit durchbrochen und aufgelöst werden kann und dass das Mobiltelefon, bzw. die Kommunikation, die dieses ermöglicht, dabei eine zentrale Rolle spielt. Die unsichtbare Armatur der Mobilfunkverbindung wird durch Kommunikationspraktiken belebt. Sie schafft Verbindungen, welche das Innen und Aussen von Enklaven aufbrechen. Ebenso bricht sie die Einteilung in weibliche und männliche Räume auf und schafft das Potential für rhizomatische, eruptive *Arrangements*. Im Teehaus wird Innen und Aussen durchlässig, weil Praktiken der Mobiltelefonie – „lived armature" – Ko-Präsenz ermöglichen, die keiner physischen Realisierung bedarf. Das soziale Geflecht, das sich durch das Kommen und Gehen der Nomaden in den Teehäusern Südamdos konstituiert, überkreuzt sich mit der mobilen Kommunikation von und mit Menschen und Orten, die ausserhalb des Teehauses situiert sind. Der soziale Raum des Teehauses kann demzufolge nicht als eine statische Entität angesehen werden. Stattdessen konstituiert er sich im Relationalen der Mobilkommunikation und der Mobilität der Menschen, welche entweder im Teehaus präsent sind oder durch Telefonanrufe trotz physischer Abwesenheit ko-präsent werden. Der Kommunikationsraum, der durch dieses Relationale und durch die sozialen und mobilen Praktiken der Nomaden entsteht, wird trotz seiner infrastrukturellen Immobilität dadurch durchlässig und dehnbar – *Konversion* findet statt.

8 Mobile Technologien *konvertieren* nomadischen Raum – Ein Fazit

Schlussfolgerungen zu ziehen und Resultate zu präsentieren ist eine Herausforderung, die unter anderem darin besteht, dass das untersuchte Feld höchst dynamisch ist. Vermutlich werden nun in sKa khog und mDzod dge andere Telefonapplikationen gebraucht als die im Jahr 2012 gebräuchlichen. Möglicherweise stehen Motorräder in den Innenhöfen nomadischer Haushalte herum oder wurden an die Frauen weitergereicht, während Männer sich das Auto angeeignet haben. Das Telefonnetzwerk wird vermutlich weiter ausgebaut und Frauen nutzen nun eigene Geräte, um untereinander auch in den Weidegebieten zu kommunizieren. Zusätzlich ist davon auszugehen, dass die Regierung ihre Entwicklungsstrategie der Ansiedlung von Nomaden und Umgestaltung der Graslandregion sKa khogs und mDzod dges in eine Tourismuszone vorantreibt. Eine Forschungsarbeit dieser Art ist folglich immer partiell. Sie kann sich im besten Fall als eine Beschreibung und Analyse von Vorgängen an einem bestimmten Ort zu einer bestimmten Zeit verstehen.

Eine weitere Herausforderung besteht darin, dass ich aufgrund des im Anfang beschriebenen Kontexts Fragen nicht gestellt und Material nicht erhoben habe. Ich habe mich aufgrund der politischen Sensibilität im Forschungsfeld selber zensiert, insbesondere bezüglich Fragen zu Mobilkommunikation und Ausbau des Netzwerks[285] (vgl. hierzu Kap. 1.2). Als Folge davon konnte ich wenig detailliert verfolgen, wie Mobiltelefonie und motorisierte Mobilität im unmittelbaren Umfeld der Weidewirtschaft zum Ausdruck kommen. Mobilkommunikation erhält zudem vergleichsweise wenig Aufmerksamkeit, weil das ethnografische Material hierzu weniger umfangreich ist. Ich habe Praktiken der Mobiltelefonnutzung und der Nutzung von Motorfahrzeugen vorwiegend im Zusammenhang mit den Siedlungsorten untersucht. Von Männern dominierte Praktiken und deren Räume erhalten entsprechend viel Aufmerksamkeit auf Kosten von sozialen Beziehungen, wie sie sich in der *phyugs las* manifestieren. Die Arbeit unterliegt demnach wesentlichen Einschränkungen.

Was lässt sich nun aber unter Einbeziehung dieser Einschränkungen sagen? Welche Schlüsse können am Ende dieser Arbeit gezogen werden? Wie kann das,

285 Mobilfunk und Internetzugang unterstehen in ganz China der Kontrolle des Staates. In sKa khog, mDzod dge und insbesondere im benachbarten Kreis rNga ba, wird bei Aktionen des politischen Widerstands regelmässig von staatlicher Stelle sowohl Internet wie Mobilfunk für die Bevölkerung ausgeschaltet. Ebenso ist damit zu rechnen, dass durch diese Dienste staatliche Kontrolle ausgeübt wird.

DOI 10.1515/9783110502008-009

was in den drei Teilen *Aneignung, Inkorporation,* und *Konversion* thematisiert wurde, zusammengebracht werden? Diese Arbeit hat sich zum Ziel gesetzt, zu verstehen, wie Menschen aus sKa khog und mDzod dge mit Infrastruktur und Mobilitätstechnologien interagieren, wie sie diese in ihren Alltag inkorporieren und welche sozialräumlichen Veränderungen sich daraus ergeben. Dabei bin ich davon ausgegangen, dass „das Nomadische" tibetischer Nomaden Südamdos nicht in einer Kulturform von Nicht-Sesshaftigkeit auszumachen ist, sondern in der Funktion von Mobilität für die Konstituierung von sozialen Beziehungen und sozialen Räumen. Ich untersuchte, wie Infrastruktur Bewegungsrichtungen beeinflusst und wie Nomaden aus sKa khog und mDzod dge im Alltag durch die Inkorporation von mobilen Technologien mit der Infrastruktur interagieren.

Alltag, Materialität und Verflechtung zeigen je andere Aspekte der in dieser Arbeit beschriebenen Vorgänge. An ihren Schnittflächen konstituierten sich letztlich Phänomene, an denen sich die *Konversion* von nomadischem Raum ausmachen lässt. Ich werde sie unter dem Stichwort *Translokalität* thematisieren und anhand der eingangs gesetzten Themenbereichen herausarbeiten. Ich beginne mit dem Abschnitt *Material,* in dem Absichten des Staates und Abhängigkeiten von Marktsystemen zum Ausdruck kommen, gefolgt von *Alltag,* welcher die Praktiken der motorisierten Mobilität und Mobilkommunikation der Nomaden sKa khogs und mDzod dges in den Blick nimmt. Im letzten Teil *Verflechtung* wird deutlich, dass die Vorgänge von *Material* und *Alltag* miteinander verflochten sind und sich in dem Geflecht und seinen rhizomatischen Auswüchsen *Konversion* von nomadischem Raum ausmachen lässt.

8.1 Material

Die vorliegende Arbeit begann mit der Darstellung, wie Infrastruktur in sKa khog und mDzod dge aufgebaut wurde. Es wurde ersichtlich, dass die *phyugs las* – das Weidegebiet als der eigentliche Lebens- und Arbeitsbereich der Nomaden – sich territorial verfestigt hat, was in der gebauten Infrastruktur materialisiert ist. Gleichermassen habe ich dargestellt, wie Strassen gebaut wurden und wen oder was diese Strassen „erschlossen" und wen oder was sie „ausschlossen". Gerade im letzten Jahrzehnt haben die Orte, die an das Strassennetz angebunden sind, im Zuge der staatlichen Kampagne „Die grosse Erschliessung des Westens" eine enorme Entwicklung erlebt (vgl. hierzu Kap. 3.1.3). Sie zeigt sich in der physischen und infrastrukturellen Vergrösserung von Ortschaften an den Knotenpunkten des Strassennetzes. Diese Knotenpunkte wurden zusätzlich durch Mobilfunktürme verstärkt, die anfänglich nur in ihrer unmittelbaren Nähe errichtet wurden. Die Materialität der Infrastruktur macht folglich eine räumliche Fragmentierung sichtbar. Strassen und das Mobilfunknetz teilen Gebiete in zentrale und periphere Regionen ein.

Nomadenfamilien aus sKa khog und mDzod dge wohnen abseits des Strassen- und Telekommunikationsnetzes. Sie leben demzufolge in peripheren Räumen. Diese Zentrum-Peripherie-Perspektive privilegiert das „Strategische“, das de Certeau (1988) beschrieben hat. Dieses kommt in Einteilungen und Zuteilungen eines zentralistischen Staates zum Ausdruck. Strassen, Telekommunikationsinfrastruktur, Urbanisierung werden staatlich vorangetrieben, um periphere Regionen in den Zentralstaat und die Marktwirtschaft zu integrieren und Fortschritt und wirtschaftliche Entwicklung zu bewirken. Infrastruktur, genauso wie „things“ (Appadurai 1986), zum Beispiel die in der vorliegenden Arbeit diskutierten mobilen Technologien, sind jedoch in soziale Kontexte eingebettet. Menschen benutzen Infrastruktur; sie bewegen sich in ihr. Nomaden aus sKa khog und mDzod dge bedienen sich mobiler Technologien, und die Infrastruktur erhält dadurch innerhalb ihres sozialen Kontexts Bedeutung. Deshalb sind Infrastruktur und mobile Technologien mit ihren Praktiken verflochten. In Beantwortung der anfänglich gestellten Überlegungen und Thesen führe ich im Folgenden aus, wie die Materialität der Strassen und Telefontürme auf soziale Prozesse der Veränderung in mKa khog und mDzod dge einwirken.

Inkorporation von mobilen Technologien in den Alltag der Nomaden Südamdos bedingt Interaktion mit Infrastruktur

Die Frage, was zuerst war, die Infrastruktur oder die mobile Technologie, welche sich ihre Besitzer zu Nutze machen, ist zumindest in Bezug auf Motorräder schwierig zu beantworten. Das Strassennetz entstand, als Nomaden durch politische und wirtschaftliche Gegebenheiten, wie der Bildung von Volkskommunen in den 1950er und 1960er Jahren, immobilisiert und ihre Bewegungen durch die Kollektivwirtschaft eingeschränkt waren (vgl. Kap 3.2.1). In den 1990er Jahren begannen Nomaden in sKa khog und mDzod dge Motorräder anzuschaffen, um sie trotz Abwesenheit von Strassen in den Weidegebieten zu nutzen. Sie lebten mehrheitlich abseits des durch Strassen gebildeten Netzwerks und der durch sie erschlossenen Ortschaften. Ihre Bewegungen und ihre Praktiken der Nutzung von Motorrädern knüpften jedoch an dieses Strassennetz an. Die wachsende Zahl von Motorradbesitzern hat dazu beigetragen, dass seit der Jahrtausendwende Strassen und Wege gebaut wurden, die Weidegebiete mit den staatlichen Strassen verbanden. Dadurch gelangten staatliche Strassen vermehrt in die Sphäre der Bewegungen von Nomaden.

Die Nomaden sKa khogs und mDzod dges waren nicht auf Strassen angewiesen, als sie Motorräder in ihren Lebensalltag inkorporierten. Strassen erleichterten jedoch ihre Fortbewegung mit Motorrädern und mit vierrädrigen Motorfahrzeugen. Das präsentierte empirische Material verdeutlichte, dass Nomaden in Südamdo Motorfahrzeuge erwarben, um damit Gemeindesiedlungen oder Kreisstädte schneller zu erreichen. Praktiken der Mobilität, die sich in Gemeinschaften sKa khogs und mDzod dges im Zusammenhang mit Motorfahrzeugen entwickelt haben, sind nicht bedingt durch Infrastruktur, sie führen aber zu Interaktion mit ihr, weil Praktiken der motorisierten Mobilität mit Orten verbinden, welche an Knotenpunkten des Strassennetzes oder entlang des Strassennetzes liegen. Die Auswirkungen davon sind beträchtlich, wie gerade auch die nächsten Teile zu *Alltag* und *Verflechtung* zeigen werden.

In Bezug auf die Nutzung von Mobiltelefonie spielte Infrastruktur eine elementarere Rolle. Ohne sie ist Mobilkommunikation nicht möglich. Die Nutzung der mobilen Technologie ist durch die Reichweite der Funkwellen bedingt, wenn denn das Gerät zum Telefonieren benutzt werden soll. Die vorliegende Studie hat gezeigt, dass Nomaden Südamdos mit der Telekommunikationsinfrastruktur interagiert haben, indem sie sich an Orte begaben, an denen Empfang gewährleistet war. Sie richteten sich demzufolge nach der Infrastruktur aus. In diesem Sinn lässt sich sagen:

Infrastruktur verfestigt Bewegungsrichtungen und wirkt auf die Lebensweise von Nomaden Südamdos ein

Infrastruktur kann Bewegungen kanalisieren, leiten und bündeln oder Bewegungen ausbremsen. In den Siedlungsorten sKa khogs und mDzod dges wurde eine Infrastruktur geschaffen, die sich als urbaner Raum konzeptualisieren lässt. In diesem Raum verdichteter Infrastruktur werden Bewegungen von Nomaden kanalisiert und zum Stillstand gebracht. Strassen zwischen den Gebäuden, Treffpunkte in Teehäusern, Familienangehörige wohnhaft in „Stabilen Behausungen für Nomaden" und Mobilkommunikation beeinflussen die Bewegungsrichtungen der Nomaden und verankern deren Mobilität, wenn sie zentrale Orte aufsuchen.

Die Materialität der Infrastruktur wirkt auf Bewegungen der Nomaden ein, indem sie eine Verbindung zwischen Weideland und zentralen Orten herstellt. Strassen und Wege wie auch die Reichweite der Mobilfunktürme beeinflussen Bewegungen der Nomaden und kanalisieren sie hin zu den Ortschaften, welche die Strasseninfrastruktur verbindet. Dort wird Bewegung ausgebremst, was jedoch nicht ausschliesslich dort geschieht: Auch die in den letzten Jahren verfestigte *phyugs las*, die im Winterbereich eingezäunt ist, bildet nunmehr einen infrastrukturell definierten Raum, an dem sich eine Reduktion pastoraler Mobilität zeigt. Das Ephemere der *phyugs las* wurde teilweise aufgelöst durch feste Bauten, Zäune und vermehrt auch durch Strassen und Wege. Infrastruktur führt zu Friktionen mit Mobilität, das heisst sie konstituiert sich als bauliches Hindernis, das Bewegung verlangsamt oder ganz zum Stillstand bringt. Gleichzeitig kanalisiert sie Mobilität, was im Kontext der Nomaden sKa khogs und mDzod dges ebenfalls als Friktion gelesen werden kann: Eingezäunte Weidegebiete müssen umgangen oder umfahren werden. Durchgänge in den Zäunen kanalisieren die Bewegungen von Mensch und Tier. Strassen erleichtern zwar das Fahren, aber sie regulieren und behindern gleichzeitig Bewegungen und Bewegungsrichtungen. Wer abseits von Strassen und Wegen wohnt, ist abseits des Bewegungsflusses. Wer sich dem Bewegungsfluss nicht anschliesst, schliesst sich von sozialen Praktiken und den sozialen Räumen, die durch Mobilitätspraktiken entstanden sind, aus. Denn der Ort sozialer Interaktion hat sich entlang der Strassen dorthin verschoben, wo regelmässig Menschen aufeinander treffen, die sonst in relativ grossen Distanzen zueinander leben.

Praktiken der mobilen Technologien verflechten ihre Nutzer mit dem Markt, und Marktteilnahme macht Nomaden Südamdos kontrollier- und manipulierbar

Die Verschiebung des Ortes sozialer Interaktion in die Siedlung bringt mit sich, dass Nomaden auf mobile Technologien angewiesen sind. Dies resultiert in einer Abhängigkeit von Materialien, die nicht selber produziert, sondern erworben werden müssen. Nomaden aus sKa khog und mDzod dge müssen sich, wenn sie mobile Technologien nutzen wollen, an der Geldwirtschaft des Marktes beteiligen. Sie sind dadurch an Prozessen beteiligt, die ihre materiellen und sozialen Bedürfnisse räumlich auf den zentralen Ort des Gemeindesitzes oder der Kreisstadt ausrichten. Dabei zieht die Interaktion mit Infrastruktur eine Abhängigkeit von politischen und wirtschaftlichen Mechanismen nach sich, auf die lokale Bewohner keinen Einfluss haben.

Strassen und Telekommunikationsinfrastruktur sind Teil von Infrastrukturnetzwerken, die den Fluss von Personen, Waren, und Informationen steuern und folglich auch hegemoniale politische und wirtschaftliche Verhältnisse repräsentieren. Dies zeigt sich darin, dass über das Strassennetz Materialien nach sKa khog und mDzod dge gebracht wurden, die Nomaden in das Netzwerk des Markts und seine Mechanismen einbinden. Nicht nur bedingen die in dieser Arbeit untersuchten mobilen Technologien Kauftransaktionen, sondern sie ziehen zudem für ihre Nutzung zusätzliche Markttransaktionen nach sich. Treibstoff für Motorfahrzeuge wird über das Verteilnetz grosser Erdölkonzerne in das südliche Amdo gebracht und dort an Tankstellen vertrieben. Telekommunikationsunternehmen binden Kunden durch SIM-Karten und Zahlungsmodelle an sich. Zusätzlich wurden durch verschiedene staatliche Entwicklungsprogramme Neuerungen eingeführt, die anderen materiellen Bedarf nach sich zogen. Der Bau von Winterhäusern und von Häusern in den neuen Nomadensiedlungen, Einzäunung von Weideland, Vertrieb von Segeltuchzelten mit Innenausstattung, subventionierter Bau von Ställen und ähnliches mehr bedarf Materialien, die nach sKa khog und mDzod dge eingeführt und in den Siedlungsorten vertrieben werden. Letztlich führt diese Zunahme an Material, welches Nomaden der Graslandregion Südamdos vermehrt nachfragen, zu deren Einbindung in regionalen und globalen Geld- und Warenflüsse. Ob sie sich dem entziehen könnten, wenn sie wollten, ist fraglich. Die Lebenswelt der Nomaden sKa khogs und mDzod dges hat sich unwiderruflich verändert. Dass die vom Staat verteilten oder subventionierten Materialien ein „Geschenk" darstellen, das Abhängigkeiten hervorruft, hat Yeh (2013c) ausführlich diskutiert, wenn auch im geografischen Kontext des Autonomen Gebiet Tibets. Der Titel ihrer Monographie *Taming Tibet*[286] verweist auf diesen „zivilisierenden Effekt", den staatliche Entwicklungsprojekte haben oder der von ihnen erwartet wird. Ähnliche Prozesse verdeutlicht Fischer (2014: 375–376), der die staatliche Entwicklungspolitik in tibetischen Regionen auf ihre Tendenz untersucht hat, Ungleichheit und Exklusion hervorzubringen. Materialität von Strassen, Siedlungen und mobilen Technologien bringt wirtschaftliche Abhängigkeiten hervor. Wenn die Nomaden sKa khogs und mDzod dges mobile Technologien in ihren Alltag inkorporieren und sie dadurch „domestizieren", werden sie als Besitzer und Nutzer auch „domestiziert". Sie sind Teilnehmende am Markt und eingebunden in Prozesse, die über den lokalen Kontext hinausreichen.

8.2 Alltag

Mobilitäts- und Kommunikationspraktiken sind in einen sozialen Kontext eingebettet. Handlungen und Routinen von Nomaden sKa khogs und mDzod dges im Umgang mit Motorfahrzeugen und Mobiltelefonen verdeutlichen, dass die Bedeutung von Infrastruktur nicht allein durch Marktmechanismen und staatliche Absichten der wirtschaftlichen Entwicklung determiniert sind. Die Infrastruktur der Strasse, des Telefons und der zentralen Orte erhalten im Alltag der Nomaden sKa khogs und mDzod dges eine Bedeutung, die sich als „Taktiken" den „Strategien" des Staates entgegenstellen, wie de Certeau (1988) dies beschrieben hat.

Alltag konkretisiert sich in Praktiken, und Praktiken haben eine räumliche und zeitliche Komponente. Warde (2005: 139) sagt „[p]ractices have a trajectory or

286 Der vollständige Titel heisst: *Taming Tibet: Landscape Transformation and the Gift of Chinese Development.*

path of development, a history." Er führt weiter aus, dass die Ursachen für soziale Veränderungen in der Entstehung von Praktiken, insbesondere im Zusammenhang mit einem Konsumgut, zu suchen sind (Warde 2005). Der Besitz von Motorfahrzeugen und von Mobiltelefonen hat neue Praktiken hervorgebracht. Anhand der Phasen der Aneignung, Platzierung und Inkorporation erörterte ich die *trajectory* der Praktiken, den Weg ihrer Entwicklung im Kontext von nomadischen Familien sKa khogs und mDzod dges. Diese *trajectory* ist nicht geradlinig. Sie ist fluid und konstituiert sich unterschiedlich zu verschiedenen Zeiten. Die Aneignung und Inkorporation eines Motorrads oder Mobiltelefons verläuft einige Jahre nach ihrem Ersterscheinen anders als ganz zu Beginn dieses Prozesses. Dadurch verändern sich auch die Praktiken selbst stetig. Eingebettet in den Alltag führen sie zu *Konversionen* des nomadischen Raums. Dies soll nun anhand der anfänglich aufgestellten Thesen zusammengefasst werden.

Mobile Technologien der Fortbewegung und Kommunikation transformieren Alltagspraktiken

Der Alltag der Nomaden ist in der *phyugs las* verankert. *Phyugs las* ist gleichzeitig ein Begriff für Praktiken der Pastoralwirtschaft und eine Bezeichnung für den Ort, an dem sich diese Praktiken manifestieren. *Phyugs las* beschreibt, um es mit Ingolds Worten auszudrücken, „people's practical engagement with their lived-in environments" (2000: 168). Im Begriff *phyugs las* verdeutlicht sich, dass sich der gelebte Raum in den Praktiken der Pastoralwirtschaft konstituiert und dass dieser Raum aufgrund der mobilen Form der Herdenhaltung fluid ist. Wie verbindet sich dieser Alltag mit Mobilitätspraktiken, die aus Aneignung und Inkorporation von mobilen Technologien entstanden sind?

Zunächst zeigen die Ausführungen dieser Arbeit deutlich, dass der Alltag der Nomaden sKa khogs und mDzod dges und dessen Praktiken in einem historischen und politischen Kontext situiert sind, der die Pastoralwirtschaft transformiert hat und weiter transformiert. Die *phyugs las* hat sich verfestigt, weil Weideland quasi privatwirtschaftlich genutzt wird und Einzäunungen und Nutzungsrechte die räumliche Fluidität der *phyugs las* mehrheitlich aufgehoben haben. Das „lived-in environment" (Ingold 2000: 168) hat sich verändert, indem die Siedlungsform der Nomaden Südamdos zunehmend an Infrastruktur gebauter Häuser und eingezäunter Weideparzellen festgemacht werden kann. Selbst die *phyugs las* ist nicht infrastrukturfrei.

Die Alltagspraktiken der *phyugs las* scheinen sich jedoch auf den ersten Blick wenig verändert zu haben. Sie mögen zwar räumlich weniger flexibel sein, aber Pastoralwirtschaft erfordert weiterhin, dass in die Herde investiert wird, indem ihr Bedarf an Futter und Wasser gedeckt ist, um von ihr Produkte wie Milch,

Wolle, Dung und schlussendlich Fleisch ernten zu können. Diese Praktiken sind *gender*-Praktiken, weil Männern und Frauen verschiedene Aufgabenbereiche zugewiesen sind. Auch diese Zuteilungen scheinen unverändert. Hier zeigen sich allerdings Brüche, wenn Praktiken der Mobilität, die durch Motorfahrzeuge und Mobiltelefone realisiert werden, in den Blickpunkt gerückt werden. Motorfahrzeuge haben sich vorwiegend als Medium einer Mobilitätspraktik etabliert, die Zugang zu Orten schafft, die ausserhalb der *phyugs las* liegen. Ebenso haben sich Praktiken der Mobilkommunikation zu einer Zeit entwickelt, zu der sie nur in den Siedlungsorten genutzt werden konnten, nicht aber in der *phyugs las*. Dies privilegierte die Männer und verstärkte eine Mobilitätsrichtung, die von der *phyugs las* weg an Orte führt, die durch Strassen zugänglich sind und an denen Mobilfunk besteht.

Mobile Technologien haben insofern zu einer Transformation der Alltagspraktiken geführt, als dass der pastorale Lebensraum des Weidegebiets nur noch ein Referenzpunkt unter anderen in dem von Nomaden bewohnten Raum ist. Weder schaffen die mobilen Technologien diese Orte, noch die Alltagspraktiken selber. Erstere sind aber Instrumente, die es den Nomaden sKa khogs und mDzod dges erlauben, durch die Erweiterung ihrer Mobilitätspraktiken und Mobilkommunikation andere Referenzpunkte in ihren Alltag zu integrieren.

Transformationen von Alltagspraktiken führen zu Kontinuitäten und Brüchen in den räumlichen Ordnungen des nomadischen Alltags

Die Praktiken der Pendelmobilität von Nomaden sKa khogs und mDzod dges haben Orte sozialer Interaktion entlang des Strassennetzes an zentrale Orte verschoben. Nomaden bedienen sich des Strassennetzes und der Motorfahrzeuge, um damit in die Siedlungsorte zu fahren. Dort entstehen soziale Räume der Interaktion und Kommunikation. An den sozialen Praktiken, die sich entlang der Strassen und in den Siedlungsorten konstituieren, nehmen nicht alle gleichermassen teil. Aber die Kanalisierung der Bewegungen und die Friktionen von Mobilität im Alltagskontext von Nomaden betreffen sowohl diejenigen, welche die mobilen Technologien nutzen, als auch diejenigen, die sie nicht nutzen. Indem die Materialität von Infrastruktur räumlich fragmentiert, schafft sie Orte, die verschieden zugänglich sind und die verschieden geartete Lebensbereiche entstehen lassen.

Gemeindesiedlungen und Kreisstädte gibt es seit gut fünfzig Jahren im Graslandgebiet Südamdos. Jedoch bedurfte es der mobilen Technologien, um diese in der Regelmässigkeit aufsuchen zu können, wie das im Jahr 2012 beobachtet werden konnte. Durch die neu entstandenen Mobilitätspraktiken und unterstützt durch Praktiken der Mobiltelefonie veränderte sich die Konstellation von *phyugs las* und Siedlungsorten. Mobilität im Territorium eines *sde ba,* die ich anfangs als *lokale* Mobilität beschrieben habe (vgl. Kap. 3.2.1), entwickelte sich zu *trans*-lokaler Mobilität, denn sie ist auf Orte ausgerichtet, deren Funktion nicht ausschliesslich und nicht unmittelbar auf die Pastoralwirtschaft und die Gemeinschaft, die sie betreibt, ausgerichtet ist. Translokalität beschreibt demzufolge nicht ausschliesslich die Verbindung zwischen Orten, sondern

> positions places as products of diverse forms of connection and relations [...]. Therefore, the idea of translocality incorporates both mobility and emplacement and is about studying what flows through places as well as what is in them, by explicitly addressing its relationality (Verne 2012: 19).

Die Bewegungsrichtungen von Nomaden schaffen vielfältige Verbindungen, die zwischenzeitliche Anordnungen von Mobilität und Verortung hervorbringen. Die Spannungen, die translokalen Praktiken inhärent sind, bewirken Transformationen im sozialen und räumlichen Gefüge der Gemeinschaften sKa khogs und mDzod dges. Sie transformieren Alltag dahingehend, dass Bereiche entstehen, die verschiedene Funktionen erfüllen, die aber durch Praktiken der Mobilität und Kommunikation miteinander verflochten sind. Translokalität macht sichtbar, dass soziale Räume Produkte von Verbindungen und Beziehungen sind, die durch Praktiken der Mobilität realisiert werden.

In sKa khog und mDzod dge zeigte sich, dass Translokalität in den Praktiken der Mobilität lange vorwiegend von Männern gelebt wurde. Sie waren die ersten und lange die ausschliesslichen Fahrer von Motorrädern und Autos; sie trafen sich regelmässig in Siedlungsorten; sie waren die ersten Besitzer von Telefonen. Teehäuser und andere Treffpunkte in den Siedlungen waren und sind bis heute männliche Räume oder zumindest männlich dominierte Räume. Daraus ergibt sich, dass Frauen durch (partielle) Exklusion von motorisierter Mobilität viel stärker an die *phyugs las* gebunden waren, dass sie dort immobilisiert wurden. Die faktische Trennung des Bereichs der *phyugs las* von einem Bereich, der vorwiegend von Männern aufgesucht wurde, verstärkte oder betonte die soziale Rolle der Frau und ihre Verantwortungen in der Pastoralwirtschaft. Darin zeigt sich eine Kontinuität. Allerdings entstand durch die häufige Abwesenheit von Männern eine Spannung, die zu Brüchen führen kann. Männer waren vermutlich auch früher oft abwesend vom unmittelbaren Umfeld des Zeltes und des Ortes, wo die Herde angebunden und gemolken wird. Indes war ihre Abwesenheit durch Praktiken der *phyugs las* gegeben und fand in ihrem räumlichen Kontext statt. Sie überwachten Herden, halfen Nachbarn aus, kundschafteten das Land aus im Bestreben, die Ressource Gras nachhaltig zu nutzen und sie pflegten soziale, politische und wirtschaftliche Beziehungen. Das tun sie immer noch. Aber weil einige der Aufgaben, die Männern zugeordnet sind, vermehrt an zentralen Siedlungsorten zusammenlaufen, sind sie hauptsächlich in translokale Praktiken involviert. Es entsteht dadurch ein räumlicher Bruch zwischen Tätigkeiten, die unmittelbar mit den Herden zusammenhängen, und Tätigkeiten, die über das männliche Beziehungsnetz realisiert werden.

Es lässt sich eine funktionale Differenzierung von Orten feststellen, die auch einen *gender*-Aspekt in sich trägt. Die *phyugs las* wird zunehmend zum Bereich der Frauen und die Siedlung oder zumindest spezifische Orte der Siedlung zum Bereich der Männer. Einerseits konstituiert sich darin Kontinuität, weil tradierte *gender*-Vorstellungen räumlich in translokalen Praktiken reproduziert werden. Andererseits zeigen sich hierin Brüche, weil den Frauen ein Bereich überlassen wird, der bisher von Mann und Frau auf verschiedene Weise gemeinsam belebt und gelebt wurde. Diese neuen räumlichen Konstellationen tragen eine Spannung in sich, die Druck auf *gender*-Ordnungen ausübt, so dass diese sich aufgrund männlich besetzter translokaler Praktiken neu ordnen. Es lohnt sich deshalb, in der Beantwortung der nächsten These, die gerade die Bewegungsrichtung und Modi der Kommunikation in Bezug auf räumliche Veränderung in den Blickpunkt nimmt, translokale Praktiken im Hinblick auf Frauen in den Vordergrund zu rücken.

Bewegungsrichtungen und Mobilkommunikation verändern soziale Räume

Mitglieder pastoraler Haushalte aus sKa khog und mDzod dge, die zwischen Weideplatz und Gemeindesiedlungen pendeln, erweitern durch Translokalität ihren gelebten Raum. Die Leichtigkeit, mit der dies erreicht wird, liegt im Einsatz mobiler Technologien – sowohl motorisierter Fahrzeuge als auch Mobiltelefone – und dem ausgebauten Infrastrukturnetz. Dies scheint Männer zu privilegieren. Die sozialen Räume, die in der Translokalität entstehen, sind vorwiegend männlich dominiert, wie sich am Beispiel des Teehauses zeigte. Jedoch habe ich in der vorliegenden Arbeit deutlich gemacht, dass der Ausschluss bzw. die Immobilisierung der Frauen in der *phyugs las* nicht absolut ist. Auch sie nehmen an translokalen Praktiken teil. Sie gehören zum sozialen Geflecht, das sich vom Grasland bis zur Siedlung zieht. Die neuen Entwicklungen bezüglich motorisierter Fortbewegung, verbesserter Strassen und nicht zuletzt Mobilkommunikation beteiligen Frauen an den Vorgängen an den zentralen Orten und demzufolge an Translokalität.

Sowohl Aneignung und Inkorporation von Motorfahrzeugen wie auch von Mobiltelefonen sind höchst dynamische Felder, die sich laufend weiter entwickeln. In sKa khog und mDzod dge begann sich in Bezug auf die Nutzung von Motorrädern bereits während meiner Feldforschungsphase im Jahr 2012 ein Wandel abzuzeichnen. Motorisierte Fahrzeuge wurden nicht länger ausschliesslich von Männern gefahren. Zur Zeit der Feldforschung waren es vorwiegend jüngere Frauen, die sowohl das Motorrad- als auch das Autofahren erlernten oder ihre Absicht ausdrückten, dies zu tun. Dies ist im südlichen Amdo ein relativ junges Phänomen und nicht überall gleichermassen verbreitet. Es ist aber davon auszugehen, dass sich dieser Trend verstärken wird. Dass Frauen Motorrad oder Auto fahren können, heisst aber nicht zwangsläufig, dass sie mehr Kontrolle über ihre Mobilität haben. Wie bisher translokale Mobilität von Frauen innerhalb der bestehenden soziokulturellen Normen mit den Männern ausgehandelt werden musste, muss nun der Besitz oder Gebrauch von Motorrädern – und Mobiltelefonen – ausgehandelt werden. Trotzdem, der Wandel ist eingeleitet. Was vor wenigen Jahren fast nicht vorstellbar war und von einer Frau verlangte, sich gegen allgemein bestehende Vorstellungen und soziale Konventionen durchzusetzen, ist nun in einigen Gemeinden Normalität geworden. Frauen fahren zum Teil selbständig, das heisst ohne männliche Begleitung, in die Gemeindesiedlung, um dort ihren Geschäften nachzugehen. Mit diesen Veränderungen werden Frauen befähigt, ihre Mobilität selber zu gestalten und sich neue Räume zu erschliessen. Dies ist zudem eine Wiedererlangen einer Mobilität, die ihnen früher zustand, als Pferde die hauptsächlichen Fortbewegungsmittel sowohl von Männern als auch von Frauen waren (vgl. hierzu die Ausführungen in Kap. 3.2.1 und Kap. 3.4.3). Es ist davon auszugehen, dass Frauen auch das Autofahren erlernen und dass es nur eine Frage der Zeit ist, bis ein Auto voller Frauen, ohne männlichen Begleiter, in die Siedlung, die Kreisstadt oder noch weiter fährt.

Im Moment lassen sich allenfalls Szenarien aus den bisherigen Entwicklungen ableiten, welche voraussagen, dass die Praktiken der motorisierten Mobilität von Frauen im sozialen Gefüge pastoraler Gemeinschaften sKa khogs und mDzod dges Veränderungen bewirken werden. Ich weise auf diesen Wandel hin, um aufzuzeigen, dass motorisierte Mobilität und die mit ihr zusammenhängende Translokalität im Fluss sind. Das soziale Umfeld hat sich durch Pendelmobilität verändert. An den Siedlungsorten ist ein Raum entstanden, zu dem sich Frauen zusehends eigenständigen Zugang verschaffen. Sie tun dies sowohl durch Kommunikationspraktiken als auch durch den Erwerb von Fahrkenntnissen. Bessere Strassen erleichterten das Bedienen schwerer Maschinen, was Frauen das Fahren von Motorräder erleichterte. Während im Jahr 2012 der Schluss gezogen werden konnte, dass motorisierte Mobilität als Privileg der Männer hegemoniale *gender*-Zuschreibungen zum Nachteil der Frauen eher verstärkt hat, ist davon auszugehen, dass in diesem Feld weitere Veränderungen zu beobachten sein werden. Die Konversion nomadischen Raums, die sich durch die Adoption von motorisierten Fahrzeugen ergeben hat, hat auch *gender*-Beziehungen erfasst und besitzt das Potential, tiefergreifende Transformationen in den sozialen Beziehungen der Gemeinschaften sKa khogs und mDzod dges zu verstärken.

Ein ähnliches transformatives Potential wurde auch in Bezug auf Mobiltelefonie diskutiert. Der Siedlungsort, die spezifisch männlich besetzten Räume des Teehauses, aber auch männliche Zusammenkünfte irgendwo im Grasland sind durchlässig geworden, weil Frauen durch Mobilkommunikation Zugang erhalten zu diesen Räumen und dem sozialen Geflecht, das sich dort konstituiert. Obschon Frauen sich im öffentlichen Raum der Siedlungen anders verhalten als Männer und zum Teil andere Orte aufsuchen, sind sie durch ihre Anwesenheit und ihre Interaktionen Teil des Geflechts der Siedlungsorte. Der kontinuierliche Ausbau des Mobilfunknetzes schafft zudem Möglichkeiten für Frauen in der *phyugs las*, am Geschehen in den Siedlungen teilzunehmen. Mit der Verbreitung der Mobiltelefone auch unter Frauen und dem Ausbau des Funknetzes konnten sich Praktiken der Mobilkommunikation entwickeln, die männlich dominierte Räume für Frauen zugänglich machen. *Gender*-Räume sind in beide Richtungen porös geworden. Ob und wie Interaktionen von Männern unter Männern oder zwischen Männern und Frauen dadurch neu kalibriert werden, wird zu beobachten sein.

8.3 Verflechtung

Strassen und Mobilkommunikation funktionieren im südlichen Amdo als Schnittstellen, durch die sich Nomaden einen Raum zugänglich machen, der durch Infrastruktur und Entwicklungsstrategien des Staates fragmentiert worden ist. Die Fragmentierung führte zur Marginalisierung der Nomaden sKa khogs und mDzod dges, die aus Sicht des vorherrschenden Modernisierungsdiskurses in einer rückständigen Wirtschafts- und Gesellschaftsform leben. Sie wurden mehr und mehr von Prozessen ausgeschlossen, die an den Knotenpunkten der Entwicklung – in den zentralisierten Siedlungsorten – stattfinden, oder konnten nur durch Ansiedlung daran teilnehmen. Translokale Mobilitätspraktiken bzw. ihre Herausbildung erlaubt den Nomaden, den fragmentierten Raum des von ihnen bewohnten Territoriums zu navigieren. Translokalität bildet folglich eine Verknüpfung zu dem, was in den Weidegebieten und in den Gemeindesiedlungen und Amtskreisstädten geschieht, vornehmlich Zentralisierung durch Urbanisierung, die in ganz China zu beobachten ist.

Translokalität kompensiert die durch Entwicklung und Strassenbau entstehende Marginalisierung von nomadischen Gemeinschaften. Nomaden bedienen sich der Infrastruktur in einer Weise, die ihren sozialen Raum erweitert und folglich zu einer Konversion des nomadischen Raums führt, des Raums, in dem sich ihre sozialen Beziehungen realisieren. Mobilkommunikation fungiert in diesen Vorgängen als ein wichtiges Element. Am Anfang der Arbeit habe ich nomadischen Raum folgendermassen in Worte gefasst:

Dem Alltagskontext der Nomaden in sKa khog und mDzod dge ist Mobilität inhärent. In ihm entwickeln sich Interaktions- oder Kommunikationsräume, die für die Formung und Aufrechterhaltung von sozialen Beziehungen relevant sind. Die Nutzung neuer Mobilitätstechnologien führt nun zu Veränderung von Mobilität und zu neuen Mobilitätsformen, die soziale Räume produzieren. In „the relational contexts" (Ingold 2000: 168), also in den Verflechtungen von Personen und Orten, werden räumliche und soziale Transformationen manifest.

Dieser letzte Teil will die ersten zwei Teile Materialität und Alltag zusammenführen. Er fragt sich, was translokale Praktiken der Nomaden sKa khogs und mDzod dges bewirken. Materialität als Ausdruck der „Strategien" des Staates und Alltag als „Taktik" der Bewohner Südamdos stehen nicht für sich selber. Sie stehen für zwei grundsätzlich verschiedene Verständnisweisen von Bewegung, welche Ingold (2011) mit den Begriffen *transport* und *wayfaring* umschreibt. *Transport* ist Ausdruck eines Netzwerks mit Verbindungspunkten, welches Bewegung einschränkt. Dem gegenüber steht *wayfaring* als Bewegung entlang von Wegen, die nicht unbedingt gebaut sind, die fluid sind, weil sie in den Praktiken der Menschen entstehen. Durch eine Privilegierung der Verständnisweise von *wayfaring*, die in dieser Arbeit verfolgt wurde, ergibt sich Folgendes:

Translokalität produziert Urbanisierung

Ich habe die Entwicklung von Strassen und Motorisierung und deren Inkorporation in die Lebenswelt von Nomaden in sKa khog und mDzod dge in einen Zusammenhang gestellt mit Prozessen, die Gemeinde- oder Kreissitzen Bedeutung als zentrale Orte zuschreiben. Ich habe beschrieben, wie das Strassennetz Ortschaften verbindet und diese zu Knotenpunkten macht und wie die motorisierte Mobilität der Nomaden Südamdos diese Orte für sie erreichbar macht. Motorisierung und ein wachsendes Netz an Strassen, das die Zunahme der Motorisierungsrate begünstigte, hat zu einer höheren Frequenz geführt, mit der Strecken zwischen Weideplätzen und Verwaltungszentren zurückgelegt werden. Der Weg hat sich zeitlich verkürzt und die Überbrückung der Distanz ist körperlich weniger anstrengend geworden. Ein Mobilfunknetz, das anfänglich die Nutzung von Mobiltelefonen auf die Räume der Siedlungsorte beschränkte, verstärkte die Zentralität dieser Orte zusätzlich. Die Strassen, die Weidegebiete mit Hauptstrassen und Hauptstrassen mit zentralen Orten verbinden, sind wie Zeichnungen von Bewegungslinien in der Landschaft. Richtungen, die früher in dem von Nomaden gelebten Raum nicht dieselbe Gewichtung hatten, wurden nun durch den Strassenbau buchstäblich zementiert.

Dass sich diese neuen Bewegungsrichtungen in solchem Ausmass in der Landschaft festlegen liessen, liegt an staatlich orchestrierten Entwicklungen der letzten Jahrzehnte und einer vom Staat propagierten und geförderten Politik der Urbanisierung. Es waren nicht die Strassen und die Mobilfunktürme, die die neuen Bewegungsrichtungen hervorriefen, sondern sie machten diese sichtbar. Der Ausbau von Marktmöglichkeiten in den nahegelegenen Städten, die Gemeindeverwaltung und ihre Funktionen innerhalb des sozialen Gefüges einer pastoralen Gemeinschaft, die Umsetzung einer neunjährigen Schulpflicht, Ausbau des Tourismussektors und ähnliches mehr trugen zum Wachstum der örtlichen Zentren bei. Es entstanden zentrale Orte für den wirtschaftlichen, politischen und sozialen Austausch, und für Nomaden wuchs die Notwendigkeit, diese Orte aufzusuchen und am dortigen Leben teilzunehmen. Diese Entwicklungen verschoben zumindest visuell den Schwerpunkt von der Pastoralwirtschaft zu einer urbanen Lebenswelt.

Die Frage stellt sich, ob von einer urbanen Lebenswelt bzw. von Prozessen der Urbanisierung im Grasland des Bezirks rNga ba gesprochen werden kann. Werden solche Begriffe dem gerecht, was die vorliegende Arbeit beschreibt? Meine Antwort ist ja, wenn von einer Epistemie des Urbanen ausgegangen wird, wie sie der Soziologe Henri Lefebvre beschrieben hat. Lefebvre (1972) spricht von einer grundlegenden Verstädterung der Gesellschaft und sieht deren Anfang im Übergang von einer Jäger- und Sammler-Gesellschaft zur Sesshaftigkeit (Lefebvre 1972: 13). Eine Veränderung der Siedlungsform von der ephemeren, fluiden *phyugs las* zu gebauten Winterhäusern wurde in den pastoralen Gemeinschaften Südamdos in den 1950er Jahren eingeleitet. Die Zuteilung von Weidegebieten an einzelne Familien und die Quasi-Privatisierung von Landnutzungsrechten von vorher kommunal beweideten Gebieten schufen Tatsachen, die mit der Umsetzung des Siedlungsbaus für Nomaden bis heute weiter zementiert werden. Lefebvre macht weiter darauf aufmerksam, dass nicht Sesshaftigkeit die Stadt hervor brachte, sondern dass sich der Übergang zur Sesshaftigkeit erst unter dem autoritären Druck städtischer Zentren, die „von geschickten Eroberern“ bewohnt wurden, erfolgte (Lefebvre 1972: 14). Auch Ingold (2011: 81) bringt die Spannung zwischen dominierenden Systemen und Bewohnern und Lebensweisen, die schon vorher da waren, zum Ausdruck:

> From time to time in the course of history, however, imperial powers have sought to occupy the inhabited world, throwing a network of connections across what appears, in their eyes, to be not a tissue of trails but a blank surface. These connections are lines of occupation. They facilitate the outward passage of personnel and equipment to sites of settlement and extraction, and the return of the riches drawn therefrom. Unlike paths formed through the practices of wayfaring, such lines are surveyed and built in advance of the traffic that comes to pass up and down them. They are typically straight and regular, and intersect only at nodal points of power. Drawn cross-country, they are inclined to ride roughshod over the lines of habitation that are woven into it, cutting them as, for example, a trunk road, railway

> or pipeline cuts the byways frequented by humans and animals in the vicinity through which it passes.

Diese Arbeit hat gezeigt, dass diese Spannung tatsächlich besteht, dass dominierende Systeme aber durch Alltagspraktiken *konvertiert* werden können und Teil des nomadischen Raums werden. Das ethnographische Material der vorliegenden Arbeit hat verdeutlicht, dass Gemeinde- und Kreissitze – „the nodal points of power" – zentrale Orte geworden sind, in denen Urbanisierungsprozesse stattfinden. Gleichzeitig habe ich aufgezeigt, dass die Nomaden der *phyugs las* an dieser Urbanisierung teilnehmen. Durch Translokalität verbinden sich Nomaden sKa khogs und mDzod dges mit der Zentralität von Gemeindesitzen und Kreisstädten und beteiligen sich dadurch an deren Entstehung. In der Translokalität konstituieren sich soziale Beziehungen von Nomaden. Urbanisierung führt zu einer Verdichtung von Interaktion, zu welcher Nomaden durch translokale Praktiken wesentlich beitragen.

Translokalität ist Verflechtung zwischen und Auflösung von „Zentrum" und „Peripherie"

Translokale Mobilitätspraktiken von Nomaden in sKa khog und mDzod dge bringen vielfältige, komplexe Verflechtungen zwischen Nomaden und den vom chinesischen Staat orchestrierten Entwicklungsprozessen hervor. Strassen und die mobilen Technologien der Motorräder und Autos bilden in diesen Vorgängen eine Schnittfläche, die räumliche, duale Kategorisierungen in Zentrum und Peripherie hinfällig werden lassen. Die Fragmentierung des Raums in ländlich und städtisch, in peripher und zentral entsteht, wenn der Blickpunkt des staatlichen Entwicklungsdiskurses massgebend ist. Die Fragmentierung löst sich auf, wenn die alltäglichen, translokalen Praktiken der Nomaden als Ausgangspunkt genommen werden. Es zeigt sich, dass Nomaden sKa khogs und mDzod dges durch die Integration von Motorfahrzeugen in ihren Alltag eine Mobilitätsform geschaffen haben, mit der dominierende Strukturen von Strassen und zentralen Orten Teil ihres Alltags werden. Die Strassen, welche einer räumlichen Fragmentierung Vorschub zu leisten scheinen, werden zu Schnittflächen, die es Nomaden sKa khogs und mDzod dges ermöglichen, Raum zu navigieren und in ihre Sphäre der Bewegung zu inkorporieren. Gleichermassen konstituierte sich Mobilkommunikation als eine Schnittfläche der Interaktion. Mit dem Mobiltelefon koordinieren Nomaden ihre Bewegungslinien und können aufgrund des wachsenden Mobilfunknetzes auch translokal kommunizieren.

Die Sphäre der Bewegung definiert sich nicht an ihren äusseren Grenzen, sondern durch Bewegung selber. In der Bewegung – Ingold (2011) nennt dies *wayfaring* – entsteht ein Geflecht, welches den Lebensraum der Menschen ausmacht und in welchem „lives are led not inside places but through, around, to and from them, from and to places elsewhere“ (Ingold 2011: 148). Die Mobilitäts- und Mobilkommunikationspraktiken der Nomaden des südlichen Amdos sind verkörperlichte Erfahrung, welche das Geflecht bildet, in denen der nomadische Raum auszumachen ist. Zu Beginn dieser Arbeit habe ich zum Begriff des Nomadischen folgendes gesagt:

> Mobilität ist Bewegung. Mobilität als Element des Nomadischen kann und darf weder auf Nicht-Sesshaftigkeit noch auf eine ökonomische Definition reduziert werden. Mobilität ist Bestandteil sozialer Interaktion. Tibetische Nomaden sind auch deshalb nomadisch, weil sie in teilweise grossen Distanzen zueinander leben, weil ihre Lebensorte sich im Laufe des Jahres verschieben und dies die Formen ihrer Interaktion, ihrer sozialen Beziehungen und ihrer Aussenverflechtungen beeinflusst. Die Etablierung ihrer Interaktionsräume setzt Mobilität voraus. Wenn das Nomadische statt an Nicht-Sesshaftigkeit an Bewegung als Medium für die Konstituierung sozialer Beziehungen festgemacht wird, erlaubt dies uns, Aspekte der Mobilität von Nomaden einzubeziehen, die nicht mit der unmittelbaren Tätigkeit der mobilen Herdenhaltung zusammenhängen. Die begriffliche und konzeptuelle Erweiterung erlaubt, soziale, historische und politische Elemente aufzugreifen, die durch Mobilität veränderte Konstellationen sozialer Beziehungen hervorbringen können (vgl. Kap.2.1.1).

Ebenfalls in einem Kapitel des ersten Teils habe ich das Ephemere der *phyug las* erläutert. Ich habe dargestellt, dass sie immer wieder neu in den Praktiken der Herdenhaltung entsteht und dass sie Ausdruck der Verflechtung von Mensch, Tier und Umwelt ist. Zum Geflecht, welche den Lebensbereich von Nomaden ausmacht, sind im 21. Jahrhundert andere Dinge hinzuzufügen. Die vorliegende Arbeit hat mobile Technologien hinzugefügt. Als Fortbewegungs- und Kommunikationsmittel spielen sie eine wesentliche Rolle in der Konstituierung des nomadischen Raums. *Phyugs las* ist nur noch ein Bereich, der durch Bewegung konstituiert ist. Alltagspraktiken der motorisierten Fortbewegung und Mobilkommunikation führen zu anders ausgerichteten Bewegungen und Verflechtungen an andern Orten.

Ich habe sozialen Raum relational definiert, als eine Verflechtung von Interaktion und Kommunikation. Aus deren Häufung an einem Ort ergibt sich ein Potential an zusätzlichen oder verschiedenartigen und vor allem unvorhersehbaren Interaktionen – ich nannte sie in Kapitel 7.4 „Interaktionsknoten“. Dort, wo sie entstehen, ergeben sich rhizomatische Auswüchse und Verwachsungen, die im alltäglichen Handeln und Interagieren von Menschen mit anderen Menschen, Dingen und Räumlichkeiten entstehen. Das Geflecht von Interaktionen ist an Orten festzustellen, wo sich gehäuft die Schritte und Bewegungslinien von Menschen kreuzen. Sie können jederzeit und irgendwo entstehen. Dass die baulichen Veränderungen und die Entwicklungen der letzten Jahrzehnte dazu geführt haben, dass Interaktionsknoten räumlich stabiler geworden sind und insbesondere in Siedlungsorten auszumachen sind, ist unbestreitbar. Trotzdem ist Zentralität nicht allein in der Infrastruktur des zentralen Ortes lokalisiert, sondern gleichermassen in der Interaktion.

Interaktion aber bedarf im Kontext der Nomaden des südlichen Amdos der Mobilität. Sie leben verstreut und Interaktion bzw. Gelegenheiten zur Interaktion ergeben sich aus ihrer Lebensweise. Obwohl sie bis zu einem gewissen Grad isoliert leben, gab es schon vor der Entstehung von zentralen Orten in sKa khog und mDzod dge Lokalitäten, an denen Interaktion gehäuft und verdichtet stattfand, beispielsweise an religiösen Anlässen der Gemeinschaft, in Klöstern oder bei gemeinsamen Aktivitäten wie dem Umzug auf die Sommerweide, Jagd oder Beratungen der Verantwortlichen von kleineren und grösseren Gemeinschaften, Aktionen der Nachbarschaftshilfe oder auch bei Konflikten um Grasland oder Herdenbesitz. Die in einem solchen Kontext entstandenen Interaktionsknoten waren vergleichsweise einfach und die rhizomatischen Auswüchse überblickbar, da die Dichte der Interaktionen gering blieb und weil, wenn ein Knoten entstand, (fast) alle Akteure miteinander bekannt waren. Interaktionsknoten entstanden folglich entlang der jährlichen Zyklen einer Gemeinschaft, entlang ihrer religiösen und sozialen Riten sowie entlang der Tätigkeiten in der Pastoralwirtschaft, die nachbarschaftliche Unterstützung erfordern. Sie ergaben sich aus koordinierten Bewegungslinien im Rahmen der Praktiken des *wayfaring* der Nomaden. Demgegenüber braucht das Entstehen eines Interaktionsknotens in einem Siedlungsort keine oder wenig Koordination. In urbanen Zentren sind Interaktionsknoten oft an Infrastruktur zu verorten. Verdichtete Interaktion entsteht in Gemeinde- und Kreissitzen von sKa khog und mDzod dge beispielsweise an Busbahnhöfen, an Märkten, an Strassenkreuzungen oder in Teehäusern und Restaurants. Dort verändert sich die Interaktionsdichte im Laufe des Tages, aber ihre Entstehung braucht keine Koordination.

Ausgehend vom Alltag der Nomaden sKa khogs und mDzod dges und ihren Mobilitätspraktiken im Zusammenhang mit mobilen Technologien sind Weidegebiete und zentrale Orte nicht getrennt zu denken. Wenn, wie Ingold argumentiert, Leben entlang von Bewegungslinien und in deren Verflechtung entsteht, dann können zentrale Orte und periphere Weidegebiete nicht auseinander dividiert werden. Die vorliegende Ethnographie verdeutlicht, dass sich Interaktion dorthin verschoben hat, wo das Potential von geplanter und ungeplanter Begegnung erhöht ist. Translokalität erschliesst einen Raum, in dem verdichtete Interaktion fortlaufend gewährleistet ist und nicht erst herbeigeführt werden muss. In der Verbindung von Weidegebieten mit zentralen Orten durch Translokalität verlieren fluide und örtlich wenig festgelegte Interaktionsknoten, die sich vorwiegend im Weideland konstituieren, an Grösse oder Gewicht im Vergleich zu dem, was in den zentralen Orten geschieht. Die Koordination von Mobilität, die im Grasland sKa khogs und mDzod dges erforderlich ist, damit Verflechtungen von Bewegungslinien entstehen können, erübrigt sich. Wer seine Bewegungen auf die Siedlung ausrichtet, kann davon ausgehen, dass Interaktion mit andern stattfinden wird. Ohne Koordination kann zwar nicht in jedem Fall davon ausgegangen werden, dass eine erhoffte, aber ungeplante, Begegnung tatsächlich stattfinden wird. Trotzdem findet Begegnung statt, denn durch das räumliche Zusammenrücken von Menschen an einem Ort steigen die Häufigkeit von Begegnung sowie das Potential von unerwarteten, unvorhersehbaren Interaktionen.

Translokalität führt zu einer Konzentration von Verflechtung in urbanen Räumen und zu Erweiterung des sozialen Raums der Nomaden Südamdos

Die gebaute Siedlung ist durch die Entwicklungen der vergangenen Jahre physisch und demografisch gewachsen. Sie hat sich zu einem Ort entwickelt, der sich vom pastoralen Wirtschaftsraum abgrenzt bzw. diesen ausgrenzt. Jedoch wird dieser Entwicklungsprozess durch Translokalität durchbrochen und aufgehoben. Durch die täglichen Mobilitätspraktiken und durch Praktiken der Mobilkommunikation der Nomaden sKa khogs und mDzod dges wird ihr sozialer Raum erweitert und der urbanisierte Raum der Gemeindesiedlung und Kreisstadt in ihre Lebenswelt einbezogen. Mobile Technologien konstituieren sich als Instrumente, mit denen Nomaden sKa khogs und mDzod dges sozialen Raum erweitern.

Durch translokale Praktiken entstehen in Gemeindesiedlungen und Kreisstädten Interaktionsknoten, an denen Nomaden aus sKa khog und mDzod dge beteiligt sind. Nomaden tragen durch ihre Mobilitätspraktiken der Translokalität täglich zu einem temporären Bevölkerungsanstieg und daher zu einer grösseren Interaktionsdichte in den zentralen Orten bei. Sie sind dadurch an der Entstehung von urbanem Raum beteiligt, der sich unter anderem auch aus Bevölkerungsdichte konstituiert. Im Geflecht dieses Interaktionsknotens wird nun das Mobiltelefon zu einem zentralen Navigationsgerät. Nomaden koordinieren und arrangieren Interaktion durch Mobilkommunikation. Letztere führt situative Arrangements herbei, die sich durch die Mobilität der Beteiligten fortlaufend verändern.

Der soziale Raum konstituiert sich jedoch nicht ausschliesslich in solchen Arrangements bestehend aus einem Geflecht von sich kreuzenden Bewegungslinien, die in physischer Ko-Präsenz von verschiedenen Akteuren münden. Sie wird ergänzt durch Kommunikation und Interaktion, vermittelt durch das Mobiltelefon. Mobilkommunikation löst Translokalität von der Notwendigkeit physisch realisierter Mobilität. Mit dem Ausbau des Mobilfunknetzes und der Verbreitung und Nutzung von Mobiltelefonie sowohl unter Männern als auch Frauen von

Nomadengemeinschaften, wird zusätzlich zur Pendelmobilität eine kommunikative Translokalität möglich. Frauen, die aufgrund der täglich anfallenden Arbeiten vorwiegend in der *phyugs las* anzutreffen sind, können am Geflecht in den zentralen Orten teilnehmen, ohne physisch präsent sein zu müssen. Interaktions- und Kommunikationsräume werden durch Mobilkommunikation massgeblich erweitert und es erschliessen sich für Frauen neue Formen am sozialen Geflecht ihrer Gemeinschaft teilzunehmen.

Zentrale Orte sind folglich nicht nur im marktwirtschaftlichen und entwicklungspolitischen Sinn Knoten. Strasseninfrastrukturentwicklung, der Ausbau des Telekommunikationsnetzes und insbesondere die Aneignung mobiler Technologien durch die Nomaden sKa khogs und mDzod dges führten dazu, dass *wayfaring* einen sozialen Raum entstehen lässt, der zunehmend an zentralen Orten zu finden ist. Dort entsteht täglich neu ein Geflecht an Bewegung, Begegnung und Interaktion aufgrund der Praktiken der motorisierten Fortbewegung und der Mobilkommunikation. Teehäuser, öffentliche Plätze, Märkte, Familienmitglieder, die dort wohnen – all dies sind Gründe, um die Distanzen zwischen Weiden und Siedlungen zu überwinden und diese Orte in ihre Routen und Praktiken des *wayfaring* einzubinden. Mit ihren Motorrädern und Autos bewegen sich Nomaden zwischen verschiedenen Lokalitäten. Sie integrieren Orte, die ausserhalb ihres unmittelbaren, alltäglichen Umfeldes der Weidewirtschaft liegen, in den Raum, der ihr soziales Umfeld ausmacht. Aneignung und Inkorporation von motorisierten Fahrzeugen und Mobiltelefonen in ihren Alltag ermöglichen den Nomaden sKa khogs und mDzod dges *translokal* zu sein. Durch die Translokalität ihrer Praktiken der Mobilkommunikation und der motorisierten Mobilität nehmen sie Teil an einem Geflecht, das sich von den Weidegebieten bis an die zentralen Orte und darüber hinaus erstreckt. Sie vereinnahmen zentrale Orte und *konvertieren* sie zu einem Bereich ihrer Lebenswelt – dem nomadischen Raum.

Glossar chinesischer Begriffe

Pinyin	Chinesisch	Deutsch
Politische und administrative Begriffe		
Aba zang zu qiang zu zizhizhou	阿坝藏族羌族自治州	Autonomer Bezirk rNga ba der Tibeter und Qiang
cun	村	Dorf
da dui	大队	Produktionsteam
danwei	单位	Arbeitseinheit
gongchantang	共产堂	Kommunistische Partei
(renmin) gong she	公社	(Volks-) Kommune
guojia jianshe	国家建设	Nationaler Aufbau
guomin tang	国民堂	Republikanische Partei
hu kou, hu kou ben	户口， 户口本	Haushaltsregistration, -buch
sheng	省	Provinz
shuji	书记	Parteisekretär
tusi	土司	Landherr, lokaler Fürst
xian	县	Kreis
xian zhen	县镇	Kreisstadt
xiang	乡	Gemeinde
xiao dui	小队	Kleines Produktionsteam
zhen	镇	Grossgemeinde; Kleinstadt
zhou	州	Bezirk
zizhizhou	自治州	Autonomer Bezirk
Politiken		
da yue jin	大跃进	Der Grosse Sprung nach Vorne, 1958–1961
(wu chan jie ji) Wen hua Da ge ming	(无产阶级)文化大革命	Die (grosse proletarische) Kulturrevolution, 1968–1978
lianchan chengbao ziren zhidu	联产承包责任制度	Haushaltverantwortlichkeits-system, nach 1978

DOI 10.1515/9783110502008-010

Pinyin	Chinesisch	Deutsch
Politiken		
sanpeitao jianshe	三配套建设	„Umfassendes Set des dreifachen Aufbaus", seit 1996–2000
mumin dingju xingdong jihua; kurz: *mu min ding ju*	牧民定居行动计划，kurz: 牧民定居	„Stabile Behausung für Nomaden", ab 2008
shehui zhuyi xinnongcun jianshe	社会主义新农村建设	„Building the new Socialist Countryside", 2006–2015
tuigeng huanlin	退耕还林	„Grain for Green" bzw. „Sloping land conversion programme", ab 2002
tuimu huancao	退牧还草	„Rückzug aus dem Weideland", ab 2002
xibu dakaifa	西部大开发	„Die grosse Erschliessung des Westens", 2000–2005
xiang xiang neng shangwang, cun cun tong dianhua.	乡乡能上网村村通电话	„Jedes Dorf hat Telefonanschluss und jede Gemeinde Internetzugang"
shentai yimin	生态移民	„Ökologische Migration"
Infrastruktur (Strassen, Telekommunikation)		
cha ma gudao	茶马古道	Tee-Pferd-Route
chuan zang guodao	川藏国道	Sichuan-Tibet-Highway
chuan zang tielu	川藏铁路	Sichuan-Tibet-Bahn
dianxin	电信	Telekommunikation
gaosu gonglu	高速公路	Schnellstrasse
guodao	国道	Nationalstrasse
jiaotong	交通	Verkehr, Kommunikation
kang zang lu	康藏路	Kham (Xikang)-Tibet-Strasse
minzu xueyuan	民族学院	Hochschulen für Nationalitäten
mumin xincun	牧民新村	„Neues Dorf für Nomaden", Neubausiedlung für Nomaden
nong jia le	农家乐	„Ruraler Picknickplatz"
qi ma dian	骑马点	Pferdereitstation
qing zang guodao	青藏国道	Qinghai-Tibet-Highway

Pinyin	Chinesisch	Deutsch
Infrastruktur (Strassen, Telekommunikation)		
qing zang tielu	青藏铁路	Qinghai-Tibet-Bahn
shanglu	商路	Handelsstrasse
shengdao	省道	Provinzstrasse
weixin	微信	WeChat
xiandao	县道	Kreisstrasse
xiangdao	乡道	Gemeindestrasse
xiaolingtong	小灵通	*Xiaolingtong*
Zhongguo Dianxin	中国电信	China Telecom
Zhongguo Liantong	中国联通	China Unicom
Zhongguo Yidong	中国移动	China Mobile
Zhongguo Tietong	中国铁通	China Railcom
Geografische und andere Begriffe		
Bai He	白河	Weisser Fluss (tib.: ska chu)
Chang Jiang	长江	Yangtze (tib.: bri chu)
da cao yuan	大草原	„Grosse Graslandebene“
Hei He	黑河	Schwarzer Fluss (tib.: rme chu)
Huang He	黄河	Gelber Fluss (tib.: rma chu)
Min Jiang	岷江	Min-Fluss (tib.: zung chu)
Ruo’er gai shidi	若尔盖湿地	mDzod dge Moorgebiet

Bibliographie

ADB (2009): „Build It and They Will Come: Lessons From the Northern Economic Corridor". Asian Development Bank. http://hdl.handle.net/11540/199; (Zugriff am 23.07.2016).

Adey, Peter (2010): *Mobility*. New York: Taylor & Francis.

Ahlers, Anna L. (2014): *Rural Policy Implementation in Contemporary China: New Socialist Countryside*. Abingdon, Oxon: Routledge.

Alai (2002): *Red Poppies: A Novel of Tibet*. Boston und New York: Houghton Mifflin Company.

Alber, Erdmute (2000): „Automobilismus und Kolonialherrschaft: Zur Bedeutung des Autoverkehrs für die Herrschaftsstrukturen in der westafrikanischen Kolonie Dahomey", in *Paideuma* 46: 279–299.

Anton-Luca, Alexandru (2002): „Glu and La ye in A mdo: An Introduction to Contemporary Tibetan Folk Songs", in Toni Huber (Hrsg.), *Amdo Tibetans in Transition: Society and Culture in the Post-Mao Era*. Leiden: Brill, 173–196.

Appadurai, Arjun (1986): *The Social Life of Things*. Cambridge: Cambridge University Press.

Arya, Shailender (2011): „Infrastructure Development and Chinese War Waging Capabilities in Tibet", in *Journal of Defense Studies* 5 (3): 81–97.

Association, American Antrhopological (2012): *Statement on Ethics: Principles of Professional Responsibilities*. Arlington, VA: American Anthropological Association, http://ethics.aaanet.org/ethics.statement-0-preamble/; (Zugriff am 23. 07.2016).

ABNJ (2002): „Aba Nian Jian [ch., Aba Jahrbuch]", http://www.abazhou.gov.cn/abgk/abnj/202nj/; (Zugriff am 30.05.2013).

ABNJ (2003): „Aba Nian Jian [ch., Aba Jahrbuch]", http://www.abazhou.gov.cn/abgk/abnj/2003nj/; (Zugriff am 15.05.2013).

ABNJ (2007): „Aba Nian Jian [ch., Aba Jahrbuch]", http://www.abazhou.gov.cn/abgk/abnj/2007nj/ ; (Zugriff am 15.05.2013).

Bakardjieva, Maria (2006): „Domestication Running Wild: From the Moral Economy of the Household to the Mores of a Culture", in Thomas Berker et al. (Hrsg.), *Domestication of Media and Technology*. Berkshire: Open University Press.

Bangsbo, Ellen (2008): „Schooling for Knowledge and Cultural Survival: Tibetan Community Schools in Nomadic Herding Areas", in *Educational Review* 60 (1): 69–84.

Bass, Catriona (1998): *Education in Tibet: Policy and Practice since 1950*. London: Zed Books.

Basso, Keith. H. (1996): *Wisdom Sits in Places: Landscape and Language among the Western Apache*. Albuquerque: University of New Mexico Press.

Bauer, Kenneth (2005): „Development and the Enclosure Movement in Pastoral Tibet since the 1980s", in *Nomadic Peoples* 9 (1): 53–83.

Bauer, Kenneth (2014): „High Frontiers: Dolpo Revisited", in *Tibet Journal* 39(1): 157–181.

Bauer, Kenneth und Geoff Childs (2008): „Demographics, Development, and the Environment in Tibetan Areas", in *Journal of the International Association of Tibetan Studies* 4: 1–8.

Bauer, Kenneth, Geoff Childs, Sienna Craig und Andrew M. Fischer (Hrsg.) (2012): *Land, Labor and Social Policy in a Context of Rapid Transition*. Kathmandu: Himal Books.

Bauer, Kenneth und Carol Kerven (Hrsg.) (2005): *Special Issue: Pastoralists in Post-socialist Asia. Nomadic Peoples* 9 (1&2).

Bauer, Kenneth und Yontan Nyima (2010): „Laws and Regulations Impacting the Enclosure Movement", in *Himalaya* 30 (1&2): 23–37.

Bender, Bárbara (1993): *Landscape: Politics and Perspectives*. Providence [etc.]: Berg.

DOI 10.1515/9783110502008-011

Beng, Yi (2007a): „Stories about Highways in Tibet (I)“, in *China's Tibet*. Beijing: http://2007.tibetmagazine.net/en/20046-p18.htm; (Zugriff am 09.07.2014).

Beng, Yi (2007b): „Stories about Highways in Tibet (II)“, in *China's Tibet*. Beijing: http://2007.tibetmagazine.net/en/20051-p33.htm; (Zugriff am 05.04.2014).

Beng, Yi (2007c): „Stories about Highways in Tibet (III)“, in *China's Tibet*. Beijing: http://2007.tibetmagazine.net/en/20052-p35.htm; (Zugriff am 09.07.2014).

Bennett, Jeff, Xuehong Wang und Lei Zhang (2008): *Environmental Protection in China: Land-use Management*. Cheltenham und Massachusetts: Edward Elgar Publishing.

Berker, Thomas (2006): *Domestication of Media and Technology*. Maidenhead: Open University Press.

Bernstein, Thomas P. (1978): *Up to the Mountains and Down to the Villages: The Transfer of Youth from Urban to Rural China*. New Haven: Yale University Press.

Bethe, E. (2003): „ABCI Assists China's Yak Milk Production“, in *International Outlook*. Land o'Lakes Inc.

Blondeau, Anne-Marie (1998): *Tibetan Mountain Deities: Their Cults and Representations*. Wien: Verlag der Österreichischen Akademie.

Blondeau, Anne-Marie und Ernst Steinkellner (Hrsg.) (1996): *Reflections of the Mountain: Essays on the History and Social Meaning of the Mountain Cult in Tibet and the Himalaya*. Wien: Verlag der Österreichischen Akademie der Wissenschaft.

Bonnin, Christine (2010): „Navigating Fieldwork Politics, Practicalities and Ethics in the Upland Borderlands of Northern Vietnam“, in *Asia Pacific Viewpoint* 51 (2): 179–192.

Booz, Patrick (2011): *Tea, Trade and Transport in the Sino-Tibetan Borderland*. Dissertation. Oxford University, Faculty of Oriental Studies.

Bourdieu, Pierre (1985): „The Social Space and the Genesis of Groups“, in *Theory and Society* 14 (6): 723–744.

Brenner, Neil (2013): „Theses on Urbanization“, in *Public Culture* 25 (1): 85–114.

Brenner, Neil und Christian Schmid (2015): „Towards a New Epistemology of the Urban?“, in *City* 19 (2–3): 151-182.

Bryman, Alan (2001): *Social Research Methods*. Oxford: Oxford University Press.

Buffetrille, Katia (Hrsg.) (2002): *Territory and Identity in Tibet and the Himalayas*. Leiden: Brill.

Canzler, Weert, Vincent Kaufmann und Sven Kesselring (2008): *Tracing Mobilities: Towards a Cosmopolitan Perspective*. Aldershot: Ashgate.

Carillo, Beatriz (2011): *Small Town China: Rural Labour and Social Inclusion*. Oxon: Routledge.

Carlson, Robert D. (2005): *Breakthrough: The Story of Robert and Betty Ekvall*. Unveröffentlichte Arbeit. Wheaton Il.

Carrabine, Eamonn und Brian Longhurst (2002): „Consuming the Car: Anticipation, Use and Meaning in Contemporary Youth Culture“, in *Sociological Review* 50 (2): 181–196.

Casey, Edward S. (1996): „How to Get from Space to Place in a Fairly Short Stretch of Time: Phenomenological Prolegomena“, in Steven Feld und Keith H. Basso (Hrsg.), *Senses of Place*. Santa Fe: School of American Research Press, 13–52.

Casey, Edward S. (1997): *The Fate of Place: A Philosophical History*. Berkeley: University of California Press.

Cencetti, Elisa (2010): „Tibetan Plateau Grassland Protection: Tibetan Herders' Ecological Conceptions versus State Policies“, in *Himalaya* 31 (1&2): 39–50.

Cencetti, Elisa (2012): *Des bergers sans troupeau: Les nouveaux nomades de l'économie socialiste de marché en Amdo-Qinghai (RPC)*. Dissertation: École des Hautes Études en Sciences Sociales.

Childs, Geoff, Melvin C. Goldstein und Phuchung Wangdui (2010): „An Entrepreneurial Transition? Development and Economic Mobility in Rural Tibet", in *Himalaya* 30 (1–2): 51–62.

Chos bsTan rGyal [Gerlad Roche (Hrsg.)] (2014): „Following the Herds: Rhythms of Tibetan Pastoral Life in Amdo", in *Asian Highlands Perspectives* 32.

Christaller, Walter (1933): *Die zentralen Orte in Süddeutschland*. Jena: Gustav Fischer.

Clarke, Graham (1987): *China's Reforms of Tibet and their Effect on Pastoralism*. Brighton: IDS Discussion Paper No. 237.

Clifford, James und George. E. Marcus (Hrsg.) (1986): *Writing Culture: The Poetics and Politics of Ethnography*. Berkley und Los Angeles: University of California Press.

Colombijn, Freek (2002): „On the Road: The Social Impact of New Roads in Southeast Asia", in *Bijdragen tot de Taal-, Land-, en Volkenkunde* 158 (4): 595–617.

Comtois, Claude (1990): „Transport and Territorial Development in China 1949–1985", in *Modern Asian Studies* 24 (4): 777–818.

Conover, Ted (2010): *The Routes of Man: How Roads Are Changing the World and the Way We Live Today*. New York: Alfred A. Knopf.

Cornet, Candice (2010): „Fieldwork Among the Dong National Minority in Guizhou, China: Practicalities, Obstacles and Challenges", in *Asia Pacific Viewpoint* 51 (2): 135–147.

Costello, Susan (2002): „The Economics of Cultural Production in Contemporary Amdo", in Toni Huber (Hrsg.), *Amdo Tibetans in Transition: Society and Culture in the Post-Mao Era*. Leiden: Brill, 221–239.

Cresswell, Tim (2006): *On the Move: Mobility in the Modern Western World*. New York: Routledge.

Cresswell, Tim (2010): „Towards a Politics of Mobility", in *Environment and Planning D: Society and Space* 28: 17–31.

CSHRS (2003): „‚Golden Bridge' for Tibetan People: How the Qinghai-Tibet Railway is Being Built" in China Society For Human Rights Studies: http://www.humanrights.cn/zt/magazine/200402004811103430.htm; (Zugriff am 17.04.2014).

China Tibet Online (CTO) (2005): „Tibet Facts and Figures: Highways", in Beijing: China Tibet Online, http://www.china.org.cn/english/zhuanti/tibet%20facts/163789.htm; (Zugriff am 15.04.2014).

China Tibet Online (CTO) (2009): „100.000 herdsman households in Sichuan to lead 'new tent-dwelling life'", in China Tibet Online, http://english.people.com.cn/90001/90776/90882/6597616.html; (Zugriff am 08.10.2014).

Da'erji, und M. Li (1993): *A ba tong lan [*ch., *Überblick über Aba]*. Chengdu: Sichuan Ci shu Chuban she.

Dai, Yingcong (2009): *The Sichuan Frontier and Tibet: Imperial Strategy in the Early Qing*. Seattle: University of Washington Press.

Dalakoglou, Dimitris und Penelope Harvey (2012): „Roads and Anthropology: Ethnographic Perspectives on Space, Time and (Im) Mobility", in *Mobilities: Special Issue Roads and Anthropology* 7 (4): 459–465.

Davies, Charlotte. A. (1999): *Reflexive Ethnography: A Guide to Researching Selves and Others*. Oxon und New York: Routledge.

de Certeau, Michel (1988): *Kunst des Handelns*. Berlin-West: Merve Verlag.

Deleuze, Gilles und Felix Guattari (1987): *A Thousand Plateaus: Capitalism and Shizophrenia*. Minneapolis: University of Minnesota.

Démurger, Sylvie (2001): „Infrastructure Development and Economic Growth: An Explanation for Regional Disparities in China?", in *Journal of Comparative Economics* 29 (1): 95–117.

Döring, Jörg und Tristan Thielmann (Hrsg.) (2008): *Spatial Turn: Das Raumparadigma in den Kultur- und Sozialwissenschaften*. Bielefeld: Transcript.

Downs, James. F. (1964): „Livestock Production and Social Mobility in High Altitude Tibet", in *American Anthropologist* 66 (5): 1115–1118.

Du, Fachun (2014): *Sanjiangyuan shengtai yimin yanjiu* [Chinesisch, *Ecologic resettlement in the Sanjiangyuan of Qinghai*]. Beijing: Zhongguo Shehui Kexue Chubanshe

Dulam, Bum-Ochir (2006): *Respect and Power Without Resistance: Investigations of Interpersonal Relations among the Deed Mongols*. Dissertation: University of Cambridge.

Dumreicher, Heidi und Bettina Kolb (2008): „Place as a Social Space: Fields of Encounter Relating to the Local Sustainability Process", in *Journal of Environmental Management* 87 (2): 317–328.

Ekvall, Robert B. (1939): *Cultural Relations on the Kansu-Tibetan Border*. Chicago: University of Chicago Press.

Ekvall, Robert B. (1952): *Tibetan Sky Lines*. New York: Farrar, Strauss and Young.

Ekvall, Robert B. (1956): „Some Differences in Tibetan Land Tenure and Utilization", in *Sinologica* 4 (1): 39–48.

Ekvall, Robert B. (1961): „The Nomadic Pattern of Living among the Tibetans as Preparation for War", in *American Anthropologist* 63 (6): 1250–1263.

Ekvall, Robert B. (1964a): „Law and the Individual Among the Tibetan Nomads", in *American Anthropologist* 66 (5): 1110–1115.

Ekvall, Robert B. (1964b): *Religious Observances in Tibet: Patterns and Function*. Chicago: The University of Chicago Press.

Ekvall, Robert B. (1968): *Fields on the Hoof: Nexus of Tibetan Nomadic Pastoralism*. New York: Holt Rinehart and Winston.

Ekvall, Robert B. (1972): „Demographic Aspects of Tibetan Nomadic Pastoralism", in Brain Spooner (Hrsg.), *Population Growth: Anthropological Implications*. Cambridge, MA: MIT Press, 269–285.

Ekvall, Robert B. (1978): *Tents Against the Sky*. Westchester, Ill.: Good News Publishers.

Ekvall, Robert B. (1980a): „The High-Pasturage ones of Tibet also Grow Old", in *Proceedings of the American Philosophical Society* 124 (6): 429–437.

Ekvall, Robert B. (1980b): *The Lama Knows: A Tibetan Legend is Born*. Novato, CA: Chandler & Sharp.

Ekvall, Robert B. (1974): „Tibetan Nomadic Pastoralists: Environments, Personality, and Ethos", in *Proceedings of the American Philosophical Society* 118 (6): 519–537.

Emerson, Robert M., Rachel. I. Fretz und Linda L. Shaw (2011): *Writing Ethnographic Fieldnotes*. 2. Ausgabe, Chicago: University of Chicago Press.

Erhard, Xaver (2013): „Remembering History in Amdo: Three Literary Accounts for the Years from 1956 to 1976", in *Journal of Research Institute Kobe City University* 51: 103–123.

Fabian, Johannes (1990): *Power and Performance: Ethnographic Explorations through Proverbial Wisdom and Theater in Shaba, Zaire*. Madison: Wisconsin University Press.

Fabian, Johannes (2001): *Anthropology with an Attitude: Critical Essays*. Stanford: Stanford University Press.

Featherstone, Mike, Nigel Thrift und John Urry (Hrsg.) (2005): *Automobilities*. London: Sage.

Feld, Steven und Keith. H. Basso (Hrsg.) (1996): *Senses of Place*. Santa Fe: School of American Research Press.

Fijn, Natasha (2011): *Living with Herds: Human-Animal Coexistence in Mongolia*. New York: Cambridge University Press.

Fischer, Anja (2008a): *Nomaden der Sahara: Handeln in Extremen*. Berlin: Reimer, Dietrich.

Fischer, Andrew M. (2005): „Close Encounters of an Inner-Asian Kind: Tibetan-Muslim Coexistence and Conflict in Tibet, Past and Present", in *Crisis States Research Centre Working Papers Series* 1 (68): 1–30.

Fischer, Andrew M. (2008): „‚Population Invasion' Versus Urban Exclusion in the Tibetan Areas of Western China", in *Population and Development Review* 34 (4): 631–662.

Fischer, Andrew M. (2009): „Educating for Exclusion in Western China: Structural and Institutional Dimensions of Conflict in the Tibetan Areas of Qinghai and Tibet", in *CRISE Working Paper No. 69, Centre for Research on Inequality, Human Security and Ethnicity*.

Fischer, Andrew M. (2014): *The Disempowered Development of Tibet in China: A Study in the Economics of Marginalization*. Plymouth: Lexington Books.

Flower, John M. (2004): „A Road Is Made: Roads, Temples, and Historical Memory in Ya'an County, Sichuan", in *The Journal of Asian Studies* 63 (3): 649–685.

Foggin, Marc J. (2000): *Biodiversity Protection and the Search for Sustainability in Tibetan Plateau Grasslands*. Dissertation: Arizona State University.

Foggin, Marc J. (2008): „Depopulating the Tibetan Grasslands: National Policies and Perspectives for the Future of Tibetan Herders in Qinghai Province, China", in *Mountain Research and Development* 28 (1): 26–31.

Foggin, Marc J. und Gongbu Zhaxi (2013): „Can Ecological Migration Policy in the Tibetan Plateau Region Achieve Both Conservation Goals and Human Development Goals? A Review of the Canadian Experience of Relocation and Resettlement", in Dawn Chatty und Troy Sternberg (Hrsg.), *Modern Pastoralism and Conservation: Old Problems, New Challenges*. Cambridge: White Horse, 186–201.

Frers, Lars (2007): *Einhüllende Materialitäten: Eine Phänomenologie des Wahrnehmens und Handelns an Bahnhöfen und Fährterminals*. Bielefeld: Transcript.

Friedmann, John (2005): *China's Urban Transition*. Minneapolis: University of Minnesota Press.

Gadamer, Hans-Georg (1976): *Hegel's Dialectic: Five Hermeneutical Studies*. New Haven [etc.]: Yale University Press.

Gaerrang (2002): „Case Study on Pasture Use on the Southeastern Tibetan Plateau", Helsinki: Unveröffentlichte Konferenzpräsentation.

Gaerrang (2011): „The Alternative to Development on the Tibetan Plateau: Preliminary Research on the Anti-Slaughter Movement", in *Revue d'Etudes Tibétaines* 21: 31–43.

Gaerrang (2012): *Alternative Development on the Tibetan Plateau: The Case of the Slaughter Renunciation Movement*. Dissertation: University of Colorado.

Galvin, Kathleen. A., Robin S. Reid, Roy H. Behnke und Jr. N. Thompson Hobbs (Hrsg.) (2007): *Fragmentation in Semi-Arid and Arid Landscapes: Consequences for Human and Natural Systems*. Dordrecht: Springer.

Garver, John W. (2006): „Development of China's Overland Transportation Links with Central, South-West and South Asia", in *The China Quarterly* 185: 1–22.

Geertz, Clifford (1973): *The Interpretation of Cultures*. New York: Basic Books.

Gellner, Ernest (1994): „Foreword", in A. Khazanov (Hrsg.), *Nomads and the Outside World*. Madison: Wisconsin University Press, ix–xxv.

Germano, David und Tsehua Washu (2011): „An Overview over the Ngawa Autonomous Prefecture", in *The Tibetan and Himalayan Library Place Dictionary*: http://places.thlib.org/features/1063/descriptions/1214; (Zugriff am 24.04.2013).

Geser, Hans (2004): „Towards a Sociology of the Mobile Phone", in *Sociology in Switzerland*. Zürich: Online Publications, 1–47.

Gertel, Jörg und Richard Le Heron (2012): *Economic Spaces of Pastoral Production and Commodity Systems: Markets and Livelihoods:* Ashgate Publishing, Limited.
Gewald, Jan Bart, Sabine Luning und Klaas van Walraven (Hrsg.) (2009): *The Speed of Change: Motor Vehicles and People in Africa, 1890–2000*. Leiden: Brill.
Goffman, Erving (1971): *Relations in Public: Microstudies of the Public Order*. New York: Harper and Row.
Goffman, Erving (1974): *Das Individuum im öffentlichen Austausch. Mikrostudien zur öffentlichen Ordnung*. Frankfurt a. M.: Suhrkamp.
Goldstein, Melvyn C. und Cynthia M. Beall (1990): *Nomads of Western Tibet: The Survival of a Way of Life*. London: Serindia.
Goodman, Daniel S. G. (2004): „The Campaign to ‚Open up the West': National, Provincial-Level and Local Perspectives", in *The China Quarterly* (178): 317–334.
Grieco, Margaret und John Urry (Hrsg.) (2012): *Mobilities: New Perspectives on Transport and Society*. Aldershot: Ashgate.
Gruschke, Andreas (2001): *The Gansu and Sichuan Parts of Amdo*. Bangkok: White Lotus Press.
Gruschke, Andreas (2013): *Nomadische Ressourcennutzung und Existenzsicherung im Umbruch: Die osttibetische Region Yushu*. Wiesbaden: Dr Ludwig Reichert Verlag.
Günzel, Stephan (2007): *Topologie: Zur Raumbeschreibung in den Kultur- und Medienwissenschaften*. Bielefeld: Transcript.
Gyatso, Janet (2014): „In the Face of Tragedy: How are We to Approach the Crisis of Self-immolations in Tibet?", in *Tricycle Blog*. New York: http://tricycle.org/trikedaily/face-tragedy/; (Zugriff am 23.07.2016).
Gyatso, Janet und Hannah Havnevik (Hrsg.) (2005): *Women in Tibet*. New York: Columbia University Press.
Haddon, Leslie (2006): „The Contribution of Domestication Reserach to In-home Computing and Media Consumption", in *The Information Society* 22: 195–203.
Haddon, Leslie (2011): „Domestication Analysis, Objects of Study, and the Centrality of Technologies in Everyday Life", in *Canadian Journal of Communication* 36: 311–23.
Hammersley, Martyn 2006. „Ethnography: Problems and Prospects", in *Ethnography and Education* 1 (1): 3–14.
Han, Sun Sheng (2010): „Urban Expansion in Contemporary China: What Can we Learn From a Small Town?", in *Land Use Policy* 27 (3): 780–787.
Hansen, Mette H. (2005): *Frontier People: Han Settlers in Minority Areas of China*. London: Hurst & Co.
Hansen, Mette H. (2006): „In the Footsteps of the Communist Party: Dilemmas and Strategies", in Maria Heimer und Stieg Thøgersen (Hrsg.), *Doing Fieldwork in China*. Honolulu: University of Hawai'i Press, 81–95.
Harrell, Stevan (2001): *Ways of Being Ethnic in Southwest China*. Seattle: University of Washington Press.
Harvey, Penelope (2010): „Cementing Relations: The Materiality of Roads and Public Spaces in Provincial Peru", in *Social Analysis* 54 (2): 28–46.
Harwit, Eric (2008): *China's Telecommunications Revolution*. Oxford: Oxford University Press.
Harwit, Eric (2004): „Spreading Telecommunications to Developing Areas in China: Telephones, the Internet and the Digital Divide", in *The China Quarterly* 180: 1010–1030.
Hayes, J. Patrick (2008): *Environmental Change, Economic Growth and Local Societies: „Change in Worlds" in the Songpan Region, 1800–2005*. Disseration: University of Britisch Columbia.

Hayes, J. Patrick (2010): „Modernisation with Local Characteristics: Development Efforts and the Environment on the Zoige Grass and Wetlands, 1949–2005", in *Environment and History* 16 (3): 323–347.

Hayes, J. Patrick (2014): *A Change in Worlds on the Sino-Tibetan Borderlands: Politics, Economies, and Environments in Northern Sichuan*. Plymouth: Lexington Books.

Hayes, J. Patrick und Mona Schrempf (2009): „From Temple to Commodity? Tourism in Songpan and the Bon Monasteries of A'mdo Shar khog", in *East and West (IsIAO)* 59 (1–4): 285–312.

Hazan, Haim und Esther Hertzog (Hrsg.) (2012): *Serendipity in Anthropological Research: The Nomadic Turn*. Farnham und Burlington: Ashgate.

Heimer, Maria (2006): „Field Sites, Research Desing and Type of Findings", in Maria Heimer und Stieg Thøgersen (Hrsg.), *Doing Fieldwork in China*. Honolulu: University of Hawai'i Press, 58–77.

Hermanns, Matthias (1949): *Die Nomaden von Tibet: Die sozial-wirtschaftlichen Grundlagen der Hirtenkulturen in A mdo und von Innerasien – Ursprung und Entwicklung der Viehzucht*. Wien: Verlag Herold.

Hessler, Peter (2010): *Country Driving: A Journey Through China from Farm to Factory*. New York: HarperCollins.

Hirsch, Eric und Michael O'Hanlon (Hrsg.) (1995): *The Anthropology of Landscape: Perspectives on Place and Space*. Oxford: Oxford University Press.

Höflich, Joachim R. und Maren Hartmann (2007): „Grenzverschiebungen – Mobile Kommunikation im Spannungsfeld von öffentlichen und privaten Sphären", in Jutta Röser (Hrsg.), *MedienAlltag: Domestizierungsprozesse alter und neuer Medien*. Wiesbaden: Verlag der Sozialwissenschaften, 211–222.

Hofmeister, Burkhard (1961): „Wesen und Erscheinungsformen der Transhumance: Zur Diskussion um einen agrargeographischen Begriff", in *Erdkunde: Archive for Scientific Geography* 15 (2): 121–135

Holler, David (2002): „The Ritual of Freeing Lives", in Henk Blezer (Hrsg.), *Religion and Secular Culture in Tibet: Tibetan Studies 2*. Leiden: Brill, 207–225.

Horlemann, Bianca (2002): „Modernisation Efforts in Mgo log: A Chronicle, 1970–2000", in Toni Huber (Hrsg.), *Amdo Tibetans in Transition: Society and Culture in the Post-Mao Era*. Leiden: Brill, 241–269.

Horlemann, Bianca (2012): „Tibetan Nomadic Trade, the Chinese ‚Xiejia' System and the Sino-Tibetan Border Market in sTong 'Khor / Danga'er in 19th/20th century A mdo", in Roberto Vitali (Hrsg.), *Studies on the History and Literature of Tibet and the Himalaya*. Kathmandu: Vajra Publications, 109–142.

Horlemann, Bianca (2015): „Victims of Modernization? Struggles between the Goloks and the Muslim Ma Warlords in Qinghai, 1917 – 1942", in Marie-Paule Hille, Bianca Horlemann und Paul K. Nietupski (Hrsg.), *Muslims in Amdo Tibetan Society: Multidisciplinary Approaches*. Lanham: Lexington, 153–177.

Hörning, Karl H. und Julia Reuter (2004): „Doing Culture: Kultur als Praxis", in Julia Reuter (Hrsg.), *Doing Culture: Neue Positionen zum Verhältnis von Kultur und sozialer Praxis*. Bielefeld: Transcript Verlag, 9–15.

Huber, Toni (2002a): „A mdo and Its Modern Transition", in Toni Huber (Hrsg.), *Amdo Tibetans in Transition: Society and Culture in the Post-Mao Era*. Leiden, Brill, xi–xxiii.

Huber, Toni (2002b): „Ritual Revival and Innovation at Bird Cemetery Mountain", in Toni Huber (Hrsg.), *Amdo Tibetans in Transition: Society and Culture in the Post-Mao Era*. Leiden: Brill, 113–146.

Huber, Toni (2006): „The sKor-lam and the Long March: Notes on the Transformation of Tibetan Ritual Territory in Southern A mdo in the Context of Chinese Developments“, in *Journal of the International Association for Tibetan Studies* 2: 1–42.

Humphrey, Caroline und David Sneath (1999): *The End of Nomadism? Society, State, and the Environment in Inner Asia*. Cambridge: The White Horse Press.

Humphreys, Lee (2010): „Mobile Social Networks and Urban Public Space“, in *New Media & Society* 12 (5): 763–778.

HYNJ (2012): „Hongyuan Nian Jian [ch., Hongyuan Jahrbuch].“ http://www.abazhou.gov.cn/abgk/gxzc/hy/index_5.html; (Zugriff am 29.05.2014).

IDC (2013): „China Issues 4G Mobile Licenses; TD-LTE Market Experiences Breakthrough“, in International Data Corporation (IDC). http://www.idc.com/getdoc.jsp?containerId=prCN24525913; (Zugriff am 28.04.2014).

Ingold, Tim (2000): *The Perception of the Environment: Essays on Livelihood, Dwelling and Skill*. London: Routledge.

Ingold, Tim (2004): „Culture on the Ground: The World Perceived Through the Feet“, in *Journal of Material Culture* 9 (3): 315–340.

Ingold, Tim (2006): „Review of *For Space* by Doreen Massey. Sage, London (2005)“, in *Journal of Historical Geography* 32 (4): 891–893.

Ingold, Tim (2007): *Lines: A Brief History*. Oxon: Routledge.

Ingold, Tim (2011): *Being Alive: Essays on Movement, Knowledge and Description*. Oxon: Routledge.

Iselin, Lilian (2004): *Smart Nomads? Modern Education and the Construction of Drokwa Identity on the Tibetan Plateau*. Masterarbeit: School of Oriental and African Studies.

Iselin, Lilian (2010): „Modern Education and Changing Identity Constructions In Amdo“, in *Himalaya* 30 (1&2): 89–98.

Iselin, Lilian (2011a): „Of Horses and Motorbikes: Negotiating Modernities in Pastoral A mdo, Sichuan Province“, in *Journal of the International Association of Tibetan Studies* 6: 429–450.

Iselin, Lilian (2011b): „Smart Nomads? Modern Education and the Construction of Drokwa Identity on the Tibetan Plateau“, in Nawang B. Phuntsog (Hrsg.), *Schooling and Tibetan Culture in Transnational Context*. Irvine: University of California Press, 35–45.

Jensen, Anne (2011): „Mobility, Space and Power: On the Multiplicities of Seeing Mobility“, in *Mobilities* 6 (2): 255–271.

Jensen, Ole. B. (2009): „Flows of Meaning, Cultures of Movements – Urban Mobility as Meaningful Everyday Practice“, in *Mobilities* 4 (1): 139–158.

Jensen, Ole. B. (2013): *Staging Mobilities*. Oxon: Routledge.

Jones, David W. (2008): *Mass Motorization and Mass Transit: An American History and Policy Analysis*. Bloomington: Indiana University Press. https://muse.jhu.edu/; (Zugriff am 23.07.2016).

Jones, Schuyler (2005): „Transhumance Re-Examined“, in *The Journal of the Royal Anthropological Institute* 11 (2): 357–359.

Kapstein, Matthew T. (2006): *The Tibetans*. Oxford: Blackwell.

Karplus, Yuval und Avinoam Meir (2013): „The Production of Space: a Neglected Perspective in Pastoral Research“, in *Environment and Planning D: Society and Space* 31 (1): 23–42.

Katz, James. E. und Mark Aakhus (Hrsg.) (2002): *Perpetual Contact: Mobile Communication, Private Talk, Public Performance*. Cambridge: Cambridge University Press.

Kaufmann, Vincent (2002): *Re-thinking Mobility: Contemporary Sociology*. Aldershot: Ashgate.

Kellerman, Aharon (2006): *Personal Mobilities*. Oxon & New York: Routledge.

Khazanov, Anatoly M. (1994): *Nomads and the Outside World*. Madison: Wisconsin University Press.

Klaus, Elisabeth, Monika Pater und Uta C. Schmidt (1997): „Das Gendering neuer Kommunikationstechnologien“, *Das Argument* 223 (6): 803–818.

Klein, Julia A., Emily T. Yeh, Joseph Bump, Yonten Nyima und Kelly Hopping (2011): „Coordinating Environmental Protection and Climate Change Adaptation Policy in Resource-Dependent Communities: A Case Study from the Tibetan Plateau“, in J. D. Ford und L. Berrang-Ford (Hrsg.), *Climate change Adaptation in Developed Nations: From Theory to Practice*, Dordrecht etc.: Springer, 423–438.

Kollmar-Paulenz, Karénina (2006): *Kleine Geschichte Tibets*. München: Beck.

Kreutzmann, Hermann (Hrsg.) (2012): *Pastoral Practices in High Asia: Agency of ‚Development‘ Effected by Modernisation, Resettlement and Transformation*. Dordrecht [etc.]: Springer.

Krotz, Friedrich und Tanja Thomas (2007): „Domestizierung, Alltag, Mediatisierung: Ein Ansatz zu einer theoriegerichteten Verständigung“, in Jutta Röser (Hrsg.), *MedienAlltag: Domestizierungsprozesse alter und neuer Medien*. Wiesbaden: VS Verlag für Sozialwissenschaften, 31–42.

LaPolla, Randy und Chenglong Huang (2003): *A Grammar of Qiang. With Annotated Texts and Glossary*. Berlin: Mouton de Gruyter.

Lay, Maxwell G. (1994): *Die Geschichte der Strasse: Vom Trampelpfad zur Autobahn*. Frankfurt a. M.: Campus-Verlag.

Lefebvre, Henri (1972): *Die Revolution der Städte*. München: List.

Li, Fangfang (2013): „Car Sales Back on Fast Track in China“, in *China Daily*. http://www.chinadaily.com.cn/business/motoring/2013-04/10/content_16388428.htm; (Zugriff am 24.04.2013).

Li, Jin (2012): „Land Tenure Change and Sustainable Management of Alpine Grasslands on the Tibetan Plateau: A Case from Hongyuan County, Sichuan Province, China“, in *Nomadic Peoples* 16 (1): 36–49.

Li, Yang (2006): „Rural Transportation: Development of Rural Roads in China“, in *World Transport Policy and Practice* 14 (2): 41–47.

Lie, Merete und Knut H. Sørensen (Hrsg.) (1996): *Making Technology Our Own? Domesticating Technology into Everyday Life*. Oslo: Scandinavian University Press.

Lin, Hsiao-ting (2006): *Tibet and Nationalist China's Frontier: Intrigues and Ethnopolitics, 1928–49*. Vancouver: University of British Columbia Press.

Lin, Hsiao-ting (2011): *Modern China's Ethnic Frontiers: A Journey to the West*. Oxon: Routledge.

Ling, Rich (2004): *The Mobile Connection: The Cell Phone's Impact on Society*. Amsterdam: Elsevier.

Ling, Rich (2012): *Taken For Grantedness: The Embedding of Mobile Communication Into Society*. Cambridge MA: MIT Press.

Liu, Xiaoyuan (2004): *Frontier Passages: Ethnopolitics and the Rise of Chinese Communism, 1921–1945*. Standford: Stanford University Press.

Lofland, Lyn H. (1998): *The Public Realm: Exploring the City's Quintessential Social Territory*. New Brunswick & London: Transaction Publications.

Losang Choepel (2005). *ljang mdog gling dkar stod kyi 'brog pa'i yul chos* [tib., *Culture and Customs of the Green Prairie Herdsmen of glindkar stod]*. Aba: Aba ri ban she caise yin li zhong xin.

Lösch, August (1940): *Die räumliche Ordnung der Wirtschaft. Eine Untersuchung über Standort, Wirtschaftsgebiete und internationalen Handel*. Jena: Fischer.
Lovell, Nadia (Hrsg.) (1998): *Locality and Belonging*. London [etc.]: Routledge.
Löw, Martina (2001): *Raumsoziologie*. Frankfurt a. M.: Suhrkamp.
Low, Setha M. und Denise Lawrence-Zúñiga (Hrsg.) (2003): *The Anthropology of Space and Place: Locating Culture*. Maldan MA: Blackwell Publishing.
Ma, Laurence J. C. und Gonghao Cui (1987): „Administrative Changes and Urban Population in China", in *Annals of the Association of American Geographers* 77 (3): 373–395.
Makley, Charlene E. (2003): „Gendered Boundaries in Motion: Space and Identity on the Sino-Tibetan Frontier" in *American Ethnologist* 30 (4): 597–619.
Makley, Charlene E. (2007): *The Violence of Liberation: Gender and Tibetan Buddhist Revival in Post-Mao China*. Berkeley: University of California Press.
Malpas, Jeff (1999): *Place and Experience: A Philosophical Topography*. Cambridge: Cambridge University Press.
Manderscheid, Angela (1999): *Lebens- und Wirtschaftsformen von Nomaden im Osten des tibetischen Hochlandes*. Berlin: Dietrich Reimer Verlag.
Manderscheid, Angela (2001): „The Black Tent in its Easternmost Distribution: The Case of the Tibetan Plateau", in *Mountain Research and Development* 21 (2): 154–160.
Manderscheid, Angela (2002): „Revival of a Nomadic Lifestyle: A Survival Strategy for Dzamthang's Pastoralists", in Toni Huber (Hrsg.), *Amdo Tibetans in Transition: Society and Culture in the Post-Mao Era*. Leiden, Brill, 271–290.
Manderscheid, Angela, Arvo Naukkarinen, Wu Ning und Alfred Colpaert (2004): „From Subsistence to Market Economy: Responses of Tibetan Pastoralists to New Economic Realities", in *Rangifer* 15: 29–37.
Masquelier, Adeline (2002): „Mythographies: Space, Mobility, and the Historical Imagination in Postcolonial Niger", in *American Ethnologist* 29 (4): 829–856.
Massey, Doreen (2005): *For Space*. London: Sage.
McGranahan, Carole und Ralph Litzinger. 2012. „Self-Immolation as Protest in Tibet" in *Fieldsights – Hot Spots: Cultural Anthropology*, 9. April 2012. https://culanth.org/fieldsights/93-self-immolation-as-protest-in-tibet; (Zugriff am 23.07.2016).
McNally, Christopher A. (2004): „Sichuan: Driving Capitalist Development Westward", in *The China Quarterly* 178: 426–447.
Merriman, Peter (2007): *Driving Spaces: A Cultural-Historical Geography of England's M1 Motorway*. Maldan, MA & Oxford: Blackwell.
Miller, Daniel (2001): *Car Cultures*. Oxford: Berg.
Miller, Daniel J. (1998): „Nomads of the Tibetan Plateau Rangelands in Western China, Part one: Pastoral History", in *Rangelands* 20 (6): 16–19.
Miller, Daniel J. (1999): „Nomads of the Tibetan Plateau Rangelands in Western China, Part Two: Pastoral Production", in *Rangelands* 21 (1): 16–19.
Miller, Daniel J. (2000): „Tough Times for Tibetan Nomads in Western China: Snowstorms, Settling Down, Fences and the Demise of Traditional Nomadic Pastoralism", in *Nomadic Peoples* 4 (1): 83–109.
Miller, Daniel J. (2005): „The Tibetan Steppe", in James M. Suttie, Stephen G. Reynolds und Caterina Batello (Hrsg.), *Grassland of the World: Plant Production and Protection Series No. 34*. Rome: Food and Agriculture Organization of the United Nations, 305–341. ftp://ftp.fao.org/docrep/fao/008/y8344e/y8344e00.pdf; (Zugriff am 23.07.2016).
Moran, Joe (2010): *On Roads: A Hidden History*. London: Profile Books.

Morcom, Anne (2007): „Modernity, Power, and the Reconstruction of Dance in post-1950s Tibet" *Journal of the International Association for Tibetan Studies* 3: 2–44.

Mueller, Milton und Zixiang Tan (1997): *China in the Information Age: Telecommunications and the Dilemmas of Reform*. Westport [etc.]: Praeger.

Nakoinz, Oliver (2011): „Zentraltität Version 02 – Ein Diskussionspapier", 1–76. Berlin: Ecxellence Cluster Topoi. https://www.topoi.org/wp-content/uploads/2011/03/zentrale_orte.pdf; (Zugriff am 23.07.2016).

Nietupski, Paul. K. (2011): *Labrang Monastery: A Tibetan Buddhist Community on the Inner Asian Borderlands, 1709–1958*. Plymouth: Lexington Books.

Norbu, Kalsang, Karl A. Peet, Dpal ldan bKrah shis und Kevin Stuart (2000): *Modern Oral Amdo Tibetan – Den rabs a mdo'i kha skad*. Lewiston: Edwin Mellen Press.

Oesterle, Matthias (2007): *Innovation und Transformation bei den pastoralnomadischen Pokot (East Pokot, Kenia)*. Dissertation: Universität zu Köln.

Ong, Lynette H. (2014): „State-led Urbanization in China: Skyscrapers, Land Revenue and ‚Concentrated Villages'" *The China Quarterly* 217: 162–179.

Oreglia, Elisa (2012): „The Sent-Down Internet: Using Information and Communication Technologies in Rural China", in *Chinese Journal of Communication* 8 (1): 1–6.

Ortner, Sherry B. (2006): *Anthropology and Social Theory: Culture, Power, and the Acting Subject*. Durham: Duke University Press.

Perdue, Peter C. (2005): *China Marches West: The Qing Conquest of Central Eurasia*. Cambridge, Mass.: Harvard University Press.

Pirie, Fernanda (2005a): „Feuding, Mediation and the Negotiation of Authority among the Nomads of Eastern Tibet" in *Working Paper* No. 72. Max Planck Institute for Social Anthropology.

Pirie, Fernanda (2005b): „Segmentation Within the State: The Reconfiguration of Tibetan Tribes In China's Reform Period", in *Nomadic Peoples* 9 (1–2): 83–102.

Pirie, Fernanda (2008): „Violence and Opposition Among the Nomads of Amdo: Expectations of Leadership and Religious Authority", in Fernanda Pirie, Toni Huber, Alex McKay und Charles Ramble (Hrsg.), *Conflict and Social Order in Tibet and Inner Asia*. Leiden: Brill, 217–240.

Pries, Ludger (2010): *Transnationalisierung: Theorie und Empirie grenzüberschreitender Vergesellschaftung*. Wiesbaden: VS Verlag für Sozialwissenschaften.

Prins, Marielle C. (2011): *A Web of Relations: A Grammar of rGyalrong Jiǎomùzú (Kyom-kyo) Dialects*. Dissertation: Leiden University.

Ptachkova, Jarmila (2011): „Sedentarisation of Tibetan Nomads in China: Implementation of the Nomadic Settlement Project in the Tibetan Amdo Area; Qinghai and Sichuan Provinces", in *Pastoralism: Research, Policy and Practice* 1. DOI: 10.1186/2041-7136-1-4.

Qi, Wu (2013): *Tradition and Modernity: Cultural Continuum and Transition among Tibetans in Amdo*. Dissertation: University of Helsinki.

Qian, Junxi, Dan Feng und Hong Zhu (2012): „Tourism-driven Urbanization in China's Small Town Development: A Case Study of Zhapo Town, 1986–2003", in *Habitat International* 36 (1): 152–160.

Rafferty, John P. (2011): *Lakes and Wetlands*. New York: Britannica Educational Pub.

Reckwitz, Andreas (2002): „Toward a Theory of Social Practices: A Development in Culturalist Theorizing", in *European Journal of Social Theory* 5 (2): 243–263.

Reckwitz, Andreas (2003): „Grundelement einer Theorie der sozialen Praktiken" in *Zeitschrift für Soziologie* 32 (4): 282–301.

Reusser, Susanne (2003): *Bergfieber: Alptagebuch der Bäuerin Susanne Reusser*. Bern: Schweizer Agrarmedien.

RGNJ (2012): „Ruoergai Nian Jian [ch., Ruoergai Jahrbuch].“ http://www.abazhou.gov.cn/abgk/gxzc/reg/index_5.html; (Zugriff am 29.05.2014).

Rivoal, Isabelle und Noel B. Salazar. 2013. „Contemporary Ethnographic Practice and the Value of Serendipity“, in *Social Anthropology* 21 (2): 178–185.

Robin, Françoise (2012) „La révolte en Amdo en 1958“, in *Rapport de groupe interparlementaire d'amitié* n° 104: 45–56. http://www.senat.fr/ga/ga104/ga104.pdf; (Zugriff am 20.07.2016).

Rohlf, Greg (2007): „Women as State-Builders in Qinghai Province: Evidence from the 2000 Census“, in *China Quarterly* 190: 466–475.

Röller, Lars-Hendrik und Leonard Waverman (2001): „Telecommunications Infrastructure and Economic Development: A Simultaneous Approach“, in *The American Economic Review* 91 (4): 909–923.

Röser, Jutta (2007a). „Der Domestizierungsansatz und seine Potenziale zur Analyse alltäglichen Medienhandelns“, in Jutta Röser (Hrsg.) *MedienAlltag: Domestizierungsprozesse alter und neuer Medien*. Wiesbaden: VS Verlag für Sozialwissenschaften, 15–30.

Röser, Jutta (Hrsg.) (2007b): *MedienAlltag: Domestizierungsprozesse alter und neuer Medien*. Wiesbaden: VS Verlag für Sozialwissenschaften.

Roudanjia (2007): „Cellphone Use and Tibetan Modernity: A Case Study on Cellphone Use in Amdo Tibetan Community“, in *Philipine Sociological Review* 55: 78–96.

Rwa, dkon mchog brtson 'grus (2007): *mdo smad thang skor yul gyi lo rgyus snon rabs gsal ba'i me long zhes bya ba bzhugs so [Tib., The Clear Mirror of Amdo Thangkor Tribe]*. Private Publikation.

Ryavec, Karl und Daniel Winkler (2006): „Logging Impacts to Forests in Tibetan Areas of Southwest China: A Case Study from Ganze Prefecture Based on 1998 Landsat TM Imagery“, in *Himalaya* 26 (1): 38–45.

Ryser, Martin (1999): *Osttibetische Bauernhäuser in ihrer Umgebung: Überblick über die tibetischen Siedlungs- und Wohnformen in einem Teilgebiet der chinesischen Provinz Sichuan*. Bern: Verlag des Geographischen Institutes der Universität Bern.

Salzman, Philip C. (1980): *When Nomads Settle: Processes of Sedentarization as Adaptation and Response*. New York: Bergin/Praeger.

Samuel, Geoffrey (1993): *Civilized Shamans: Buddhism in Tibetan Societies*. Washington [etc.]: Smithsonian Institution Press.

Schaeffer, Kurtis R., Matthew T. Kapstein und Gray Tuttle (Hrsg.) (2013): *Sources of Tibetan Tradition*. New York: Columbia University Press.

Schatzki, Theodore R. (1996): *Social Practices: A Wittgensteinian Approach to Human Activity and the Social*. Cambridge: Cambridge University Press.

Schatzki, Theodore R., Karin Knorr Cetina und Eike von Savigny (Hrsg.) (2001): *The Practice Turn in Contemporary Theory*. London: Routledge.

Scholz, Fred (1991): „Von der Notwendigkeit, gerade heute über Nomaden und Nomadismus nachzudenken“, in Fred Scholz (Hrsg.) *Nomaden, mobile Tierhaltung. Zur gegenwärtigen Lage von Nomaden und Problemen und Chancen mobiler Tierhaltung*. Berlin: Das Arabische Buch, 7–37.

Scholz, Fred (1995): *Nomadismus. Theorie und Wandel einer sozio-ökologischen Kulturweise*. Stuttgart: Franz Steiner Verlag.

Seiler, Cotten (2009): *Republic of Drivers: A Cultural History of Automobility in America*. Chicago and London: University of Chicago Press.

Sennett, Richard (1990): *Verfall und Ende des öffentlichen Raums: Die Tyrannei der Intimität*. Frankfurt a. M.: Suhrkamp.

Shakya, Tsering (1993): „Whither the Tsampa Eaters?“, in *Himal* 6 (5): 8–12.

Sheller, Mimi und John Urry (2006): „The New Mobilities Paradigm“, in *Environment and Planning A* 38 (2): 207–226.

Silverstone, Roger (2005): „Domesticating Domestication: Reflections on the Life of a Concept“, in Thomas Berker, Maren Hartman, Yves Punie und Katie J. Ward (Hrsg.) *Domestication of Media and Technologies*. Maidenhead: Open University Press, 229–248.

Silverstone, Roger und Leslie Haddon (1996): „Design and Domestication of Information and Communication Technologies: Technical Change and Everyday Life“, in Robin Mansell und Roger Silverstone (Hrsg.), *Communication by Design: The Politics of Information and Communication Technologies*. Oxford and New York: Oxford University Press, 44–74.

Silverstone, Roger, Eric Hirsch und David Morley (1992): „Information and Communication Technologies and the Moral Economy of the Household“, in Roger Silverstone und Eric Hirsch (Hrsg.), *Consuming Technologies: Media and Information in Domestic Spaces*. London und New York: Routledge, 15–31.

Simmel, Georg (1995): „Die Grosstädte und ihr Geistesleben“ in *Aufsätze und Abhandlungen 1901–1908*. Frankfurt a. M.: Suhrkamp, 116–131.

Snead, James E., Clark L. Erickson und J. Andrew Darling (Hrsg.) (2009): *Landscapes of Movement: Trails, Paths, and Roads in Anthropological Perspective*. Philadelphia: University of Pennsylvania Museum of Archaeology and Anthropology.

Solinger, Dorothy J. (1977): *Regional Government and Political Integration in Southwest China, 1949–1954: A Case Study*. Berkeley: University of California Press.

Sørensen, Knut H. (Hrsg.) (1994): *The Car and Its Environment. The Past, Present and Future of the Motorcar in Norway*. Brussels: EC, COST Social Sciences.

Sørensen, Knut H. (2004): „Domestication: The Social Enactment of Technology“, in *Center for Technology and Society, STS-working paper* 08 (04): 1–19.

Sørensen, Knut H., Margrethe Aune und Morten Hatling (2000): „Against Linearity – On the Cultural Appropriation of Science and Technology“, in Meinolf Dierkes und Claudia von Groete (Hrsg.), *Between Understanding and Trust. The Public, Science and Technology*. Amsterdam: Harwood, 237–257.

Stammler, Florian (2005): *Reindeer Nomads Meet the Market: Culture, Property and Globalisation at the ‚End of the Land‘*. Berlin: Lit Verlag.

Stein, Rolf A. (1972): *Tibetan Civilization*. Stanford: Stanford University Press.

Steward, James (2003): „The Social Consumption of ICTs: Insights from Reserach on the Appropriation and Consumption of new ICTs in the Domestic Environment“ in *Cognition, Technology, and Work* 5: 4–14.

Strathern, Marilyn (2004): *Partial Connections*. Walnut Creek, CA: AltaMira Press.

Sułek, Emilia (2009): „In the Land of Checkpoints. Yartsa Gumbu Business in Golok 2007, a Preliminary Report from the Field“, in Brandon Dotson, Kalsang Norbu Gurung, Georgios Halkias und Tim Myatt (Hrsg.), *Contemporary Visions in Tibetan Studies*. Proceedings of the First International Association of Young Tibetologists. New York: Serindia, 15–44.

Sułek, Emilia (2010): „Disappearing Sheep: The Unexpected Consequences of the Emergence of the Caterpillar Fungus Economy in Golok, Qinghai, China“, in *Himalaya* 30(1&2): 9–22.

Sułek, Emilia und Jarmila Ptackova (2017): „Mapping Amdo. Peoples and Places in Ongoing Transition“, in Jarmila Ptackova, Elisa Cencetti und Adrian Zenz (Hrsg.), *Mapping Amdo: Proceedings of the 1st International Amdo Research Network-workshop*, in Vorbereitung zum Druck.

Tang, Tao (2001): „Verkehr in Tibet“, in *China im Bild*. http://www.rmhb.com.cn/chpic/htdocs/rmhb/german/german-8/transport.htm; (Zugriff am 23.07.2016).

Tashi, Gongbu [Zhaxi Gongbu] und Marc J. Foggin (2012): „Resettlement as Development and Progress? Eight Years On: Review of Emerging Social and Development Impacts of an ‚Ecological Resettlement' Project in Tibet Autnonomous Region, China", in *Nomadic Peoples* 16 (1): 134–151.

Tenzin, Jinba (2014): *In the Land of the Eastern Queendom: The Politics of Gender and Ethnicity on the Sino-Tibetan Border*. Seattle: University of Washington Press.

Thargyal, Rinzin [Huber, Toni (Hrsg.)] (2007): *Nomads of Eastern Tibet: Social Organization and Economy of a Pastoral Estate in the Kingdom of Dege*. Leiden: Brill.

Tucci, Giuseppe (1988): *The Religions of Tibet*. Berkeley: University of California Press.

Tuttle, Gray (2011): „The Kingdom of Choné", in *The Tibetan & Himalayan Library Place Dictionary*. http://www.thlib.org/places/culturalgeography/#iframe=http://places.thlib.org/features?filter=chone&context_id=&scope=name&match=contains; (Zugriff am 23.07.2016).

Upton, Janet (1996): „Home on the Grasslands? Tradition, Modernity, and the Negotiation of Identity by Tibetan Intellectuals in the PRC", in Melissa J. Brown (Hrsg.), *Negotiating Ethnicities in China and Taiwan*. Berkeley: University of California, 98–124.

Upton, Janet (1999): *Schooling Shar-khog: Time, Space and the Place of Pedagogy in the Making of the Tibetan Modern*. Dissertation: University of Washington.

Urry, John (2000): *Sociology Beyond Societies: Mobilities for the Twenty-First Century*. Oxon & New York: Routledge.

Urry, John (2004): „The ‚System' of Automobility", in *Theory Culture Society* 21 (4/5): 25–39.

van Shaik, Sam (2011): *Tibet: A History*. New Haven & London: Yale University Press.

van Spengen, Wim (2000): *Tibetan Border Worlds: A Geohistorical Analysis of Trade and Traders*. Oxon 6 New York NY: Routledge.

Verne, Julia (2012): *Living Translocality: Space, Culture and Economy in Contemporary Swahili Trade*. Stuttgart: Franz Steiner Verlag.

Wallis, Cara (2013): *Technomobility in China: Young Migrant Women and Mobile Phones*. New York: New York University Press.

Wang, Di (2008): *The Teahouse: Small Business, Everyday Culture, and Public Politics in Chengdu, 1900 – 1950*. Stanford: Stanford University Press.

Warde, Alan (2005): "Consumption and Theories of Practice", in *Journal of Consumer Culture* 5 (2): 131–153.

Watts, Jonathan (2013): „China's Love Affair with the Car Shuns Green Vehicles", in *The Guardian* http://www.guardian.co.uk/environment/2011/aug/24/china-cars-green-vehicles; (Zugriff am 24.04.2013).

Weiner, Benno R. (2012): *The Chinese Revolution on the Tibetan Frontier: State Building, National Integration and Socialist Transformation, Zeku (Tsékhok) County, 1953–1958*. Dissertation: Columbia University.

Willis, Janice D. (Hrsg.) (1995): *Feminine Ground: Essays on Women and Tibet*. Ithaca, NY: Snow Lion Publications.

Winkler, Daniel (2002): „Participation in Forestry in Tibetan Southwest China: A Strategy to Resolve Resource Use Conflicts", in *Mountain Research and Development* 22 (4): 397–399.

Winkler, Daniel (2008): „Yartsa Gunbu (Cordyceps sinensis) and the Fungal Commodification of Tibet's rural Economy", in *Economic Botany* 62 (3): 291–305.

Withers, Charles W. J. (2009): „Place and the ‚Spatial Turn' in Geography and in History", in *Journal of the History of Ideas* 70 (4): 637–658.

Woeser, Tsering (2009): *Ihr habt die Gewehre, ich einen Stift: Eine Chronologie der Ereignisse 2008 in Tibet*. Berlin: Lungta Verlag.

Wollen, Peter und Joe Kerr (Hrsg.) (2002): *Autopia: Cars and Culture*. London: Reaktion Books.

Wood, Elisabeth J. (2006): „The Ethical Challenges of Field Research in Conflict Zones“, in *Qualitative Sociology* 29 (3): 373–386.

Wu, Ning (1997): *Ecological Situation of High-frigid Rangeland and its Sustainability: A Case Study on the Constraints and Approaches in Pastoral Western Sichuan/China*. Berlin: Dietrich Reimer Verlag.

Xiang, Shuang, Ruqing Guo, Ning Wu und Shucun Sun (2009): „Current Status and Future Prospects of Zoige Marsh in Eastern Qinghai-Tibet Plateau“, in *Ecological Engineering* 35 (4): 553–562.

Xu, Zhigang, M. T. Bennett, Ran Tao und Jintao Xu (2004): „China's Sloping Land Conversion Programme Four Years on: Current Situation, Pending Issues“, in *International Forestry Review* 6 (3–4): 317–326.

Yeh, Emily T. (2003): „Tibetan Range Wars: Spatial Politics and Authority on the Grasslands of Amdo“, in *Development and Change* 34 (3): 1–25.

Yeh, Emily T. (2005): „Green Governmentality and Pastoralism in Western China: ‚Converting Pastures to Grasslands'“, in *Nomadic Peoples* 9 (1–2): 9–30.

Yeh, Emily T. (2006): „‚An Open Lhasa Welcomes You': Disciplining the Researcher in Tibet“, in Maria Heimer und Stieg Thøgersen (Hrsg.), *Doing Fieldwork in China*. Honolulu: University of Hawai'i Press, 96–109.

Yeh, Emily T. (2012): „On ‚Terrorism' and the Politics of Naming“, in *Fieldsights – Hot Spots: Cultural Anthropology*, 8. April 2012. https://culanth.org/fieldsights/102-on-terrorism-and-the-politics-of-naming; (Zugriff am 09.08.2016).

Yeh, Emily T. (2013a): „Blazing Pelts and Burning Passions: Nationalism, Cultural Politics, and Spectacular Decommodification in Tibet“, in *The Journal of Asian Studies* 72 (2): 319–344.

Yeh, Emily T. (2013b): „The Politics of Conservation in Contemporary Rural China“, in *The Journal of Peasant Studies* 40 (6): 1165–1188.

Yeh, Emily T. (2013c): *Taming Tibet: Landscape Transformation and the Gift of Chinese Development*. Ithaca, New York: Cornell University Press.

Yeh, Emily T. und Gaerrang (2011): „Tibetan Pastoralism in Neoliberalising China: Continuity and Change in Gouli“, in *Area* 43 (2): 165–172.

Yeh, Emily T. und Mark Henderson (2008): „Interpreting Urbanization in Tibet: Administrative Scales and Discourses of Modernization“, in *Journal of the International Association for Tibetan Studies* 4: 1–44.

Yontan Nyima [Yundannima] (2012): *From ‚Retire Livestock, Restore Rangeland' to the Compensation for Ecological Services: State Interventions into Rangeland Ecosystems and Pastoralism in Tibet*. Dissertation, Boulder University of Colorado.

Znoj, Heinzpeter und Thomas Psota (1995): „Die Marktintegration abgelegener Orte“, in Walter Marschall (Hrsg.), *Menschen und Märkte: Wirtschaftliche Integration im Hochland Sumatras*. Berlin: Dietrich Reimer Verlag, 139–156.

Zou, Bing (2007): *Vergleichende Analyse der Telekommunikationsreformen in der Bundesrepublik Deutschland und der Volksrepublik China*. Dissertation, Ludwig-Maximilian-Universität.

Register

'Bar khams 58, 65, 67, 94, 145, 151, 173
'*brog pa* *Siehe* Nomaden
'Dzam thang 67

Aba *Siehe* rNga ba
Aba zang zu qiang zu zizhizhou 54, 289
Ackerbau 39, 45, 55–56, 68, 196
administrative Einheiten XIII, 37, 50, 55
Agro-Pastoralismus 45, 56–57
Alltag 2, 15, 17–18, 30, 32–34, 51, 130, 275
Alltagspraktiken *Siehe* Soziale Praktiken
Amdo XIII, 1, 37–38, 58–65, 71, 87–88, 108
Aneignung 132–133, *Siehe auch* Domestizierungsansatz
Ansiedlung 44, 75, 79, 224, 270, 281
armatures und *enclaves* *Siehe* Jensen, Ole
Arrangements 167, 169, 176, 179, 184–185, 267–268, 287
Auto 86, 113, 143, 207, *Siehe auch* mobile Technologien

Bewegung 14, 32–34, 42, 184, 187, 244, 253, 273, 284, *Siehe auch* Pendeln, Mobilitätspraktik
Building the new socialist countryside 76, 290

chama gudao *Siehe* Tee-Pferd-Route
Chengdu 56, 92–93, 96, 106, 107, 146, 168, 228, 251
China Mobile 157, 161, 163, 165, 167, 173, 261, 291
China Railcom 157, 291
China Telecom 157, 163, 167, 173, 180, 261, 291
China Unicom 157, 163, 291

da dui *Siehe* Produktionsteam
dbyar rtsa dgun bu 44
De Certeau, Michel 33, *Siehe auch* Strategien und Taktiken
dKar mdzes 156
Domestizierungsansatz 3, 130–132, 170, 184

Eisenbahnlinie 90
Entwicklung 3, 75, 77, 86, 95, 97, 158, 183–184, 221, 250, 272, 281
Entwicklungspolitik 75–77, 95, 221, 274–275, 281
Ethnographie 17–20, 25, 28

Familie 18, 43, 48, 51–54, 74–75, 114, 141, 195, 200, *Siehe auch* Haushalt
Feldforschung *Siehe* Forschungsethik
Forschungsethik 22–25

Gansu 20, 38, 64, 71, 88, 91, 96, 107, 156, 165, 230, 247
Ganzi *Siehe* dKar mdzes
Gelber Fluss *Siehe* rMa chu; Fluss
gender 4, 117, 143, 172, 174, 176, 207–217, 256–260, 279
Golok *Siehe* mGo log
Grasland 39, 48, 68, 75–76, 193, 196
Grosse Erschliessung des Westens 21, 44, 95–96, 271, 290
Grosser Sprung nach Vorne 72–73, 94, 289
gZi rtsa sde dgu 57–58, 96, 219

Handel 44, 60–61, 65, 69, 87–89, 106, 135, 204, 213
Haushalt 18, 43, 51, 53, 75, 141
Haushaltverantwortlichkeitssystem 54, 74–75, 289
Hongyuan *Siehe* sKa khog
hu kou 54, 289, *Siehe auch* Haushalt

Immobilisierung *Siehe* (mobile) Immobilität
Immobilität 210, 216, 257, 267, 269, *Siehe auch* mobile Immobilität
Infrastruktur 15, 68, 73, 77, 84, 95, 103, 183, 191, 230, 237, 267–268, 271, 273, 277, *Siehe auch* Transportsysteme; Telekommunikation; Urbanisierung
Ingold, Tim 14, 31, 33–34, 36, *Siehe auch* *wayfaring* und *transport*
Inkorporation 132, 138, 141, 170, 186, 272

Internet 162, 262, 266, 270
iPhone 19, 260–263, 265

Jensen, Ole 268
jiaotong Siehe Transportsystem
Jiuzhaigou *Siehe* gZi rtsa sde dgu

Khams 58, 60, 61, 64, 87, 88
Khro chu 57, 65, 67
Kommune *Siehe* Volkskommune
Konversion 132, 143, 172, 184, 268
Kulturrevolution 94, 106, 289

Labrang 49, 56, 62–63, 66
Landnutzungsrecht 54, 68, 193, 283
Lanzhou 97, 146, 148, 168
Lhasa 21, 60, 62–64, 68, 86, 88–90, 92, 107–108

Ma'erkang *Siehe* 'Bar khams
Maixi *Siehe* rMe chu
Maoxian 57, 64, 92
Marktwirtschaft 13, 43, 97, 106, 204, 221–222, 227
mDo med *Siehe* Amdo
mDzod dge 37–38, 55, 59, 87
meshwork Siehe Verflechtung
mGo log 51, 60, 62, 67, 71, 74, 144
Migration 45, 47, 53, 69, 101, 106, 192–196, 198
Min Jiang *Siehe* Zung chu (Fluss)
Min Shan 57
mobile Immobilität 243, 253
mobile Technologien 1, 5, 15–16, 35, 174, 186–188, 199, 233, 268, 274, 277, *Siehe auch* Mobilitätstechnologie
Mobilfunk 14, 16, 158, 161–162, 177, 183, 235, 237, 270, *Siehe auch* Infrastruktur
Mobilität 1, 10, 14, 16, 32, 38, 97, 100, 231, 234, 240, *Siehe auch* Bewegung; Migration, Mobilitätspraktiken; Pendeln
Mobilitätspraktiken *Siehe* Soziale Praktiken
Mobilitätstechnologie 150, 187, 225, 253, *Siehe* mobile Technologien
Mobilkommunikation 13, 150, 154, 167, 180, 186, 234–237, 253, 257, 267–268, 273, 277, 279, 281, 287
Mobiltelefon 36, 161, 166–167, 184, 234, 267, 284, *Siehe auch* mobile Technologien
Mobiltelefonie *Siehe* Mobilkommunikation
Modernisierung 43, 221, 281, *Siehe auch* Entwicklung, -spolitik
Motorisierung 13, 101, 109, 144, 149, 169, 198–199
Motorrad 12, 111, 132, 197, 203, 222, *Siehe auch* mobile Technologien; Mobilitätstechnologie

Netzwerk 34, 130, 158, 163, 166, 172, 180, 188, 191, 238, 242, 270, 272, *Siehe auch* Mobilfunk; Telekommunikation; Transportsystem
Netzwerkräume 234, *Siehe auch* Mobilfunk
Nomaden 1–2, 10–11, 32, 39–42, 43, 58, 68, 271
Nomadismus 1, 40–42

objectification Siehe Platzierung
Ökologische Migration 76, 290

pastorale Mobilität *Siehe* Migration; Ressourcenmanagement
Pastoralismus 40–41, 43, 57, 97, 196
phyugs las 45, 117, 191, 195, 206, 213, 230, 234, 263, 276, 278, 285
Platzierung 132, 139, 141, 170, *Siehe auch* Inkorporation
Porosität 256
Praktiken *Siehe* Soziale Praktiken
Praxistheorie 30, *Siehe auch* Soziale Praktiken
Produktionsteam 73, 103, 110, 200, 289

Qinghai 38, 61, 63, 64, 71, 76, 91–92, 107, 156, 206, 247, 290–291

Rangtang *Siehe* 'Dzam thang
Raum 30, 78, 85, 167, 191, 267, 269, *Siehe auch* Sozialraum; soziale Räume
Reformen
– demokratische 72, 100
– wirtschaftliche (post-Mao) 54, 75, 94, 157, *Siehe auch* Haushaltverantwortlichkeitssystem

ren min gong she *Siehe* Volkskommune
Ressourcenmanagement 12, 40, 45, 50, 75, 191, 213, 235, *Siehe auch* Migration; Pastoralismus
rGyal rong 58, 64, 67
rMa chu
- Fluss 57, 291
- Kreis 118, 159, 164–165
rMe ba 87, 230
rMe chu
- Fluss 38, 57, 291
- Gemeinde 159
rNga ba
- Bezirk 21, 54, 56, 64, 92, 95, 106, 158, 161, 167
- Kreis 56, 88, 270
Routen 32, 60, 62, 68, 86, 106, 193, 240, 242, 288
ru skor 48, 69, 75–76, 101, 103, 113, 192, 195, 206, 213
Rückzug aus dem Weideland (*tuimu huancao*) 76, 206, 290
Ruo'ergai *Siehe* mDzod dge

Sangs dkar 67
sanpeitao jianshe *Siehe* Umfassendes Set des dreifachen Aufbaus
Schulbildung 54, 155, 205, 221, 256
sde ba 48, 51, 103–104, 128, 192, 195, 213
Shar khog 59–60, 64–65, 71, 88
shengtai yimin *Siehe* Ökologische Migration
Sichuan XI, 37–38, 47, 55, 56, 64, 65, 71, 88, 90–92, 95, 111, 156, 205–206, 247, 251–252, 264
Siedlungsbau 73, 76, 79, 115, 205–206, 221, 283, *Siehe auch* Ansiedlung; Infrastruktur
sKa chu 38, 57, 291
sKa khog 37–38, 55, 58, 87
Sloping land conversion programme (*tuigeng huanlin*) 76, 290
Smartphone 163, 260–263
Songpan *Siehe* Zung chu
Soziale Praktiken 1–3, 30, 32–33, 35, 84, 184, 187, 211, 217, 248, 256, 267–268, 273, 275
Soziale Räume 3, 15–16, 32, 234, 267, 277–279, *Siehe auch* Sozialraum
Sozialraum 34–36, *Siehe auch* Soziale Räume
Staat 4, 13, 16, 21, 43–44, 65–66, 78, 87, 97, 157, 183, 270, 275, *Siehe auch* Volksrepublik China; Entwicklungspolitik
Stabile Behausung für Nomaden 76, 115, 224, 290
Stadt 33, 44, 77–79, 144, 148, 227, 229, 249, 283
sTag tshang lha mo 62, 67, 88, 96, 163–165, 230
Strassenbau 13, 44, 85, 87, 97, 183, 281–282, *Siehe auch* Transportsystem; Infrastruktur
Strategien und Taktiken 33, 186–187, 275, 282
Südamdo XIII, 1, 20, 38

Taktiken *Siehe* Strategien und Taktiken
Teehaus 17, 19, 165, 206, 218, 243, 247, 250, 251–256, 269
Tee-Pferd-Route 87, 92
Telekommunikation 84, 155–156, 273, 274, 290
Thang skor 159, 218, 221, 251
The bo 57, 89
Tibet 1, 59–60, 78, 87, 90
Tiebu *Siehe* The bo
Tourismus 161, 165, 221, 227–229, 283
Transhumanz 12, 196, 199
Translokalität 271, 278–282, 284, 287
transport 34, 187, 282, *Siehe auch wayfaring*
Transportsystem 72, 83, 86, 90, 96, 104–105, 126, 149, *Siehe auch* Routen
tuigeng huanlin *Siehe* Sloping land conversion programme

Umfassendes Set des dreifachen Aufbaus 115, 196, 290
Umsiedlung *Siehe* Ansiedlung
Urbanisierung 13, 43–44, 77–78, 97, 186, 224–225, 231, 272, 282–283

Verflechtung 16, 31–32, 48, 78, 184–185, 188, 204–205, 221–222, 225, 244, 253, 267, 281

Verkehrsnetz *Siehe* Transportsystem
Volkskommune 50, 73, 75, 94, 100–101, 106, 110, 144, 183, 272
Volksrepublik China XIII, 38, 43, 54, 65, 71, 77, 86, 90, 156

wayfaring 31, 33–34, 188, 282, 285, 288, *Siehe auch* Ingold, Tim
WeChat *Siehe weixin*
weixin 260–266, 291
Wenchuan 57, 96,145

Xibu Dakaifa *Siehe* Grosse Erschliessung des Westens

Zhongguo Dianxin *Siehe* China Telecom
Zhongguo Liantong *Siehe* China Unicom
Zhongguo Tietong *Siehe* China Railcom
Zhongguo Yidong *Siehe* China Mobile
Zung chu 59, 61, 88–89, 93, 96
– Fluss 59, 291
– Kreis 57–58, 219

www.ingramcontent.com/pod-product-compliance
Lightning Source LLC
LaVergne TN
LVHW010546300926
849162LV00002B/249